会声会影X9视频编辑与制作（第2版）

智云科技◎编著

清华大学出版社
北京

内 容 简 介

本书是一本专门介绍如何使用会声会影软件进行视频编辑处理的工具书，全书共13章，主要包括视频编辑的基础知识、剪辑修整、滤镜特效、字幕与输出以及综合案例5个部分。通过对本书的学习，不仅能让读者轻松掌握会声会影软件的基本使用方法，还能使用会声会影挑战专业级的视频剪辑，从而制作出新奇百变的家庭影片。

本书特别适合于非专业视频编辑的个人和家庭初学者使用，也适合于有一定后期制作、视频剪辑基础知识的摄影爱好者等影视媒体人员使用。此外，本书也适用于会声会影完全自学者、各类社会培训学员使用，或作为各大中专院校的教材使用。

图书在版编目（CIP）数据

会声会影 X9：视频编辑与制作 / 智云科技编著．—2 版．—北京：清华大学出版社，2020.1
ISBN 978-7-302-54579-8

Ⅰ．①会…　Ⅱ．①智…　Ⅲ．①视频编辑软件　Ⅳ．① TN94

中国版本图书馆 CIP 数据核字（2019）第 290344 号

责任编辑： 李玉萍
封面设计： 陈国风
责任校对： 张彦彬
责任印制： 杨　艳

出版发行：清华大学出版社

网　　址： http://www.tup.com.cn，http://www.wqbook.com
地　　址： 北京清华大学学研大厦 A 座　　**邮　　编：** 100084
社 总 机： 010-62770175　　**邮　　购：** 010-62786544
投稿与读者服务： 010-62776969，c-service@tup.tsinghua.edu.cn
质 量 反 馈： 010-62772015，zhiliang@tup.tsinghua.edu.cn

印 装 者： 涿州汇美亿浓印刷有限公司
经　　销： 全国新华书店
开　　本： 190mm×260mm　　**印　　张：** 21　　**字　　数：** 511 千字
版　　次： 2018 年 8 月第 1 版　　2020 年 2 月第 2 版　　**印　　次：** 2020 年 2 月第 1 次印刷
定　　价： 79.00 元

产品编号：079710-01

前言

PREFACE

编写缘由

现在，在各种网站以及软件中常可以看到不同类型的自制短片，视频剪辑和处理已不仅仅是专业视频剪辑师才会涉及的事，普通家庭用户也有视频编辑和分享的需求。能够进行视频处理的软件有很多，对于非专业视频编辑的人群来说，会声会影软件更容易快速上手。

在会声会影软件中，通过简单几步就能快速处理视频影片。为了帮助家庭和个人快速掌握该软件的基本操作并学会各种视频的制作与编辑方法，我们特别编写了这本工具书，力求帮助大家快速入门视频编辑，并最终能得心应手地处理各种视频。

内容介绍

本书共13章，将从视频编辑的基础知识、剪辑修整、滤镜特效、字幕与输出以及综合案例5个方面向视频编辑初学者传递知识。各部分的具体内容包括如下。

部分	包含章节	包含内容
基础知识	第1~3章	主要介绍会声会影基础知识，视频编辑所需素材的准备和下载，以及如何进行媒体素材的捕获和整理。
剪辑修整	第4~5章	主要介绍视频、音频的剪辑和合并，素材区间调整以及动画路径效果应用。
滤镜特效	第6~9章	主要介绍如何利用会声会影提供的滤镜、视频调色、覆叠和转场工具丰富影片效果。
字幕与输出	第10~11章	主要介绍如何添加字幕和个性化音频，对字幕和音频进行特效制作，以及视频的渲染与输出。

续　表

部分	包含章节	包含内容
综合案例	第13章	主要包括个性电子相册和双重曝光效果制作两个经典，在案例制作过程中会使用前12章所讲的知识，以帮助用户熟练运用会声会影，做到举一反三。

学习方法

内容上——实用为先，示例丰富

本书在章节安排方面，从素材添加→特效制作→渲染输出这样的影片制作流程出发，帮助读者快速入门视频剪辑基本流程。在内容编写上，以简单易懂的操作向读者介绍软件的使用方法，同时还添加了知识延伸板块，帮助读者学得快、学得全。

结构上——布局科学，快速上手

本书在每章节前面介绍了其知识级别、知识难度、学习时长以及学习目标和效果预览，使读者提前了解知识要点，以便提高学习效率。知识讲解过程中，采取“理论知识+知识演练”的结构，其中，“理论知识”是对当前知识点的阐述；“知识演练”是对该知识点的实操运用演示，让读者学有所成。

表达上——通栏排版，图解指向

本书在介绍内容时，采用简单的通栏排版方式，让整个页面的内容表达简洁明了。通过图文对照+标注指向的方式，读者可以更容易进行对照学习。

读者对象

本书主要定位于各种年龄阶段，有视频编辑需求的初、中级读者，特别适合无专业视频编辑知识的个人和家庭用户使用。此外，也可作为各大、中专院校及各类数码视频编辑培训班的入门教材使用。由于编者经验有限，加之时间仓促，书中难免会有疏漏和不足，恳请专家和读者不吝赐教。本书赠送的视频、课件等资源均以二维码形式提供，读者可以使用手机扫描右侧的二维码下载并观看。

编　者

目录

CONTENTS

第 3 章 素材获取，媒体素材的捕获与整理

第 4 章 视频剪辑，裁剪组合视频

第 5 章 素材修整，让视频画面更佳

第8章 特色覆叠，实现创意合成特效

第9章 转场特效，影片场景氛围渲染

第10章　字幕制作，传递影片信息

第11章　背景音乐，为视频锦上添花

第 12 章　完成编辑，输出视频文件并保存

第 13 章　融会贯通，视频的综合制作实例

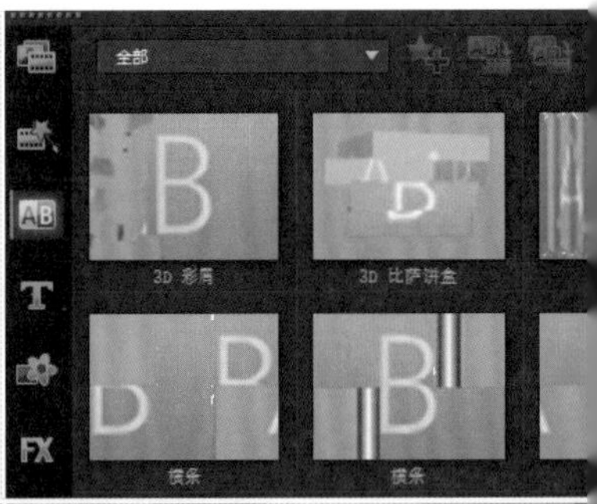

第1章

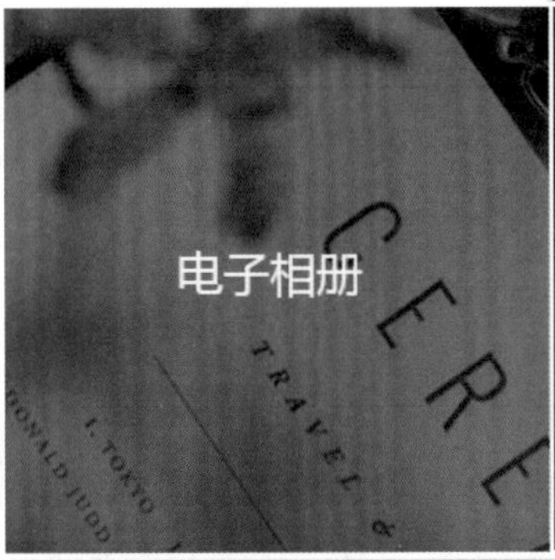

会声会影，功能强大的视频编辑软件

学习目标

会声会影是一款功能强大的视频编辑软件，可以利用其进行视频的剪辑、动画的制作等。在正式使用这款软件前，需要做一些准备工作，包括软件的下载、工作界面的认识等。

本章要点

- 会声会影的应用领域
- 视频文件的常用格式
- 音频文件的常用格式
- 视频编辑需要知道的术语
- 视频制作的3大步骤，5个流程

……

LESSON 1.1 新手入门，视频制作基础知识

知识级别

■初级入门 | □中级提高 | □高级拓展

知识难度 ★

学习时长 15 分钟

学习目标

① 了解会声会影的应用领域。

② 认识不同的音频、视频格式。

③ 了解视频制作流程。

※主要内容※

内　容	难　度	内　容	难　度
会声会影的应用领域	★	视频文件的常用格式	★
音频文件的常用格式	★	视频编辑需要知道的术语	★
视频制作的 3 大步骤，5 个流程	★		

效果预览 > > >

1.1.1 会声会影的应用领域

会声会影在数码和商业领域都有应用，如电子相册、影视混剪、网络视频输出以及光盘刻录等。

- **电子相册：** 对于日常生活中拍摄的照片，可以将其制作成电子相册。相比传统相册，电子相册在阅览时更具动感，同时也更便于保存和分享。
- **影视混剪：** 利用会声会影可以将静态的图像或者动态的视频，通过不同的帧数合成和剪辑，将其制作成富有表现力的影片。
- **网络视频输出：** 视频占用的空间通常较大，使用会声会影可以通过视频尺寸、帧速率的调节来减少视频所占用的空间，从而使视频能够在网络上进行输出。
- **光盘刻录：** 光盘可以保存容量较大的多媒体信息，将日常拍摄的视频通过会声会影剪辑成影片后，刻录到光盘中，可以实现视频的珍藏。

1.1.2 视频文件的常用格式

在使用会声会影进行视频的剪辑操作时，会遇到不同格式的视频，这些视频格式都有哪些特点呢？下面介绍几种常见的视频格式。

- **AVI：** AVI的英文全称为Audio Video Interleaved，这种视频格式已经比较旧了，在Windows 3.1推出时就有了。AVI格式的视频优点是可以多平台使用，兼容性好，缺点是文件通常较大，会占用较多的存储空间。
- **nAVI：** nAVI的英文全称为newAVI，虽然被叫作newAVI，但该格式实际上与我们想象中的AVI有所不同，是由Microsoft ASF压缩算法修改而来的。nAVI更多地追求的是清晰度，但增加清晰度的代价就是失去ASF视频文件的视频流特性。
- **DV-AVI：** 这是由多家数码厂商联合推出的一种视频格式，DV是指数码摄影机，因此DV-AVI就是数码摄影机使用的视频格式。这种格式记录下的视频，可利用1394卡将其传输到计算机中。
- **MPEG：** MPEG的英文全称为Moving Picture Experts Group，该格式的文件是由不同MPEG编码标准压缩而成的，主要包括MPEG-1、MPEG-2和MPEG-4等。MPEG-1被广泛应用于VCD中，具有灵活的帧率和可随机访问等特点。MPEG-2被广泛应用于DVD中，与MPEG-1标准相比，MPEG-2在图像质量和图像格式上得到了提升。MPEG-4是目前使用得比较多的一种，在数字电视以及网络多媒体上都有使用。MPEG-4拥有MPEG-1和MPEG-2的大部分功能，同时还具有独特的优点，包括高效的压缩性以及通用的访问性等。

- **ASF：** 这是Microsoft公司开发的一种文件格式，特别适合在网上进行传输，也可以直接在网上进行观看，具有可回放、压缩率好等优点。
- **WMV：** WMV的开发者同样是Microsoft公司，支持边下载边播放，因此被广泛应用于互联网中，WMV与ASF采用的都是MPEG-4编码技术。
- **MOV：** MOV是Apple公司开发的一种文件格式，播放软件是QuickTime，因此又被称为QuickTime影片格式。
- **FLV：** FLV的英文全称是FLASH VIDEO，具有文件体积小、视频质量较好等特点，因此在视频分享网站上使用较多。
- **3gp：** 3gp又被叫作3GPP文件格式，是移动电话常用的一种视频格式，具有体积小、可移动性强等特点。

1.1.3 音频文件的常用格式

在使用会声会影编辑视频时，也会使用到音频文件，因此除了视频文件格式，还有必要了解常见的音频格式。

- **MP3：** 这应该是大家都比较熟悉的一种音频格式，用过MP3播放器的朋友应该都清楚，全称为MPEG Audio Player3，具有高音质、压缩后占用空间小等特点，在移动设备中使用广泛。
- **MP3Pro：** MP3Pro是MP3的升级版，它的优势是“瘦身”，对于同一个声音文件，其能在保持音质的条件下，将其压缩为MP3格式的一半。
- **MP4：** 需要注意，MP4与MPEG-4是不同的，MPEG-4是一种压缩标准，MP4是一种封装格式，它可以是MPEG-4编码也可以是其他，我们可以将MP4理解为支持MPEG-4的音频视频文件，MP4既支持音乐播放，也支持视频播放。
- **WMA：** WMA是Microsoft公司推出的音频格式，许多在线音频试听网站都用这种格式，其具有压缩率高的优势，压缩后一般只有MP3文件的一半，现在很多音频播放器都支持WMA格式。
- **WAV：** WAV的推出者也是Microsoft公司，具有无损的优势，因为其能尽可能地保持音质，因此文件也相对较大，在Windows平台中应用广泛。
- **MIDI：** MIDI的英文全称为Musical Instrument Digital Interface，玩音乐的人对这个格式应该比较了解，它能够帮助人们进行音乐创作，广泛应用于专业音乐。
- **VQF：** 与MP3格式相比，VQF的优势在于压缩技术，同时不会影响其音质，因此便于进行网上传播，其没有被广泛传播的主要原因是未公开技术标准。
- **APE：** APE是一种无损压缩音频格式，可通过Monkey's Audio软件压缩得到，其出现的时间较早，因此拥有较广泛的用户群体。

除了以上音频格式外，Real Audio、AIFF、OGG等也是常见的音频格式。对于种类繁多的音频和视频格式，只需了解其基本概念即可，不必深究原理。

1.1.4 视频编辑要知道的术语

在进行视频编辑时，或多或少会接触各种术语，这些术语是进行视频编辑的常识，常用的术语如表1-1所示。

表1-1

术　语	含　义
时长	时长比较好理解，就是指视频的时间长度，以秒为基本单位
标题	是指文本信息，既可以是影片的标题，也可以是字幕的标题
帧	是视频的基本单位，视频实际上是由多张图片通过连续播放形成的，一帧就是指影片中的一幅图像
帧速率	帧速率的单位为帧 / 秒，是指每秒视频播放的图片帧数
关键帧	素材中的特定帧，可以将关键帧进行标记，以便在进行视频制作时能控制视频的效果
场	即指场景，可以将其理解为影片中的一个活动场面，场景常常是由连续的帧构成的，它会根据时间、内容等发生变化
按场景分割	是指将视频按照场景分割成多个独立的文件
素材	在软件中编辑的对象，既可以是视频，也可以是图像或音频等
捕获	采集视频或图像到计算机中的过程
转场效果	素材之间的一种排序方式
淡化	一种让素材逐渐淡化的转场效果
编码解码器	对视频进行压缩或者解压缩
杂色	指出现在素材中的杂点，比如音频中的嘶声，视频中的斑点
项目文件	会声会影中记录素材信息的文件，编辑任何一个视频都需要使用项目文件
画外音	视频中不是由画面人物发出的声音
渲染	将项目中的源文件生成影片的过程
镜头	要在影片制作过程中使用的一段连续的视频片段
覆叠	可以简单理解为叠加覆盖，即在制作影片时将一个素材叠加覆盖到另一个素材上

续表

术 语	含 义
故事板	指影片的可视呈现，在制作视频时，素材将在时间轴上以缩略图形式呈现
模板	制作视频时提供的一种比较方便的指南
导出	将制作好的视频共享到另一个媒介上，一般是计算机
开始标记/结束标记	制作视频时标记的点，可以标记开始位置和结束位置，通过对一段较长的视频标记开始和结束位置，可以方便对视频进行编辑

1.1.5 视频制作的3大步骤，5个流程

在会声会影中进行视频的制作需要3大步骤和5个流程，3大步骤是指添加素材、添加特效和渲染输出。

1. 添加素材

添加素材是指在会声会影中导入需要的素材，可以从本地电脑导入素材，也可以从会声会影提供的素材模板中添加素材，而5个流程中的第一个流程就是导入素材。

2. 添加特效

添加特效是指为素材添加各种效果，这一步骤包括3个流程，效果添加、字幕添加和音乐添加。

- **效果添加：**效果添加主要指为素材添加转场和滤镜特效，在会声会影素材模板中提供了很多转场和滤镜效果。在编辑影片时，可以根据需要添加特效，让视频产生更具表现力的视觉效果。
- **字幕添加：**很多影片都需要添加字幕，添加字幕能让观众看到影片所要呈现的情感。另外，有时添加字幕也是让视频更有趣的一种方法，比如，搞笑视频中的字幕。
- **音乐添加：**为视频添加背景音乐能在听觉上吸引观众，音乐所具有的感染力能让观众享受到视听盛宴。

3. 渲染输出

完成以上步骤后就可以对视频进行输出保存了，在会声会影中，可以根据需要将视频保存为多种格式，如AVI、WMV等。

LESSON 1.2 做好视频编辑前的准备工作

知识级别

■初级入门 | □中级提高 | □高级拓展

知识难度 ★

学习时长 10 分钟

学习目标

① 掌握安装会声会影的方法。

② 了解会声会影工作界面。

※主要内容※

内　容	难　度	内　容	难　度
安装正式版前，先卸载试用版	★	认识会声会影的视频编辑界面	★

效果预览 > > >

1.2.1 安装正式版前，先卸载试用版

会声会影包括试用版和正式版，试用版有30天的试用期限，试用期限到期后将不能再使用。正式版则没有使用期限的限制，正式版需要购买后才能使用，对于会声会影新用户而言，可以先下载试用版尝试操作，然后再购买正式版。在会声会影官网首页（http://www.huishenghuiying.com.cn/）单击“下载”超链接，即可进入下载页面，如图1-1所示。

图1-1

在购买会声会影正式版后，需要检查电脑中是否安装有试用版或更低版本的会声会影，如果有，则需要卸载软件后再安装正式版。

[知识演练] 卸载试用版或低版本会声会影

步骤01 在“开始”菜单中单击“默认程序”按钮，如图1-2所示。在打开的“默认程序”窗口中单击“程序和功能”超链接，如图1-3所示。

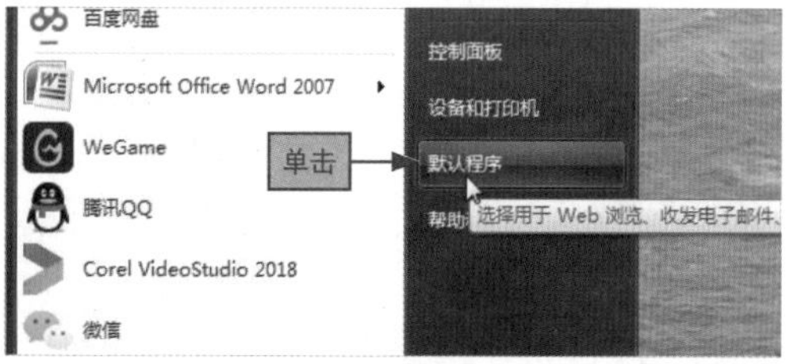

图1-2

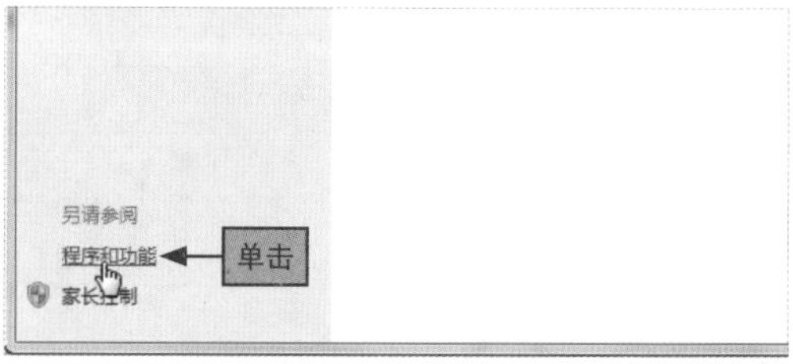

图1-3

步骤02 在打开的“程序和功能”窗口中选择已安装到电脑中的会声会影软件，单击鼠标右键，在弹出的快捷菜单中选择“卸载/更改”命令，如图1-4所示。在打开的“确定要完全删除”对话框中单击“删除”按钮即可卸载软件，如图1-5所示。

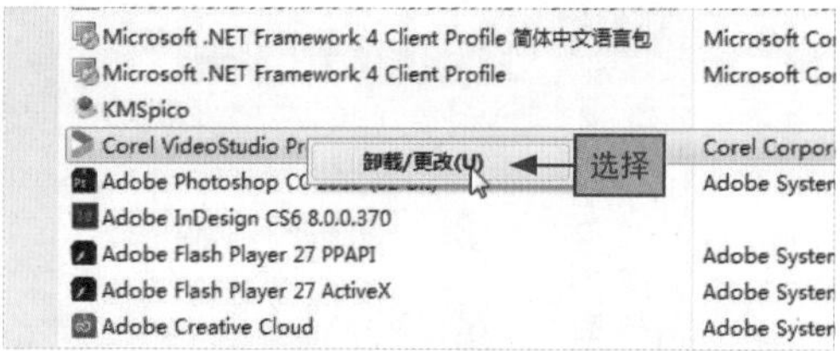

图1-4

图1-5

完成以上步骤后，系统会自动进行软件的卸载，待卸载的进度条显示为满格时即表示卸载完成。如果电脑没有安装过其他版本的会声会影，则不需要进行卸载操作，可在购买正式版后直接安装。

1.2.2 认识会声会影的视频编辑界面

会声会影安装成功后，在桌面会有3个快捷图标，这3个图标具有不同的作用，如图1-6所示。

影音快手　　视频制作　　屏幕录制

图1-6

以上3个工具，最常使用的是视频制作，双击视频制作图标即可进入视频编辑工作界面。视频编辑的工作界面由菜单栏、步骤面板、素材库面板、导览面板、工具栏、时间轴等窗口组成，如图1-7所示。

图1-7

LESSON 1.3 会声会影工作界面解析

知识级别

■初级入门 | □中级提高 | □高级拓展

知识难度 ★

学习时长 15 分钟

学习目标

① 认识会声会影各工具的作用。

② 认识工具中各按钮的含义。

※主要内容※

内容	难度	内容	难度
捕获面板，捕捉影片或图片素材	★	共享面板，视频的输出操作	★
菜单栏，主要工具的调用	★	播放器面板，预览素材文件	★
时间轴面板，视频编辑轨道		素材库面板，管理保存素材文件	

效果预览 > > >

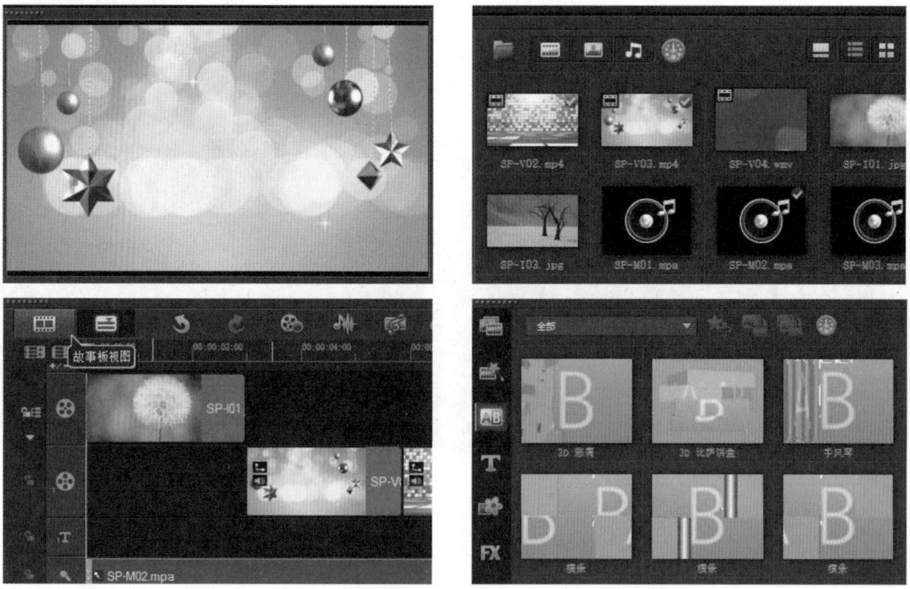

1.3.1 捕获面板，捕捉影片或图片素材

在会声会影步骤面板中，可以看到“捕获”选项卡，切换至“捕获”选项卡可打开“捕获”面板。“捕获”面板可以帮助我们将视频或图像捕获到计算机中，可选择多种捕获方式，如图1-8所示。

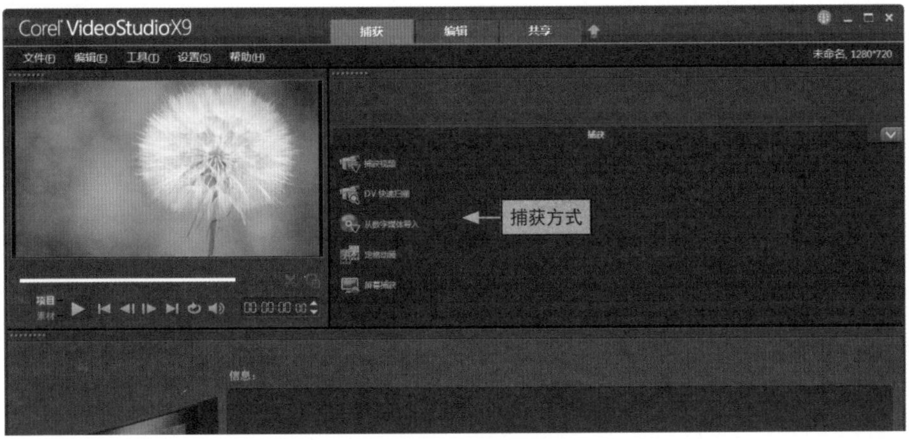

图1-8

1.3.2 共享面板，视频的输出操作

“共享”面板用于视频的输出，对于已编辑完成需要保存的视频，需要在“共享”面板中进行操作，输出时可选择计算机、设备以及网络选项等，如图1-9所示。

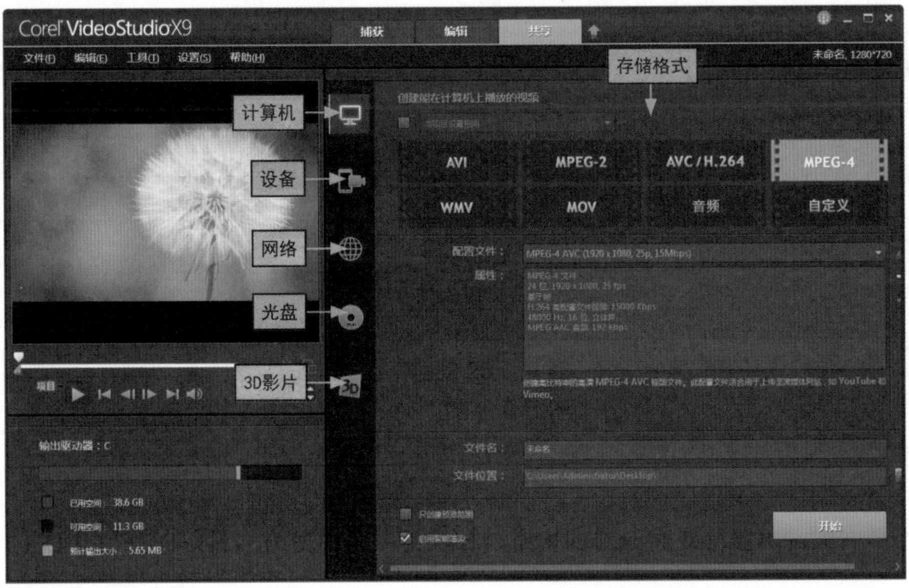

图1-9

1.3.3 菜单栏，主要工具的调用

在会声会影主界面可以看到5个菜单栏，分别是文件、编辑、工具、设置和帮助菜单，各菜单命令的作用如下。

- **“文件”菜单：** 可进行项目的新建、打开和保存操作。另外，还可将媒体文件插入时间轴或素材库中。
- **“编辑”菜单：** 主要针对素材的一些编辑命令，包括删除、复制、更改照片/彩色区间、自定义动作、抓拍快照等。
- **“工具”菜单：** 提供了多种工具，包括多相机编辑器、运动追踪、影音快手、创建光盘等。
- **“设置”菜单：** 包括对项目、素材和轨道的一些设置操作，如可对项目属性、界面布局、显示语言进行设置，通过设置可使软件更符合个人的使用习惯。
- **“帮助”菜单：** 对软件不熟悉的用户可通过“帮助”菜单了解软件，该菜单提供了用户指南、视频教程以及新功能等的帮助内容。

1.3.4 播放器面板，预览素材文件

不管是在捕获步骤，还是在编辑步骤，“播放器”面板都是其组成部分。“播放器”面板由“预览”窗口和“导览”面板构成，“预览”窗口会显示当前正在编辑的对象，“导览”面板则可以帮助进行素材的精确调整，各按钮的作用如表1-2所示。

表1-2

按 钮	作 用
“项目 / 素材”	可指定预览整个项目或预览所选素材
“播放”	单击“播放”按钮可播放素材，再次单击该按钮可暂停播放素材，按住 Shift 键单击“播放”按钮可播放整个素材
“起始”	单击该按钮可返回视频起始位置
“结束”	单击该按钮可定位到视频结束位置
“上一帧”	单击该按钮可移动到视频的上一帧
“下一帧”	单击该按钮可移动到视频的下一帧
“重复”	单击该按钮可让视频循环回放
“系统音量”	单击该按钮会打开音量调整滑动条，拖动可调整扬声器的音量

续表

按　钮	作　用
“比例 / 裁剪”	在其下拉列表中可选择“比例模式”或“裁剪模式”命令
00:00:00:00 “时间码”	在“时间码”数值框中输入数值，可指定确切的时间，以直接跳到该素材或项目的某一部分
“扩大”	单击该按钮可让预览窗口放大显示
“滑轨”	拖动“滑轨”可调节项目或素材的停顿位置
“分割”	可分割所选素材，需将滑轨定位到想要分割的位置，才能使用该按钮
[“开始标记”	单击该按钮可标记素材的开始点
] “结束标记”	单击该按钮可标记素材的结束点

1.3.5 时间轴面板，视频编辑轨道

时间轴面板由时间轴和工具栏两部分组成。工具栏中包含了许多编辑按钮，各按钮的作用如表1-3所示。

表1-3

按　钮	作　用
“故事板视图”	单击该按钮可让时间轴按时间顺序显示缩略图
“时间轴视图”	单击该按钮进入编辑界面后默认的视图模式，在该视图模式下，可对素材执行精确到帧的编辑操作
“自定义工具栏”	单击该按钮可对工具栏的工具执行隐藏或显示操作
“撤销”	单击该按钮可撤销上一步操作
“重复”	单击该按钮可重复上一个撤销的操作
“录制 / 捕获选项”	单击该按钮可打开“录制 / 捕获选项”面板，在该面板可执行录制或捕获操作
“混音器”	单击该按钮可对音频进行设置
“自动音乐”	单击该按钮可打开“自动音乐”选项面板，进行背景音乐的添加
“运动追踪”	单击该按钮可打开“运动追踪”对话框，可对视频中的帧进行速度控制

续表

按 钮	作 用
“字幕编辑器”	单击该按钮可打开“字幕编辑器”对话框，可为素材添加字幕
“多相机编辑器”	单击该按钮可启动多相机编辑器，可选择素材进行编辑操作
“缩小”	单击该按钮可缩小时间轴视图
“放大”	单击该按钮可放大时间轴视图
“将项目调到时间轴窗口大小”	单击该按钮可调整时间轴上素材视图的窗口大小
0:00:01:16 “项目区间”	单击该按钮可显示当前项目的总区间

时间轴上包含了5条轨道，这5条轨道从上往下依次为视频轨、覆叠轨、标题轨、声音轨和音乐轨，各个轨道上都可以插入对应的素材。

1.3.6 素材库面板，管理保存素材文件

素材库是存储和管理素材的区域，会声会影软件自带了许多素材文件，在制作影片时，可直接调用素材库中的素材。另外，也可对素材进行删除、复制等操作，如图1-10所示为各个类型的素材，单击左侧按钮可切换至对应的素材库。

图1-10

LESSON 1.4

根据个人习惯设置布局方式

知识级别

■初级入门 | □中级提高 | □高级拓展

知识难度 ★

学习时长 20 分钟

学习目标

① 工作界面布局方式调整。

② 隐藏“工具栏”中的工具。

※主要内容※

内　容	难　度	内　容	难　度
面板长宽的调节	★	保存调节后的操作界面	★
快速恢复默认的布局方式	★		

效果预览 > > >

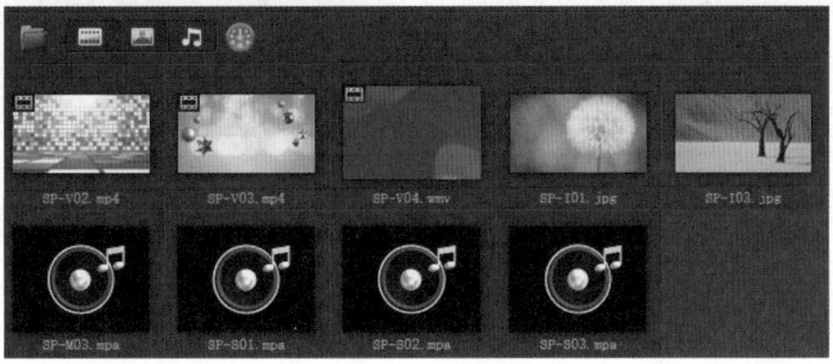

1.4.1 面板长宽的调节

会声会影中各面板的大小都是可以调节的，在制作视频时，可根据显示需要调节面板长宽。

启动会声会影后，将鼠标光标放在“播放器”面板与“素材库”之间的交界处，待光标显示为形状时，拖动鼠标可调整“播放器”面板的长度，如图1-11所示。

图1-11

将鼠标光标放在“播放器”面板与“时间轴”面板之间的交界处，待光标显示为形状时，拖动鼠标可调整“播放器”面板的宽度，如图1-12所示。

图1-12

知识延伸 | 让面板浮动显示

如果要单独调出某个面板让其在窗口浮动显示，可将鼠标光标定位在某一面板的左上角，按住鼠标左键并拖动鼠标，释放鼠标后该面板即可在窗口浮动显示，如图1-13所示。

图1-13

1.4.2 保存调节后的操作界面

对面板进行长宽以及浮动显示调节后，可将该面板布局方式进行保存，这样在下次要使用该布局方式时，就可自行调用，而不用再次对面板的布局方式进行调整。

在“设置”下拉菜单中选择“布局设置/保存至/自定义#1”命令，即可保存当前的界面布局方式，如图1-14所示。

图1-14

将“面板”布局方式另存后，下次使用时可以在“设置”下拉菜单中选择“布局设置/切换到/自定义#1”命令，使用该布局方式，也可按Ctrl+1组合键，快速调用该布局方式。

1.4.3 快速恢复默认的布局方式

如果当前的布局方式已经不适合要进行的操作，可将布局方式快速变换为默认的布局方式。在“设置”下拉菜单中选择“布局设置/切换到/默认”命令，即可将布局方式变换为默认方式，如图1-15所示。

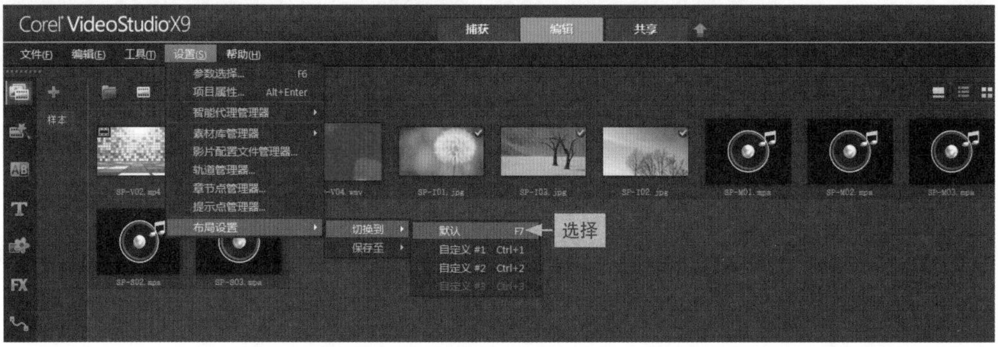

图1-15

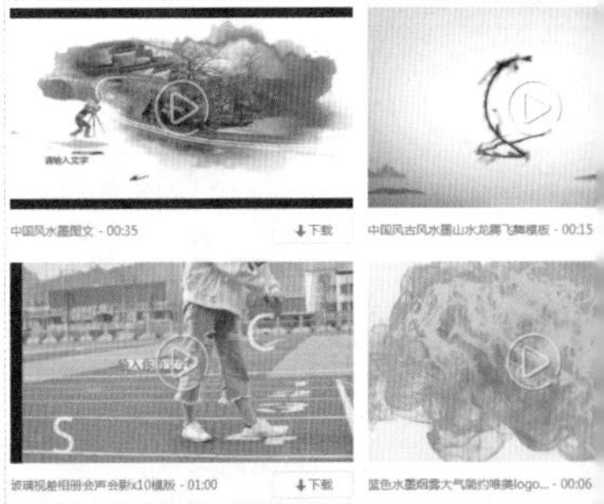

第2章

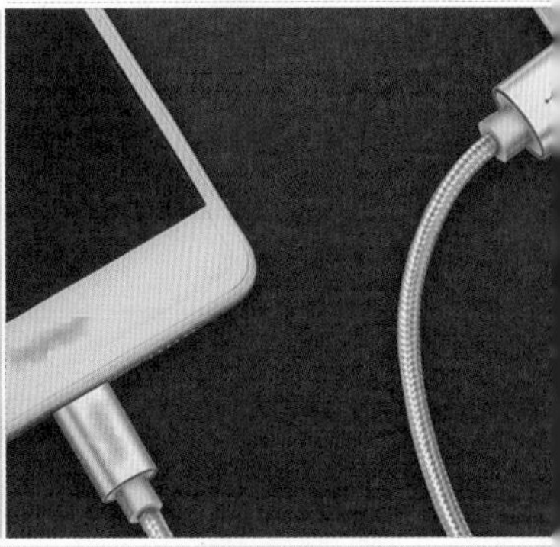

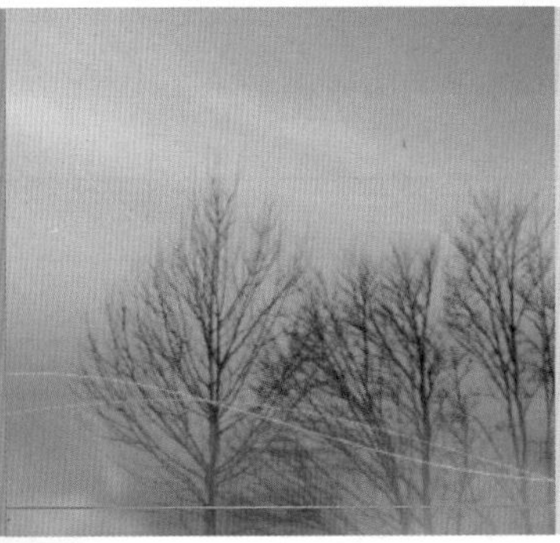

素材准备，在线制作模板

学习目标

利用会声会影制作视频，会用到很多素材，包括图像、视频以及音频素材。有些素材可能是自行拍摄得到的，而有的素材需要通过下载来获取，那么如何准备素材并进行模板的在线制作呢？

本章要点

- 在会声会影官网进行资源下载
- 在其他素材网站下载
- 将视频模板解压到文件夹
- 图片素材的在线下载
- 将拍摄的视频上传到电脑中

……

LESSON 2.1 视频和图片素材的快速准备

知识级别

■初级入门 | □中级提高 | □高级拓展

知识难度 ★

学习时长 30 分钟

学习目标

① 认识会声会影素材的下载网站。

② 了解通过网站下载素材的方法。

③ 学会将拍摄的素材上传到电脑中。

※主要内容※

内　容	难　度	内　容	难　度
在会声会影官网进行资源下载	★	在其他素材网站下载	★
将视频模板解压到文件夹	★	将拍摄的视频上传到电脑中	★
图片素材的在线下载	★		

效果预览 > > >

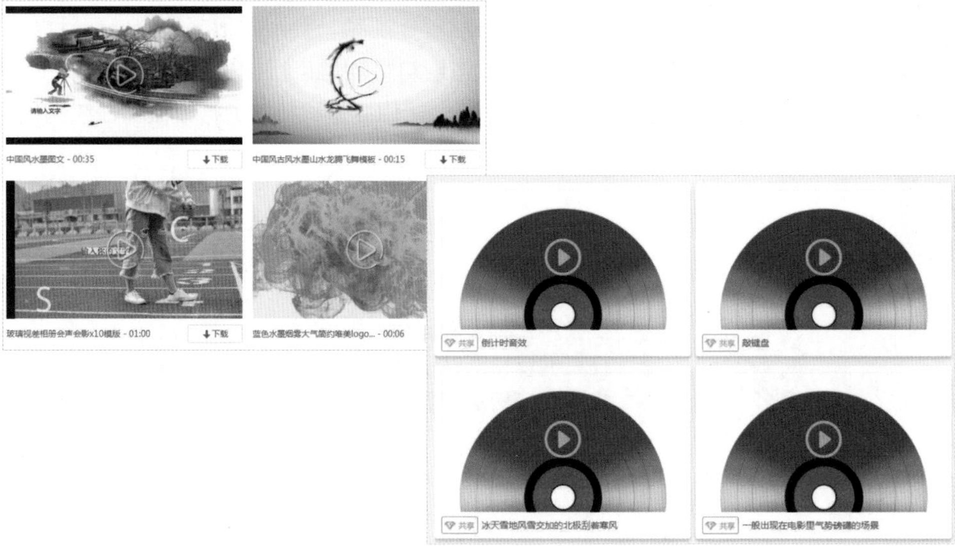

2.1.1 在会声会影官网进行资源下载

会声会影官网作为会声会影软件的提供方，提供了很多模板素材，包括婚礼表白、个人写真等，下面来看看如何下载。

[知识演练] 在线下载节日庆典模板素材

步骤01 进入会声会影官方网站首页，单击“模板素材”超链接，如图2-1所示。在打开的页面中选择模板类型，单击“节日庆典”超链接，如图2-2所示。

图2-1

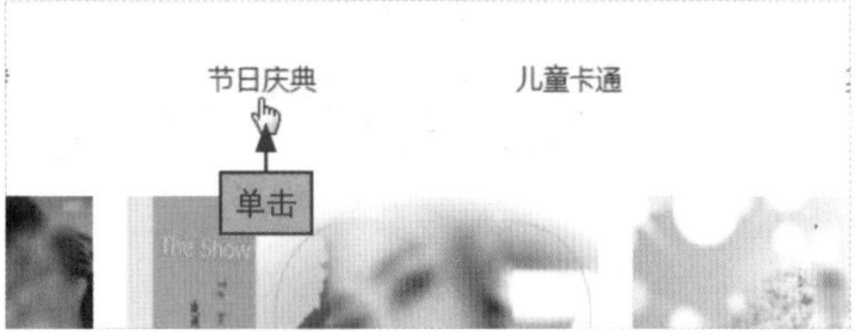

图2-2

步骤02 在打开的页面中选择合适的模板，单击其超链接，如图2-3所示。在打开的对话框中单击“立即购买”按钮，完成支付后即可下载模板素材，如图2-4所示。

图2-3

图2-4

2.1.2 在其他素材网站下载

除了可以在会声会影官方网站下载模板素材外，还可以在其他网站下载模板素材。

1. 千图网

千图网（http://www.58pic.com/）是国内领先的设计/办公创意服务平台，且服务内容包括PPT模板、Excel模板、文库模板、高清配图、视频音频等。千图网中的会声会影板块提供了很多会声会影素材，包括片头素材、实拍视频、MG动画、背景素材、常用音效等，千图网提供的部分会声会影模板如图2-5所示。

图2-5

❷ 摄图网

摄图网（http://699pic.com/）专注为中小企业、自媒体、设计师提供素材。在摄图网中，可根据用途、风格来筛选模板素材，如图2-6所示。

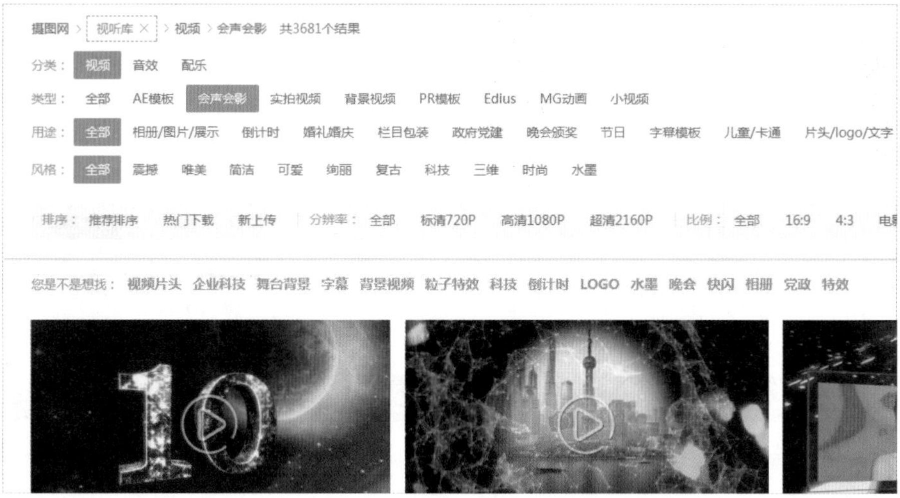

图2-6

❸ 我图网

我图网（http://www.ooopic.com/）提供的素材有PPT模板、淘宝素材、视频素材等。在视频素材中，有专门的会声会影专区，在专区可根据分类和格式筛选需要的视频素材，如图2-7所示。

图2-7

2.1.3 将视频模板解压到文件夹

由于视频素材一般都比较大，因此在网站上下载的模板素材通常都是压缩包，下载到电脑中以后，还需要解压后才能使用。解压素材的方法很简单，右击要解压的视频模板，在弹出的快捷菜单中选择“解压到‘视频模板\’”命令，如图2-8所示。完成后可以在该文件夹中看到解压好的素材文件，如图2-9所示。

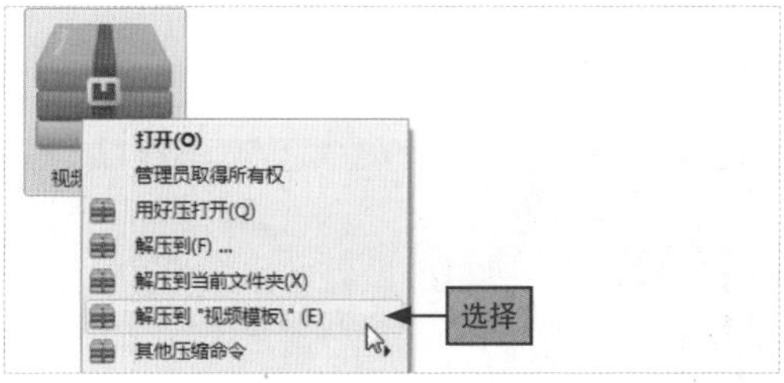

图2-8

图2-9

2.1.4 图片素材的在线下载

对于图片素材，可以在前面提到的素材网站中下载，也可以在其他图片网站上在线下载，如天堂图片网（http://www.ivsky.com/）、pixabay（https://pixabay.com/）等网站。相比视频素材，很多图片素材都是可以免费下载的，下面通过在天堂图片网下载图片素材为例讲解图片下载的相关操作步骤。

[知识演练] 在天堂图片网下载图片素材

步骤01 进入天堂图片网首页，选择要下载的图片素材类型，这里单击“自然风光”超链接，如图2-10所示。在打开的页面中单击要下载的图片超链接，如图2-11所示。

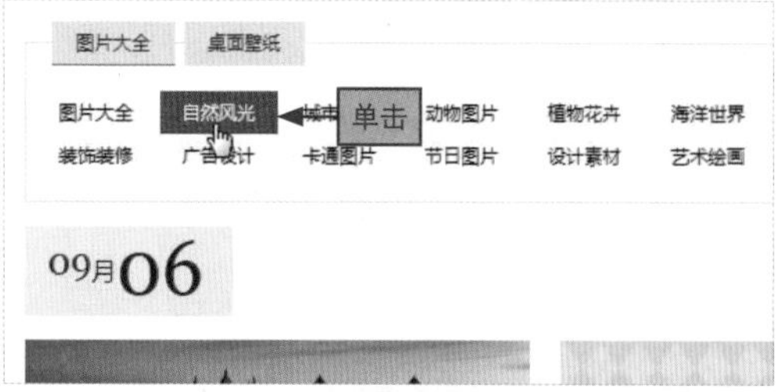

图2-10

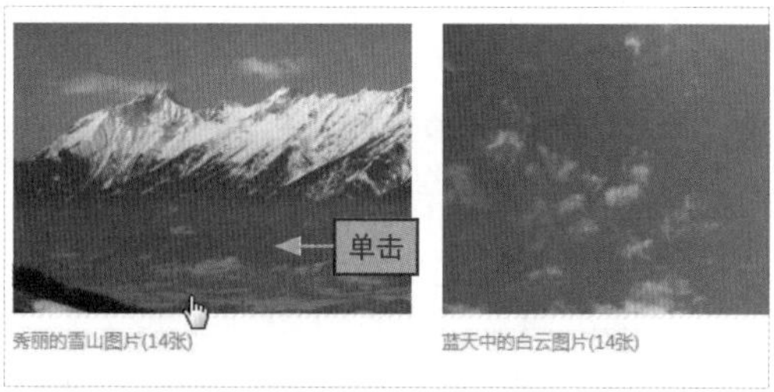

图2-11

步骤02 在打开的页面单击要下载的图片，如图2-12所示。在打开的页面中单击“下载原图”按钮，如图2-13所示。

图2-12

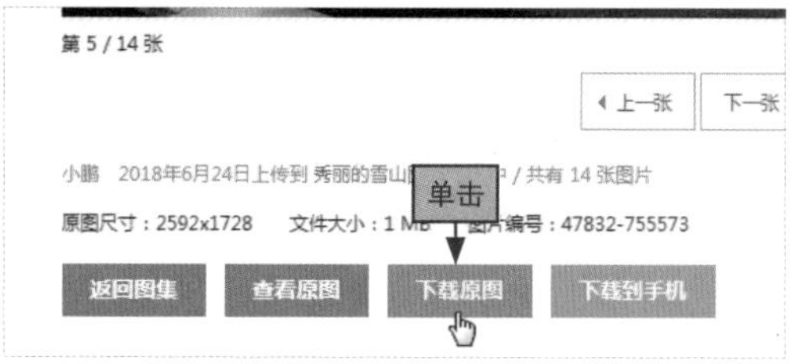

图2-13

步骤03 在打开的“新建下载任务”对话框中选择下载到的位置，单击“下载”按钮，如图2-14所示。完成后，在图片的保存位置即可看到下载的图片，如图2-15所示。

图2-14

图2-15

在下载图片素材时，选择的浏览器不同，打开的下载对话框也会有所不同，但基本操作是相同的。

2.1.5 将拍摄的视频上传到电脑中

不管是使用相机还是使用手机拍摄的视频，要在会声会影中进行剪辑，都需要将其上传到电脑中。下面通过将手机中的视频上传到电脑中为例讲解相关的操作步骤。

[知识演练] 把手机中的视频上传到电脑中

步骤01 将数据线的一端连接手机，另一端连接电脑，如图2-16所示。在手机上选择“传输文件”选项，如图2-17所示。

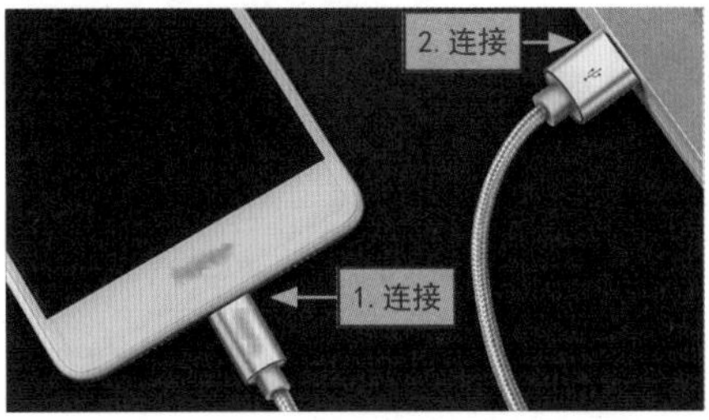

图2-16

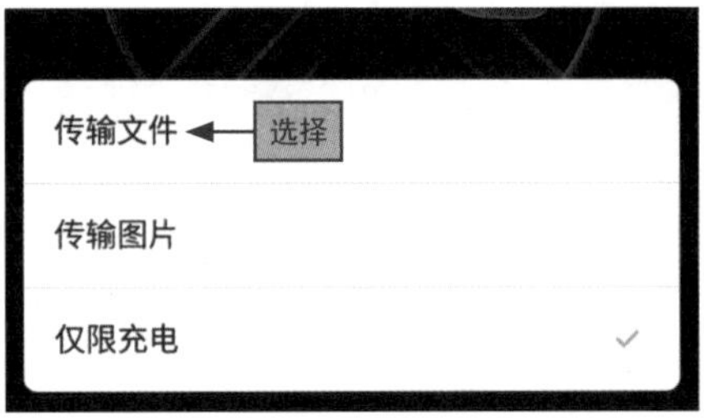

图2-17

步骤02 在计算机中双击便携式媒体播放器，如图2-18所示。在打开的文件夹中找到视频存储位置，右击视频文件，在弹出的快捷菜单中选择“复制”命令，如图2-19所示。

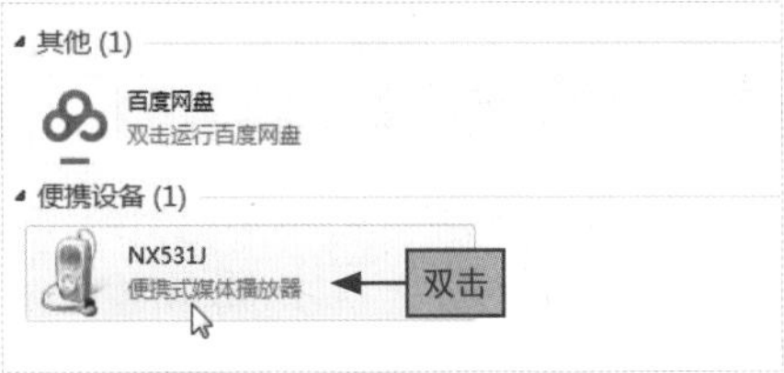

图2-18

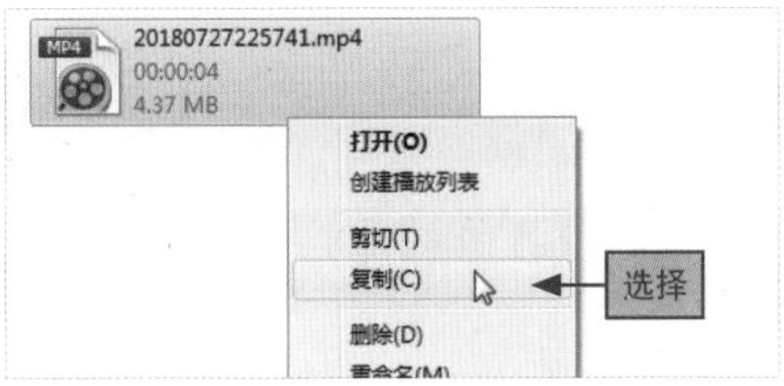

图2-19

步骤03 复制视频文件后，在电脑中选择存储位置，单击鼠标右键，在弹出的快捷菜单中选择“粘贴”命令，如图2-20所示。完成以上步骤后，即可将手机中的视频上传到电脑中，如图2-21所示。

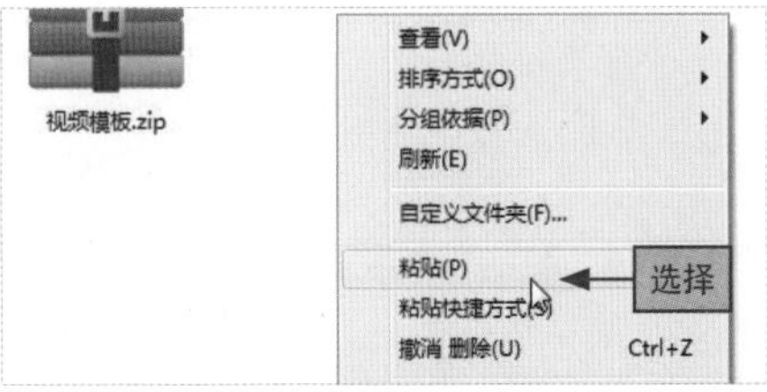

图2-20

图2-21

对于相机中拍摄的视频，可以将存储卡取下，插在读卡器中，将读卡器与电脑连接，再将拍摄的视频复制、粘贴到电脑中，如图2-22所示。

图2-22

LESSON 2.2 项目文件的操作指南

知识级别

■初级入门 | □中级提高 | □高级拓展

知识难度 ★

学习时长 45 分钟

学习目标

① 掌握项目文件的打开、新建操作。
② 掌握项目文件的保存操作。
③ 了解素材文件的链接方法。

※主要内容※

内 容	难 度	内 容	难 度
打开项目文件	★	新建项目文件	★
新建网页项目文件	★	另存为项目文件	★
重新链接项目文件	★	将文件保存为智能包	
没有打开重新链接对话框怎么办			

效果预览 > > >

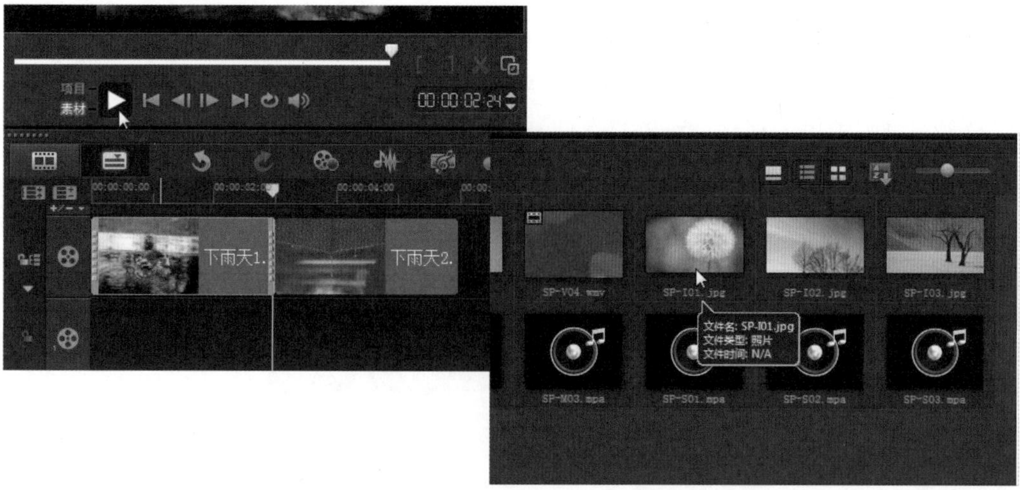

2.2.1 打开项目文件

在会声会影中制作影片都需要先打开项目文件，用户在网上下载的素材很多也是以项目文件的形式保存的，下面通过打开“下雨天”项目文件为例讲解相关的操作步骤。

[知识演练] 在电脑中打开“下雨天”项目文件

本节素材	⊙|素材|Chapter02|下雨天|
本节效果	⊙|效果|无

步骤01 启动会声会影软件，在“文件”下拉菜单中选择“打开项目”命令，如图2-23所示。在打开的“打开”对话框中选择要打开的项目文件，单击“打开”按钮，如图2-24所示。

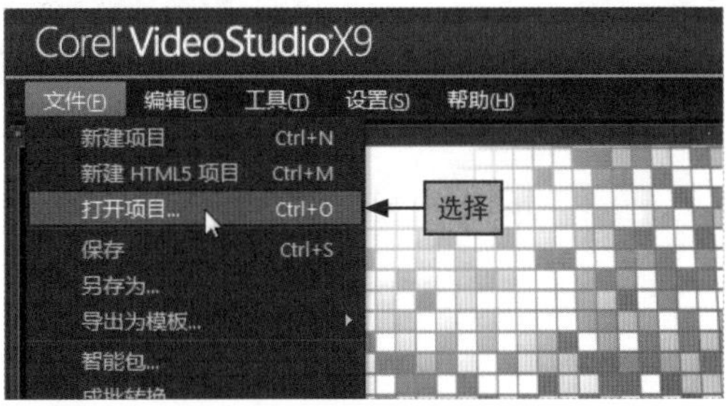

图2-23

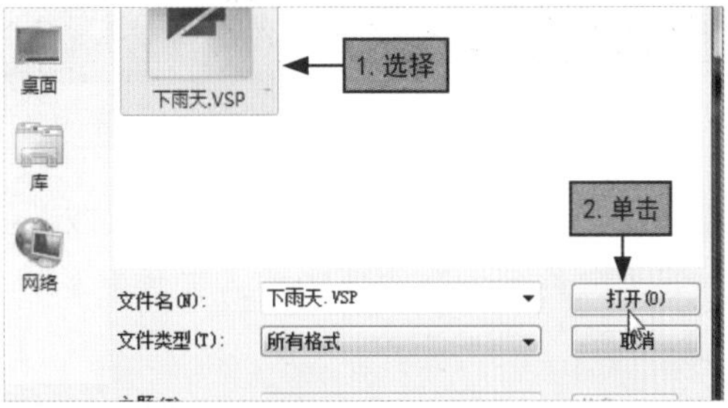

图2-24

步骤02 打开项目文件后，可以单击“播放”按钮查看效果，也可以对该项目文件进行编辑操作，如图2-25所示。

图2-25

2.2.2 新建项目文件

除了打开已有的项目，在使用会声会影时，很多时候还需要新建项目文件，下面以使用会声会影软件提供的模板素材为例讲解相关的操作步骤。

[知识演练] 利用自带素材新建项目文件

本节素材	素材\Chapter02\蒲公英.VSP
本节效果	效果\无

步骤01 启动会声会影软件，在素材库中选择图片，如图2-26所示。按住鼠标左键，拖动图片到视频轨中，释放鼠标，如图2-27所示。

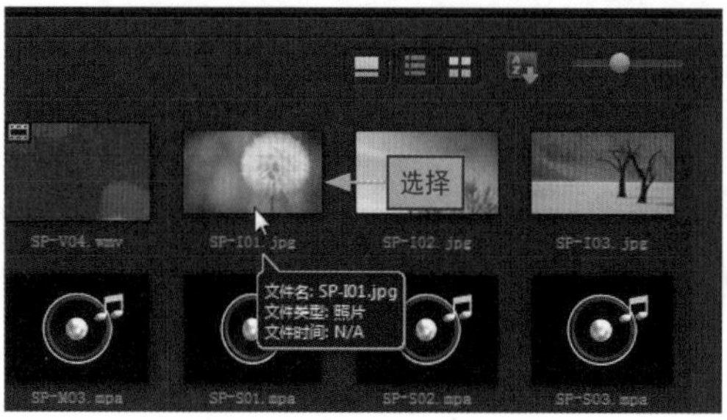

图2-26

图2-27

步骤02 在“文件”下拉菜单中选择“保存”命令，如图2-28所示。在本地电脑中选择存储位置，在“文件名”文本框中输入文件名称，这里输入“蒲公英”，单击“保存”按钮，如图2-29所示。

图2-28

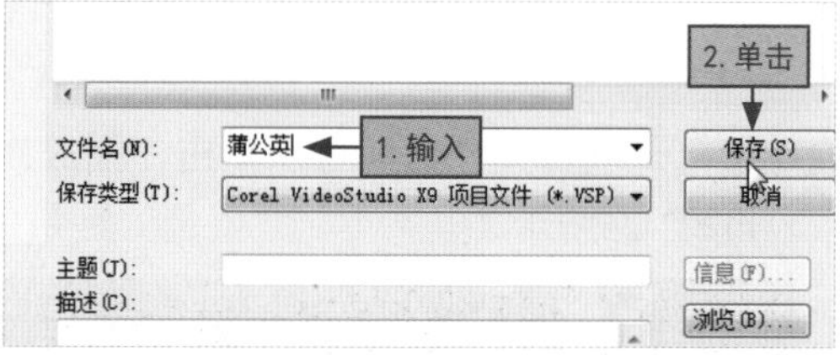

图2-29

2.2.3 新建网页项目文件

在会声会影中新建网页项目文件后，保存的文件将以网页的形式存在，在“文件”下拉菜单中选择“新建HTML5项目”命令，如图2-30所示。在打开的提示对话框中单击“确定”按钮，如图2-31所示。

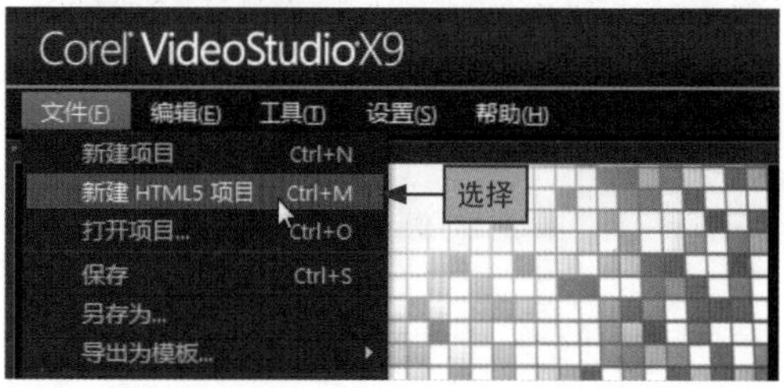

图2-30

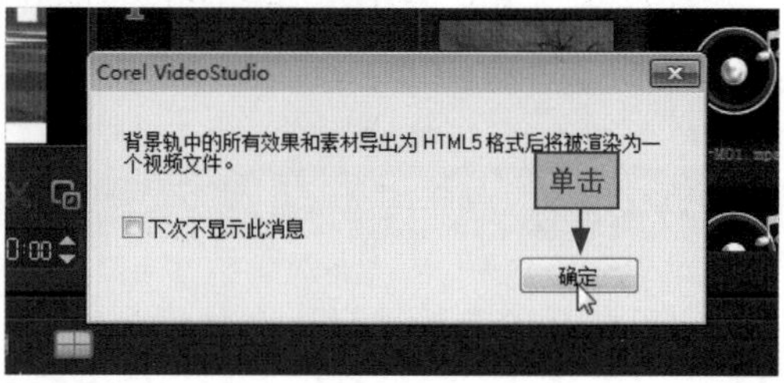

图2-31

2.2.4 另存为项目文件

在制作视频时，除了可以直接保存文件外，还可以用“另存为”的方式保存文件，另存为可以在保存原有文件的同时，存储新编辑的文件。在“文件”下拉菜单中选择“另存为”命令，最后再保存文件即可，如图2-32所示。

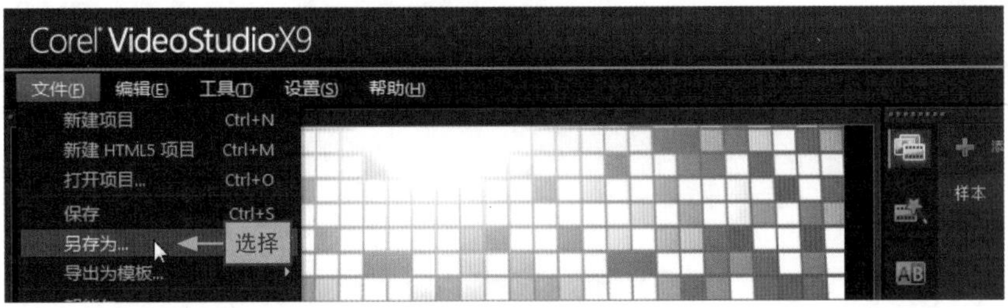

图2-32

2.2.5 重新链接项目文件

当在会声会影中打开网上下载的文件时，这时程序会打开“重新链接”对话框，这是因为文件路径改变了，需要将文件中原本存在的素材进行重新链接。下面以打开“向日葵”项目文件为例讲解相关的操作步骤。

[知识演练] 对改变路径的项目文件进行重新链接

<table>
<tr><td>本节素材</td><td>⊙|素材|Chapter02|向日葵|</td></tr>
<tr><td>本节效果</td><td>⊙|效果|无</td></tr>
</table>

步骤01 在电脑中双击“向日葵”项目文件，如图2-33所示。在打开的“重新链接”对话框中单击“重新链接”按钮，如图2-34所示。

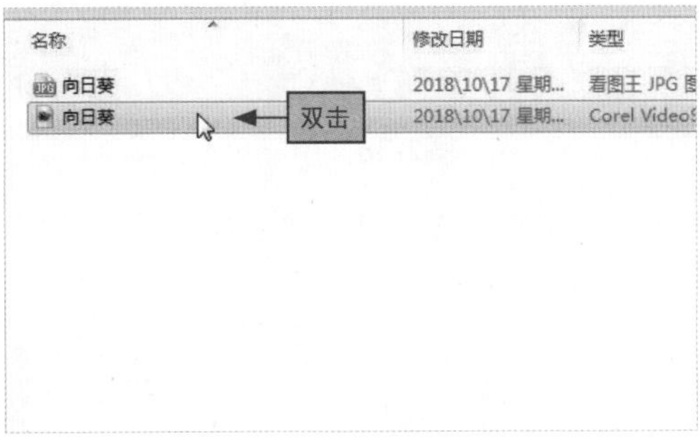

图2-33

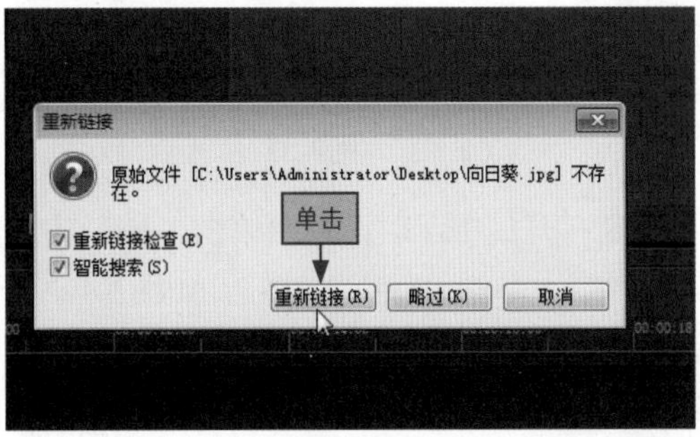

图2-34

步骤02 在本地电脑中选择“向日葵”素材，单击“打开”按钮，如图2-35所示。在打开的提示对话框中单击“确定”按钮即可，如图2-36所示。

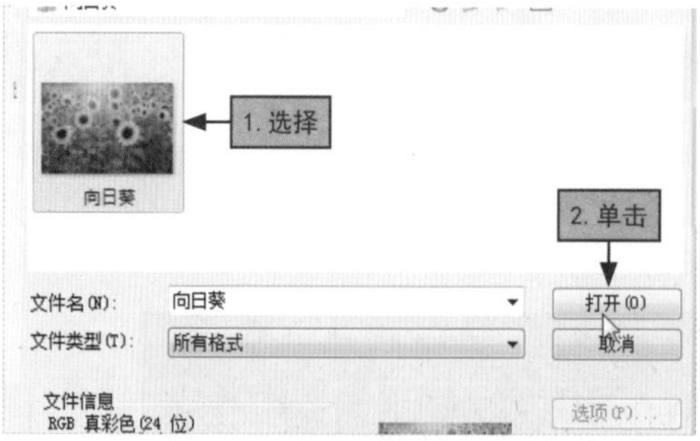

图2-35

图2-36

2.2.6 将文件保存为智能包

将文件保存为智能包的好处在于即使文件路径改变了，用户也不需要重新进行素材的链接。下面以使用素材库中的素材为例讲解相关的操作步骤。

[知识演练] 使用素材库素材保存智能包

本节素材	⊙/素材/Chapter02/树木/
本节效果	⊙/效果/无

步骤01 启动会声会影软件，在素材库中选择一张图片并拖动到视频轨中，这里拖动“SP-I03”素材，如图2-37所示。在“文件”下拉菜单中选择“智能包”命令，如图2-38所示。

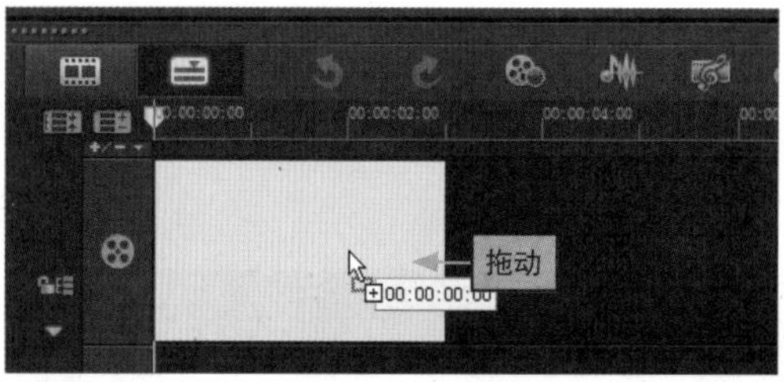

图2-37

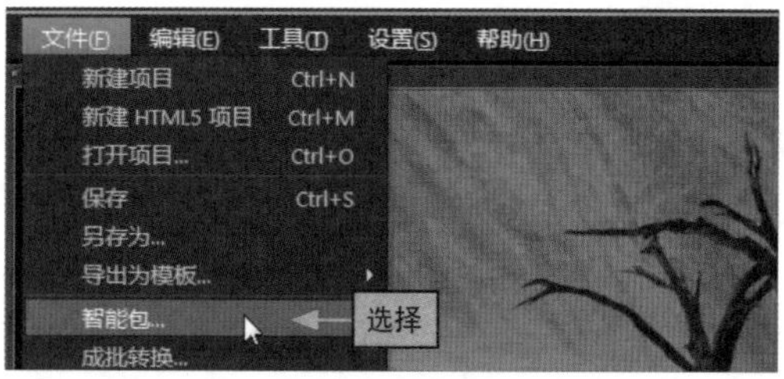

图2-38

步骤02 在打开的提示对话框中单击“是”按钮，如图2-39所示。在打开的“另存为”对话框中输入文件名，单击“保存”按钮，如图2-40所示。

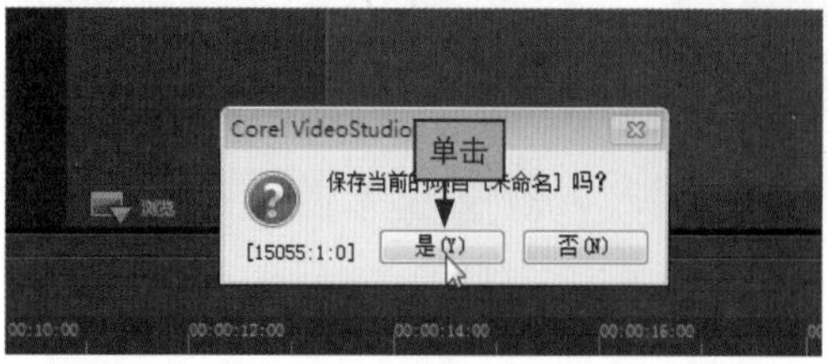

图2-39

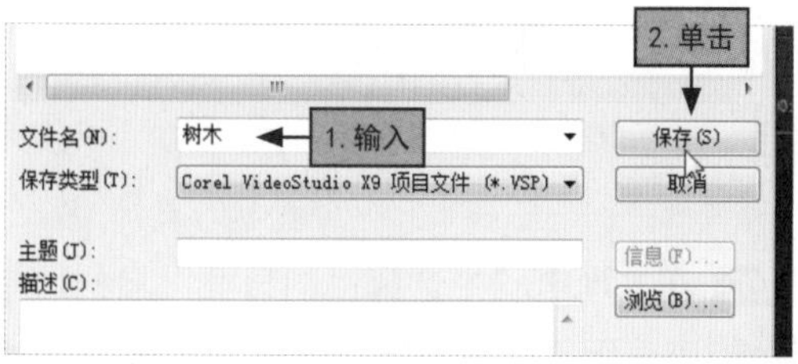

图2-40

步骤03 在打开的“智能包”对话框中单击“确定”按钮，如图2-41所示。在打开的提示对话框中单击“确定”按钮，如图2-42所示。

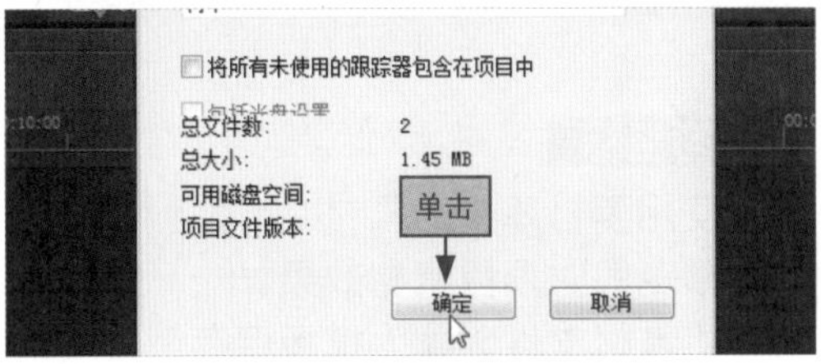

图2-41

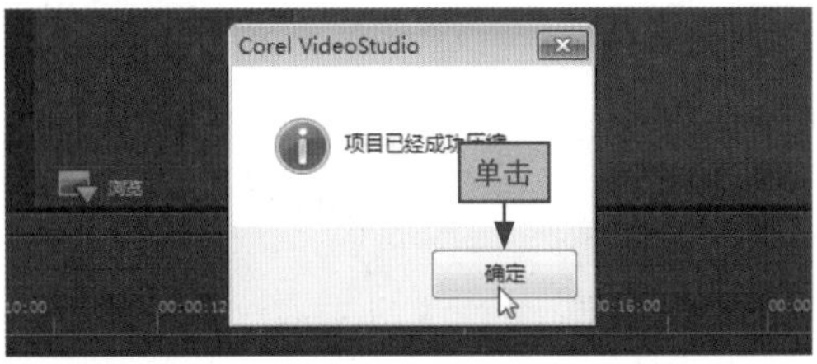

图2-42

2.2.7 没有打开重新链接对话框怎么办

在使用会声会影时如果遇到文件路径已经改变，在打开文件时却没有打开重新链接对话框的情况，这可能是设置了不进行重新链接检查，需要程序每次都进行链接检查，这可在“设置”中进行操作。

在“设置”下拉菜单中选择“参数选择”命令，如图2-43所示。在打开的“参数选择”对话框中勾选“重新链接检查”复选框，单击“确定”按钮，如图2-44所示。

图2-43

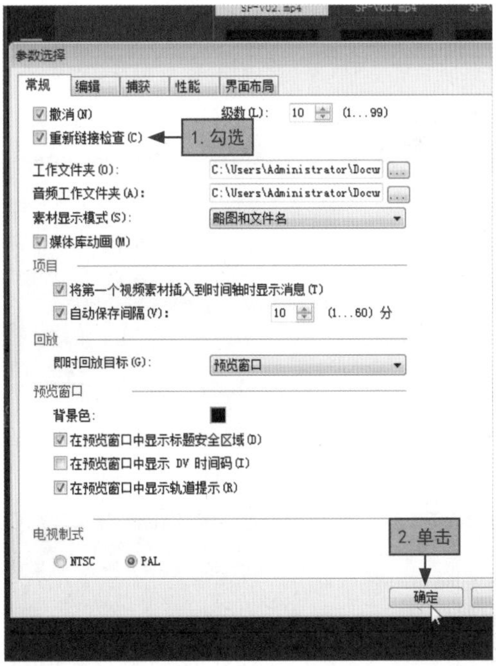

图2-44

LESSON 2.3 利用自带素材库并制作模板

知识级别

■初级入门 | □中级提高 | □高级拓展

知识难度 ★

学习时长 45 分钟

学习目标

① 使用素材库中的素材。

② 预览即时项目素材效果。

③ 将素材文件创建为模板保存。

※主要内容※

内　容	难　度	内　容	难　度
使用素材库中的视频素材	★	使用即时项目素材	★
利用其他在线素材制作动画效果	★	使用影音快手素材快速创建相册	★
将使用的素材导出为模板	★		

效果预览 > > >

2.3.1 使用素材库中的视频素材

安装好的会声会影素材库中提供了很多素材，对于操作还不太熟练的用户来说，可以使用会声会影自带的素材进行练习。

启动会声会影软件，在素材库中选择一个视频，这里选择“SP-V02.mp4”视频素材，如图2-45所示。将其拖曳到视频轨中，如图2-46所示。

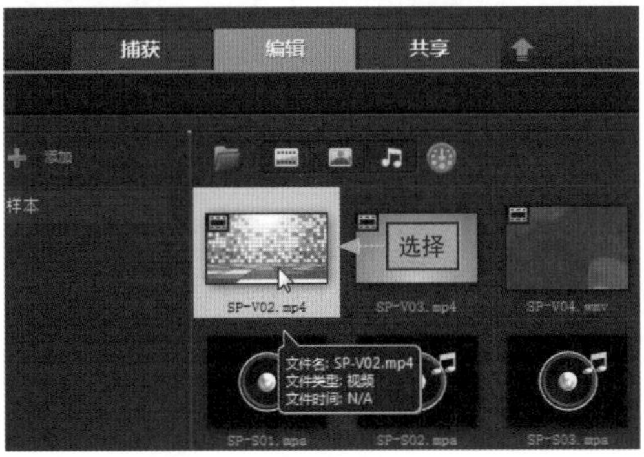

图2-45

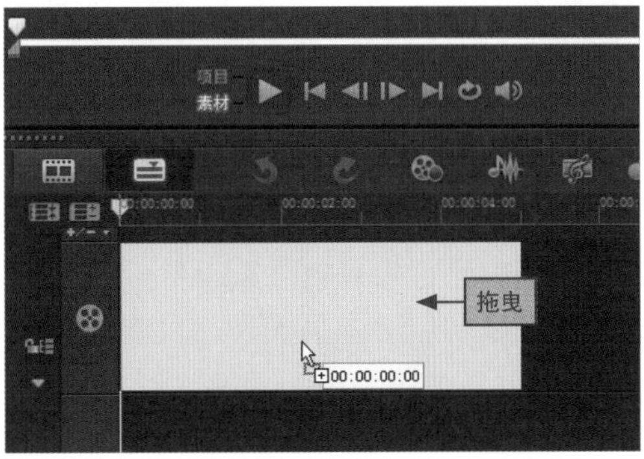

图2-46

添加视频素材后，可以在预览窗口查看视频的播放效果，此时看到的将是动态视频。

2.3.2 使用即时项目素材

除了视频、图片素材外，会声会影还提供了一些即时项目素材，即时项目素材中包含了音频、视频以及文字，下面以使用会声会影自带的“IP-01”即时项目素材为例，讲解相关的操作步骤。

[知识演练] 使用“IP-01”即时项目素材

步骤01 启动会声会影软件，单击“即时项目”按钮，如图2-47所示。在打开的素材库中选择“IP-01”素材，如图2-48所示。

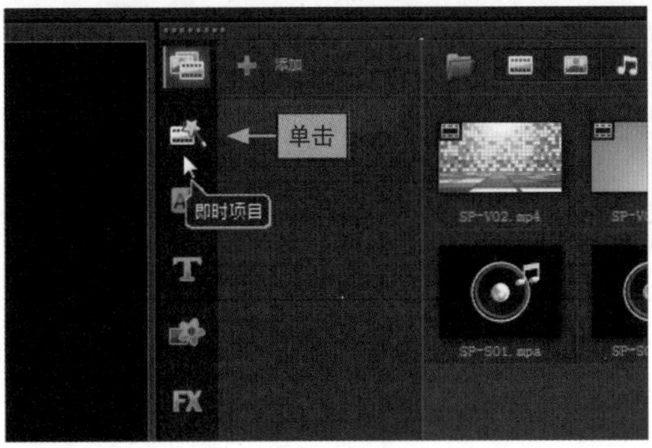

图2-47

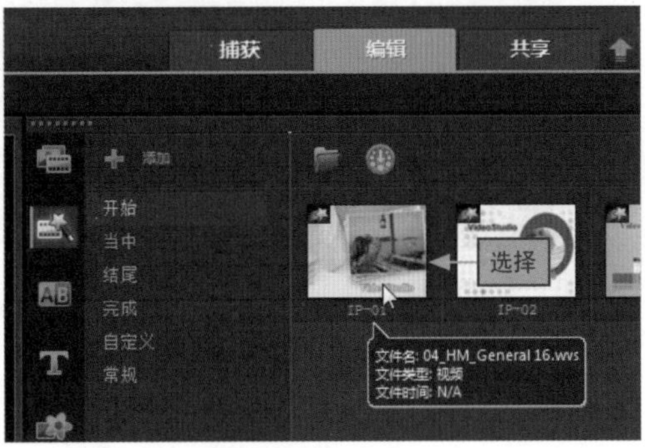

图2-48

步骤02 将模板素材拖曳到视频轨中，如图2-49所示。此时可以看到各轨道中都包含了具体的素材，如图2-50所示。

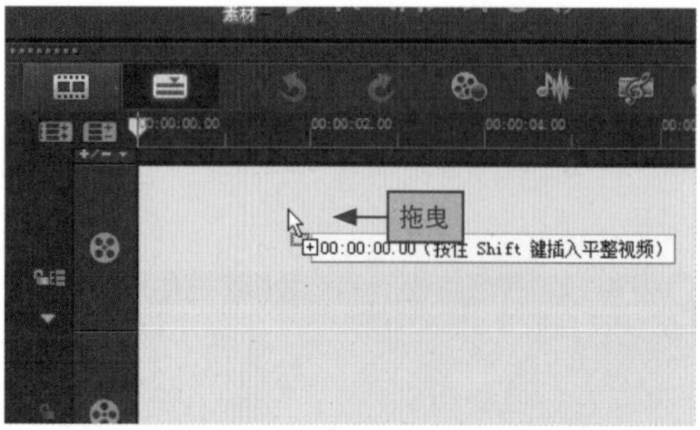

图2-49

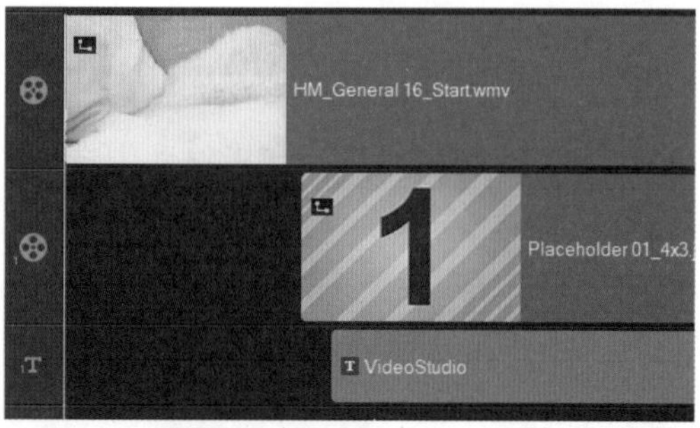

图2-50

使用即时项目素材后，不仅可以在预览窗口查看该素材的播放效果，同时还可以听到模板中的音乐，如图2-51所示。

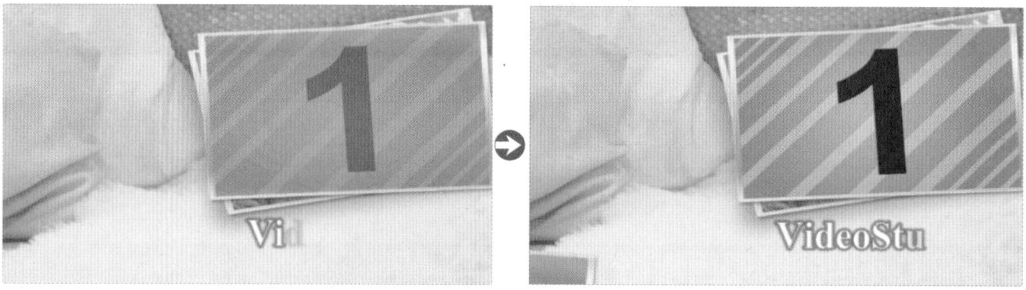

图2-51

2.3.3 利用其他在线素材制作动画效果

在“即时项目”选项卡中，可以看到其提供的素材分为“开始”“当中”“结尾”等。每个版块提供的素材效果都是不同的，“当中”素材库中的素材如图2-52所示。

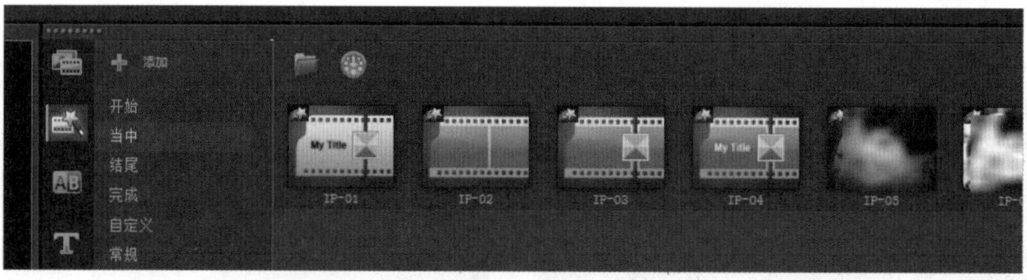

图2-52

前面使用了“当中”素材库中的素材，在具体使用时，还可以根据需要选择其他素材，如文字、图形素材等。下面以使用素材库中的图片和图形素材为例讲解相关的操作步骤。

[知识演练] 使用图片和图形两个素材

步骤01 在会声会影素材库中选择一个图片素材拖动到视频轨中，如图2-53所示。单击“图形”按钮，如图2-54所示。

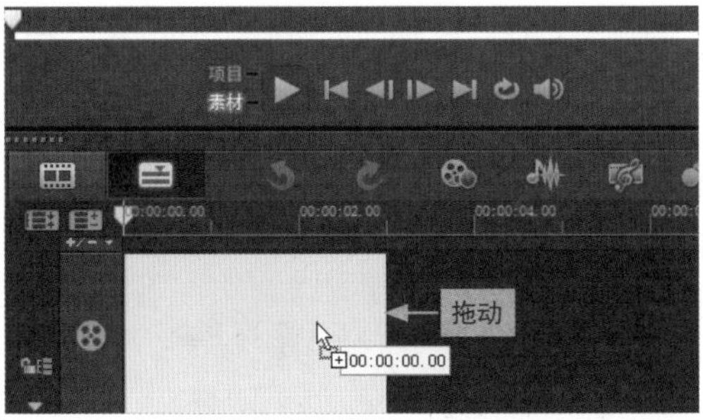

图2-53

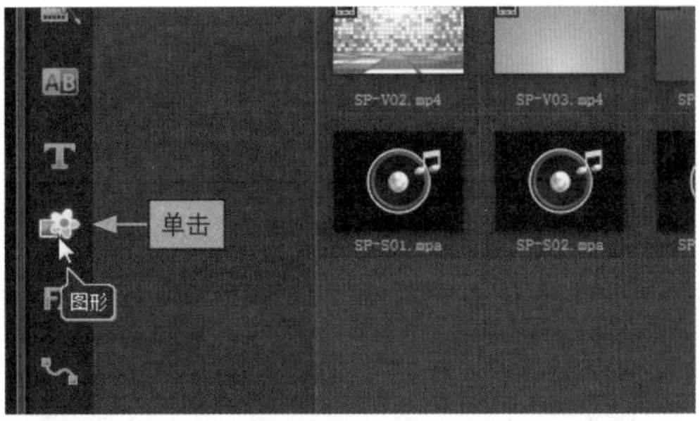

图2-54

步骤02 在“色彩模式”下拉列表中选择“Flash动画”选项，如图2-55所示。选择一个Flash动画素材，如图2-56所示。

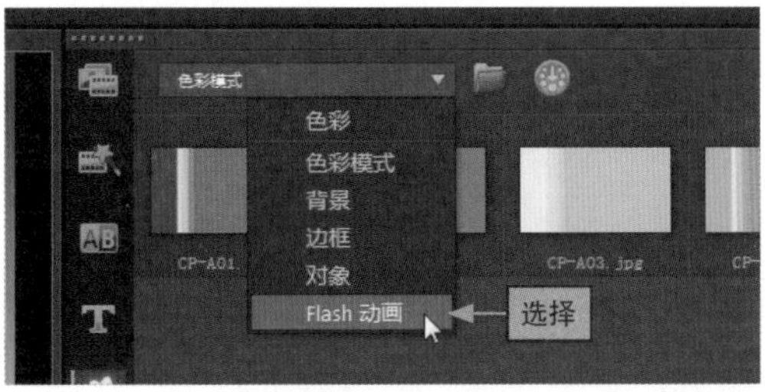

图2-55

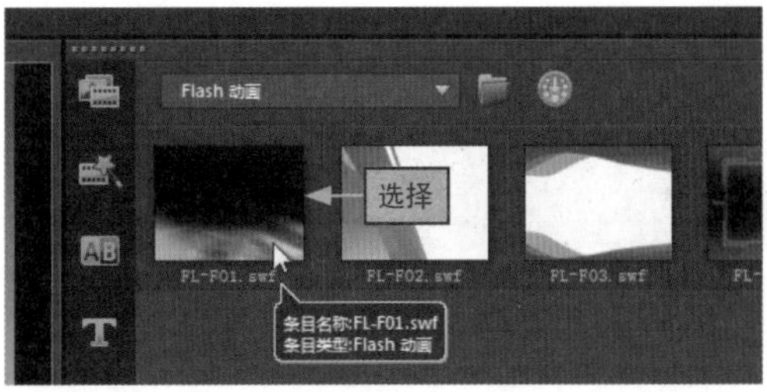

图2-56

步骤03 将Flash动画素材拖到覆叠轨中，如图2-57所示。单击“播放”按钮可以查看添加Flash动画素材后的效果，如图2-58所示。

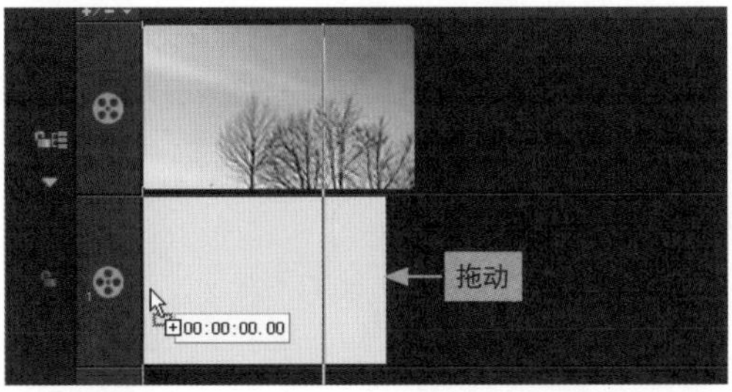

图2-57

图2-58

2.3.4 使用影音快手素材快速创建相册

影音快手中也提供了一些模板素材，这些模板都是可以直接应用的。同时，还可以添加图片，快速制作动态电子相册，下面通过具体的实例来讲解相关的操作步骤。

[知识演练] 在影音快手中添加“日落”照片

本节素材	⊙|素材|Chapter02|日落.jpg
本节效果	⊙|效果|Chapter02|日落.mp4

步骤01 在会声会影菜单栏的“工具”下拉菜单中选择“影音快手”命令，如图2-59所示。启动影音快手后，选择模板，如图2-60所示。

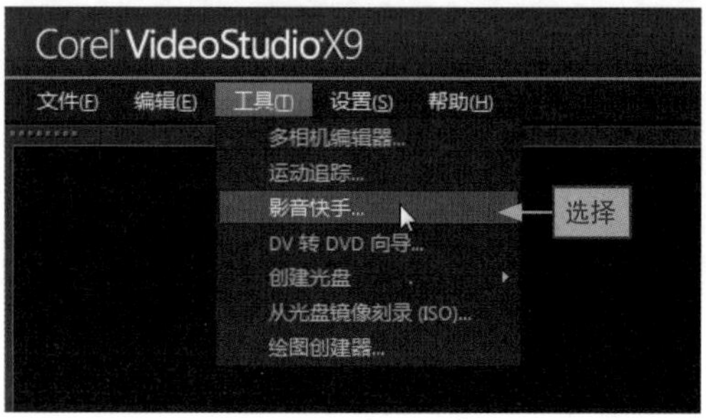

图2-59

图2-60

步骤02 单击“播放”按钮可以预览视频效果，如图2-61所示。单击“添加媒体”按钮，如图2-62所示。

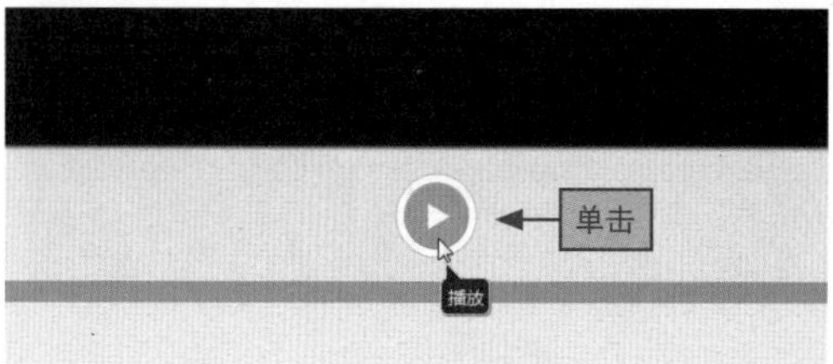

图2-61

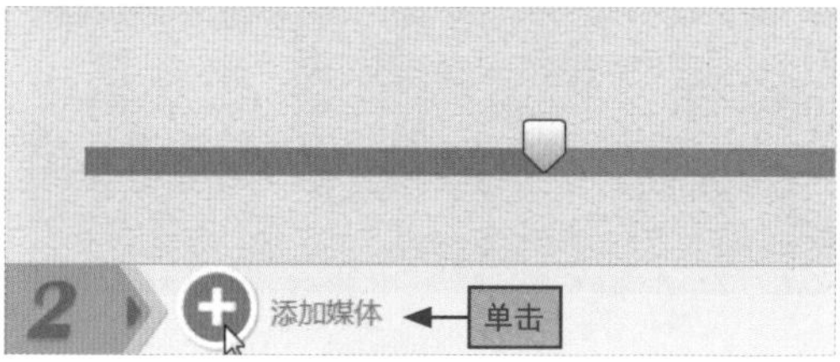

图2-62

步骤03 单击“添加媒体”按钮，如图2-63所示。在“添加效果”对话框中选择“日落.jpg”图片素材，单击“打开”按钮，如图2-64所示。

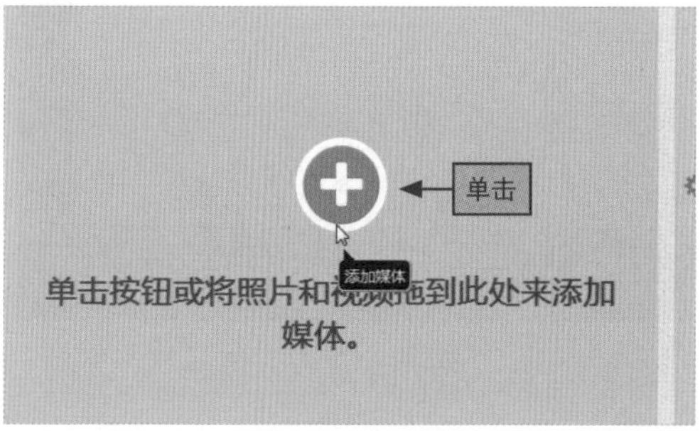

图2-63

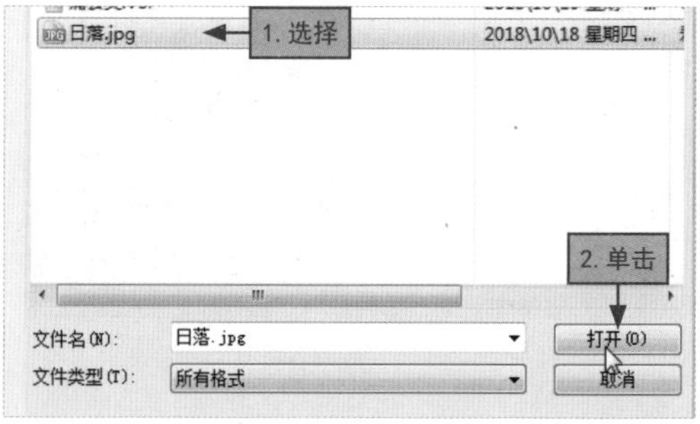

图2-64

步骤04 插入图片后，单击“播放”按钮可以查看到图片的播放效果，如图2-65所示。单击“保存和共享”按钮，如图2-66所示。

图2-65

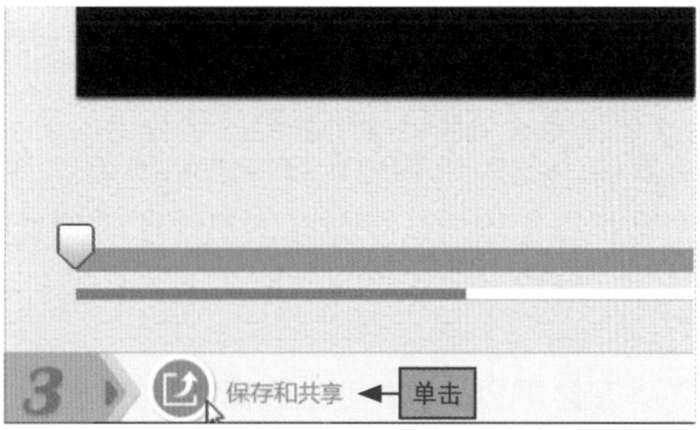

图2-66

步骤05 在“文件名”文本框中输入文件名称，这里输入“日落”，单击“浏览”按钮，如图2-67所示。选择文件保存位置，单击“保存”按钮，如图2-68所示。

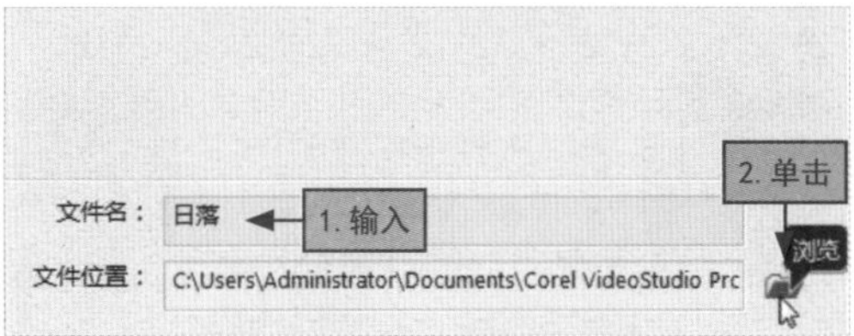

图2-67

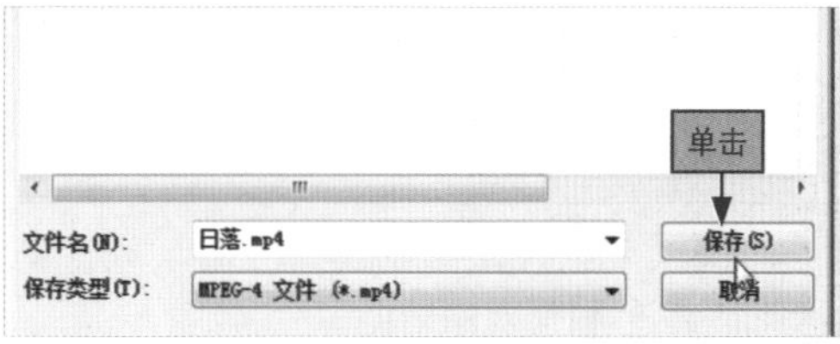

图2-68

步骤06 在返回的页面中单击“保存电影”按钮，如图2-69所示。此时会提示正在渲染电影，等待渲染完成，如图2-70所示。

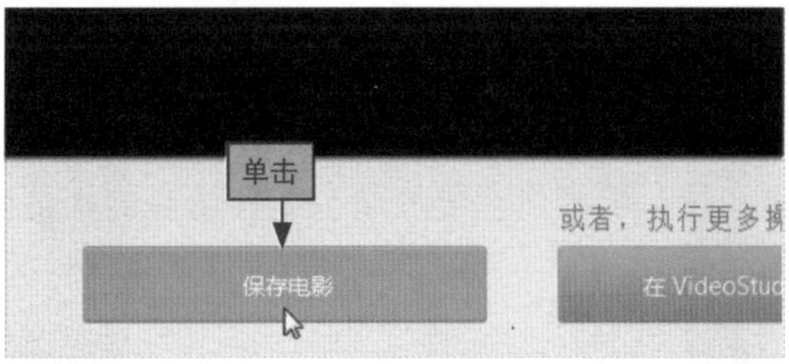

图2-69

图2-70

步骤07 渲染完成后，在打开的提示对话框中单击“确定”按钮，如图2-71所示。在对应的磁盘中可以查看到已保存的影片，如图2-72所示。

图2-71

图2-72

2.3.5 将使用的素材导出为模板

在会声会影中利用素材库为轨道添加多个素材后，还可以将该项目文件存储为模板，方便下次直接调用，下面以创建“即时项目”模板为例讲解相关的操作步骤。

[知识演练] 在会声会影中创建即时项目模板

步骤01 在会声会影素材库中选择素材并拖曳到对应的轨道中，在“文件”下拉菜单中选择“导出为模板/即时项目模板”命令，如图2-73所示。在打开的提示对话框中单击“是”按钮，如图2-74所示。

图2-73

图2-74

步骤02 在打开的“另存为”对话框中选择文件保存位置，在“文件名”文本框中输入文件名，单击“保存”按钮，如图2-75所示。在打开的“将项目导出为模板”对话框中单击“确定”按钮，如图2-76所示。

图2-75

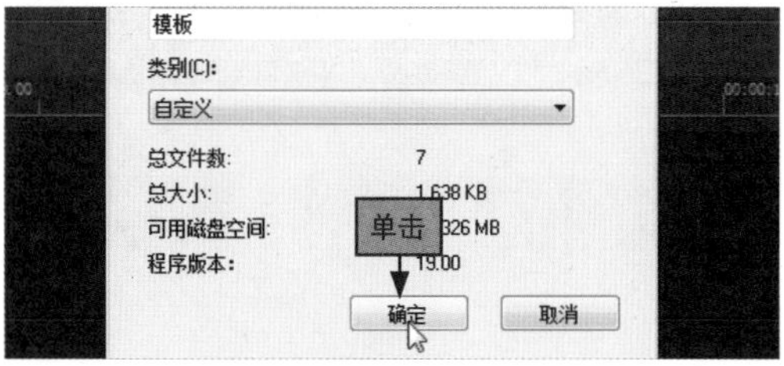

图2-76

步骤03 此时在打开的对话框中会提示“项目成功导出为模板”字样，单击“确定”按钮，如图2-77所示。

图2-77

第3章

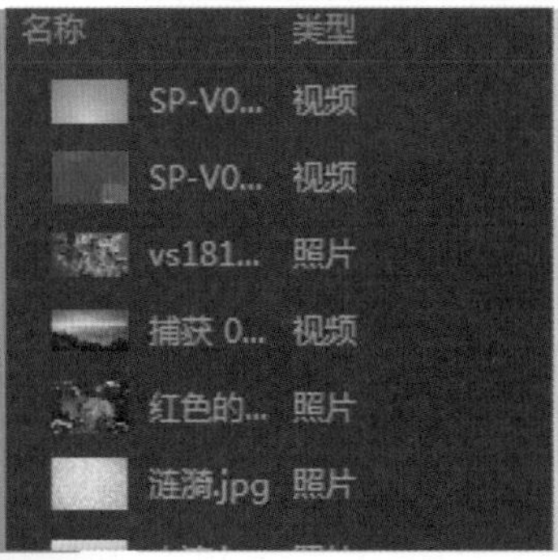

素材获取，媒体素材的捕获与整理

学习目标

在会声会影中使用的一些素材，有的是通过捕获得到的，这就要求掌握捕获的方法。另外，当素材库中的素材过多时，还需要对素材进行整理，方便编辑时选用。

本章要点

- 从本地电脑中导入视频
- 如何从U盘中捕获视频
- 电脑实时屏幕的捕获
- 在视频中捕获快照
- 设置捕获参数

……

LESSON 3.1

捕获素材，影片编辑的重要环节

知识级别

■初级入门 | □中级提高 | □高级拓展

知识难度 ★

学习时长 45 分钟

学习目标

① 学会从移动设备中导入视频。

② 掌握捕获电脑屏幕操作的方法。

③ 设置捕获的参数。

※主要内容※

内　容	难　度	内　容	难　度
从本地电脑中导入视频	★	从 U 盘中捕获视频	★
电脑实时屏幕的捕获	★	在视频中捕获快照	★
设置捕获参数	★		

效果预览 > > >

3.1.1 从本地电脑中导入视频

当把手机或者相机上的视频传输到电脑后，要在会声会影打开视频，还需要进行导入的操作。下面以导入“日落”视频为例讲解相关的操作步骤。

[知识演练] 将“日落”视频素材导入会声会影

本节素材	⊙|素材|Chapter03|日落.MP4
本节效果	⊙|效果|无

步骤01 启动会声会影软件，在“文件”下拉菜单中选择“将媒体文件插入时间轴/插入视频”命令，如图3-1所示。在打开的“打开视频文件”对话框中选择“日落.mp4”素材，单击“打开”按钮，如图3-2所示。

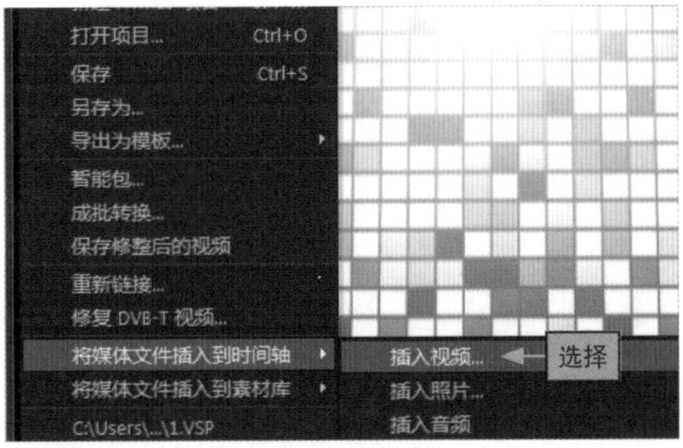

图3-1

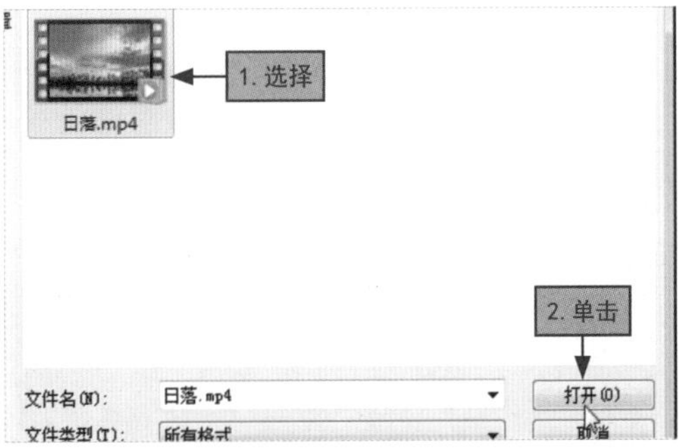

图3-2

步骤02 在打开的提示对话框中单击“是”按钮（也可以勾选“下次不显示此消息”复选框，避免每次都打开对话框进行提示），如图3-3所示。单击“播放”按钮，即可在预览窗口查看视频播放效果，如图3-4所示。

图3-3

图3-4

3.1.2 从U盘中捕获视频

如果日常拍摄和下载的素材存储在U盘中，那么也可以直接通过U盘捕获素材，下面以在U盘中捕获“星空”视频素材为例讲解相关的操作步骤。

[知识演练] 将U盘中的“星空”视频素材导入会声会影

本节素材	⊙|素材|Chapter03|星空.MP4
本节效果	⊙|效果|无

步骤01 将U盘插入电脑的USB接口，如图3-5所示。在会声会影工具栏中单击“录制/捕获选项”按钮，如图3-6所示。

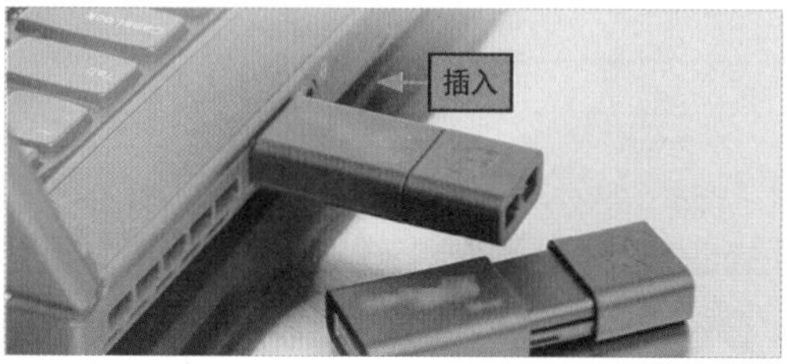

图3-5

图3-6

步骤02 在打开的“录制/捕获选项”对话框中单击“移动设备”按钮，如图3-7所示。在打开的“从硬盘/外部设备导入媒体文件”对话框中单击电脑中的U盘设备，如图3-8所示。

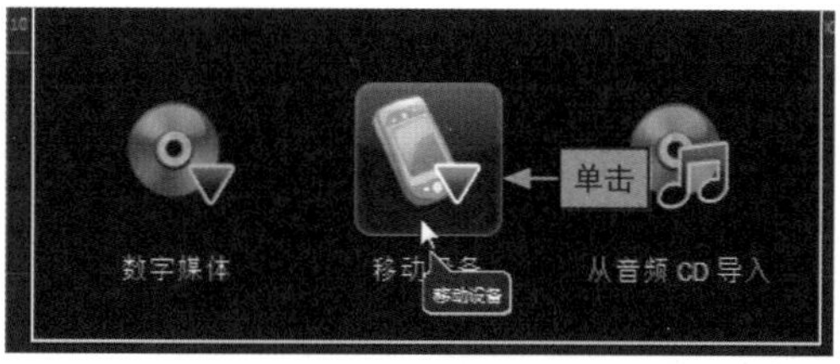

图3-7

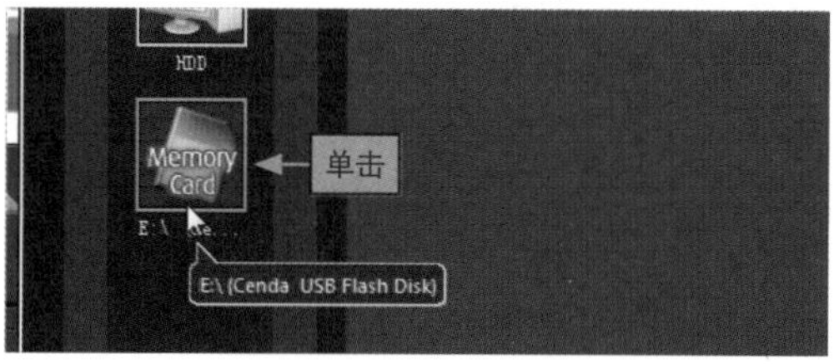

图3-8

步骤03 在右侧展开的窗格中选择“星空.mp4”素材，单击“确定”按钮，如图3-9所示。在打开的“导入设置”对话框中单击“确定”按钮，如图3-10所示。

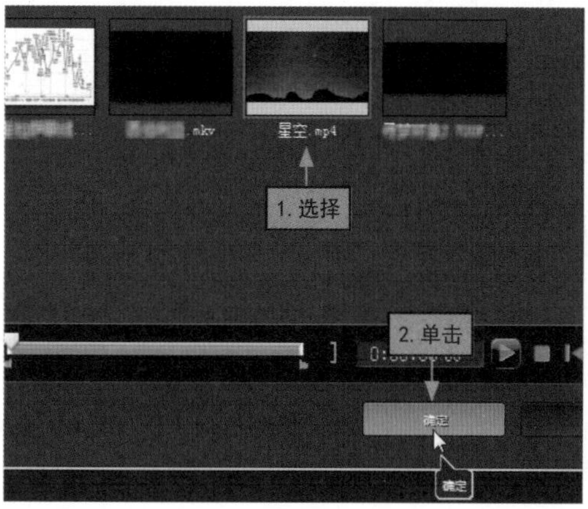

图3-9

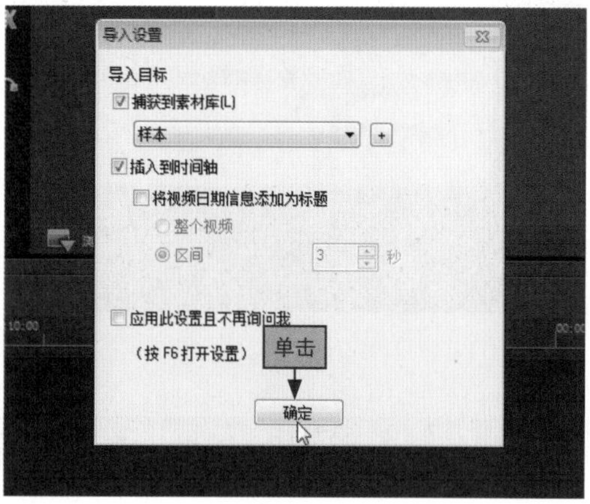

图3-10

完成以上步骤后可以发现，在会声会影的视频轨、预览窗口以及素材库中，都呈现了“星空”视频素材，如图3-11所示。

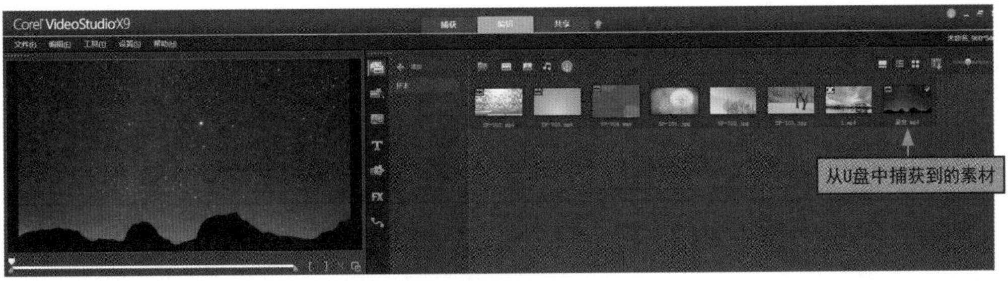

图3-11

3.1.3 电脑实时屏幕的捕获

如果需要将电脑上的操作以视频的形式录制下来，同样可以通过会声会影来实现，下面以捕获电脑桌面为例讲解相关的操作步骤。

[知识演练] 捕获电脑屏幕移动快捷方式的操作

步骤01 在会声会影工具栏中单击“录制/捕获选项”按钮，如图3-12所示。在打开的“录制/捕获选项”对话框中单击“屏幕捕获”按钮，如图3-13所示。

图3-12

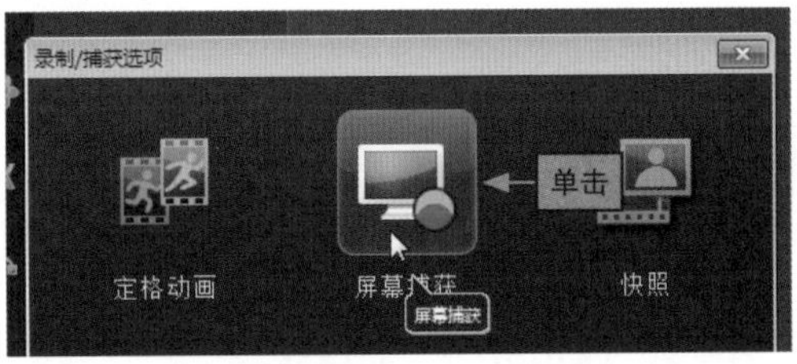

图3-13

步骤02 程序自动切换至电脑桌面，拖动控制线选取要捕获的电脑屏幕区域，如图3-14所示。在“屏幕捕获”对话框中单击“开始”按钮，如图3-15所示。

图3-14

图3-15

步骤03 在电脑中进行操作，这里移动快捷方式图标，如图3-16所示。按F10键结束屏幕捕获，在打开的提示对话框中单击“确定”按钮，如图3-17所示。

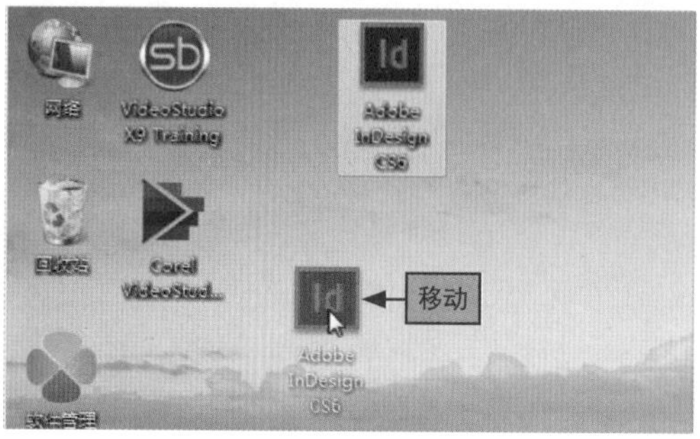

图3-16

图3-17

此时程序会自动打开会声会影，在预览窗口以及素材库中可以查看到已捕获到的电脑屏幕视频，如图3-18所示。

图3-18

3.1.4 在视频中捕获快照

将视频导入视频轨后，还可以在视频轨中抓拍特定的帧为快照，下面以抓拍“花开时刻”视频为例讲解相关的操作步骤。

[知识演练] 抓拍“花开时刻”视频为快照

本节素材	⊙|素材|Chapter03|花开时刻.MP4
本节效果	⊙|效果|无

步骤01 将“花开时刻”视频素材导入视频轨中，单击“播放”按钮播放视频，如图3-19所示。当播放到想要抓拍的帧时，单击“暂停”按钮，如图3-20所示。

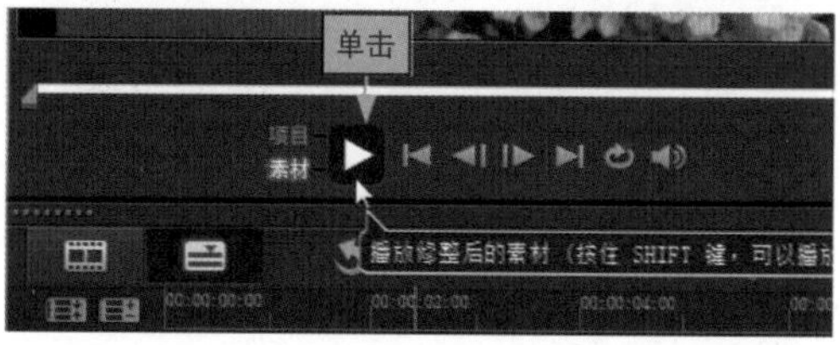

图3-19

图3-20

步骤02 单击“录制/捕获选项”按钮，如图3-21所示。在打开的“录制/捕获选项”对话框中单击“快照”按钮，如图3-22所示。

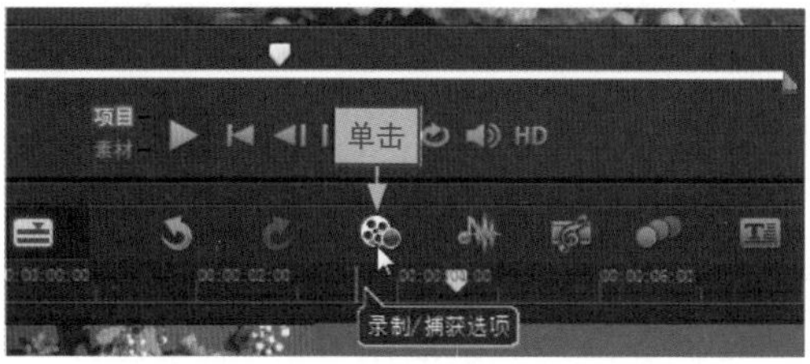

图3-21

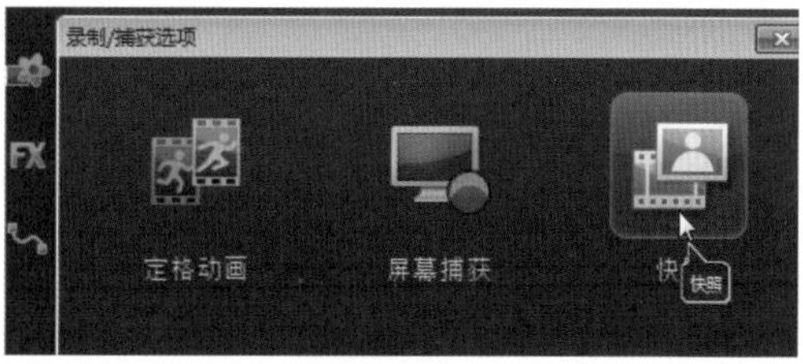

图3-22

完成以上步骤后，在素材库中即可查看到捕获的快照，如图3-23所示。另外，也可以在“编辑”下拉菜单中选择“抓拍快照”命令进行抓拍，如图3-24所示。

图3-23

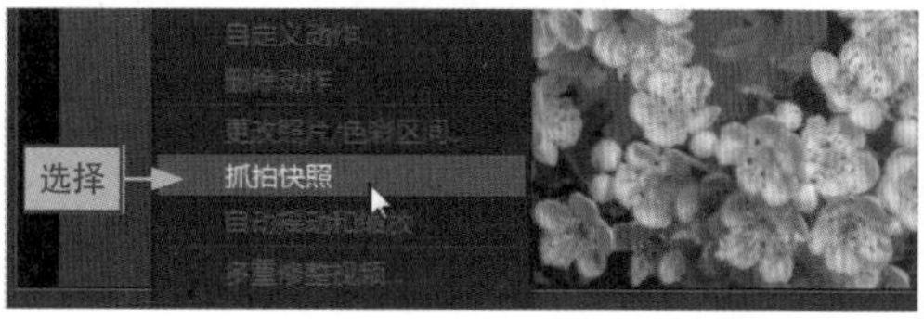

图3-24

3.1.5 设置捕获参数

在快照抓拍前，还可根据需要的文件类型设置快照的参数，下面以在“捕获”选项卡设置捕获参数为“JPEG”为例讲解相关的操作步骤。

[知识演练] 设置捕获参数为“JPEG”

步骤01 在“设置”下拉菜单中选择“参数选择”命令，如图3-25所示。在打开的“参数选择”对话框中单击“捕获”选项卡，如图3-26所示。

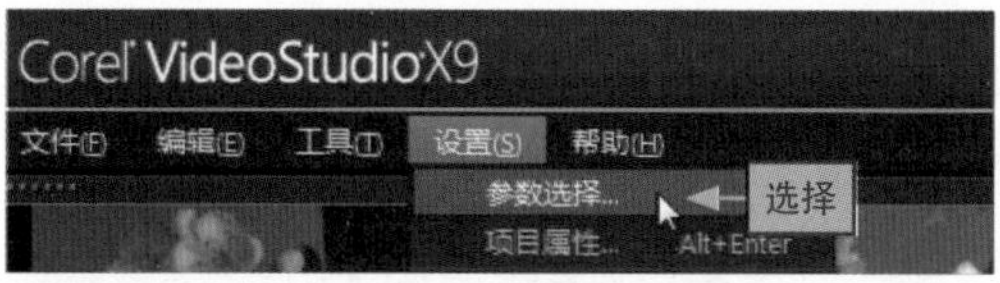

图3-25

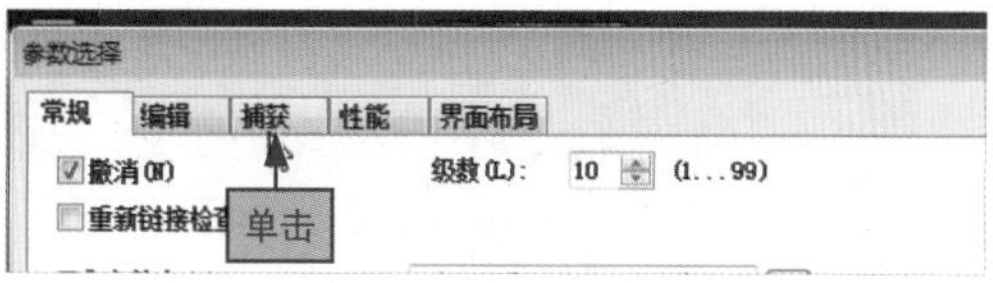

图3-26

步骤02 单击“捕获格式”下拉按钮，在打开的下拉列表中选择“JPEG”选项，如图3-27所示。单击“确定”按钮，如图3-28所示。

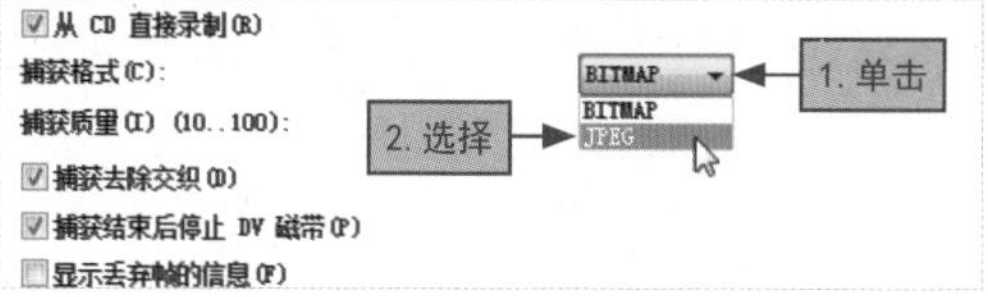

图3-27

图3-28

LESSON 3.2 对素材库中的素材进行管理

知识级别

■初级入门｜□中级提高｜□高级拓展

知识难度 ★

学习时长 90 分钟

学习目标

① 添加不同类型的素材到素材库。

② 整理和命名素材库中的文件。

③ 对素材进行标记和显示方式调整。

※主要内容※

内　容	难　度	内　容	难　度
一次性批量导入素材	★	重命名素材库中的素材	★
删除素材库中的素材	★	切换素材的显示视图	★
将素材按日期进行排序	★	为素材设置 3D 标记	★
按列表方式显示素材	★	隐藏素材文件的标题	★
在素材库新建文件夹	★	放大显示素材缩略图	★
重置素材媒体库	★		

效果预览 > > >

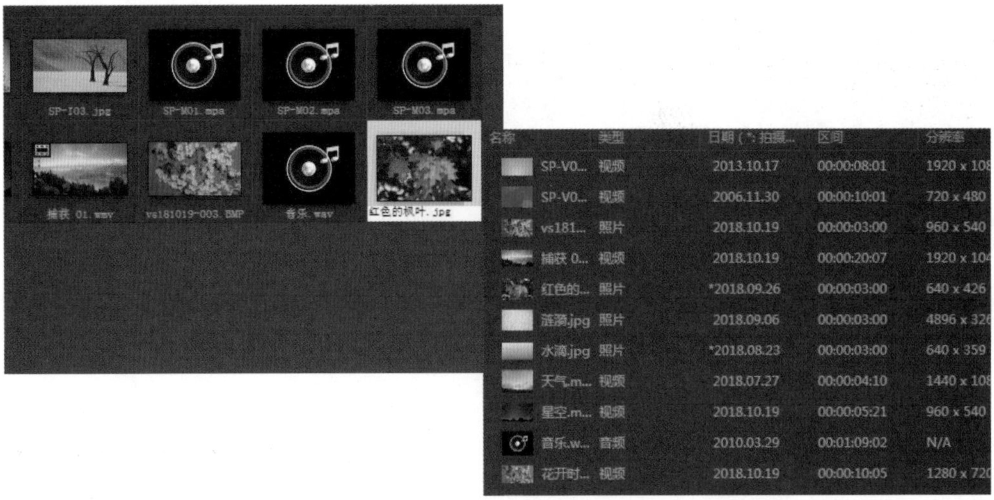

3.2.1 一次性批量导入素材

如果需要使用的素材比较多，可以一次性批量导入会声会影中，下面以在会声会影中导入媒体文件为例讲解相关的操作步骤。

在会声会影素材库面板中单击“导入媒体文件”按钮，如图3-29所示。在打开的“浏览媒体文件”对话框中按Ctrl键选择多个要导入的素材，单击“打开”按钮，如图3-30所示。

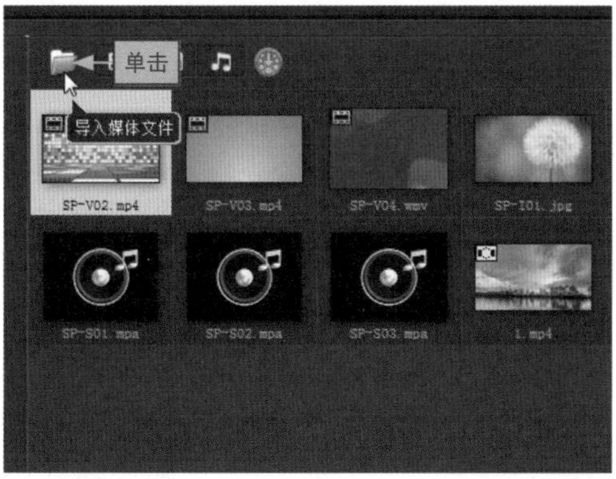

图3-29

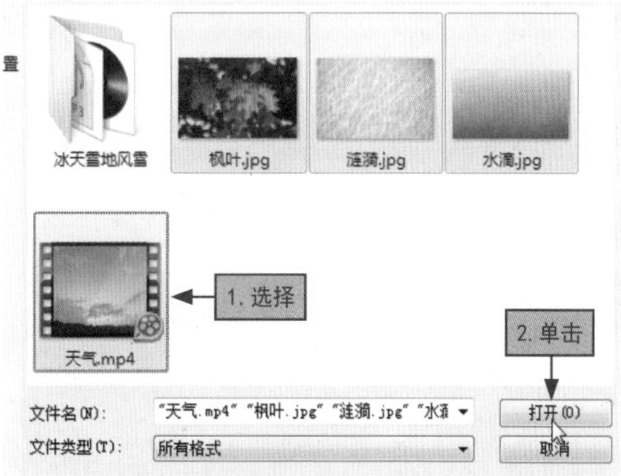

图3-30

导入成功后可以在素材库中查看到批量导入的图片以及视频文件，如图3-31所示。

图3-31

3.2.2 重命名素材库中的素材

除了可以导入多个素材外，也可以对素材库中的素材进行重命名，下面以重命名素材库中的图片素材为例讲解相关的操作步骤。

在素材库中双击需要重命名的图片素材，如图3-32所示。输入素材名称，按Enter键确认，如图3-33所示。

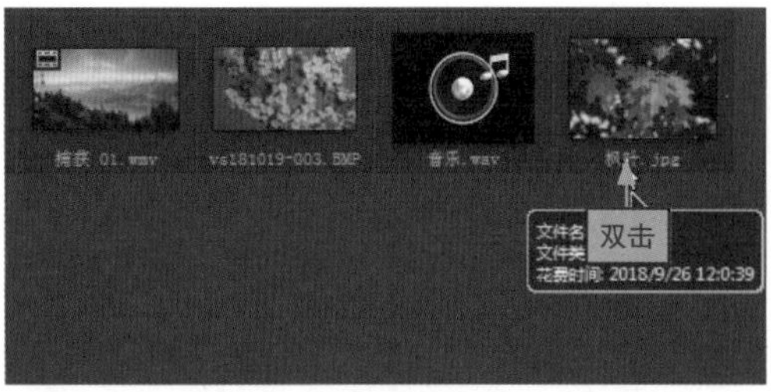

图3-32

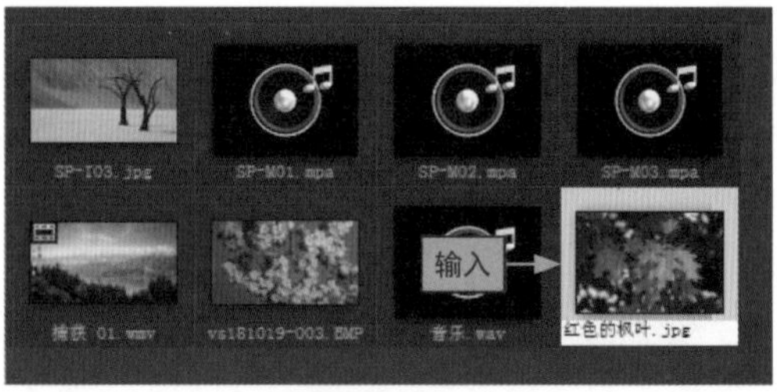

图3-33

3.2.3 删除素材库中的素材

对于不再使用的素材，可以从素材库中删除，以避免素材库中的文件太多。删除素材的方法很简单，右击要删除的素材，在弹出的快捷菜单中选择“删除”命令，如图3-34所示。在打开的提示对话框中单击“是”按钮，如图3-35所示。

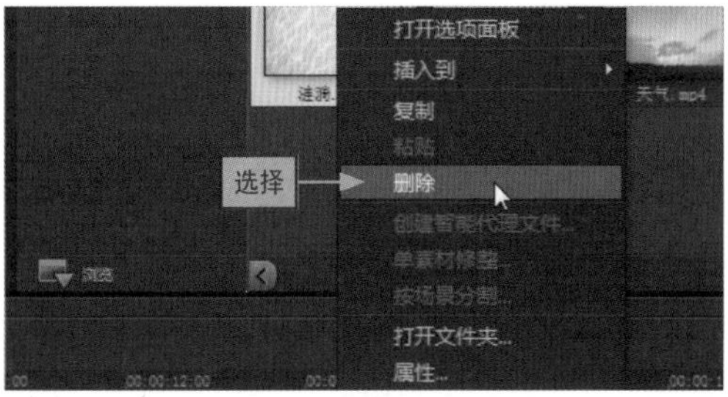

图3-34

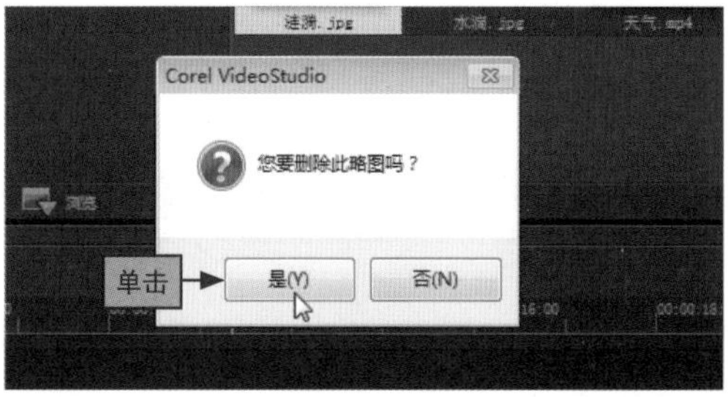

图3-35

3.2.4 切换素材的显示视图

会声会影素材库中显示的视图是可以根据需要切换的，如果想要媒体文件中只显示图片素材，那么可以把视频、音频文件隐藏起来。下面以只显示图片素材为例讲解相关的操作步骤。

在素材库面板中单击“隐藏视频”按钮，隐藏视频文件，如图3-36所示。单击“隐藏音频文件”按钮，隐藏音频文件，如图3-37所示。

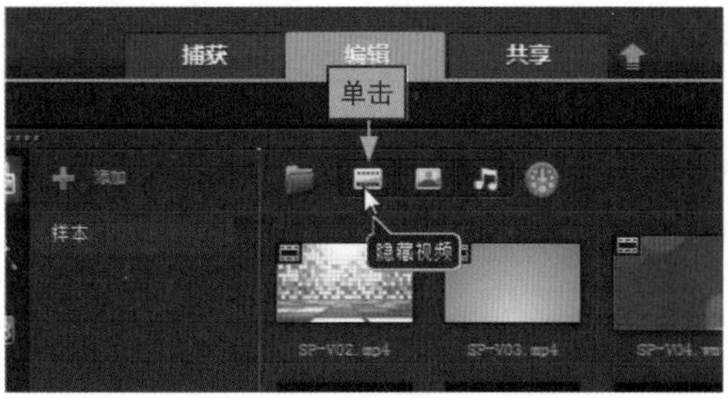

图3-36

图3-37

3.2.5 将素材按日期进行排序

在使用会声会影编辑视频的过程中，为了方便素材的调用，可以将素材按日期进行排序。单击“对素材库中的素材排序”按钮，如图3-38所示。在弹出的下拉列表中选择“按日期排序”选项，如图3-39所示。

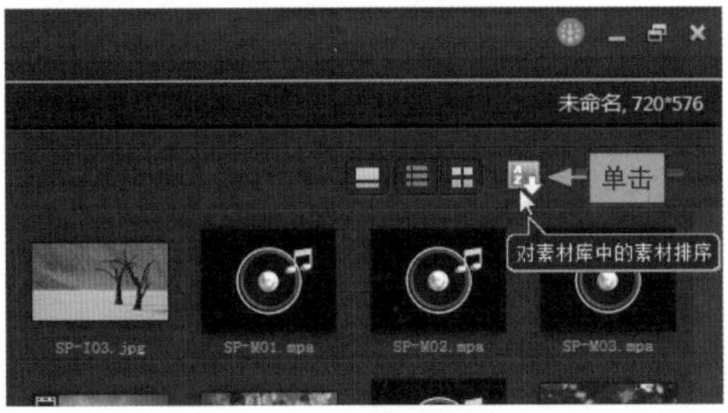

图3-38

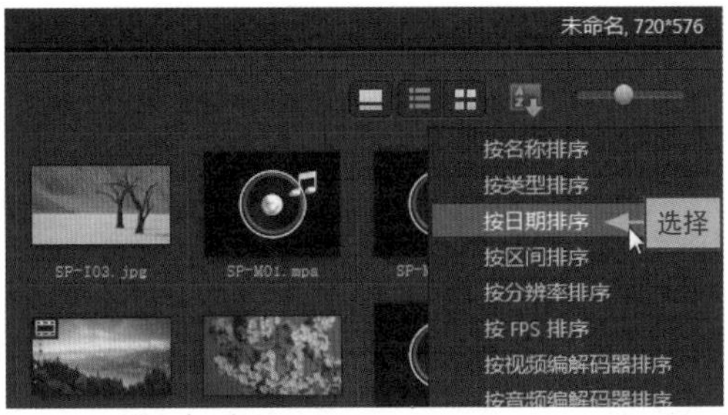

图3-39

在“对素材库中的素材排序”下拉列表中还可以看到其他排序方式，例如，按类型排序、按区间排序以及按分辨率排序等，可以根据需要设置不同的排序方式。

3.2.6 为素材设置3D标记

对于添加到会声会影中的3D媒体素材，可以为其设置3D标记，这样更便于素材的使用。下面以将视频文件标记为3D为例讲解相关的操作步骤。

[知识演练] 将视频文件输出标记为3D

步骤01 右击要标记3D的视频文件，在弹出的快捷菜单中选择“标记为3D”命令，如图3-40所示。在打开的“3D设置”对话框中选择格式，这里选择“并排”选项，如图3-41所示。

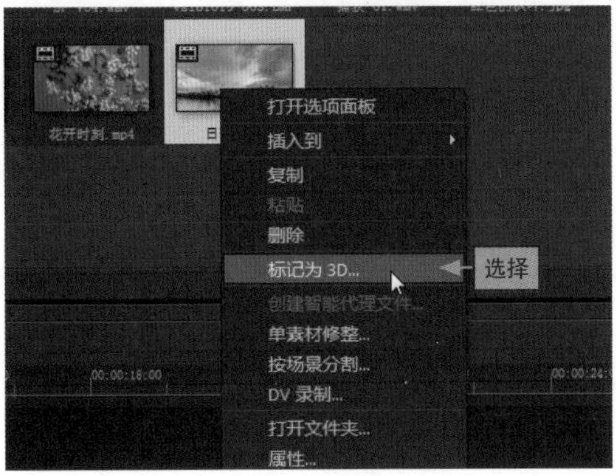

图3-40

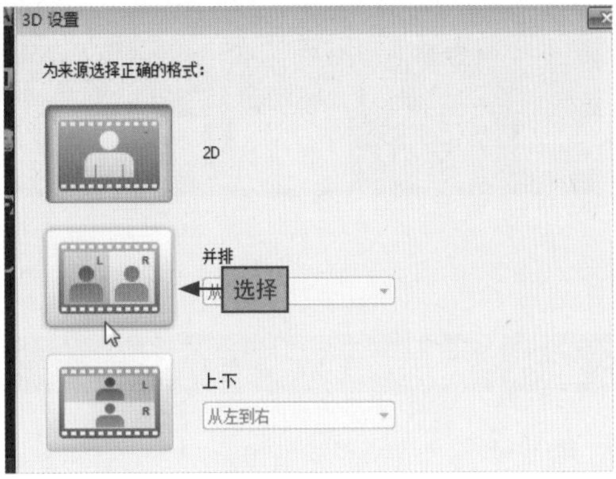

图3-41

步骤02 在“并排”下拉列表中选择“从右到左”格式，如图3-42所示。单击“确定”按钮，如图3-43所示。

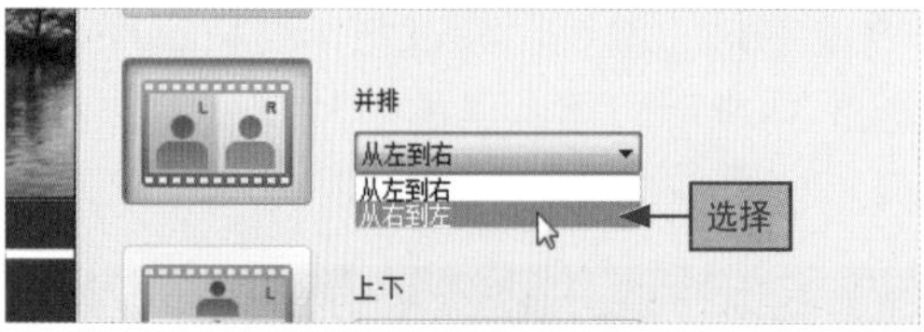

图3-42

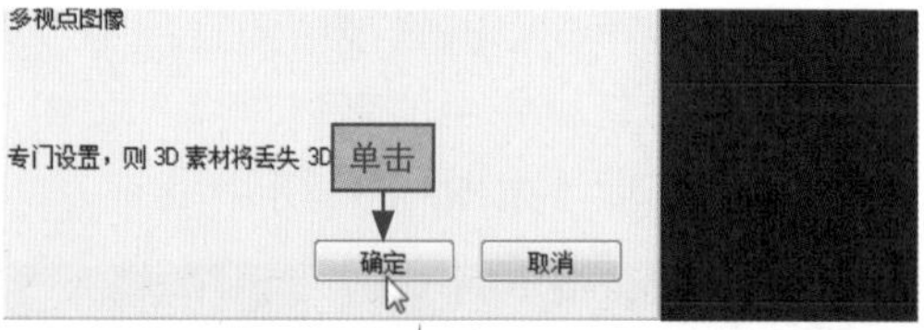

图3-43

完成以上步骤后可以看到，素材库中的视频文件缩略图的左下角有“3D”的标记，如图3-44所示。

图3-44

3.2.7 按列表方式显示素材

会声会影素材库中的素材有两种显示方式，一种是缩略图，另一种是列表，这两种显示方式可以随意切换。在素材库面板中单击“列表视图”按钮，即可按列表来显示素材，如图3-45所示。

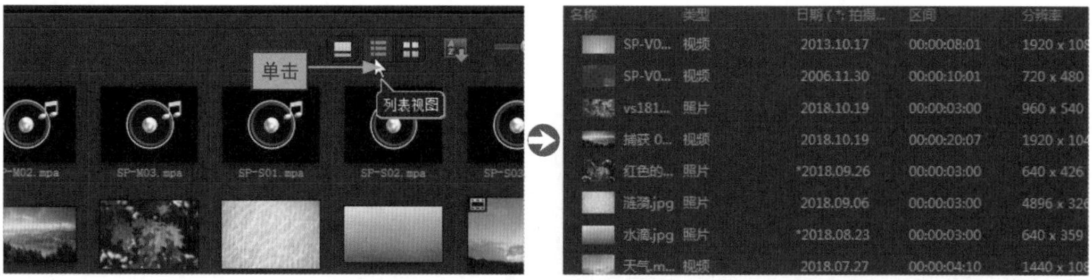

图3-45

3.2.8 隐藏素材文件的标题

如果不希望素材库中的素材显示标题，可以将标题进行隐藏。操作很简单，单击“隐藏标题”按钮即可，如图3-46所示。

图3-46

3.2.9 在素材库新建文件夹

在使用会声会影时，如果即将导入素材库中的文件类型较多，那么可以新建文件夹将素材分门别类地进行存放。在“媒体”选项卡中，单击“添加新文件夹”按钮，新建一个文件夹并输入文件夹名称，按Enter键，如图3-47所示。

图3-47

3.2.10 放大显示素材缩略图

在素材库中，素材文件的缩略图大小也是可以调整的。拖动素材库面板中圆形按钮即可调整大小，向左拖动为缩小缩略图，向右拖动则是放大缩略图，如图3-48所示。

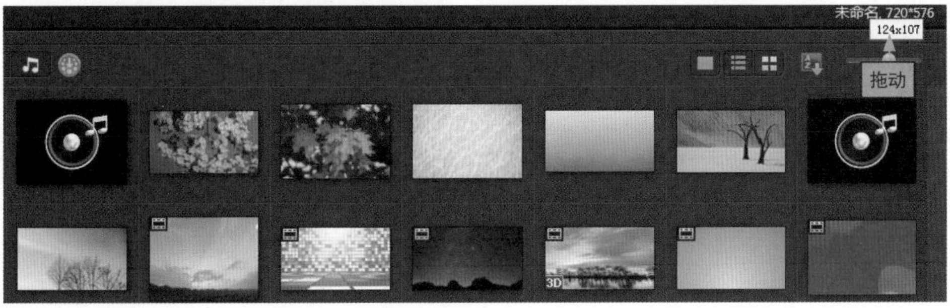

图3-48

3.2.11 重置素材媒体库

会声会影软件自带的素材文件也是可以删除的。在删除了这些素材文件后，如果某一天又需要使用，可以通过重置媒体的方法找回。另外，如果想要一次性快捷删除自己添加到素材库中的媒体文件，也可以采用重置的方法。下面以在“设置”下拉菜单中进行素材库重置为例讲解相关的操作步骤。

[知识演练] 在“设置”菜单中重置媒体库

步骤01 在“设置”下拉菜单中选择“素材库管理器/重置库”命令，如图3-49所示。在打开的“重置库”对话框中单击“确定”按钮，如图3-50所示。

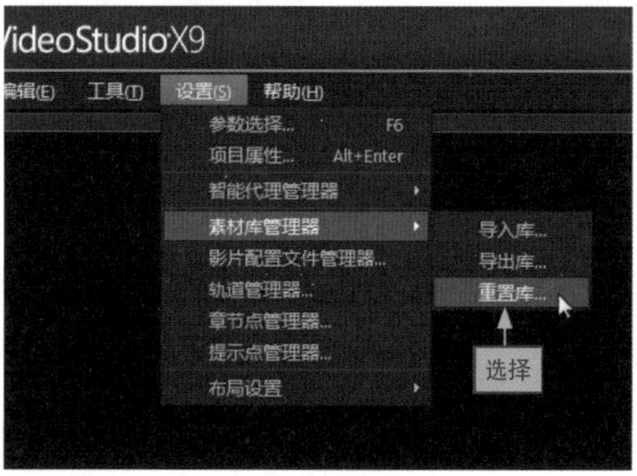

图3-49

图3-50

步骤02 在打开的提示对话框中单击“确定”按钮，如图3-51所示。此时可以看到，之前添加到素材库中的媒体文件已经不存在了，样本文件夹显示的素材为刚安装会声会影时自带的素材，如图3-52所示。

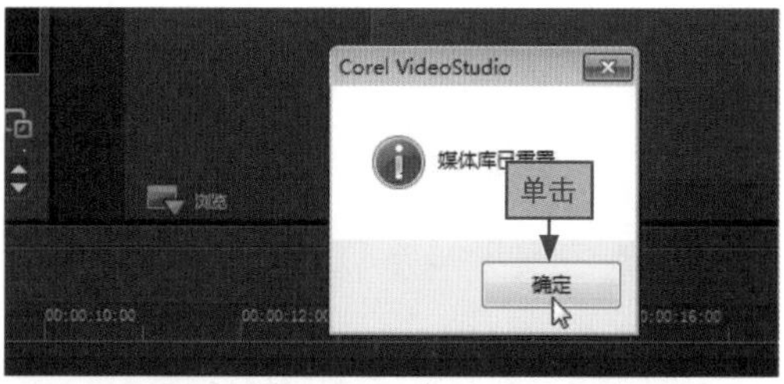

图3-51

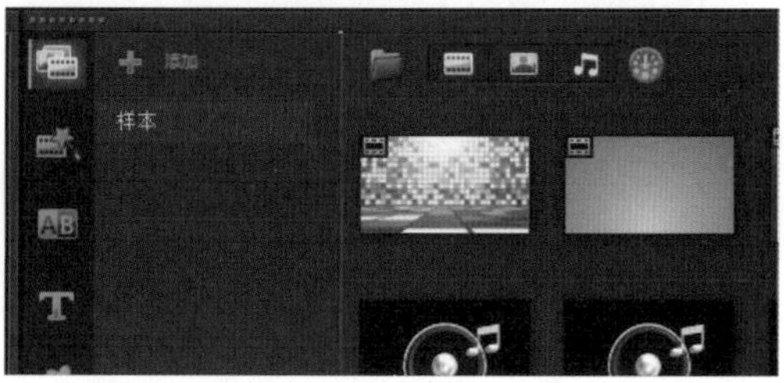

图3-52

LESSON 3.3 媒体素材的在线应用

知识级别

■初级入门 | □中级提高 | □高级拓展

知识难度 ★

学习时长 15 分钟

学习目标

① 在时间轴插入不同类型的素材。

② 替换和复制时间轴素材。

③ 时间轴视图显示管理。

※主要内容※

内　容	难　度	内　容	难　度
在编辑界面插入视频素材	★	将视频素材替换为照片素材	★
在音频轨添加音频媒体素材	★	在时间轴插入或删除轨道	★
调整轨道素材的显示长度	★	复制视频素材到覆叠轨	★
切换时间轴视图的显示方法	★	进入文件夹查看素材	★

效果预览 > > >

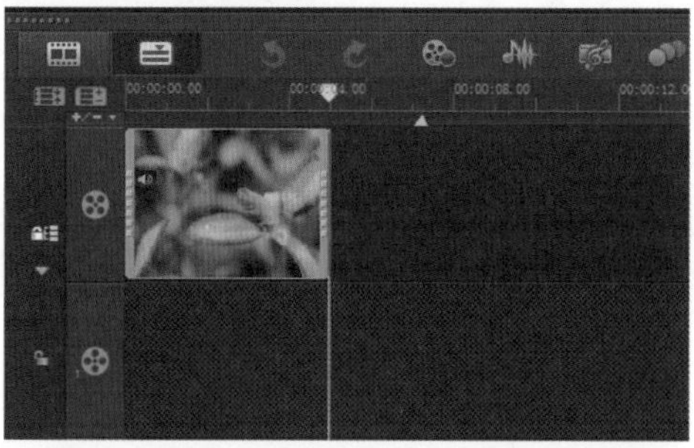

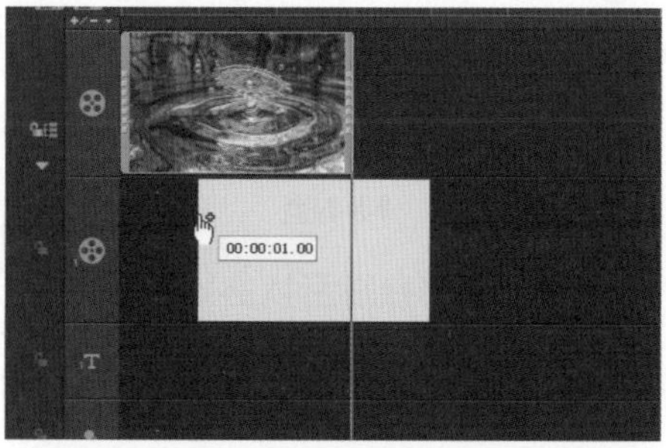

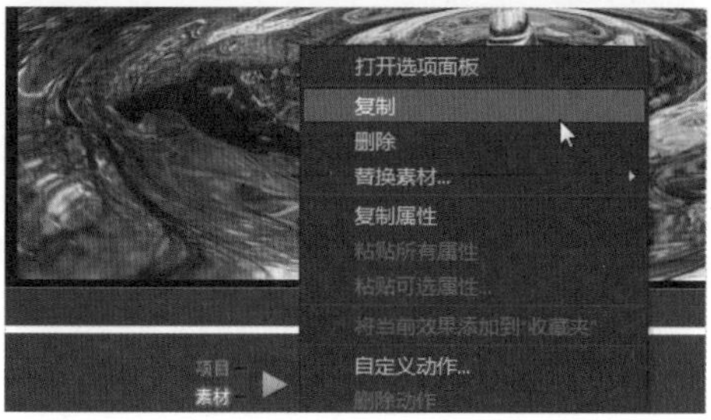

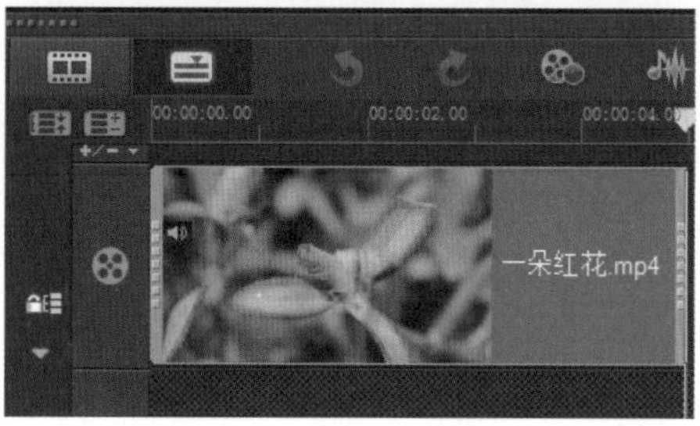

3.3.1 在编辑界面插入视频素材

一般情况下，在会声会影中使用素材时，可以先将素材上传至素材库，然后拖动到对应的轨道中，实际上更为简单的方法是直接在视频轨中插入素材。右击视频轨，在弹出的快捷菜单中选择“插入视频”命令，如图3-53所示。在本地电脑中选择要插入的视频文件，单击“打开”按钮，如图3-54所示。

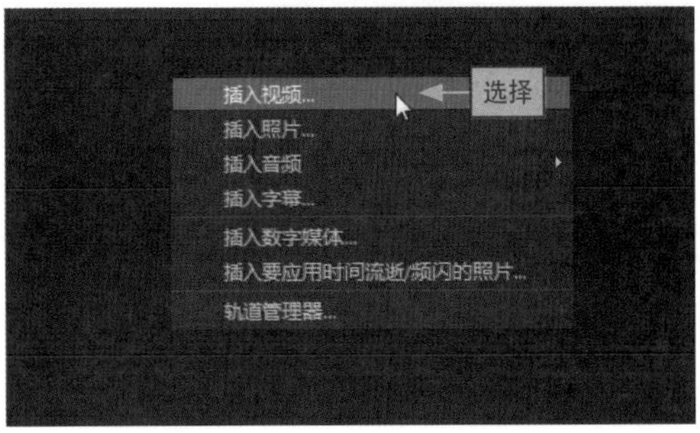

图3-53

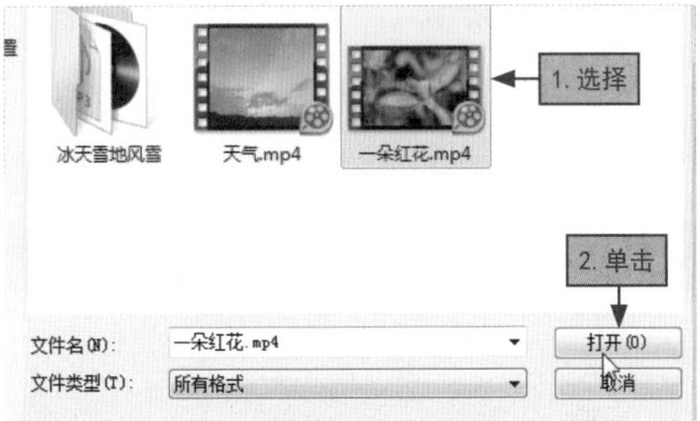

图3-54

3.3.2 将视频素材替换为照片素材

对于已插入视频轨中的视频素材，也可以将其替换为图片素材。右击已插入视频轨中的视频文件，在弹出的快捷菜单中选择“替换素材/照片”命令，如图3-55所示。在打开的“替换/重新链接素材”对话框中选择图片素材，单击“打开”按钮，如图3-56所示。

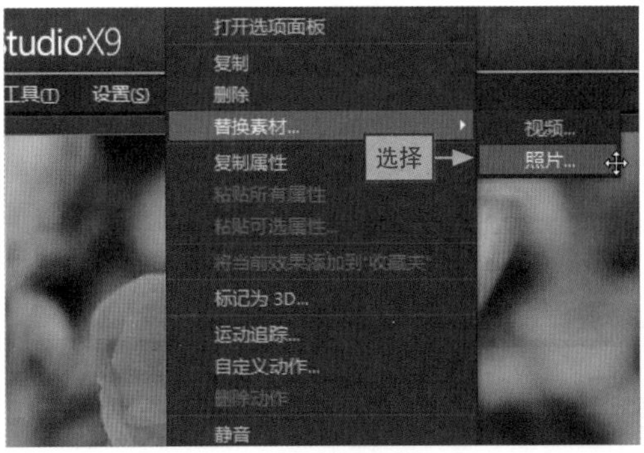

图3-55

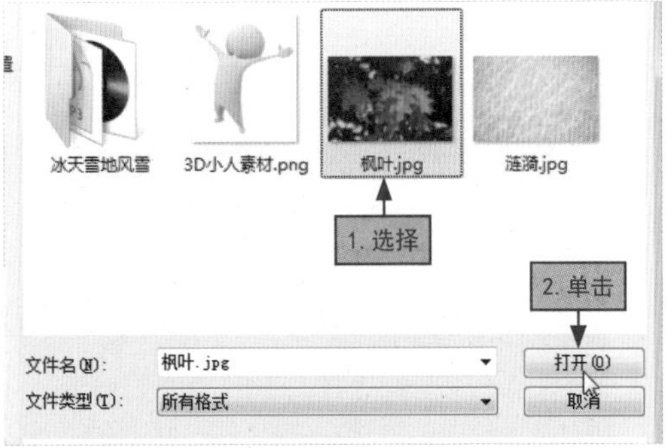

图3-56

3.3.3 在音频轨添加音频媒体素材

如果要添加音频文件到音频轨中，则右击轨道后，在弹出的快捷菜单中选择“插入音频/到声音轨”命令，如图3-57所示。在打开的“打开音频文件”对话框中选择音频文件，单击“打开”按钮，如图3-58所示。

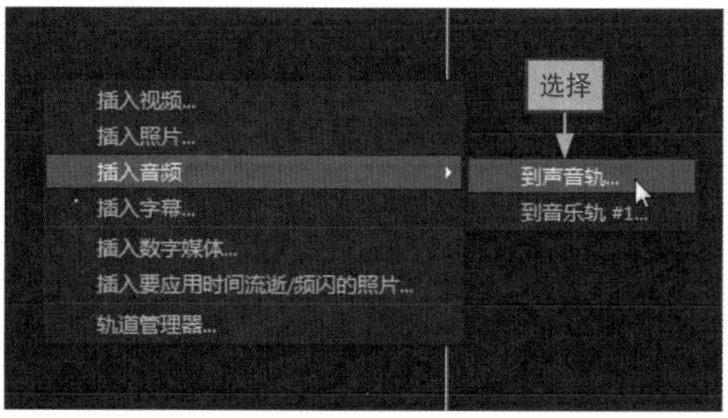

图3-57

图3-58

知识延伸 | 删除轨道中的素材

添加到各轨道中的素材文件都是可以删除的，右击要删除的素材文件，在弹出的快捷菜单中选择“删除”命令即可，如图3-59所示。

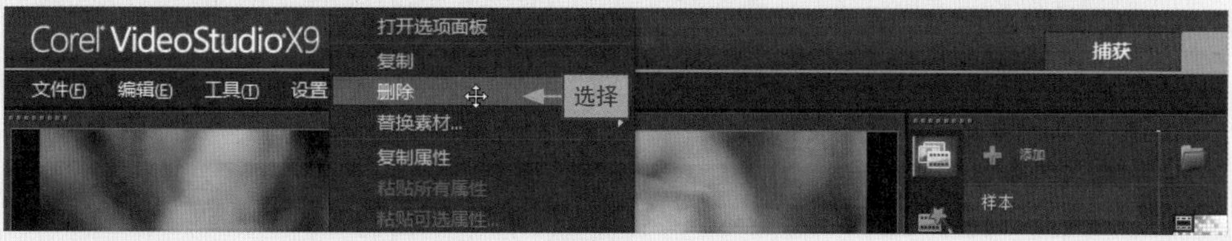

图3-59

3.3.4 在时间轴插入或删除轨道

时间轴中的轨道既可以插入，也可以删除，但是能插入的轨道只有覆叠轨、标题轨和音乐轨。下面以插入覆叠轨和音乐轨为例讲解插入轨道的相关操作步骤。

[知识演练] 插入覆叠轨和音乐轨

步骤01 右击轨道，在弹出的快捷菜单中选择“轨道管理器”命令，如图3-60所示。在打开的“轨道管理器”对话框中单击“覆叠轨”下拉按钮，从中选择“2”选项，如图3-61所示。

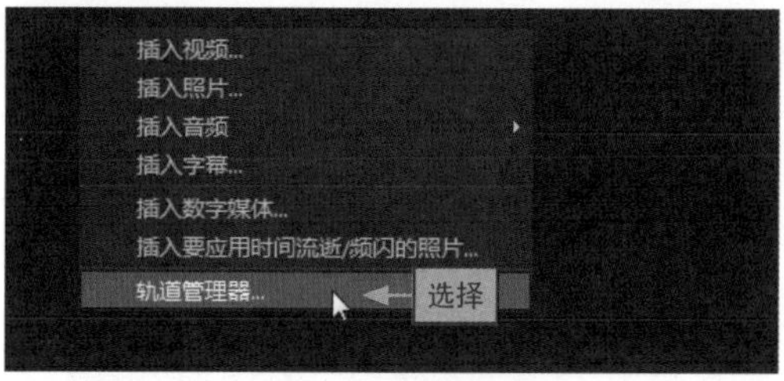

图3-60

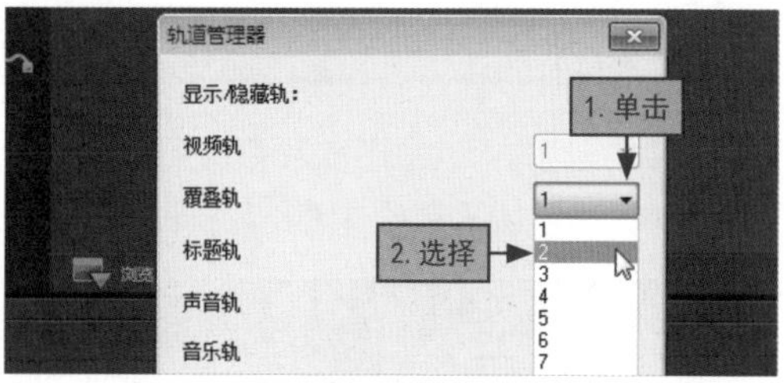

图3-61

步骤02 单击“音乐轨”下拉按钮，从中选择“2”选项，单击“确定”按钮，如图3-62所示。

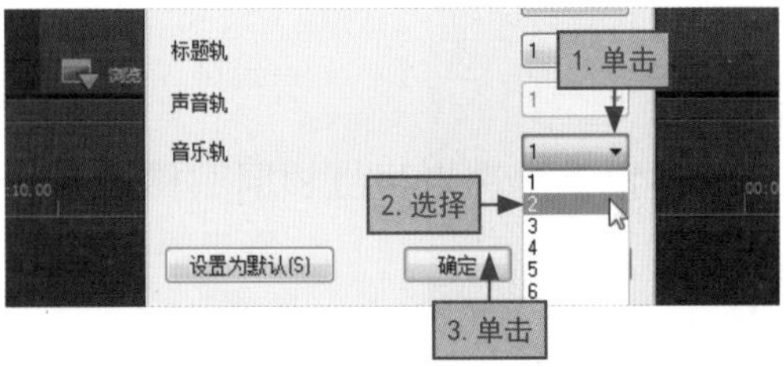

图3-62

完成以上步骤后即可在时间轴中看到已添加的轨道，删除轨道的操作比较简单，右击要删除的轨道图标，在弹出的快捷菜单中选择“删除轨”命令，如图3-63所示。

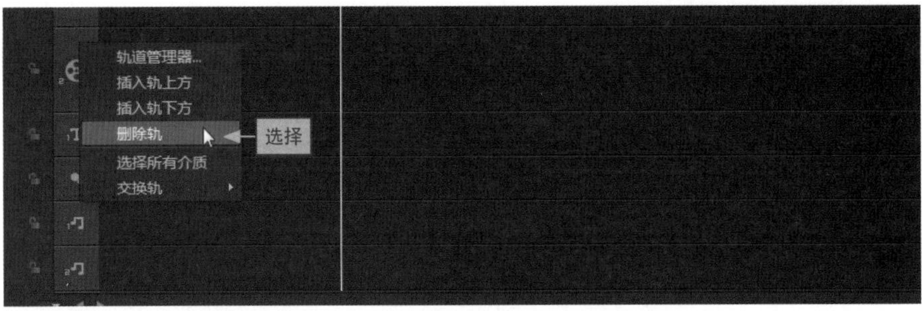

图3-63

知识延伸 | 其他插入轨道的方法

除了可以在“轨道管理器”中插入轨道外，如果只是插入单个轨道，还可右击要插入的轨道按钮，在弹出的快捷菜单中选择“插入轨上方”或“插入轨下方”命令插入轨道，如图3-64所示。

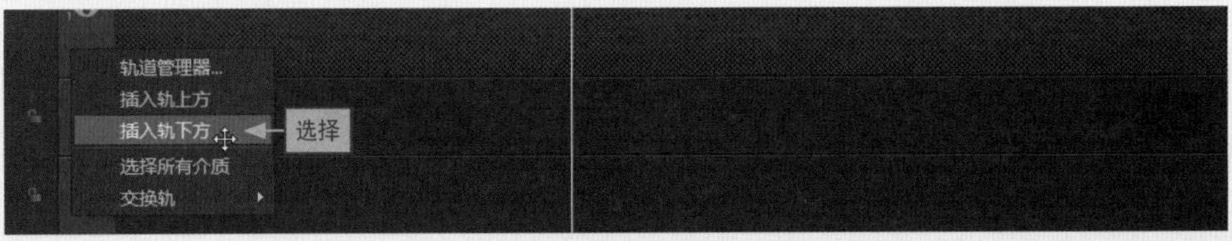

图3-64

3.3.5 调整轨道素材的显示长度

对于已添加到轨道中的素材文件，在编辑时可根据需要调整显示的长度。选择要调整长度的素材，单击工具栏中的“缩小”或“放大”按钮，如图3-65所示。

图3-65

单击“缩小”按钮后可以看到，原来显示了文件名的视频素材，只显示了画面的其中一部分，如图3-66所示。

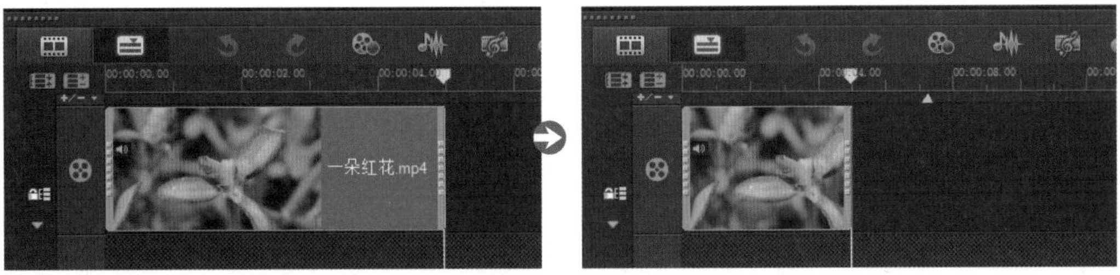

图3-66

知识延伸 | 拖动改变素材文件的显示长度

除了单击“缩小”或“放大”按钮可以改变素材的显示长度外，左右拖动圆形滑块也可以改变素材文件的显示长度，如图3-67所示。

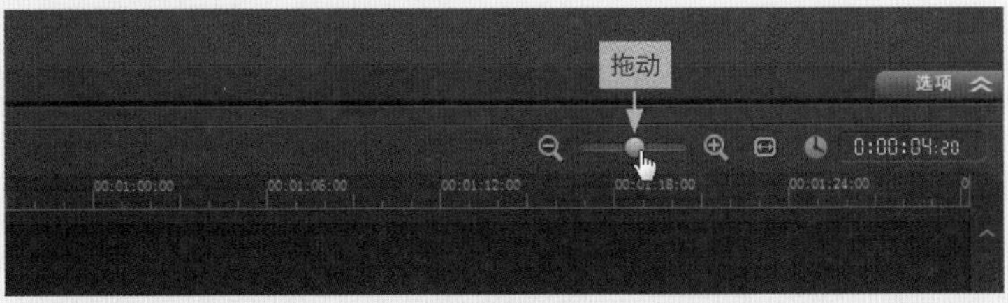

图3-67

3.3.6 复制视频素材到覆叠轨

若要重复使用已添加到轨道中的素材文件，可以直接复制。右击要复制的素材文件，在弹出的快捷菜单中选择“复制”命令，如图3-68所示。复制成功后，单击要粘贴的轨道，这里单击“覆叠轨”，即可将素材文件粘贴其中，如图3-69所示。

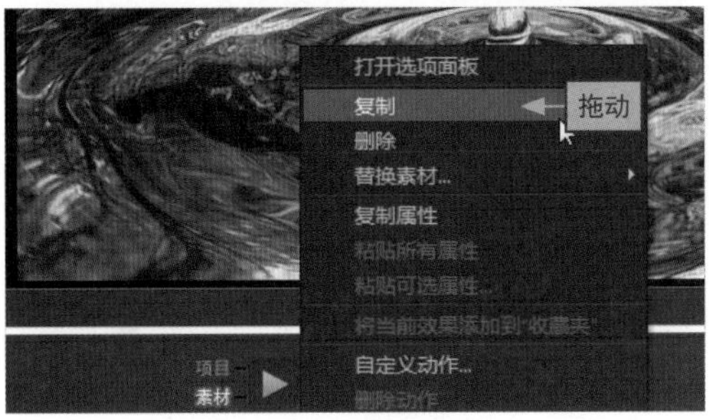

图3-68

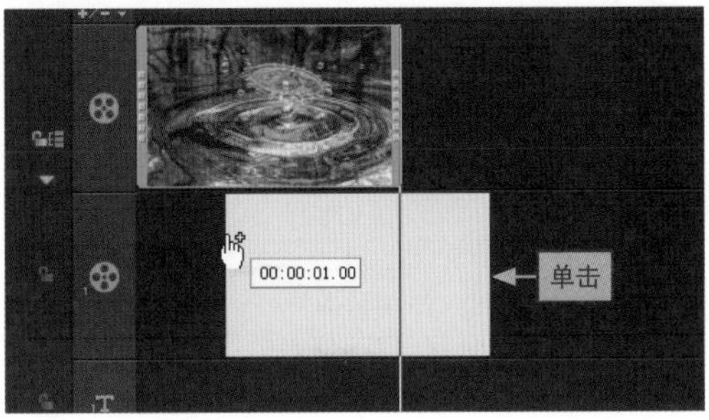

图3-69

3.3.7 切换时间轴视图的显示方法

启动会声会影软件后，程序默认呈现的是时间轴视图，实际上，除了时间轴视图，还有故事板视图显示方式。单击“故事板视图”按钮，即可切换为故事板视图，如图3-70所示。

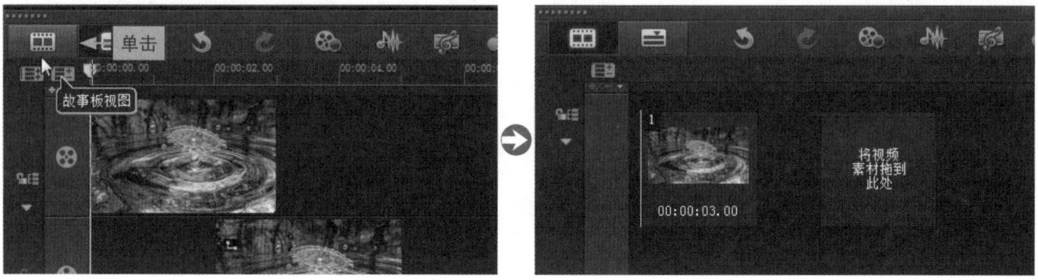

图3-70

3.3.8 进入文件夹查看素材

素材文件插入时间轴后，还可直接查看其文件夹所在位置。右击素材文件，在弹出的快捷菜单中选择“打开文件夹”命令，如图3-71所示。

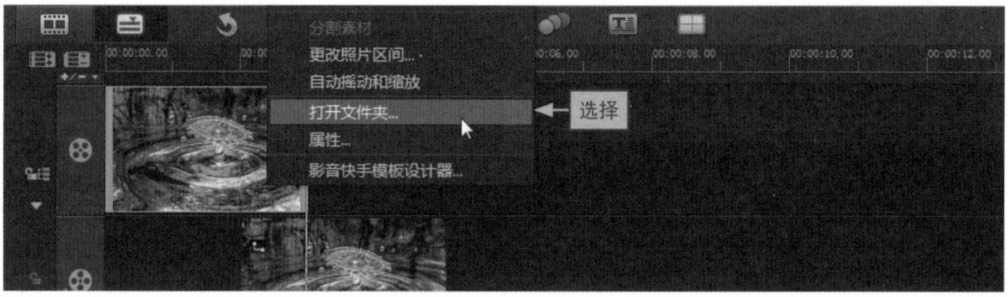

图3-71

第4章

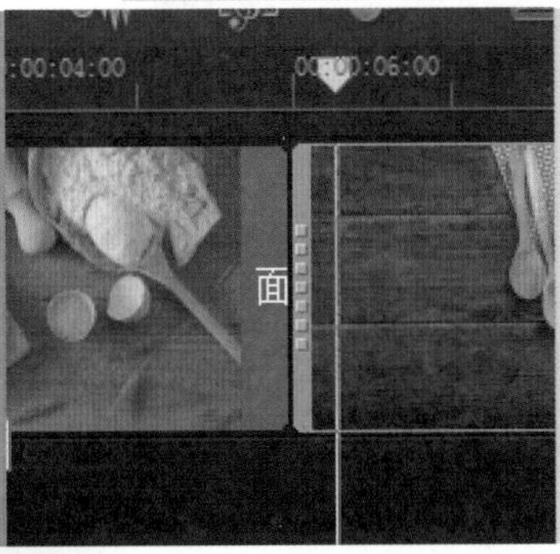

视频剪辑，裁剪组合视频

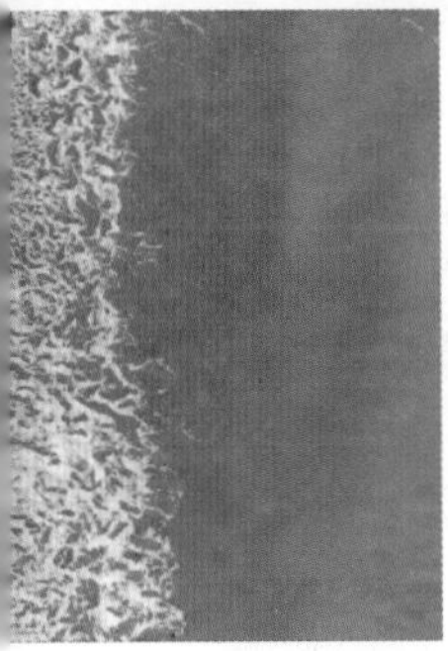

学习目标

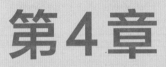

编辑影片的过程中，很多时候都需要对素材文件进行剪辑操作，比如，调整视频时长、将素材文件组合在一起等，本章将具体介绍如何在会声会影中剪辑不同类型的素材文件。

本章要点

- 利用时间轴快速分割视频
- 时间轴结合预览窗口剪辑视频
- 利用预览窗口剪辑视频
- 通过开始和结束标记剪辑区间
- 在媒体库中剪辑视频

……

LESSON 4.1 视频剪辑，删除多余视频

知识级别

■初级入门 | □中级提高 | □高级拓展

知识难度 ★

学习时长 90 分钟

学习目标

① 进行视频素材的分割。

② 剪辑视频素材的中间部分。

③ 多片段分割视频素材。

※主要内容※

内　容	难　度	内　容	难　度
利用时间轴快速分割视频	★	时间轴结合预览窗口剪辑视频	★
利用预览窗口剪辑视频	★	通过开始和结束标记剪辑区间	★
在媒体库中剪辑视频	★	使用修整标记快速剪辑媒体库素材	★
按场景分割视频	★	快速剪掉视频尾部内容	★
利用多重修整视频功能剪辑视频	★		

效果预览 > > >

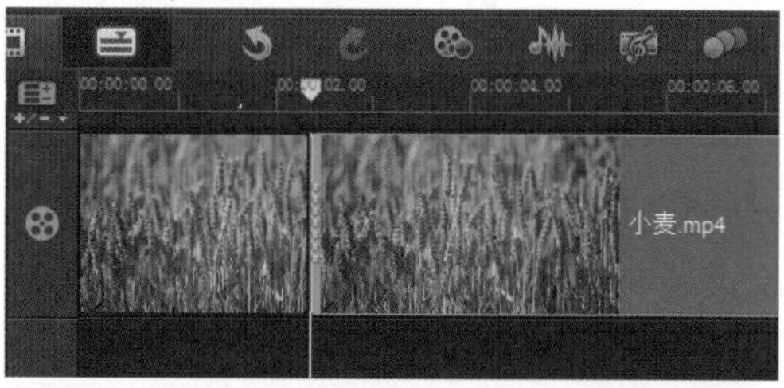

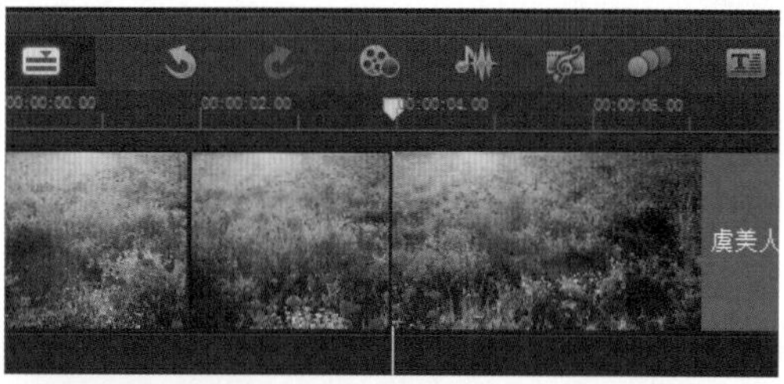

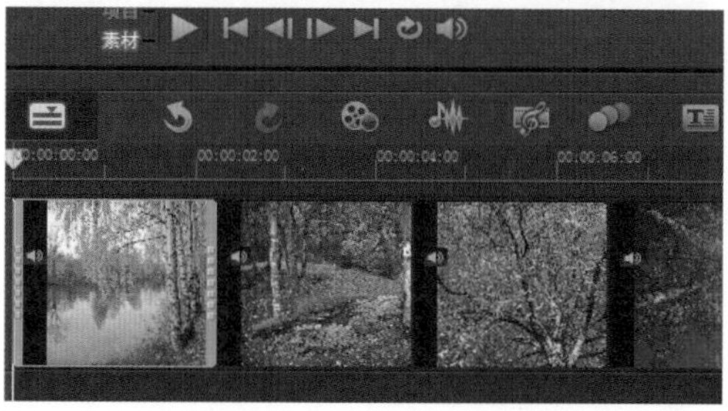

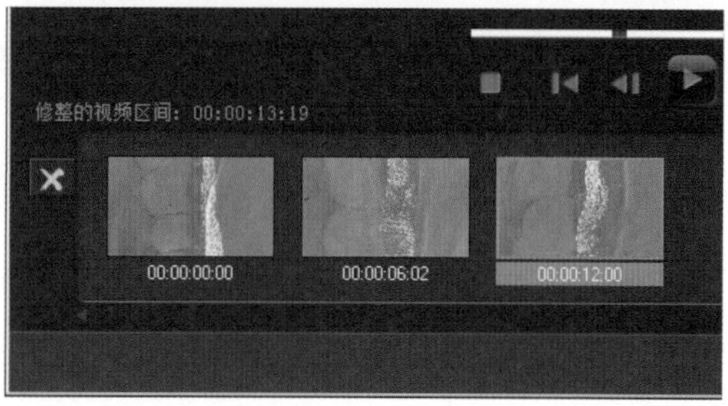

4.1.1 利用时间轴快速分割视频

将一段视频导入视频轨后，可以根据需要将其剪辑为多段素材，下面以在时间轴分割视频为例讲解相关的操作步骤。

[知识演练] 将一段视频剪辑为两段

本节素材	◎|素材|Chapter04|小麦.MP4
本节效果	◎|效果|Chapter04|小麦.VSP

步骤01 启动会声会影软件，在视频轨插入“小麦.mp4”素材，将鼠标光标移动到视频轨滑轨上，当出现图标时，拖动其到想要剪辑的视频位置，如图4-1所示。单击鼠标右键，在弹出的快捷菜单中选择“分割素材”命令，如图4-2所示。

图4-1

图4-2

步骤02 此时可以看到一段视频已被分割为两段，如图4-3所示。单击“播放”按钮，可查看被剪辑后的视频播放效果，如图4-4所示，最后可根据需要保存为项目文件。

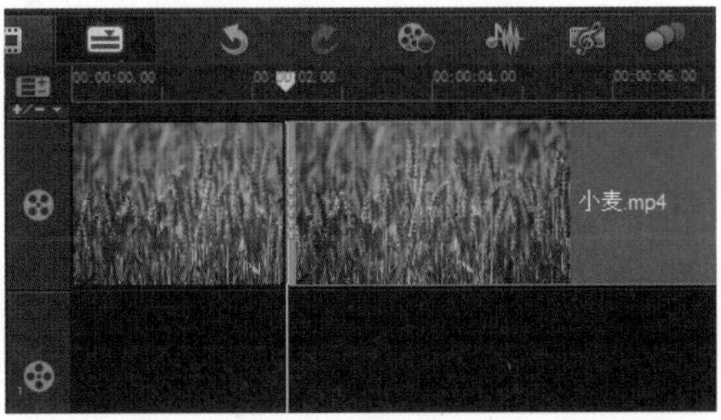

图4-3

图4-4

4.1.2 时间轴结合预览窗口剪辑视频

将时间轴与预览窗口结合起来也可以实现视频的分割，下面以分割“虞美人.mp4”视频素材为例讲解相关的操作步骤。

[知识演练] 根据滑轨位置分割素材

本节素材	⊙|素材|Chapter04|虞美人.MP4
本节效果	⊙|效果|Chapter04|虞美人.VSP

步骤01 在视频轨中插入“虞美人.mp4”素材，将鼠标光标移动到视频轨滑轨上，当出现时，拖动其到想要剪辑的视频位置，如图4-5所示。在预览窗口单击“分割”按钮，如图4-6所示。

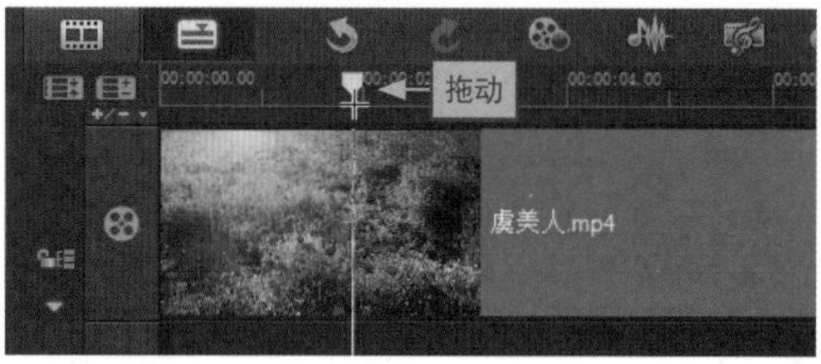

图4-5

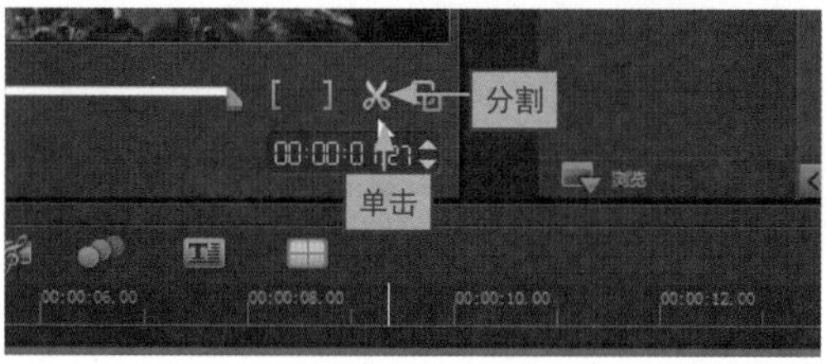

图4-6

步骤02 此时可以看到视频被分割为两段，如果要继续分割视频，则再次拖动视频轨滑轨，单击“分割”按钮，如图4-7所示。这样一段视频就被分割为3段，如图4-8所示。

图4-7

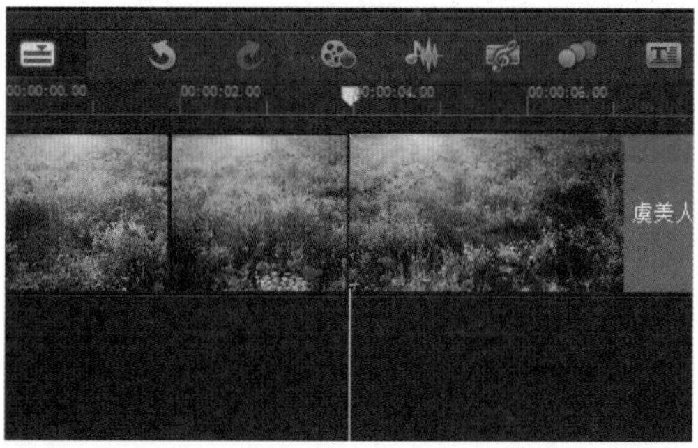

图4-8

4.1.3 利用预览窗口剪辑视频

预览窗口既可以预览视频的播放效果，也可以进行视频的剪辑。下面以剪辑“云层.mp4”视频素材为例讲解相关的操作步骤。

[知识演练] 在预览窗口剪辑视频

本节素材	⊙|素材|Chapter04|云层.MP4
本节效果	⊙|效果|Chapter04|云层.VSP

步骤01 拖动预览窗口滑轨到想要剪辑的视频位置，如图4-9所示。单击预览窗口的“分割”按钮，如图4-10所示。

图4-9

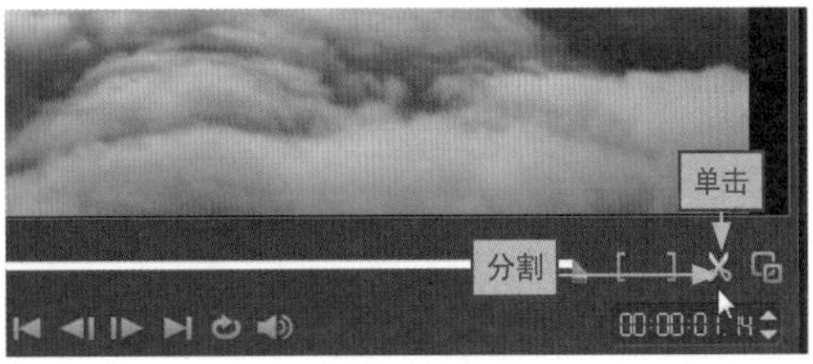

图4-10

步骤02 继续拖动预览窗口的滑轨，单击“分割”按钮可进行视频的再次剪辑，如图4-11所示。此时可以看到，视频文件同样被剪辑为3段，如图4-12所示。

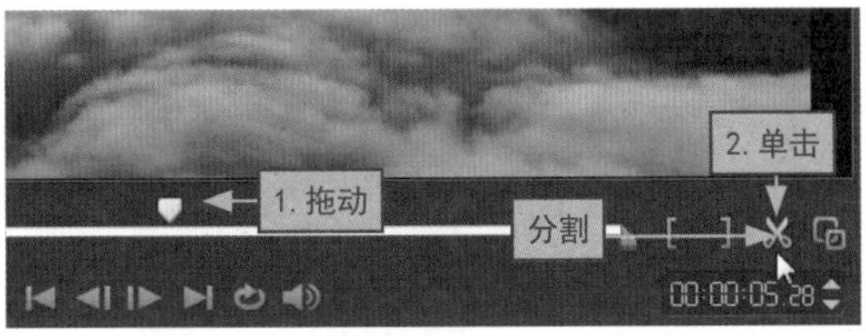

图4-11

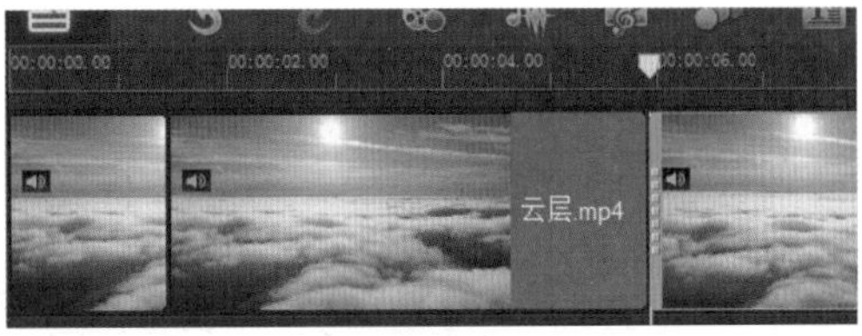

图4-12

4.1.4 通过开始和结束标记剪辑区间

通过修整标记，可以实现视频区间的快速剪辑，下面以剪辑“气泡.mp4”视频素材为例讲解相关的操作步骤。

[知识演练] 标记视频区间进行剪辑

本节素材	⊙\素材\Chapter04\气泡.MP4
本节效果	⊙\效果\Chapter04\气泡.VSP

步骤01 在视频轨中插入“气泡.mp4”素材，拖动预览窗口滑轨到要剪辑区间的开始位置，如图4-13所示。单击“开始标记”按钮，如图4-14所示。

图4-13

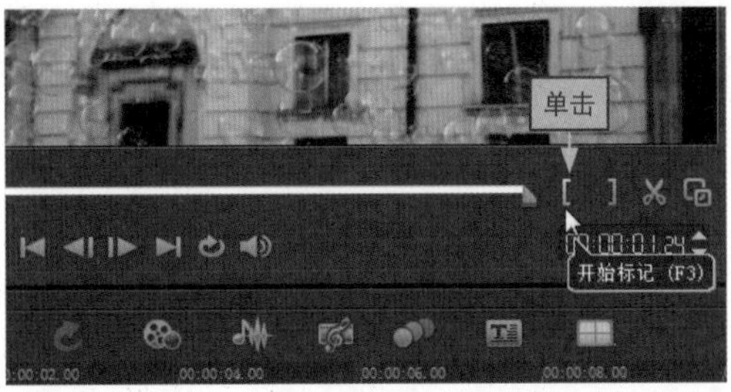

图4-14

步骤02 拖动预览窗口滑轨到视频区间的结束位置，如图4-15所示。单击“结束标记”按钮，如图4-16所示。

图4-15

图4-16

完成以上步骤后可以看到，视频素材的头部和尾部被剪辑掉了，只保留了视频的中间部分，如图4-17所示。

图4-17

4.1.5 在媒体库中剪辑视频

会声会影除了可以在视频轨中进行剪辑外，还可以在媒体库中进行剪辑。下面以剪辑“天空.mp4”素材为例讲解相关的操作步骤。

[知识演练] 将视频导入媒体库后剪辑

本节素材	⊙/素材/Chapter04/天空.MP4
本节效果	⊙/效果/无

步骤01 将“天空.mp4”素材导入媒体库，双击媒体库中的视频素材，如图4-18所示。打开“单素材修整”对话框，拖动滑轨到视频区间的开始位置，如图4-19所示。

图4-18

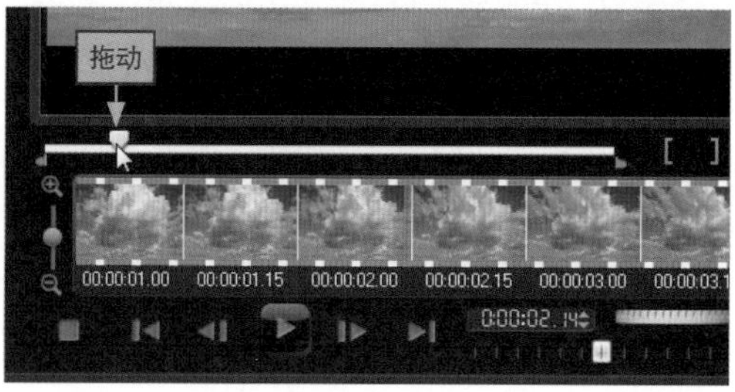

图4-19

步骤02 单击“开始标记”按钮，如图4-20所示。拖动滑轨到视频的结束位置，如图4-21所示。

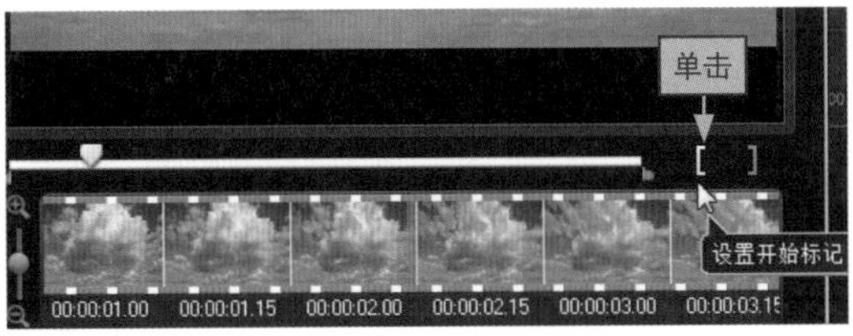

图4-20

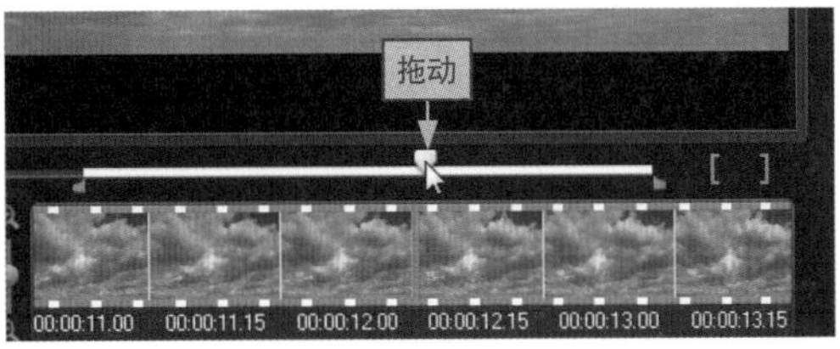

图4-21

步骤03 单击“结束标记”按钮，如图4-22所示。完成后单击“确定”按钮，如图4-23所示。

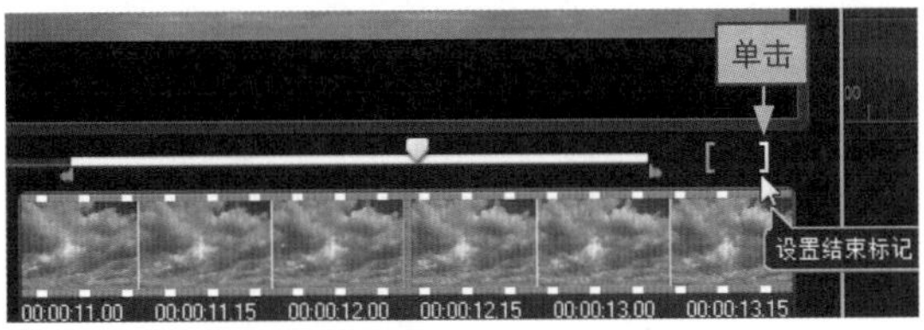

图4-22

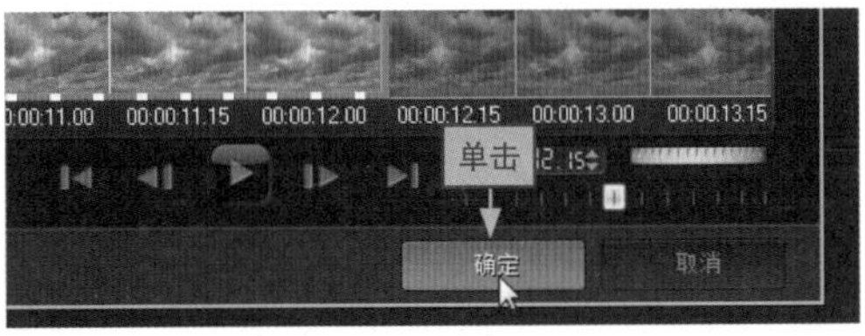

图4-23

完成以上步骤后，可以在预览窗口看到媒体库中的视频素材只保留了中间的视频区间，如图4-24所示。

图4-24

知识延伸 | 剪辑视频的开头或结尾

建立开始和结束标记可以剪辑视频的中间区域，如果要剪辑视频的开头部分，可拖动滑轨到指定位置后单击“结束标记”按钮，如图4-25所示。若要剪辑视频的结尾部分，可拖动滑轨到指定位置后单击“开始标记”按钮，如图4-26所示。

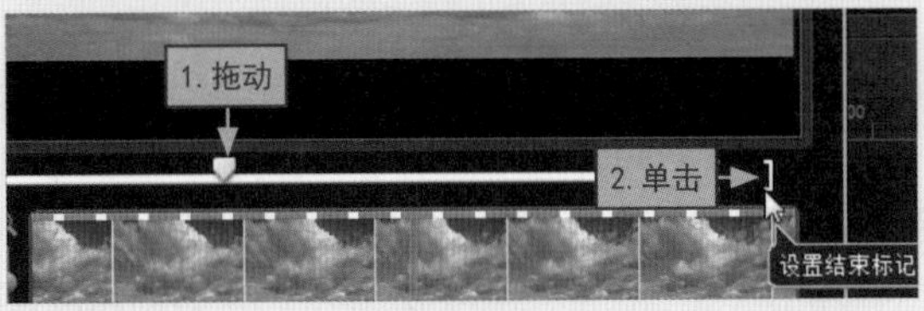

图4-25

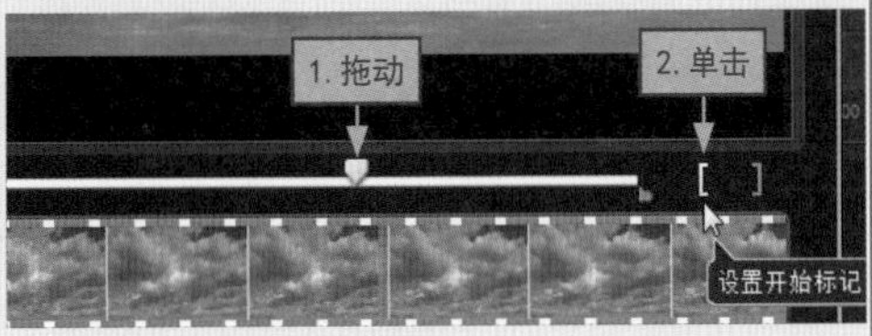

图4-26

4.1.6 使用修整标记快速剪辑媒体库素材

对于导入媒体库中的素材，还可以在预览窗口利用修整标记进行剪辑，下面以“天空.mp4”媒体库素材为例讲解相关的操作步骤。

[知识演练] 对媒体库中的素材进行剪辑

本节素材	
本节效果	

步骤01 在媒体库中单击“天空.mp4”素材，如图4-27所示。在预览窗口拖动开始位置的修整标记，如图4-28所示。

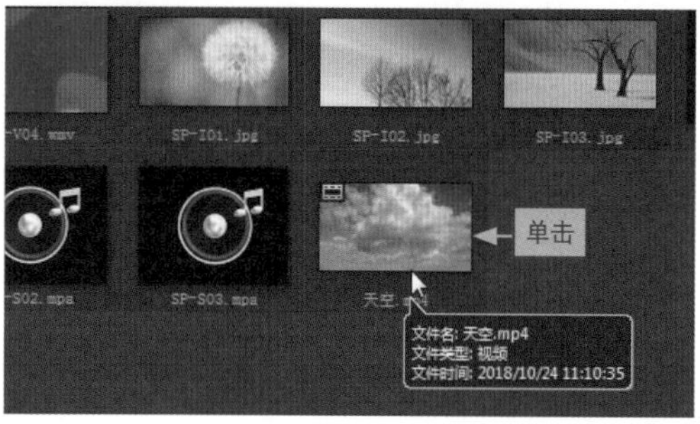

图4-27

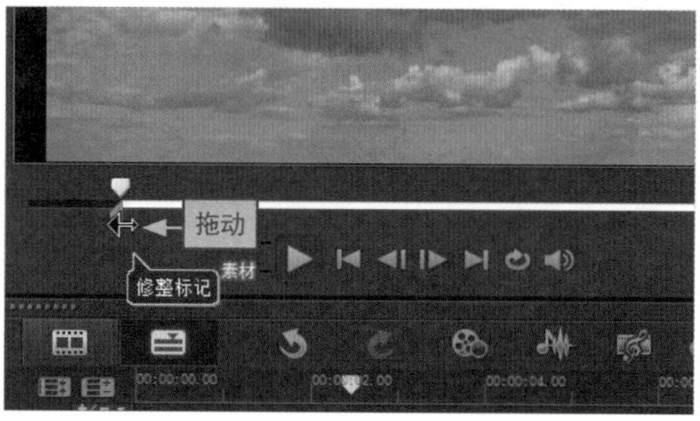

图4-28

步骤02 拖动结束位置的修整标记，如图4-29所示。在预览窗口单击“播放”按钮可查看效果，如不满意可按同样的方法重新剪辑，如图4-30所示。

图4-29

图4-30

4.1.7 按场景分割视频

会声会影还支持按场景来分割视频，使用该功能剪辑视频时，程序会自动检测场景，下面以剪辑“桦树.mp4”素材为例讲解相关的操作步骤。

[知识演练] 利用场景剪辑“桦树”视频素材

本节素材	⊙|素材|Chapter04|桦树.MP4
本节效果	⊙|效果|Chapter04|桦树.VSP

步骤01 在视频轨中插入“桦树.mp4”视频素材，右击视频素材，在弹出的快捷菜单中选择“按场景分割”命令，如图4-31所示。在打开的“场景”对话框中单击“扫描”按钮，如图4-32所示。

图4-31

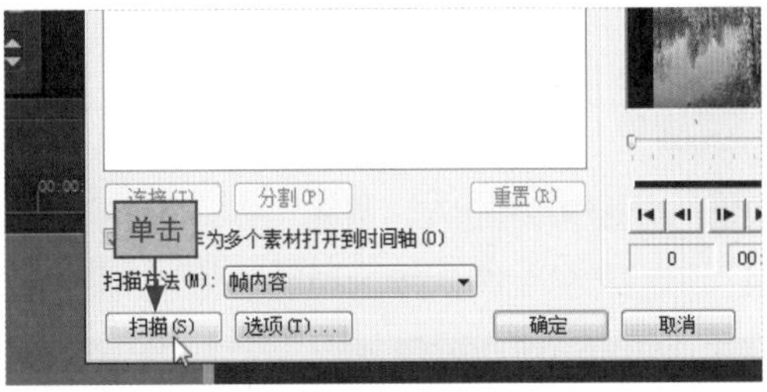

图4-32

步骤02 程序会自动检测场景，扫描完成后单击“确定”按钮，如图4-33所示。此时可以看到视频轨中的素材被分割为多个场景，如图4-34所示。

图4-33

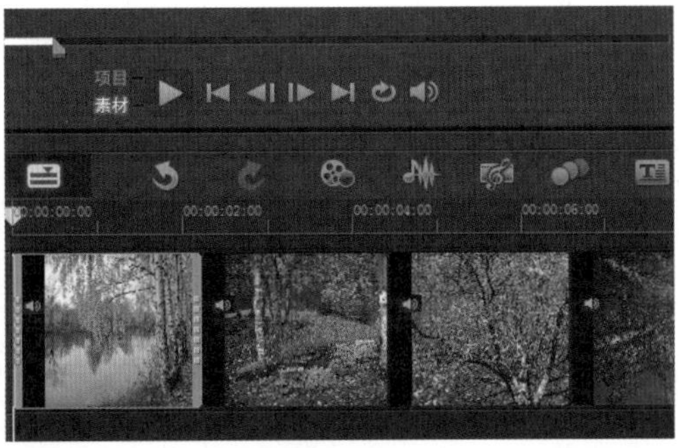

图4-34

知识延伸 | 打开“场景”对话框的其他方法

选择素材文件后，在“编辑”下拉菜单中选择“按场景分割”命令，同样可以打开“场景”对话框，如图4-35所示。另外，单击右侧的“选项”按钮，在打开的“选项”面板中单击“按场景分割”按钮，也可以打开“场景”对话框，如图4-36所示。

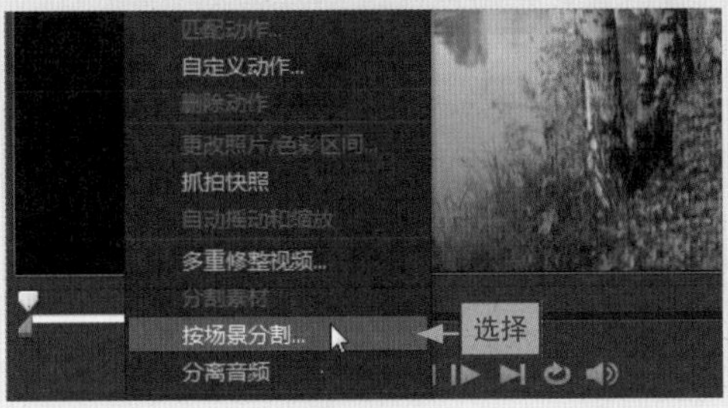

图4-35

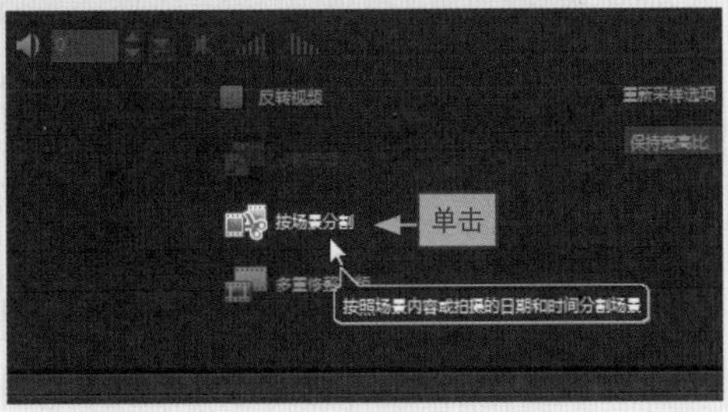

图4-36

4.1.8 快速剪掉视频尾部内容

通过在“选项”面板中调整视频的播放时长，可以快速剪掉视频末尾部分，下面以剪辑“昆虫.mp4”素材为例讲解相关的操作步骤。

[知识演练] 改变视频区间剪辑素材

本节素材	⊙/素材/Chapter04/昆虫.MP4
本节效果	⊙/效果/Chapter04/昆虫.VSP

步骤01 在视频轨中插入“昆虫.mp4”视频素材，单击“选项”按钮，如图4-37所示。在“视频区间”中输入少于原视频区间的数值，如图4-38所示。

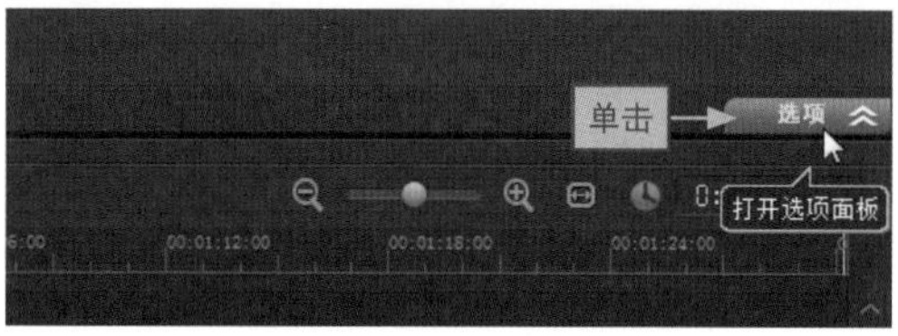

图4-37

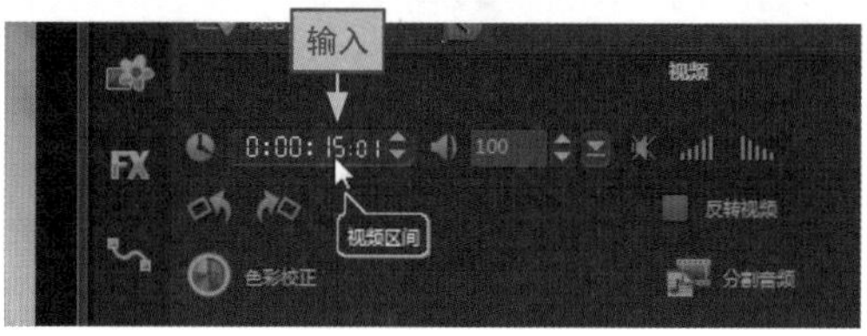

图4-38

步骤02 此时可以看到结束位置的修整标记向左侧移动了一定的位置，单击“播放”按钮可查看效果，如图4-39所示。

图4-39

知识延伸 | 拖动剪辑素材文件

将鼠标光标定位在视频轨素材文件的左侧或右侧控制线上，通过拖动也可以实现快速剪辑素材文件的操作。拖动控制线时，预览窗口的修整标记也会相应发生变化，如图4-40所示。

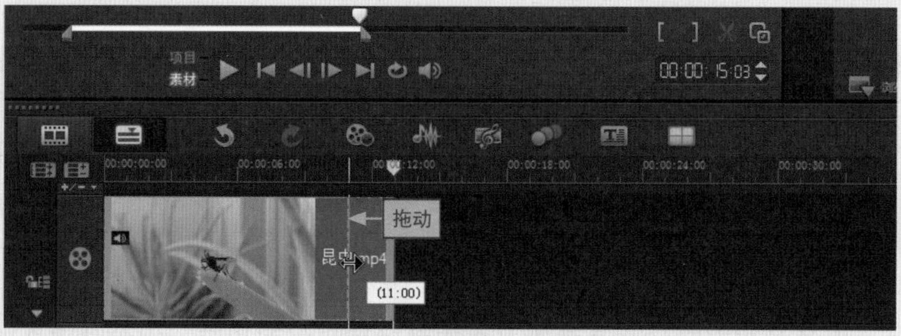

图4-40

4.1.9 利用多重修整视频功能剪辑视频

利用多重修整视频功能也可以进行视频片段的剪辑，下面以剪辑“海滩.mp4”素材文件为例讲解相关的操作步骤。

[知识演练] 剪辑“海滩”素材的中间部分

本节素材	⊙|素材|Chapter04|海滩.MP4
本节效果	⊙|效果|Chapter04|海滩.VSP

步骤01 在视频轨中插入“海滩.mp4”视频素材，右击视频素材，在弹出的快捷菜单中选择“多重修整视频”命令，如图4-41所示。在打开的“多重修整视频”对话框中，拖动滑轨确定视频的开始位置，如图4-42所示。

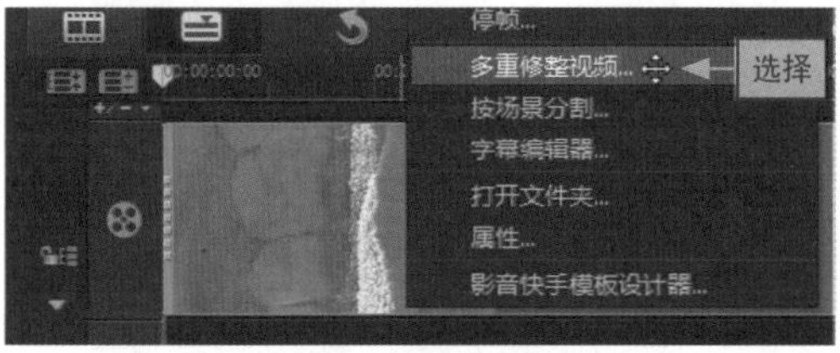

图4-41

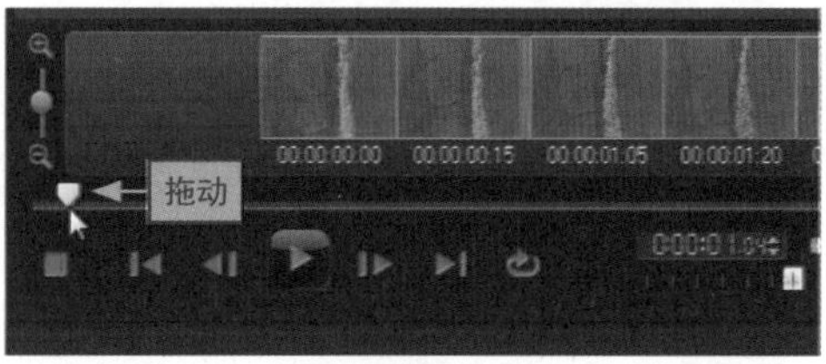

图4-42

步骤02 单击“开始标记”按钮，如图4-43所示。拖动滑轨确定视频的结束位置，如图4-44所示。

图4-43

图4-44

步骤03 单击“结束标记”按钮，如图4-45所示。完成后可以在对话框底部看到修整的视频区间，单击“确定”按钮，如图4-46所示。

图4-45

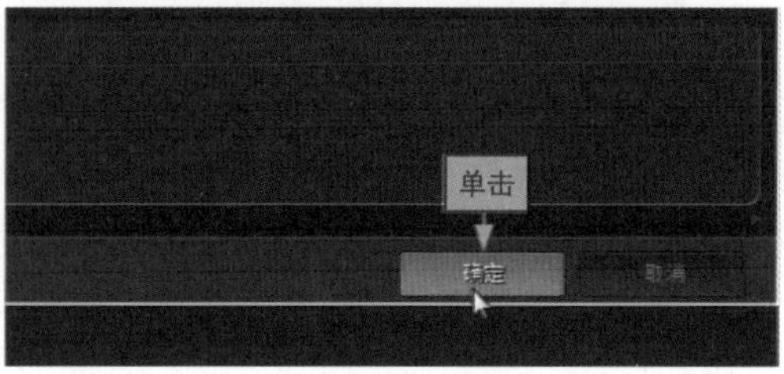

图4-46

知识延伸 | 反转剪辑视频素材

在“多重修整视频”对话框中，还可以进行素材的反选操作。分别标记素材的开始位置和结束位置后，单击“反转选取”按钮即可，如图4-47所示。

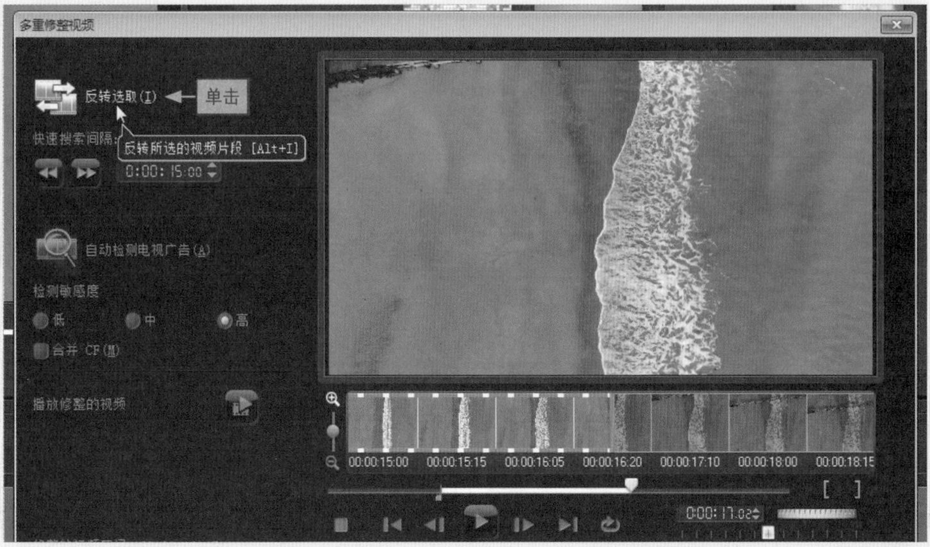

图4-47

多次利用滑轨建立开始标记和结束标记后，可以实现多片段视频的快速剪辑，剪辑的素材会显示在“修整的视频区间”中，选中素材后，单击“删除”按钮可以删除已剪辑好的素材，如图4-48所示。

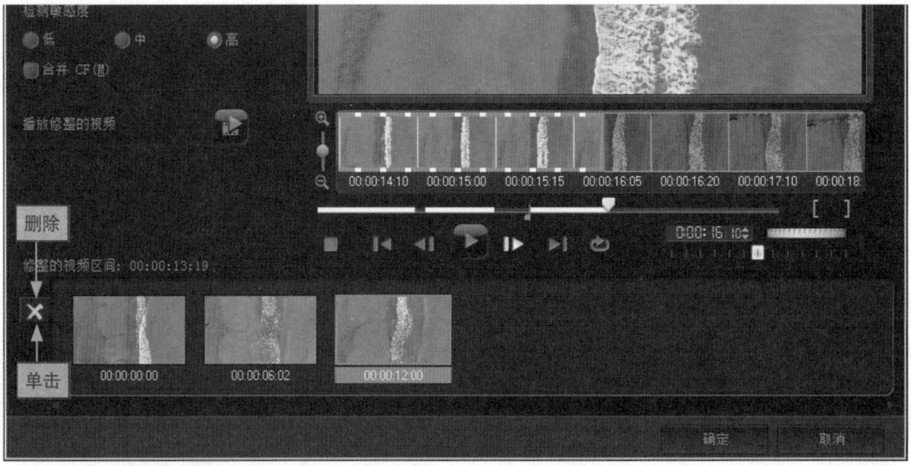

图4-48

LESSON 4.2

片段组合，合并多个视频

知识级别

■初级入门 | □中级提高 | □高级拓展

知识难度 ★

学习时长 30 分钟

学习目标

① 将多个素材组合起来。

② 素材位置的管理。

③ 合并多个 VSP 项目文件。

※主要内容※

内　容	难　度	内　容	难　度
将剪辑的多个视频组合	★	拖动改变素材的位置	★
在故事板视图改变素材位置	★	将多个 VSP 文件组合为一个文件	★

效果预览 > > >

4.2.1 将剪辑的多个视频组合

利用会声会影可以剪辑素材，同时也可以将多个素材进行组合。下面以组合“日暮.mp4”素材为例讲解相关的操作步骤。

[知识演练] 将“日暮”片段进行组合

本节素材	⊙I素材IChapter04I日暮I
本节效果	⊙I效果IChapter04I日暮.VSP

步骤01 启动会声会影软件，右击视频轨，在弹出的快捷菜单中选择“插入视频”命令，如图4-49所示。在打开的“打开视频文件”对话框中选择“日暮1.mp4”素材文件，单击“打开”按钮，如图4-50所示。

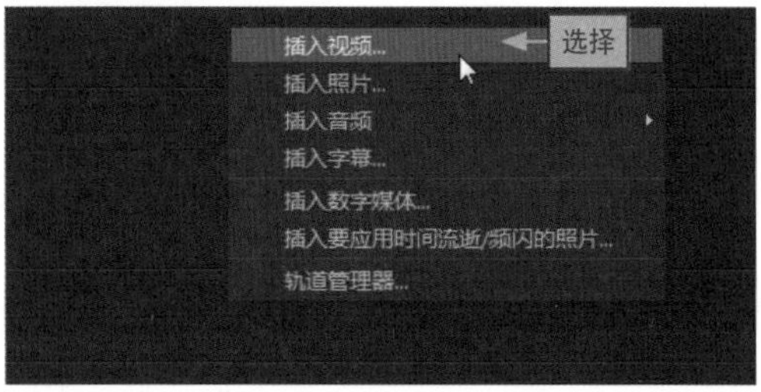

图4-49

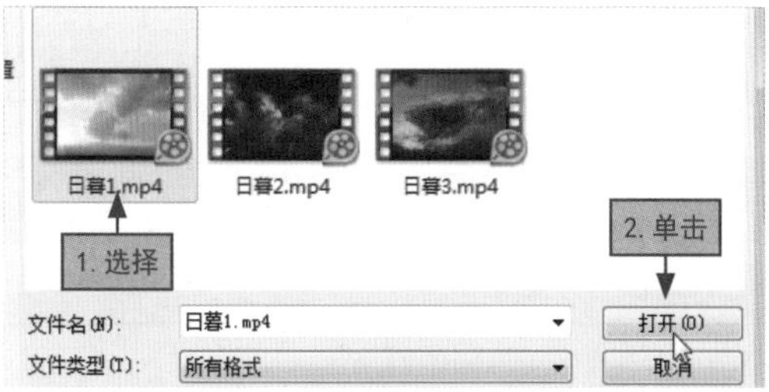

图4-50

步骤02 继续插入“日暮2.mp4”素材文件，如图4-51所示。接下来插入“日暮3.mp4”素材文件，如图4-52所示。

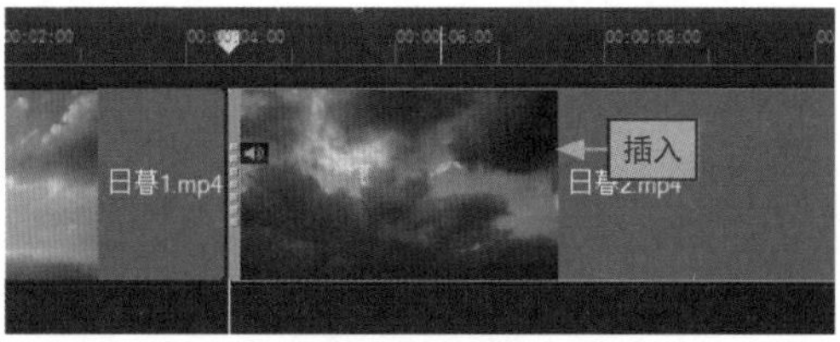

图4-51

图4-52

步骤03 连续插入3个素材文件后，单击“项目”按钮，如图4-53所示。此时单击“播放”按钮可以查看素材组合后的播放效果，如图4-54所示。

图4-53

图4-54

如果预览窗口选择的是“素材”，那么单击“播放”按钮只会播放选中的素材文件，而不会播放组合好的整个视频。

4.2.2 拖动改变素材的位置

将素材插入视频轨后，还可根据需要排列素材文件的顺序。下面以调整“美食”素材文件顺序为例讲解相关的操作步骤。

[知识演练] 调整“美食”素材文件的顺序

本节素材	⊙|素材|Chapter04|美食|
本节效果	⊙|效果|Chapter04|美食.VSP

步骤01 启动会声会影软件，右击视频轨，在弹出的快捷菜单中选择“插入照片”命令，如图4-55所示。在打开的“浏览照片”对话框中按住Ctrl键，全选素材图片，单击“打开”按钮，如图4-56所示。

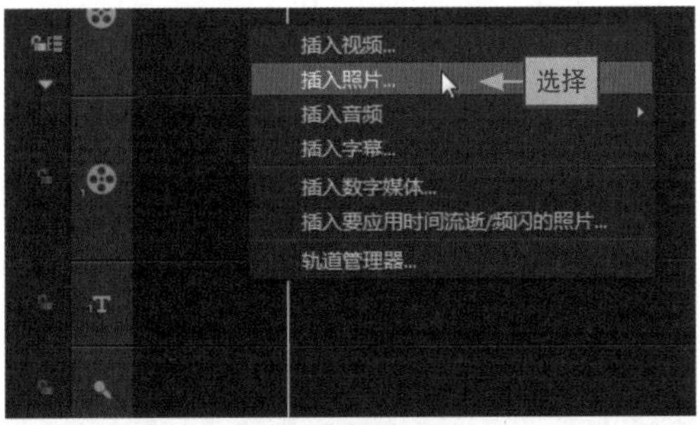

图4-55

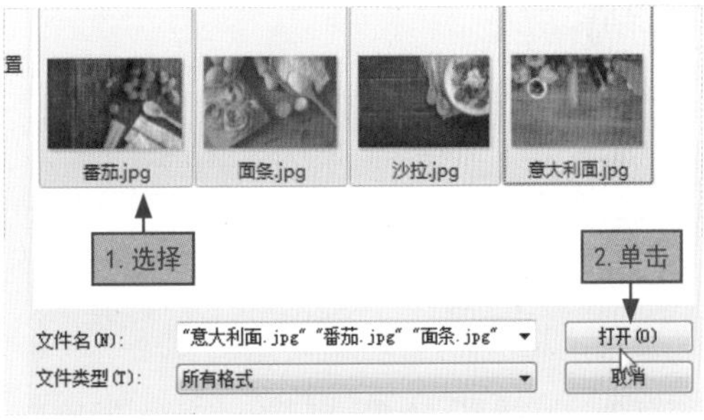

图4-56

步骤02 插入照片后，选中第三张图片，将其拖动到第一张图片素材的位置，即可完成素材文件位置的改变，如图4-57所示。

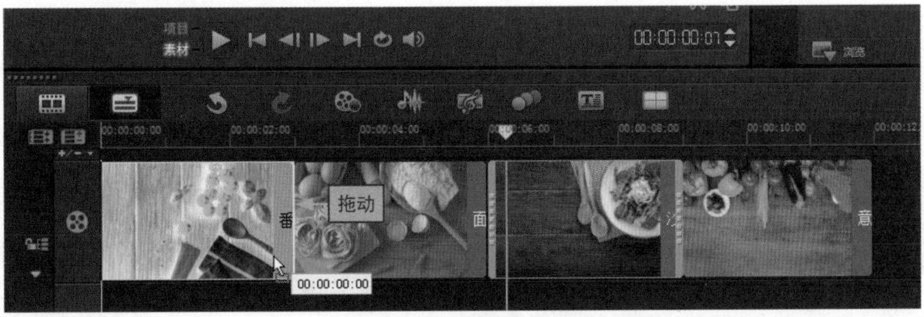

图4-57

4.2.3 在故事板视图改变素材位置

在“时间轴视图”模式下，可以通过素材文件改变其位置。在“故事板视图”模式下，同样可以通过拖动的方式来改变素材位置。单击“故事板视图”按钮，如图4-58所示。选中要改变位置的素材文件，拖动其到合适的位置，如图4-59所示。

图4-58

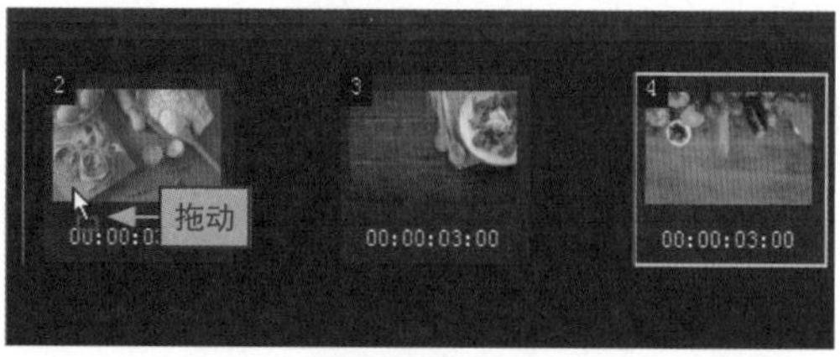

图4-59

4.2.4 将多个VSP文件组合为一个文件

会声会影的视频轨中除了可以插入视频、图片外，也能插入VSP文件，这样就能实现将多个VSP文件保存为一个文件。右击视频轨，在弹出的快捷菜单中选择“插入视频”命令，在打开的“打开视频文件”对话框中选择VSP文件，单击“打开”按钮，如图4-60所示。此时可以看到视频轨中插入了VSP文件，最后再保存项目文件即可，如图4-61所示。

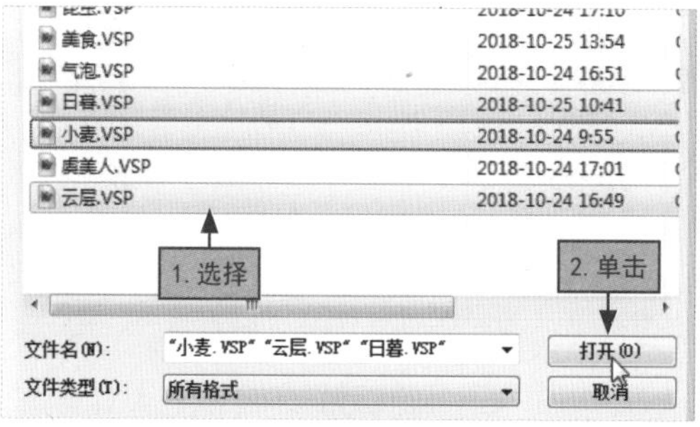

图4-60

图4-61

知识延伸 | 将VSP文件导入素材库后进行组合保存

除了直接在视频轨中插入VSP文件，还可以将VSP文件导入素材库，如图4-62所示。将VSP素材从素材库拖到视频轨，然后保存为项目文件，如图4-63所示。

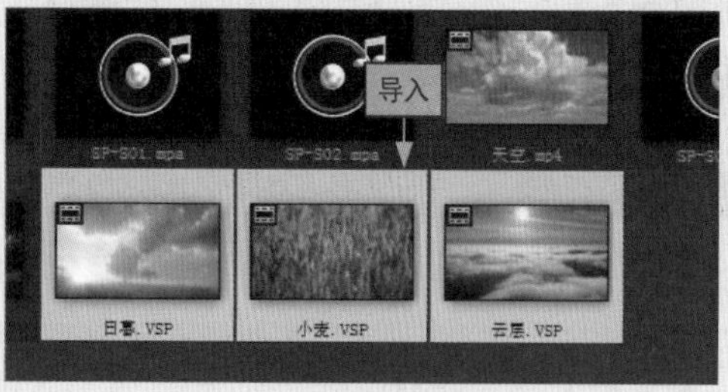

图4-62

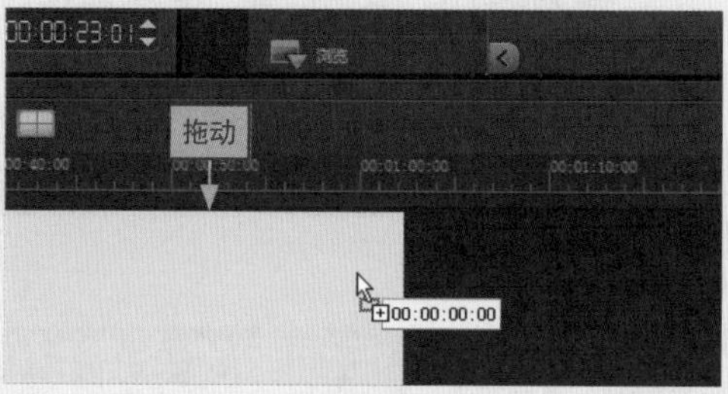

图4-63

LESSON 4.3

音频剪辑，音乐相交与排列

知识级别

■初级入门 | □中级提高 | □高级拓展

知识难度 ★

学习时长 30 分钟

学习目标

① 将一段音乐进行分割。

② 将两段音乐组合。

※主要内容※

内　容	难　度	内　容	难　度
将一段音乐剪辑为两段	★	将两段音乐无缝衔接	★
音乐的混合播放效果	★	以混音器模式显示音频文件	★
禁用音乐轨试听单音乐效果	★		

效果预览 > > >

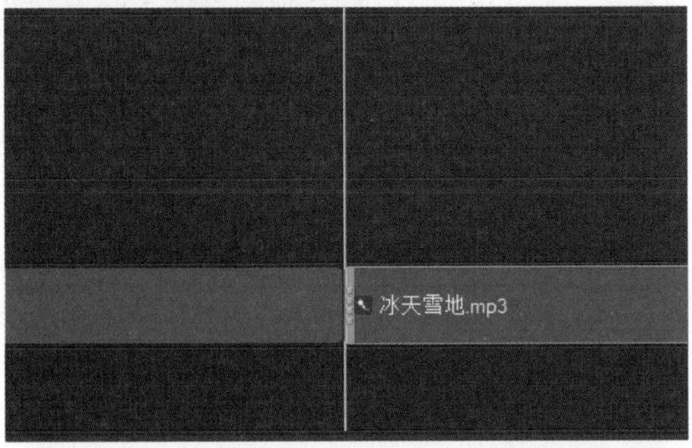

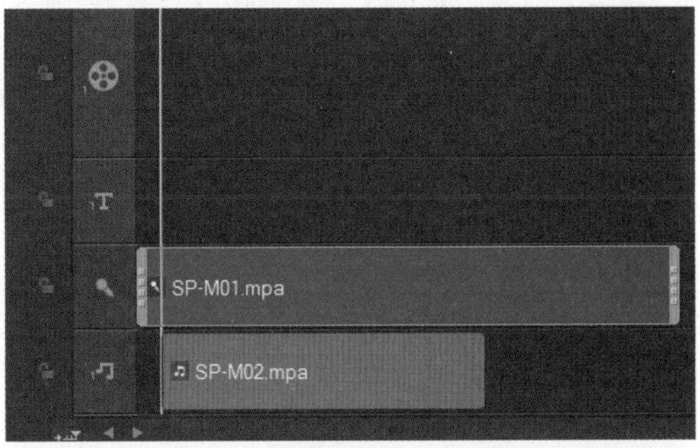

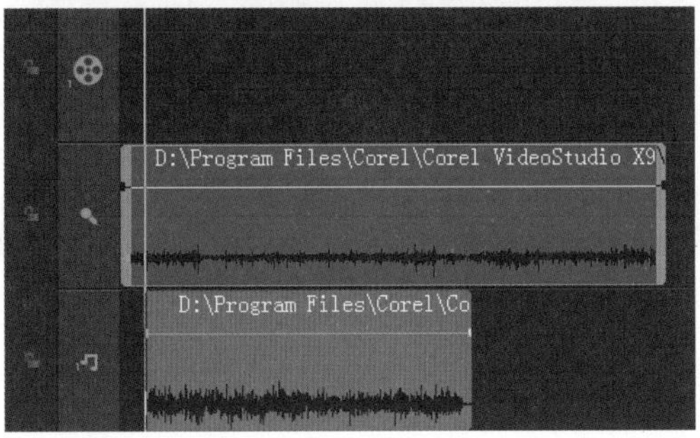

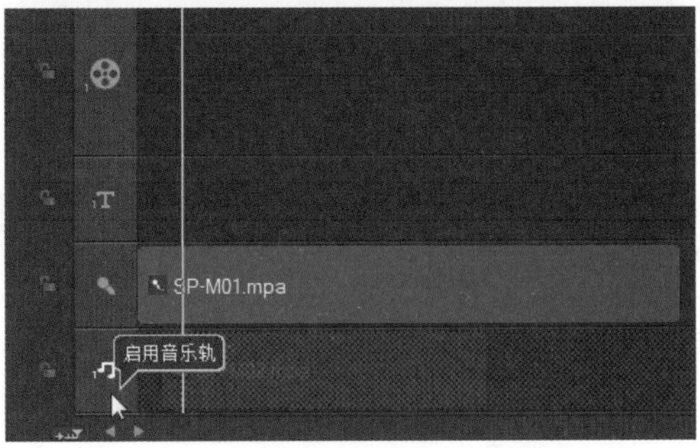

4.3.1 将一段音乐剪辑为两段

在使用会声会影编辑影片的过程中，也会涉及音频素材的剪辑。下面以剪辑“冰天雪地.mp3”音频素材为例讲解相关的操作步骤。

[知识演练] 将“冰天雪地”音频素材进行分割

本节素材	素材Chapter04冰天雪地.mp3
本节效果	效果Chapter04冰天雪地.VSP

步骤01 将“冰天雪地.mp3”素材插入声音轨，如图4-64所示。在预览窗口拖动滑轨到合适位置，如图4-65所示。

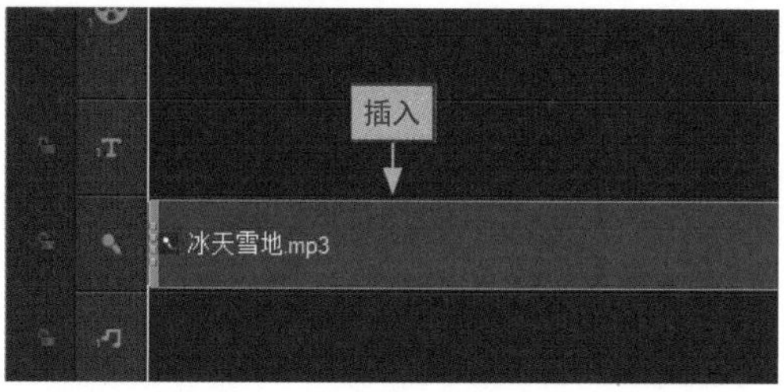

图4-64

图4-65

步骤02 单击“分割”按钮，如图4-66所示。此时在声音轨中可以看到音频文件被剪辑成了两段，如图4-67所示。

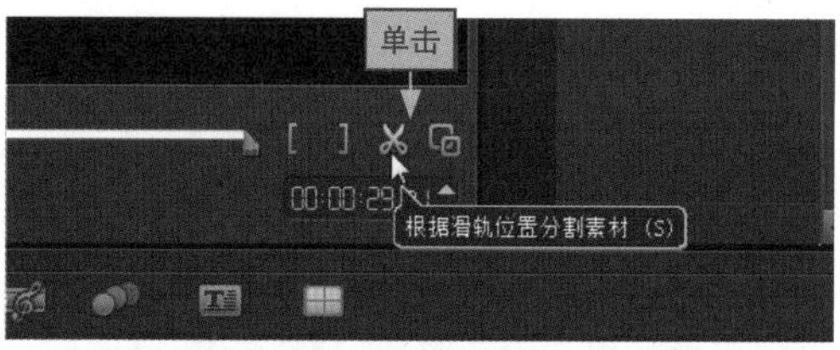

图4-66

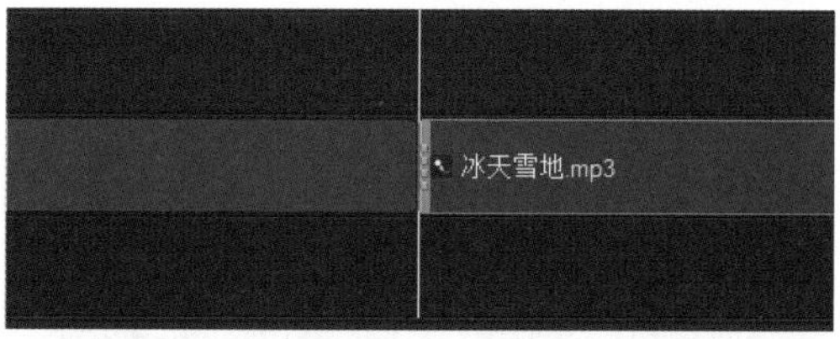

图4-67

通过上述操作步骤可以看出，剪辑音频文件的操作与剪辑视频文件的操作类似，因此可以根据视频文件的剪辑方法来剪辑音频文件。实际使用音频文件时，常常只会保留精彩旋律，比如掐头去尾，保留中间的高潮部分。针对这种情况，就需要删除不需要的音频部分。将音频文件进行分割后，右击不需要的部分，在弹出的快捷菜单中选择“删除”命令即可。另外，也可以选中不需要的部分，按Delete键进行删除。

4.3.2 将两段音乐无缝衔接

音频素材的拼接方法与视频素材的拼接方法相同。在声音轨中插入两段音乐，如图4-68所示。然后将两段音频文件拖动拼接到一起，就可以实现音乐的无缝衔接，如图4-69所示。

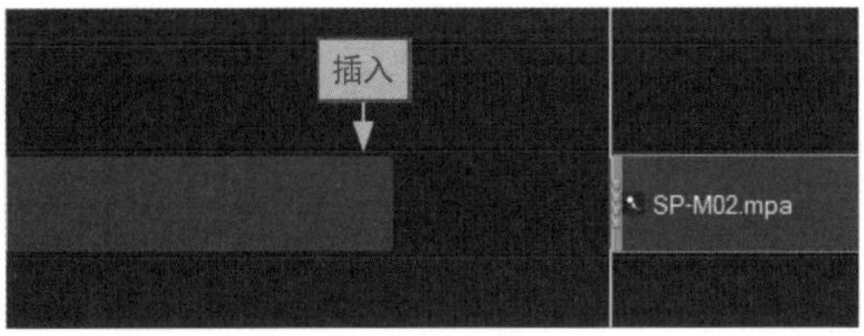

图4-68

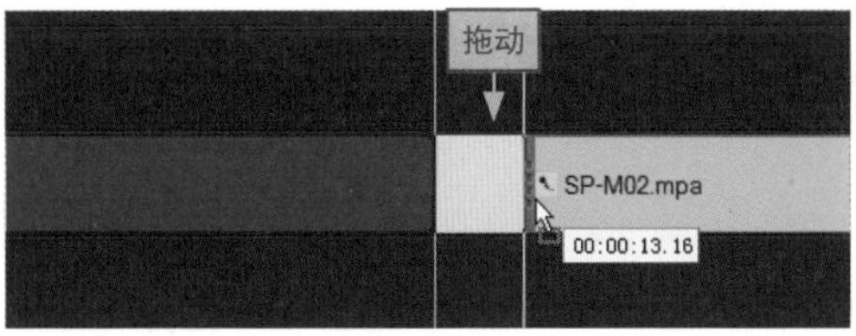

图4-69

4.3.3 音乐的混合播放效果

要让两段音乐具有重合的播放效果，只需分别在声音轨和音乐轨中插入音频文件，两者重合的部分便可实现混合播放效果。比如，将媒体库中的“SP-M01”拖动到声音轨中，将“SP-M02”拖动到音乐轨中，如图4-70所示。两者间重合的部分就可以实现音乐的混合播放，如图4-71所示。

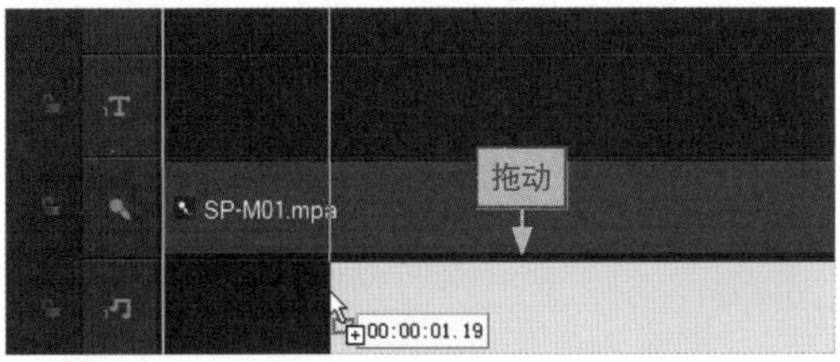

图4-70

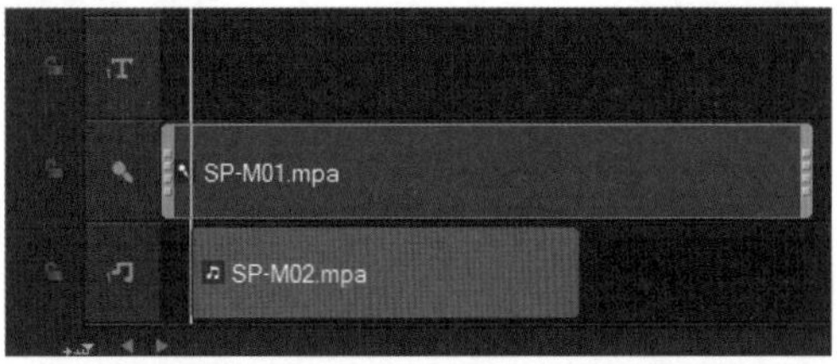

图4-71

4.3.4 以混音器模式显示音频文件

在声音轨中插入音频文件后，可以混音器模式显示音乐，这样可以方便在音频剪辑时进行标记。使用该模式只需单击工具栏中的“混音器”按钮，如图4-72所示。此时音频文件将显示为波形，如图4-73所示。

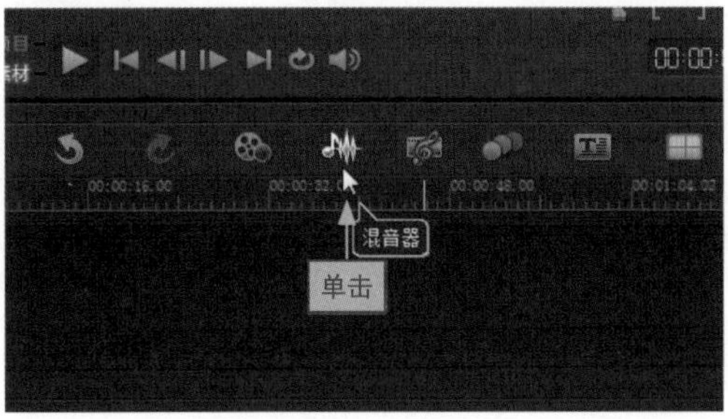

图4-72

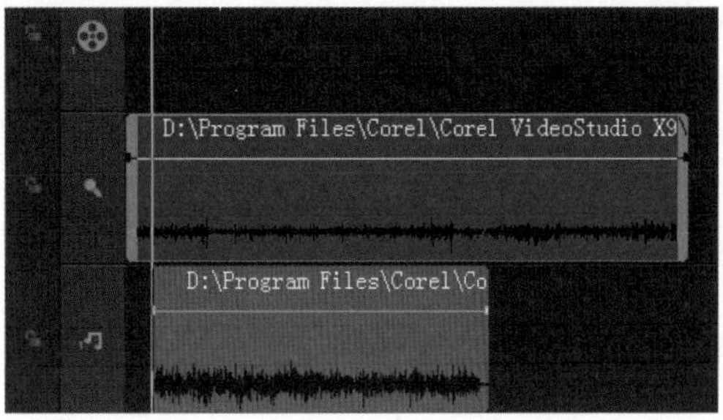

图4-73

4.3.5 禁用音乐轨试听单音乐效果

当在声音轨和音乐轨都插入了音乐后，且两者有重合的部分，此时要在预览窗口“项目”状态下试听单条轨道的音乐播放效果，只需单击“禁用音乐轨”按钮，禁用其轨道即可，如图4-74所示。单击“启用音乐轨”按钮可启用该轨道，如图4-75所示。

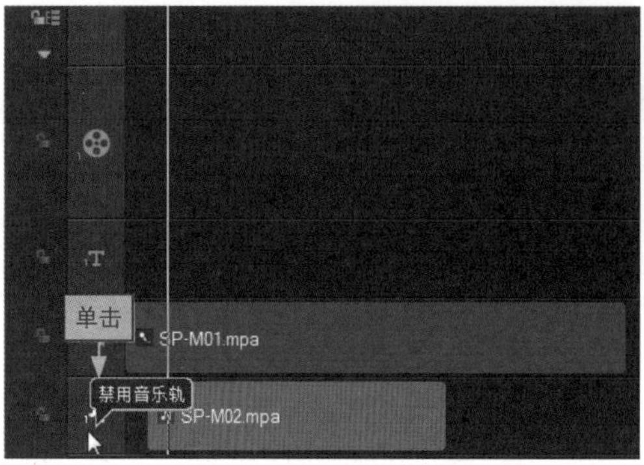

图4-74

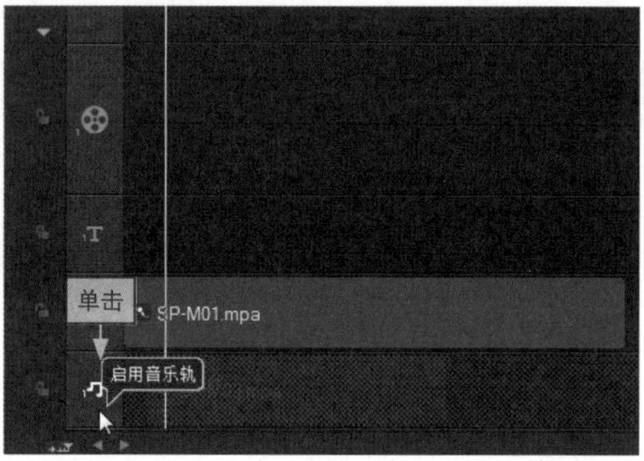

图4-75

如果要试听声音轨的音乐播放效果，则单击“禁用声音轨”按钮，如图4-76所示。重新启用则单击“启用声音轨”按钮，如图4-77所示。

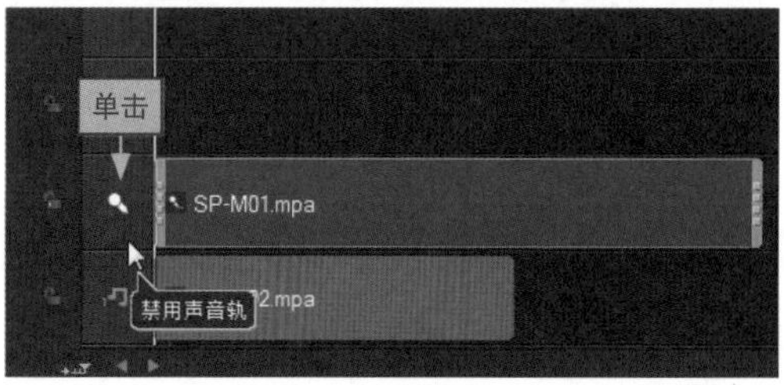

图4-76

图4-77

第5章

素材修整，让视频画面更佳

学习目标

对于下载或拍摄得到的素材文件，很多时候都不能直接使用，为了让视频在最终输出时有更好的效果，需要对素材进行修整。本章讲解如何让视频的播放效果更佳。

本章要点

- 让素材仅显示缩略图
- 视频的播放时长设置
- 调整视频播放速度
- 为视频应用时间流逝效果
- 制作时快时慢的视频效果

……

LESSON 5.1 视频素材调整

知识级别

□初级入门 | ■中级提高 | □高级拓展

知识难度 ★

学习时长 60 分钟

学习目标

① 视频素材的播放长度设置。

② 视频播放速度调整。

③ 制作视频回放效果。

③ 让视频具有停帧效果。

※主要内容※

内　容	难　度	内　容	难　度
让素材仅显示缩略图	★	视频的播放时长设置	★
调整视频播放速度	★	为视频应用时间流逝效果	★
制作时快时慢的视频效果	★	精彩回放不容错过	★
视频播放的停顿静止效果	★		

效果预览 > > >

5.1.1 让素材仅显示缩略图

在会声会影中导入素材后，默认的显示方式为缩略图和文件名，在这种显示方式下，素材占据的长度会比较长。用户可以让素材仅显示缩略图，减少素材占据的长度，下面以在“参数选择”对话框中进行设置为例讲解相关的操作步骤。

[知识演练] 将素材显示模式更改为缩略图

步骤01 启动会声会影软件，在“设置”下拉菜单中选择“参数选择”命令，如图5-1所示。在“素材显示模式”下拉列表中选择“仅略图”选项，如图5-2所示。

图5-1

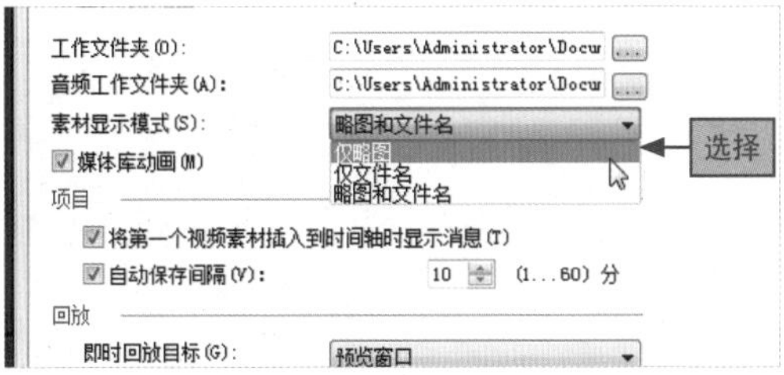

图5-2

步骤02 单击“确定”按钮，如图5-3所示。完成后将素材库中的素材拖动到轨道中，可以看到其只显示为缩略图，而没有文件名，如图5-4所示。

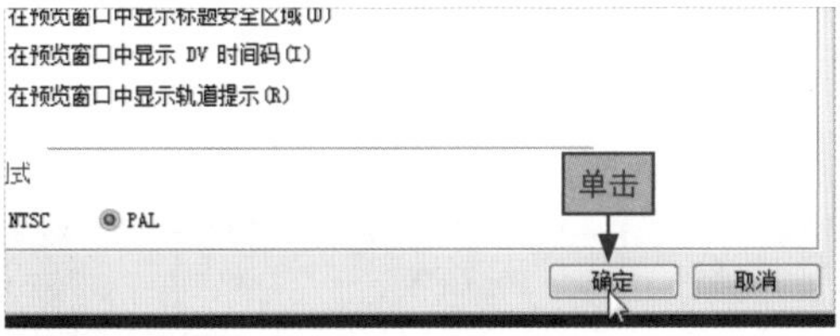

图5-3

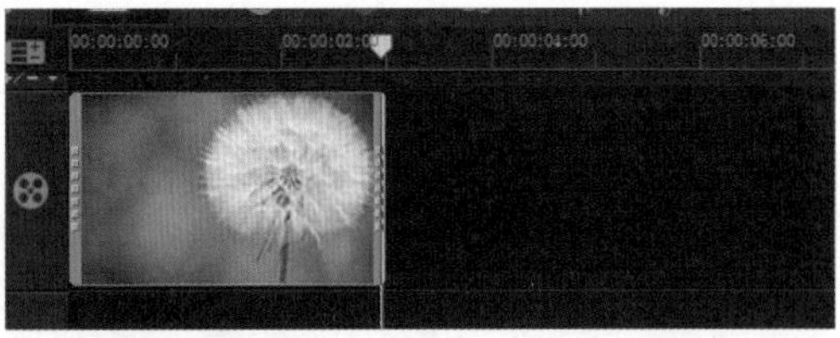

图5-4

5.1.2 视频的播放时长设置

在会声会影中，可根据需要调整素材的播放区间时长，下面以在“选项”面板中设置视频播放长度为例讲解相关的操作步骤。

[知识演练] 在“选项”面板中设置播放长度

本节素材	⊙\素材\Chapter05\小鱼.MP4
本节效果	⊙\效果\无

步骤01 启动会声会影软件，插入“小鱼.MP4”视频素材，如图5-5所示。单击“选项”按钮，如图5-6所示。

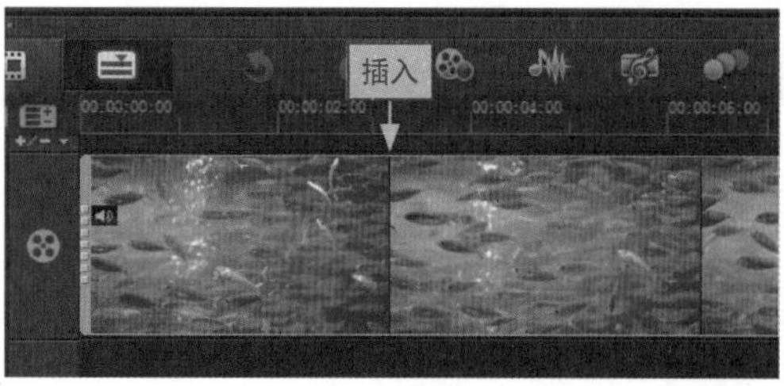

图5-5

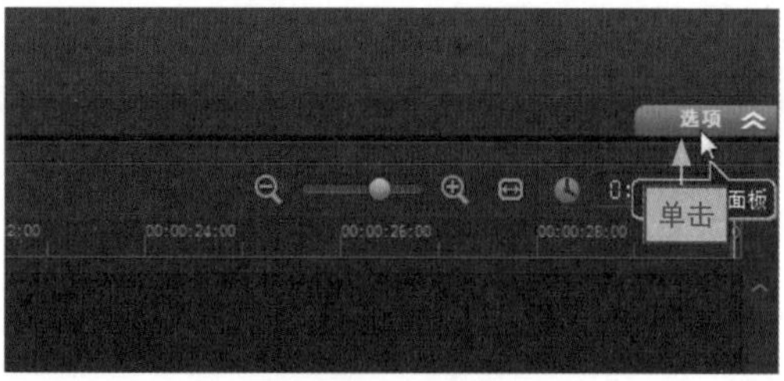

图5-6

步骤02 在打开的“选项”面板中单击“速度/时间流逝”选项，如图5-7所示。在打开的“速度/时间流逝”对话框中设置新素材区间（0:0:15:5），单击“确定”按钮，如图5-8所示。

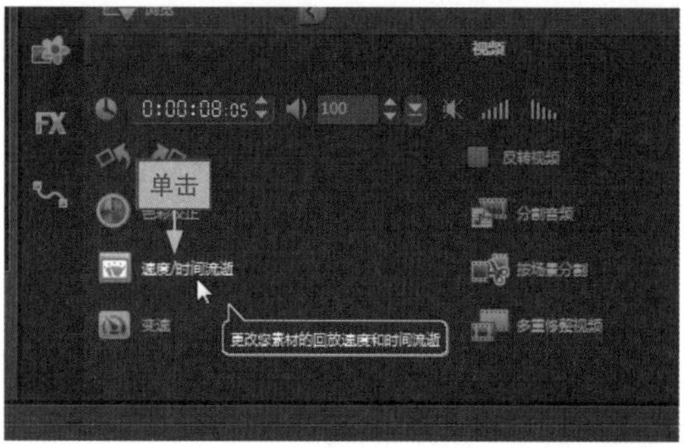

图5-7

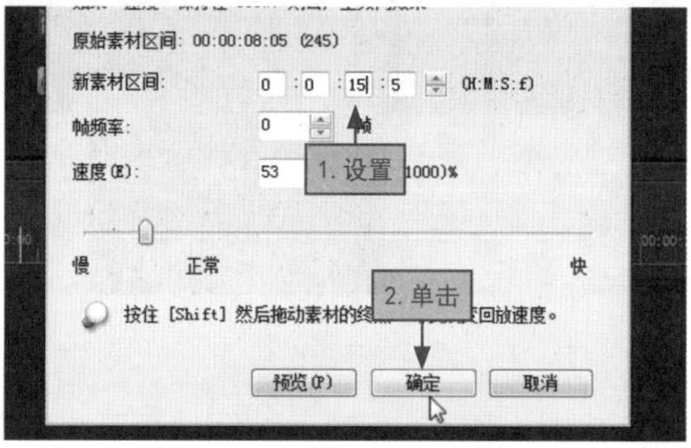

图5-8

完成以上步骤后可以看到视频轨中的视频显示长度变长了，在预览窗口播放视频也可以看到播放长度变长了。同时，视频的播放速度也变慢了，如图5-9所示。

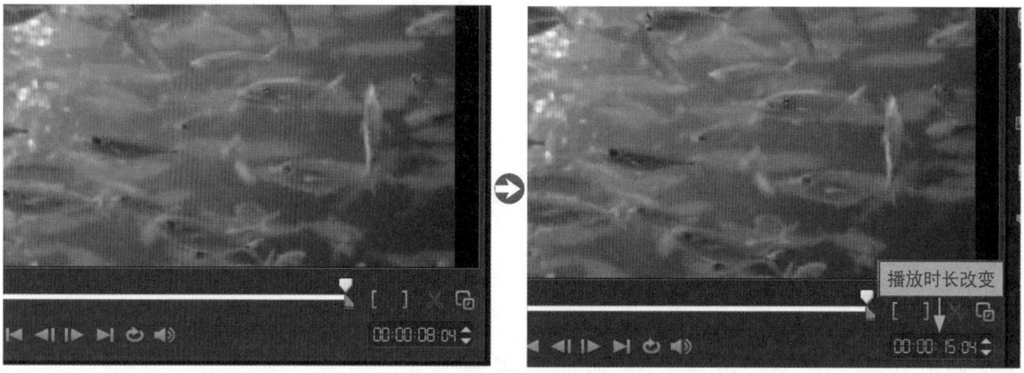

图5-9

在调整视频的播放时长时，还可以通过单击“新素材区间”中的上下微调按钮来设置，将鼠标光标定位到要调整的区间中，如图5-10所示。单击向上或向下按钮来调整，如图5-11所示。

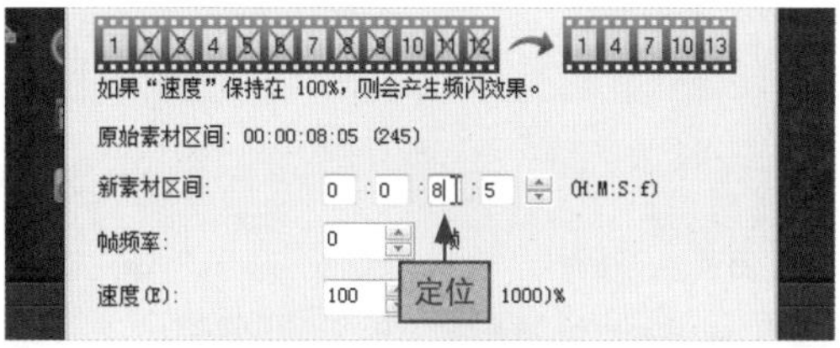

图5-10

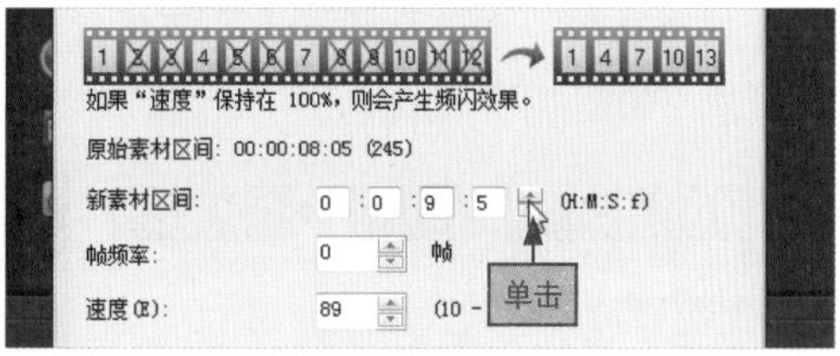

图5-11

知识延伸 | 打开“速度/时间流逝”对话框的方法

除了通过“选项”面板可以打开“速度/时间流逝”对话框外，在“编辑”下拉菜单中选择“速度/时间流逝”命令，也可以打开“速度/时间流逝”对话框，如图5-12所示。

图5-12

5.1.3 调整视频播放速度

如果视频的播放速度比较快，需要让其速度变慢，则可以通过设置播放速度来调整。下面以调慢“云雾.mp4”视频素材的播放速度为例讲解相关的操作步骤。

[知识演练] 将视频的播放速度调慢

本节素材	⊙|素材|Chapter05|云雾.MP4
本节效果	⊙|效果|Chapter05|云雾.VSP

步骤01 在视频轨中插入“云雾.MP4”视频素材，如图5-13所示。单击“选项”按钮，在“选项”面板中选择“速度/时间流逝”选项，如图5-14所示。

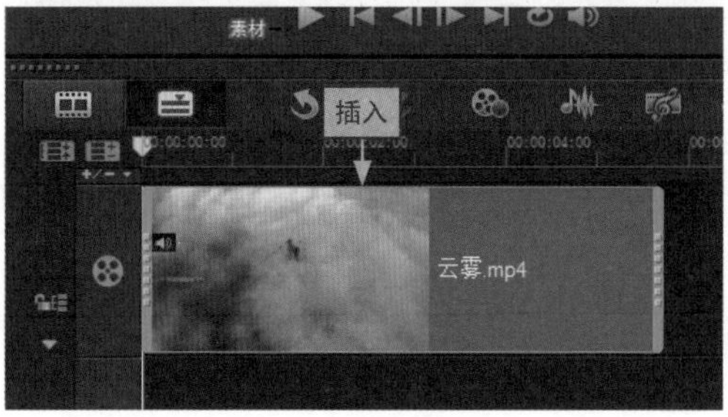

图5-13

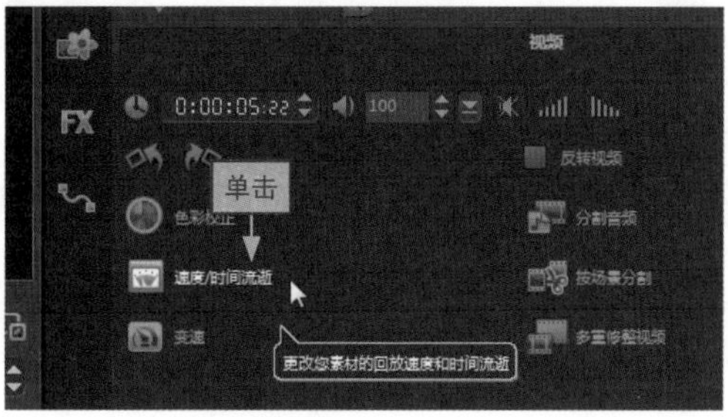

图5-14

步骤02 在“速度”数值框中输入小于原速度的数值，这里输入50，如图5-15所示。单击“确定”按钮，如图5-16所示。

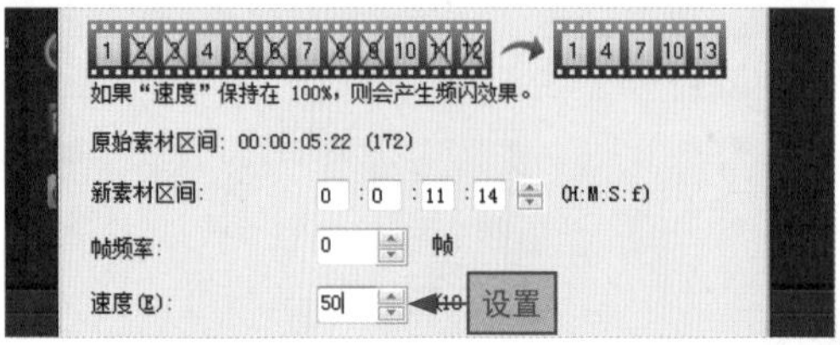

图5-15

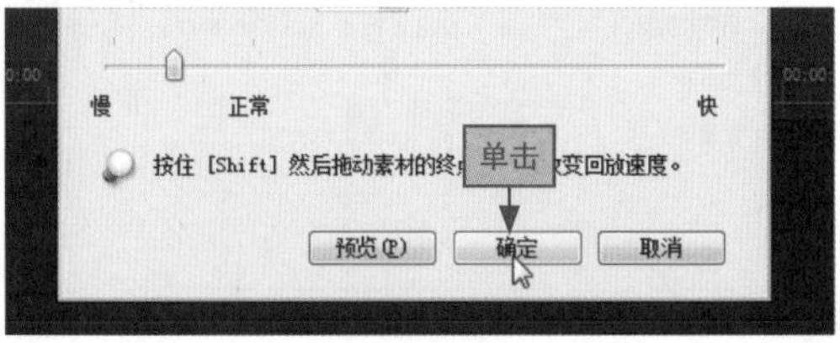

图5-16

在预览窗口播放视频时可以看到，视频的播放速度比原视频变慢了一倍，播放时长也相应地变长了一倍，如图5-17所示。

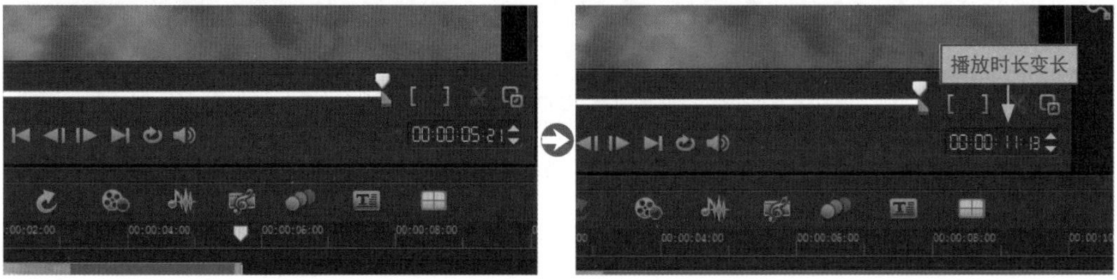

图5-17

知识延伸 | 其他改变视频的播放速度方法

在“速度/时间流逝”对话框中，拖动滑块也可以调整视频的播放速度，向左拖动为调慢播放速度，向右拖动为调快播放速度，如图5-18所示。按住Shift键，拖动视频轨中素材的终点，也可以改变视频的播放速度，向左拖动为调快播放速度，向右拖动为调慢播放速度，如图5-19所示。

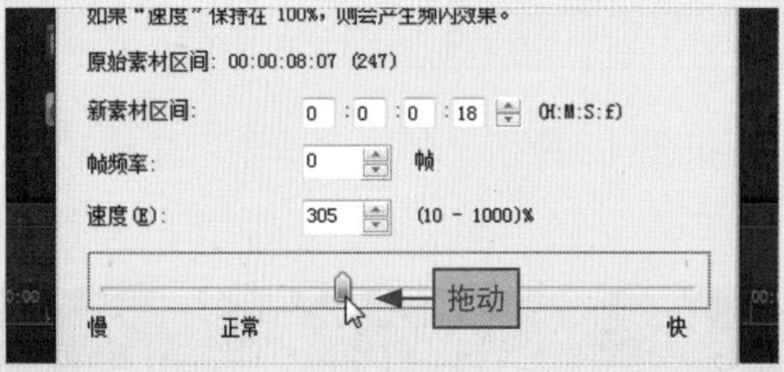

图5-18

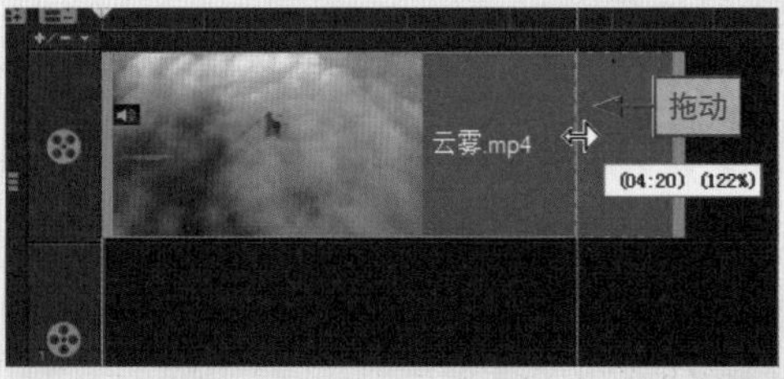

图5-19

5.1.4 为视频应用时间流逝效果

在会声会影软件中，可以通过设置帧频率来让视频具有时间流逝的效果。帧频率数值的大小表示间隔一定时间要丢弃的帧的数量，设置的数值越大流逝的效果就越明显，下面以设置帧频率为“25”为例讲解相关的操作步骤。

[知识演练] 通过调整帧频率让视频具有流逝效果

本节素材	⊙|素材|Chapter05|猫头鹰.MP4
本节效果	⊙|效果|Chapter05|猫头鹰.VSP

步骤01 在会声会影中插入“猫头鹰.MP4”视频素材，如图5-20所示。右击，在弹出的快捷菜单中选择“速度/时间流逝”命令，如图5-21所示。

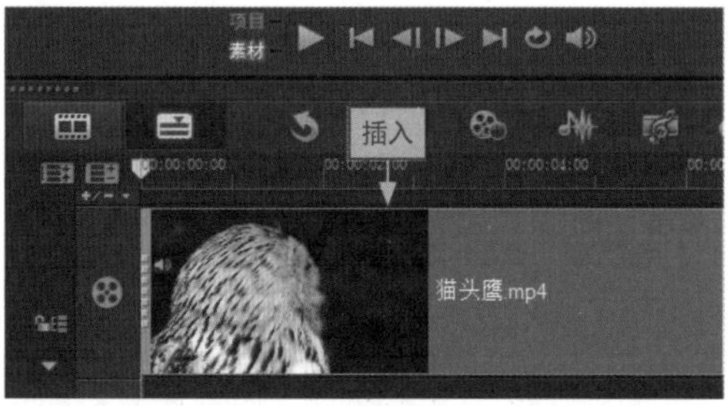

图5-20

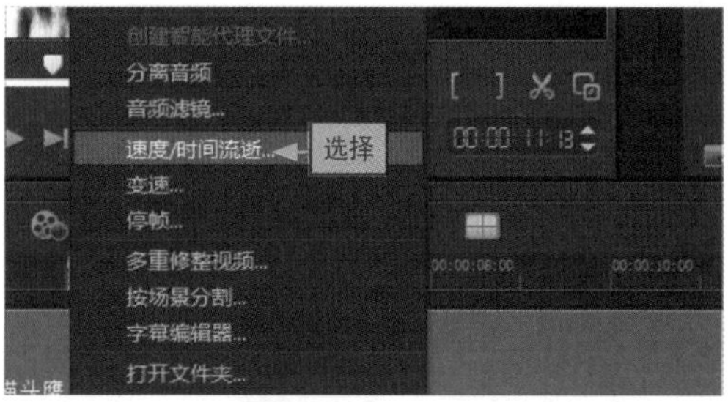

图5-21

步骤02 在打开的“速度/时间流逝”对话框中设置帧频率，这里设置为25，如图5-22所示。设置“速度”，这里设置为80，单击“确定”按钮，如图5-23所示。

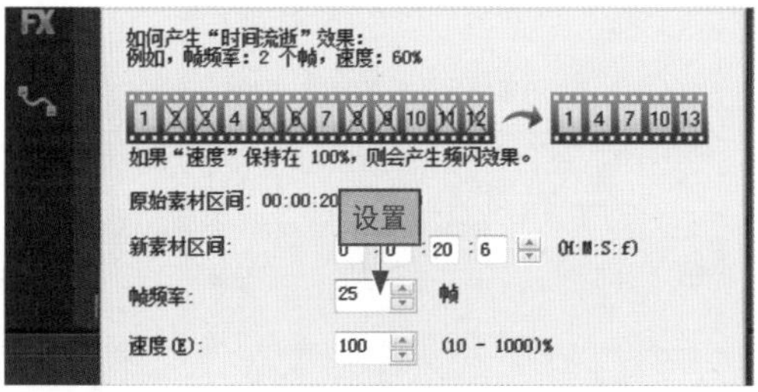

图5-22

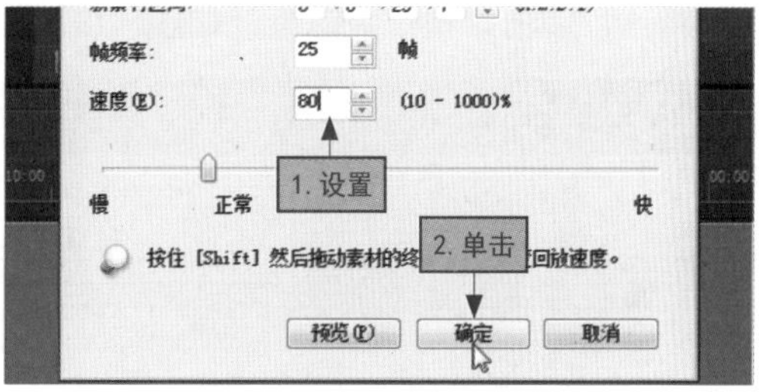

图5-23

知识延伸 | 预览效果后再保存

打开“速度/时间流逝”对话框对视频素材的区间、帧频率或速度进行设置后，可以先单击“预览”按钮预览效果，确定效果后再进行保存的操作，如图5-24所示。

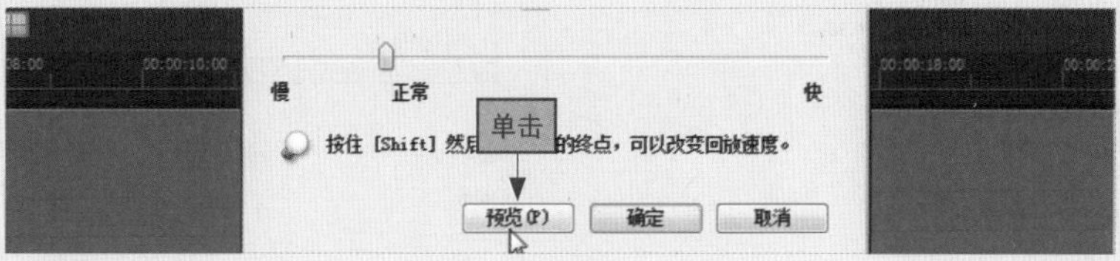

图5-24

5.1.5 制作时快时慢的视频效果

在一段视频中，有时可能需要将视频的某一段设置为慢放效果，而另一段则设置为快进效果，下面以调整“宠物.mp4”视频素材先慢后快的播放速度为例讲解具体的操作步骤。

[知识演练] 将视频设置为先慢后快的效果

本节素材	⊙|素材|Chapter05|宠物.MP4
本节效果	⊙|效果|Chapter05|宠物.VSP

步骤01 在会声会影中插入“宠物.MP4”视频素材，如图5-25所示。单击“选项”按钮，在“选项”面板中选择“变速”选项，如图5-26所示。

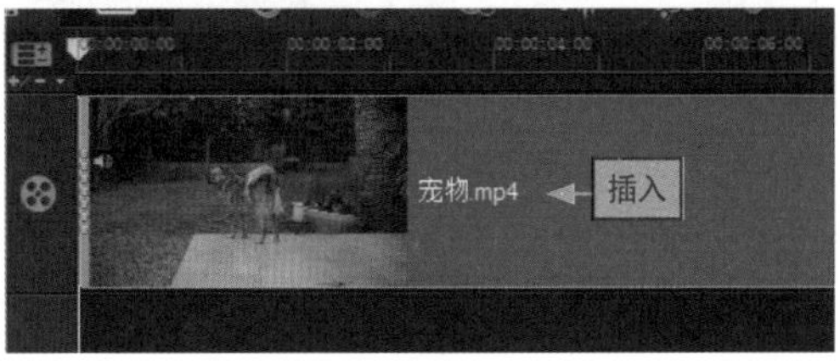

图5-25

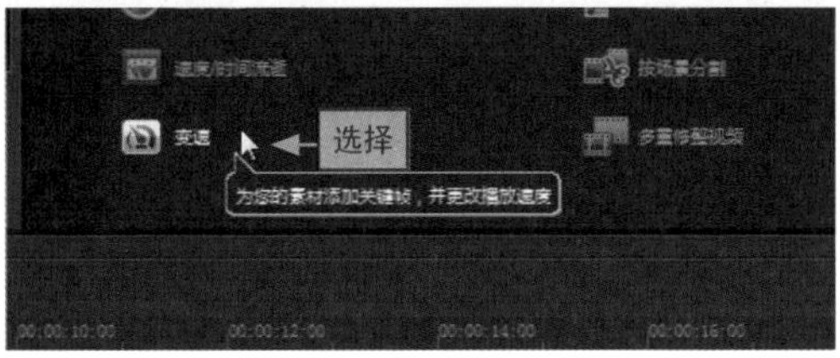

图5-26

步骤02 将鼠标光标定位在要添加关键帧的位置（00:00:03:03），双击，添加关键帧，如图5-27所示。单击第一个关键帧，如图5-28所示。

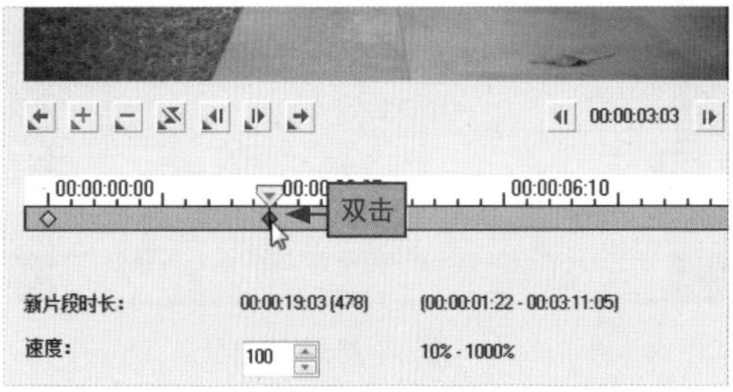

图5-27

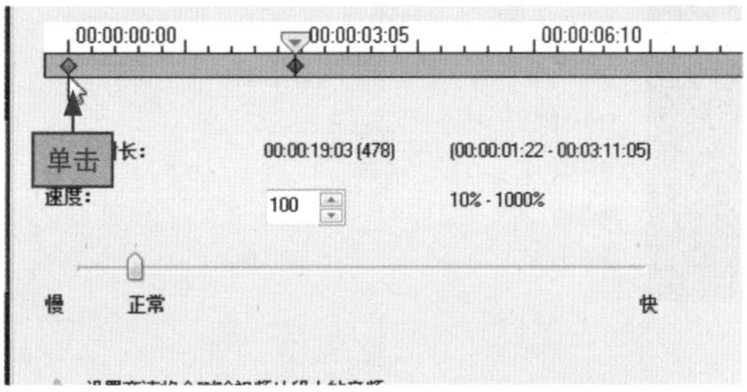

图5-28

步骤03 设置视频播放速度，这里向左拖动滑块将视频播放速度放慢，将“速度”设置为29，如图5-29所示。单击第二个关键帧，如图5-30所示。

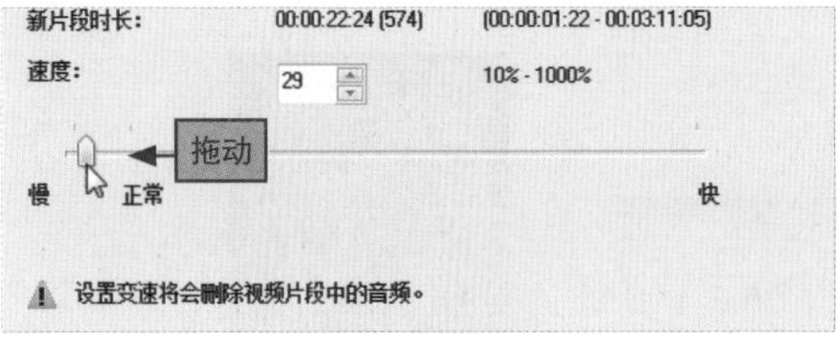

图5-29

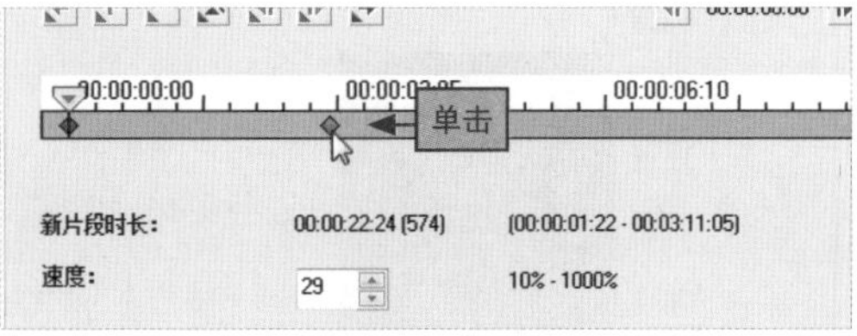

图5-30

步骤04 向右拖动滑块，调快视频的播放速度，将“速度”设置为402，如图5-31所示。继续在（00:00:11:09）处添加关键帧，如图5-32所示。

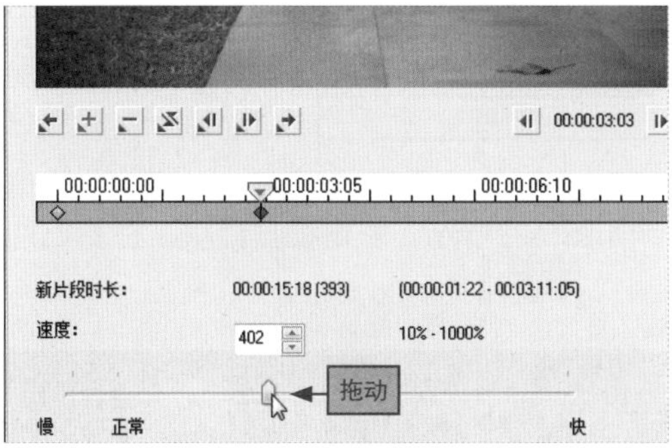

图5-31

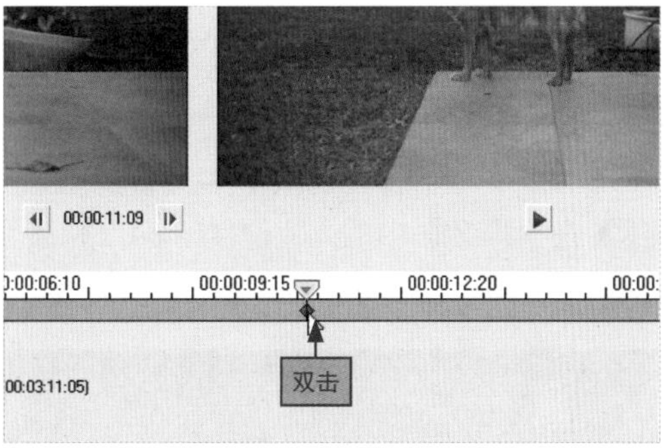

图5-32

步骤05 向右拖动滑块，调快视频的播放速度，将“速度”设置为602，如图5-33所示。单击“确定”按钮，如图5-34所示。

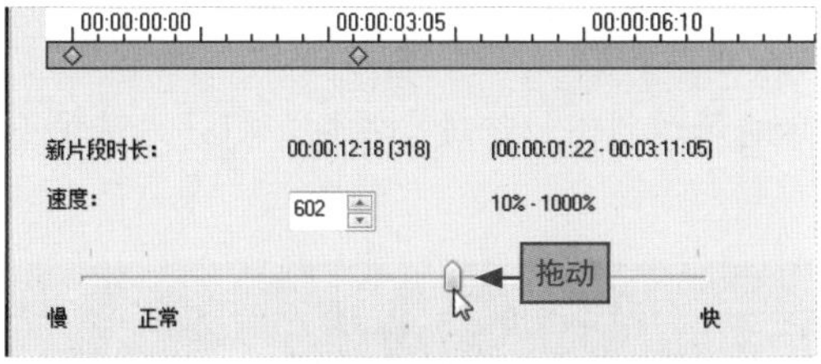

图5-33

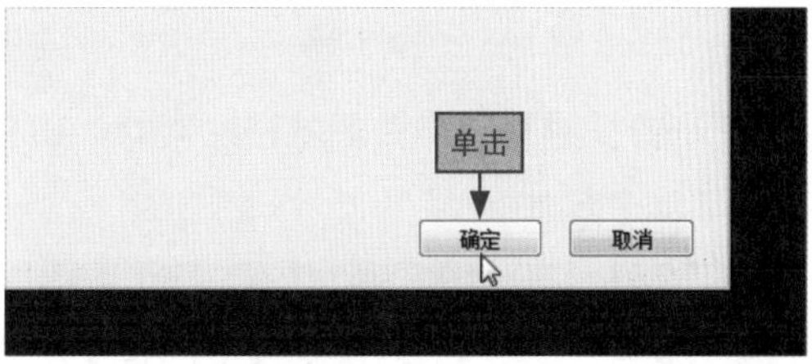

图5-34

知识延伸 | 通过按钮调整关键帧

在“变速”对话框中，还可以通过按钮来调整关键帧，单击按钮可删除关键帧，单击按钮可添加关键帧，如图5-35所示。单击按钮可左移关键帧，单击按钮可右移关键帧，如图5-36所示。

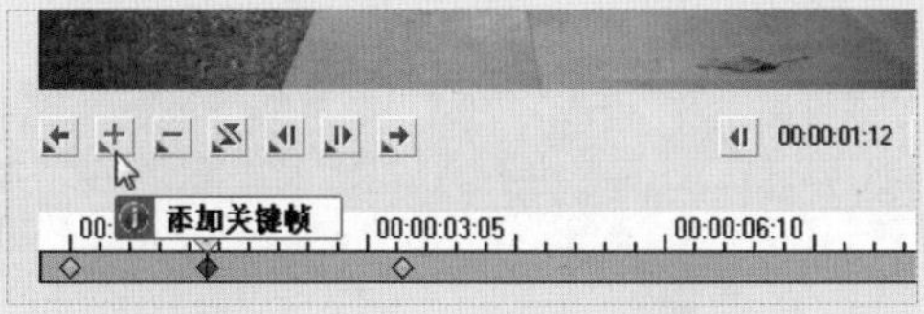

图5-35

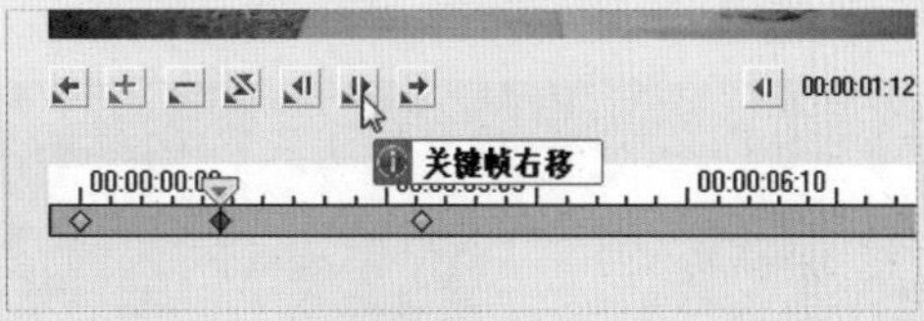

图5-36

5.1.6 精彩回放不容错过

在观看视频时，常常可以看到回放的视频效果。在会声会影中，可以利用反转视频的方式来实现回放效果，下面以“时钟.mp4”素材为例讲解相关的操作步骤。

[知识演练] 设置素材的回放效果

本节素材	⊙|素材|Chapter05|时钟.MP4
本节效果	⊙|效果|Chapter05|时钟.VSP

步骤01 在会声会影中插入“时钟.mp4”视频素材，如图5-37所示。右击视频素材，在弹出的快捷菜单中选择“复制”命令，如图5-38所示。

图5-37

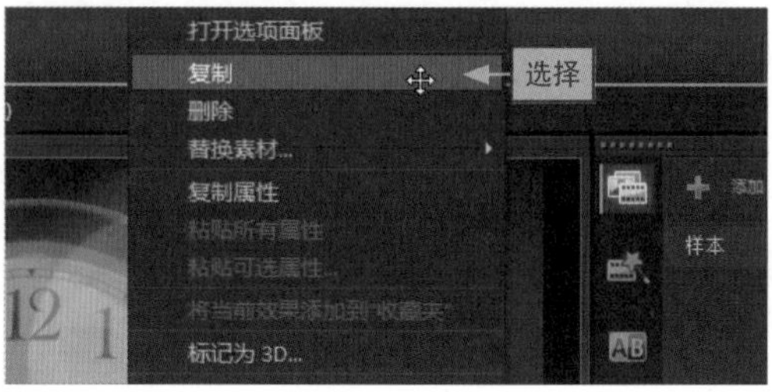

图5-38

步骤02 单击视频轨中空白区域粘贴素材，如图5-39所示。单击“选项”按钮，打开“选项”面板，如图5-40所示。

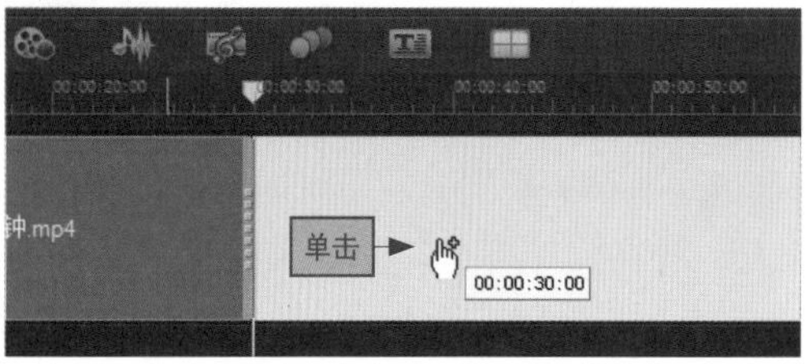

图5-39

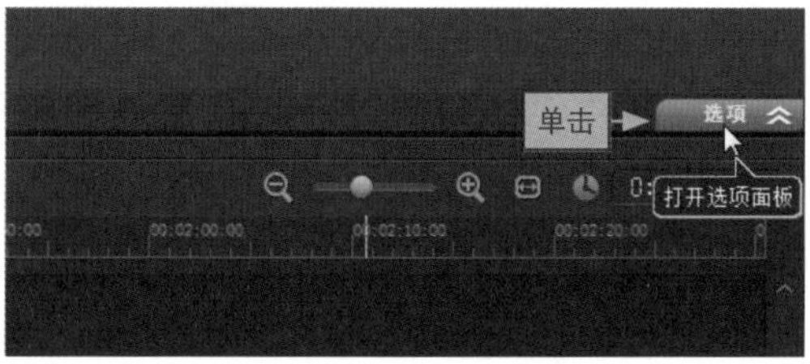

图5-40

步骤03 勾选“反转视频”复选框，如图5-41所示。此时可以在视频轨看到，原视频素材的结尾部分被调转到了开始位置，如图5-42所示。

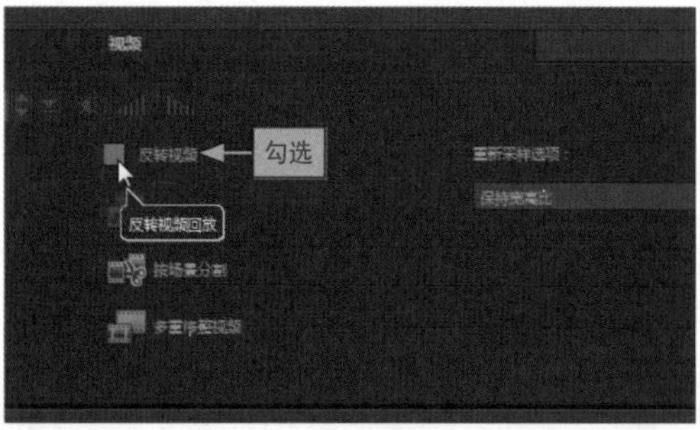

图5-41

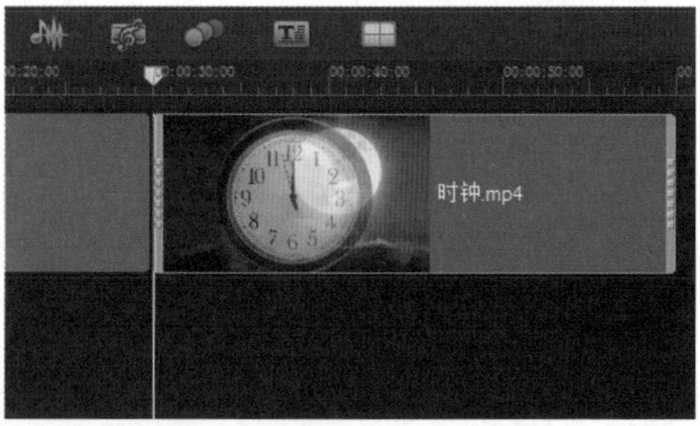

图5-42

完成以上步骤后，在预览窗口播放视频可以看到，原来顺时针旋转的秒针，在反转后变为了逆时针旋转效果，播放整段视频就可以查看到动态的回放效果，如图5-43所示。

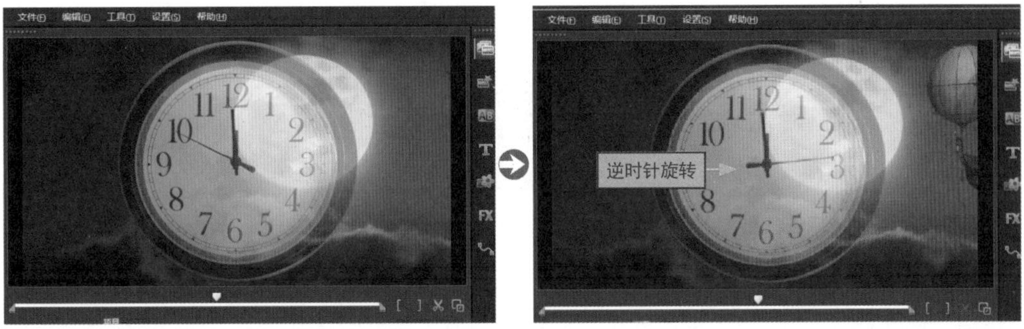

图5-43

5.1.7 视频播放的停顿静止效果

如果要让视频的某一帧在播放时停留一段时间，达到静止的效果，则可以利用会声会影的“停帧”工具来实现，下面以在快捷菜单中使用“停帧”工具为例讲解相关的操作步骤。

[知识演练] 利用停帧工具设置停顿播放效果

本节素材	⊙|素材|Chapter05|农场.MP4
本节效果	⊙|效果|Chapter05|农场.VSP

步骤01 在会声会影中插入“农场.MP4”视频素材，如图5-44所示。单击“播放”按钮播放视频，如图5-45所示。

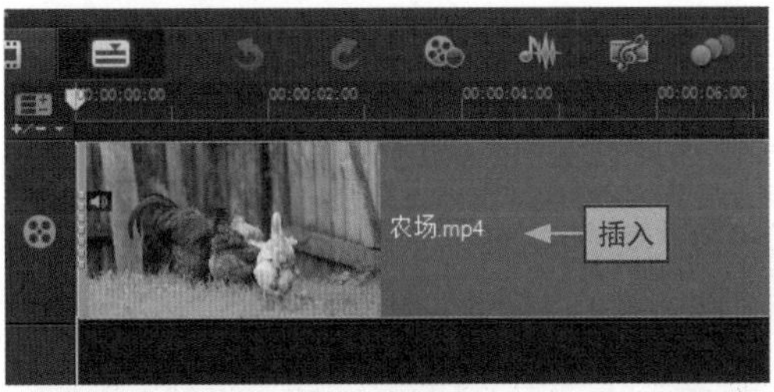

图5-44

图5-45

步骤02 等到播放到想要停顿的画面时，单击“暂停”按钮，如图5-46所示。右击视频素材，在弹出的快捷菜单中选择“停帧”命令，如图5-47所示。

图5-46

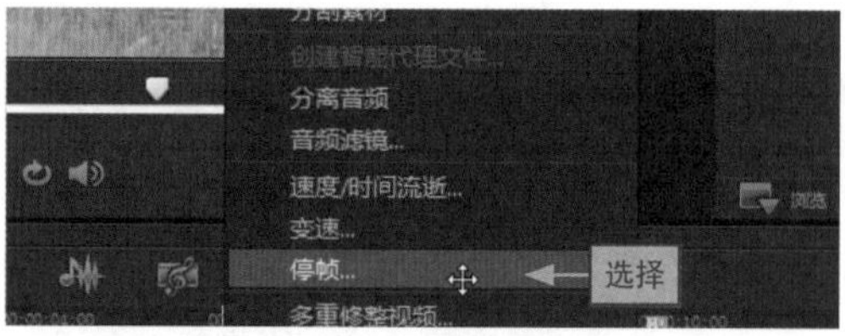

图5-47

步骤03 在打开的“停帧”对话框中设置区间为5秒0帧，单击“确定”按钮，如图5-48所示。返回视频轨后可以看到，视频轨中自动进行了视频剪辑，播放到中间部分的素材时，会自动停顿画面一段时间，如图5-49所示。

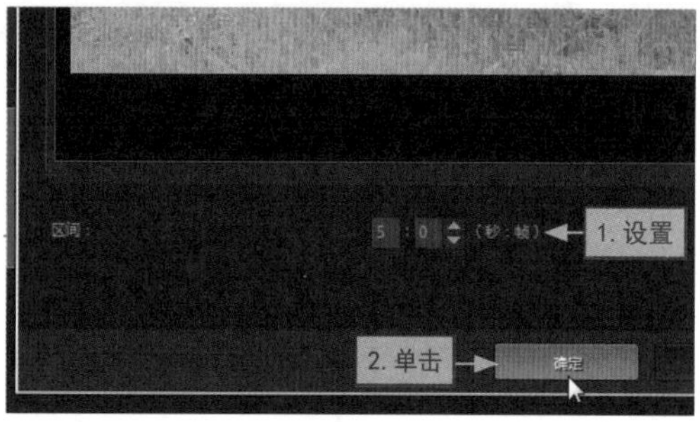

图5-48

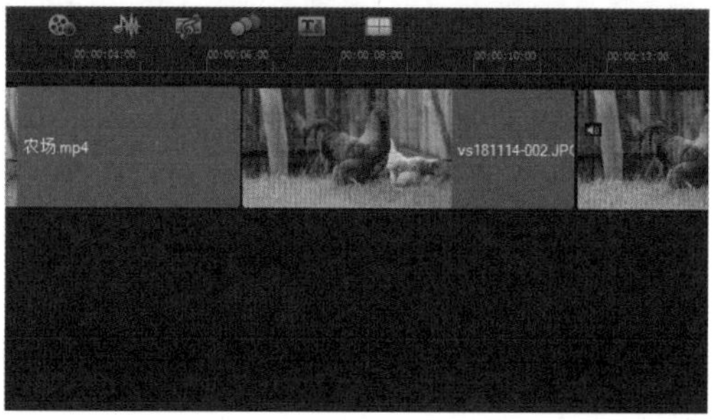

图5-49

知识延伸 | 停帧工具会剪辑图片素材

使用停帧工具后，程序会自动剪辑一张图片素材到素材库中，如果要在一段视频中实现多次的停顿静止效果，则可多次使用停帧工具，如图5-50所示为素材库中自动剪辑并保存的图片素材。

图5-50

LESSON
5.2 路径动画确定运动方式

知识级别

□初级入门 | ■中级提高 | □高级拓展

知识难度 ★★

学习时长 60 分钟

学习目标

① 为素材应用路径效果。

② 自定义运动路径。

③ 追踪视频动态对象。

※主要内容※

内　容	难　度	内　容	难　度
为素材添加路径	★	自定义路径的运动效果	★
旋转素材并沿曲线运动	★★	添加关键帧让素材呈折线运动	★★
删除不需要的路径效果	★★	视频的动态追踪路径	★★

效果预览 > > >

5.2.1 为素材添加路径

会声会影提供的路径效果能让素材实现运动的效果，下面以运用“P01”路径效果为例讲解相关的操作步骤。

[知识演练] 为照片应用“P01”路径效果

本节素材	⊙\素材\Chapter05\小蘑菇.jpg
本节效果	⊙\效果\Chapter05\小蘑菇.VSP

步骤01 在会声会影中插入“小蘑菇.jpg”素材图片，如图5-51所示。单击素材库面板中的“路径”按钮，如图5-52所示。

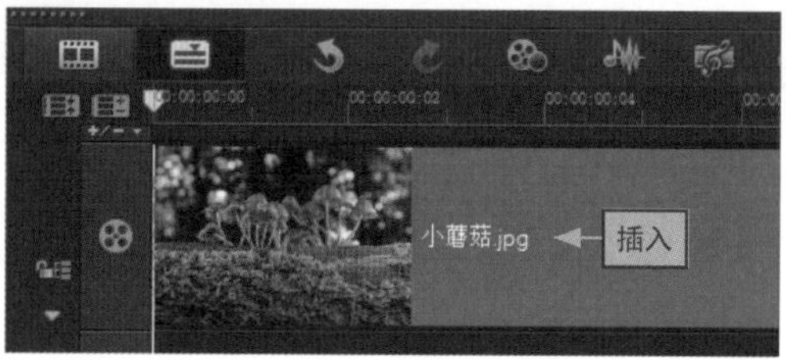

图5-51

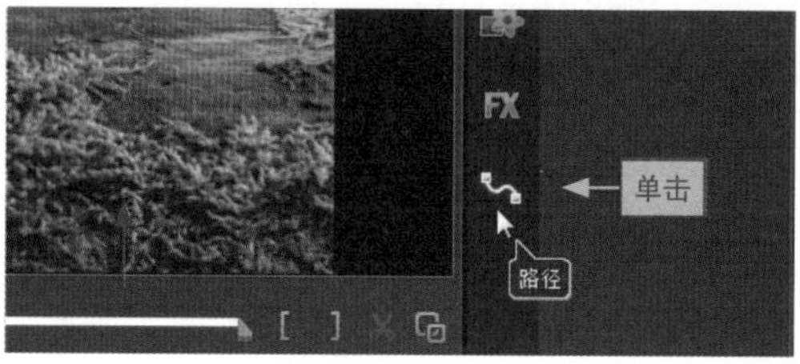

图5-52

步骤02 在打开的路径库中选择“P01”选项，如图5-53所示。将“P01”路径效果拖动到素材图片上，如图5-54所示。

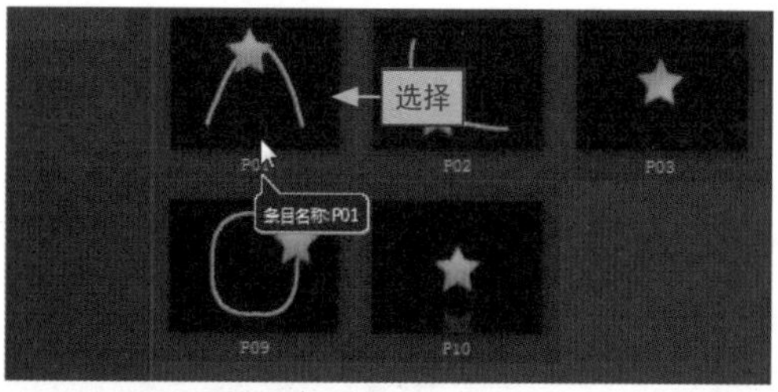

图5-53

图5-54

为图片素材添加“P01”路径效果后，在预览窗口播放时可以看到素材从右下向左下移动的运动效果，如图5-55所示。

图5-55

5.2.2 自定义路径的运动效果

会声会影路径库中提供了多种路径运动效果，除了使用自带的路径效果，也可以自定义路径效果，让素材按照需要的方向进行运动。下面以“百合.jpg”图片素材为例讲解相关的操作步骤。

[知识演练] 自定义路径让素材从左往右移动

本节素材	⊙|素材|Chapter05|百合.jpg
本节效果	⊙|效果|Chapter05|百合.VSP

步骤01 在会声会影中插入“百合.jpg”素材图片，如图5-56所示。右击素材，在弹出的快捷菜单中选择“自定义动作”命令，如图5-57所示。

图5-56

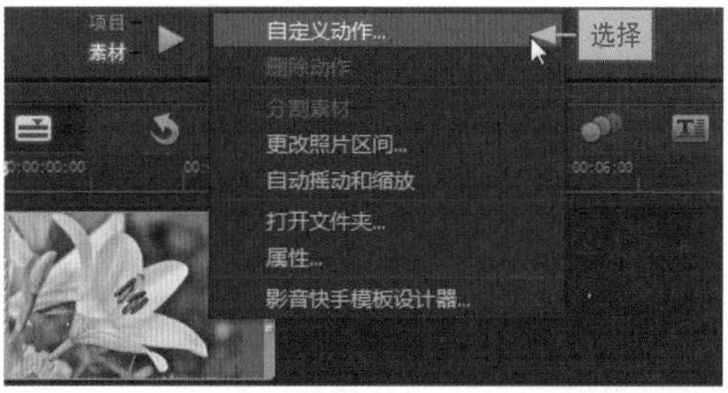

图5-57

步骤02 拖动素材图片在画面的左下角位置，如图5-58所示。选中绿色控制点，向右上角拖动，如图5-59所示。

图5-58

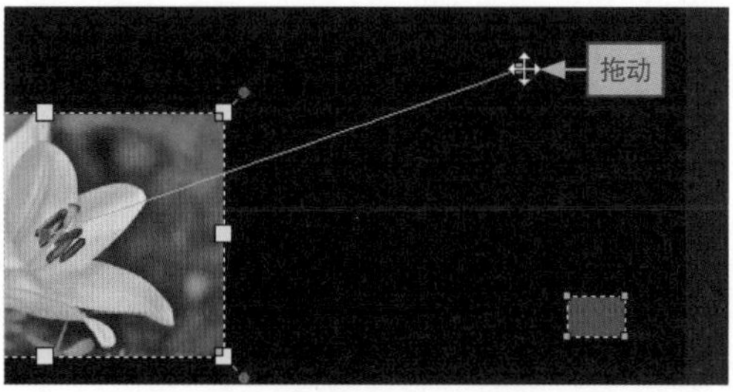

图5-59

步骤03 在“大小”数值框中设置素材的大小，这里将X和Y都设置为40，如图5-60所示。单击“确定”按钮，如图5-61所示。

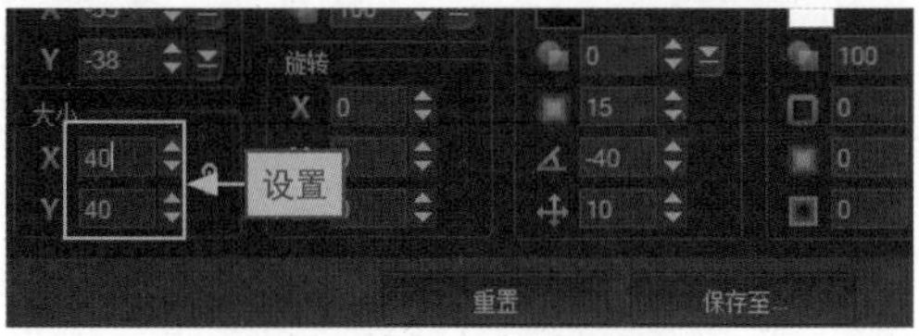

图5-60

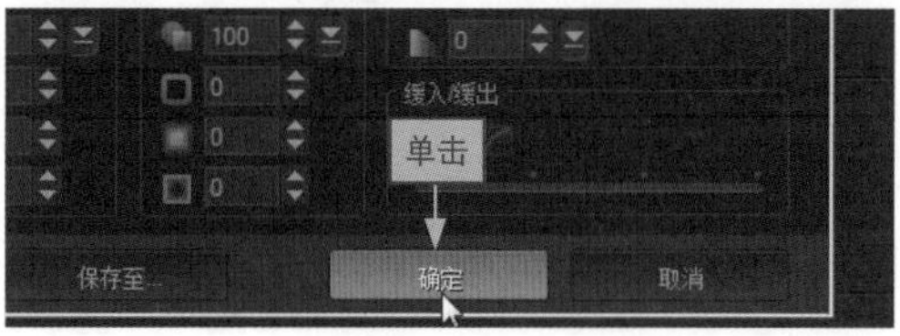

图5-61

知识延伸 | 利用X轴和Y轴确定起点

在设定自定义动作时除了可以通过拖动的方式确定起点外，还可以通过X轴和Y轴来确定起点位置。在“自定义动作”对话框的“位置”中输入X轴和Y轴的参数，或者通过单击向上、向下按钮进行位置的调整，如图5-62所示。

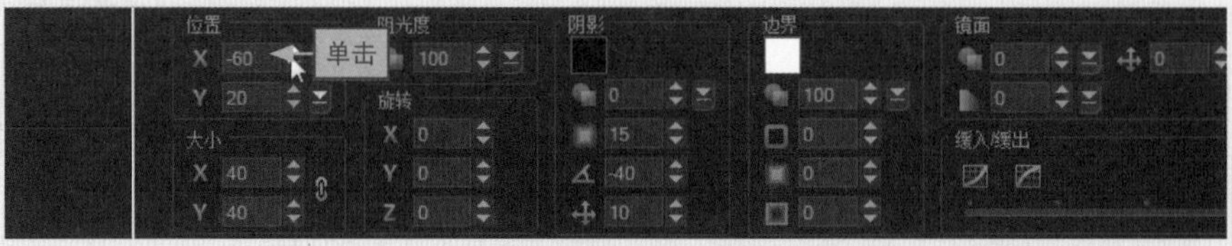

图5-62

5.2.3 旋转素材并沿曲线运动

在自定义动作中，还可以让素材旋转，使其呈曲线运动。下面以制作从左往右的曲线动作为例讲解具体的操作步骤。

[知识演练] 制作从左往右的曲线动作

本节素材	⊙I素材IChapter05I睡莲.jpg
本节效果	⊙I效果IChapter05I睡莲.VSP

步骤01 在会声会影中插入“睡莲.jpg”素材，如图5-63所示。在“编辑”下拉菜单中选择“自定义动作”命令，如图5-64所示。

图5-63

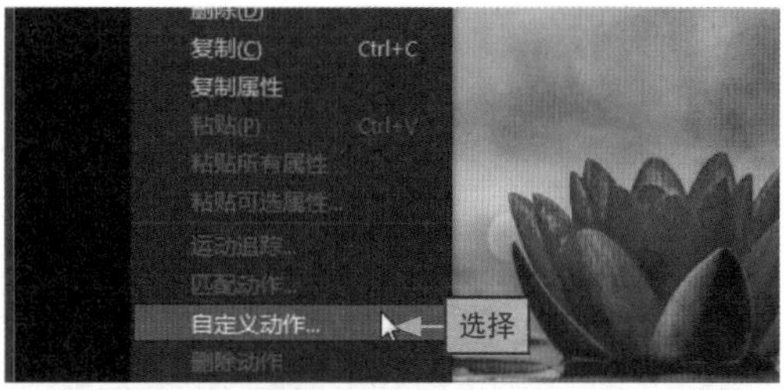

图5-64

步骤02 将鼠标光标移动到右下角紫色控制点，当出现旋转按钮时旋转素材图片，如图5-65所示。单击素材，如图5-66所示。

图5-65

图5-66

步骤03 拖动素材到画面左下角，如图5-67所示。选中右侧控制点，拖动其到右上角，如图5-68所示。

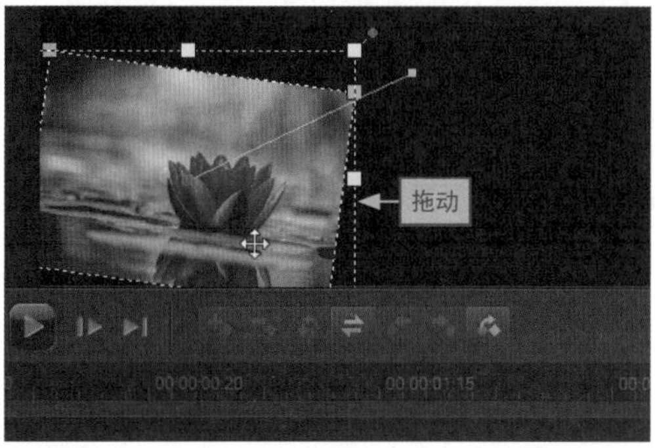

图5-67

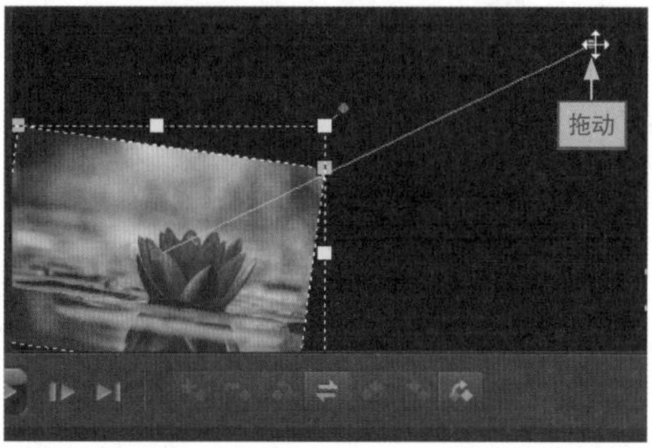

图5-68

步骤04 选择路径线中间位置，向上拖动使其变为曲线，如图5-69所示。单击“确定”按钮，如图5-70所示。

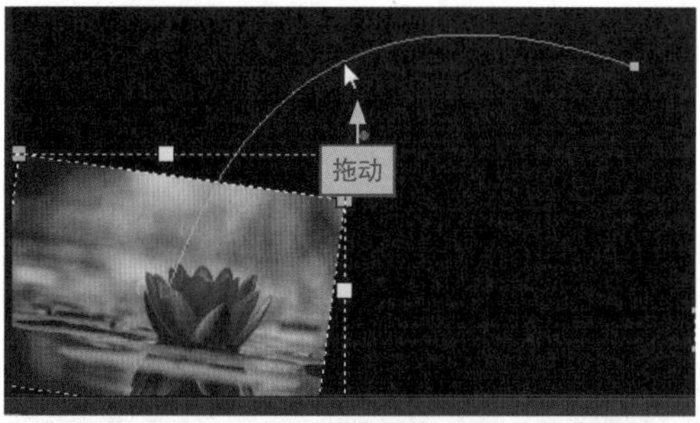

图5-69

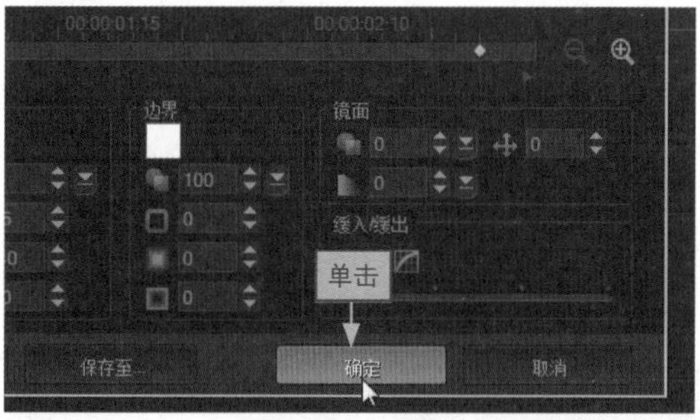

图5-70

5.2.4 添加关键帧让素材呈折线运动

在会声会影提供的路径效果中还可以自定义折线运功效果，下面以添加一个关键帧制作折线运动效果为例讲解具体的操作步骤。

[知识演练] 让素材从上往下，从左往右运动

本节素材	⊙|素材|Chapter05|秋季.jpg
本节效果	⊙|效果|Chapter05|秋季.VSP

步骤01 在会声会影中插入“秋季.jpg”素材，如图5-71所示。右击素材，在弹出的快捷菜单中选择“自定义动作”命令，如图5-72所示。

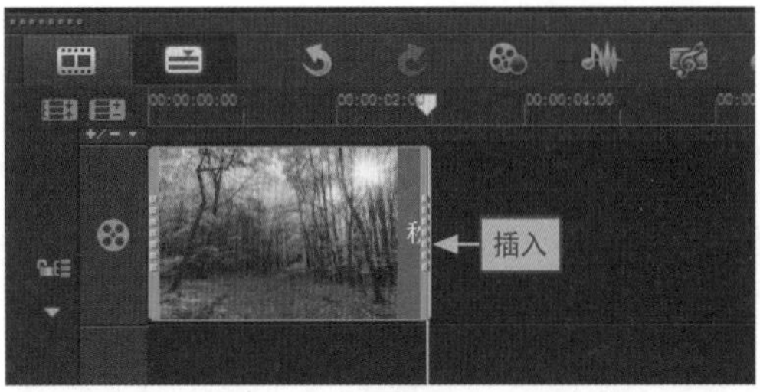

图5-71

图5-72

步骤02 打开“自定义动作”对话框，拖动素材到画面左上角，如图5-73所示。将鼠标光标定位在运动路径线的中部，如图5-74所示。

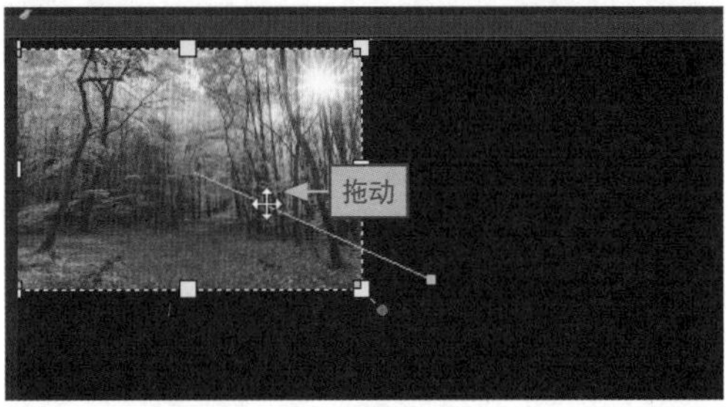

图5-73

图5-74

步骤03 当鼠标光标变为手形时右击已添加路径效果的素材，在弹出的快捷菜单中选择“添加关键帧”命令，如图5-75所示。拖动素材到画面左下角，此时可以看到两条路线，如图5-76所示。

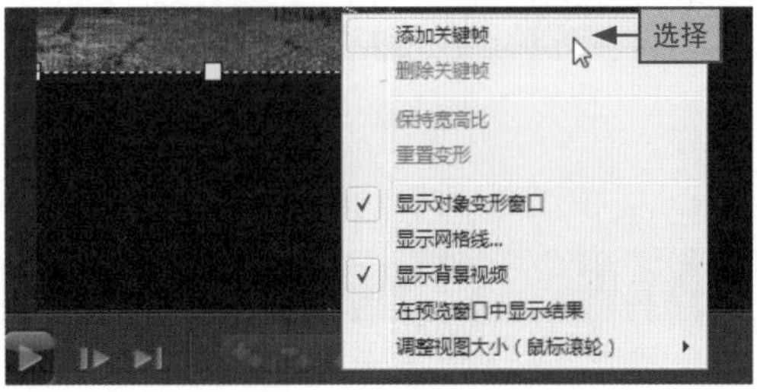

图5-75

图5-76

步骤04 拖动路径控制点，这里拖动右侧控制点，如图5-77所示。单击“确定”按钮，如图5-78所示。

图5-77

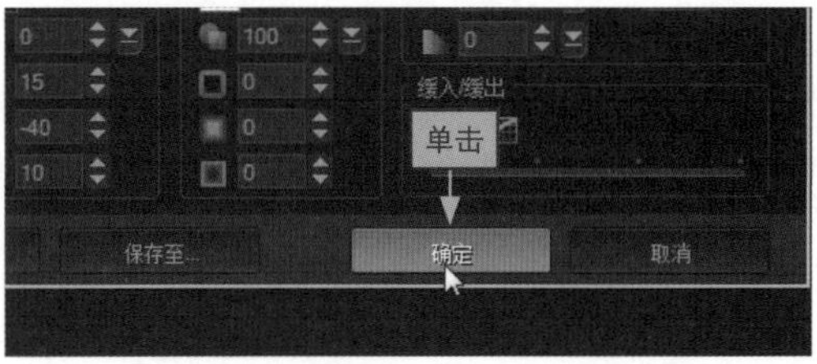

图5-78

知识延伸 | 删除关键帧

对于已添加的路径关键帧，也可以将其删除，将鼠标光标定位在关键帧控制点上，当鼠标光标变为手形时，右击已添加路径效果的素材，在弹出的快捷菜单中选择“删除关键帧”命令，如图5-79所示。

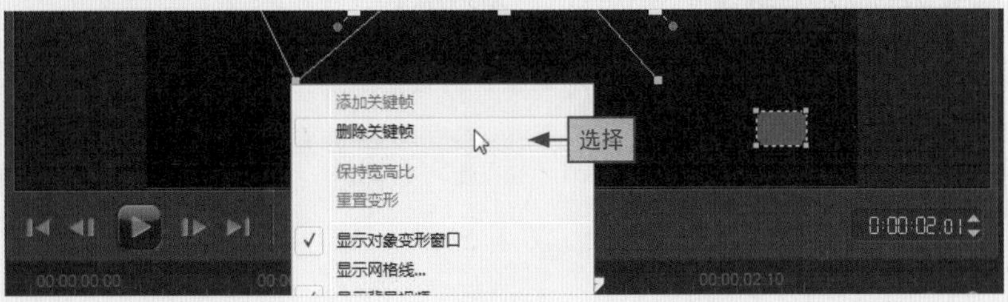

图5-79

5.2.5 删除不需要的路径效果

对素材添加路径效果后，如果对当前的效果不满意，可以将其删除后重新应用路径效果。右击已添加路径效果的素材，在弹出的快捷菜单中选择“删除动作”命令，如图5-80所示。

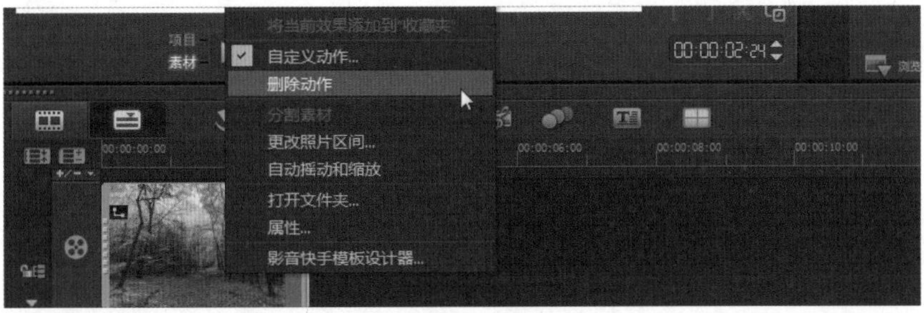

图5-80

5.2.6 视频的动态追踪路径

会声会影中的运动追踪功能能够实现对物体的标记，使其更容易被关注，下面以标记“宠物.MP4”视频素材为例讲解相关的操作步骤。

[知识演练] 追踪走动的宠物

本节素材	⊙|素材|Chapter05|宠物.mp4
本节效果	⊙|效果|Chapter05|宠物.VSP

步骤01 启动会声会影软件，在“工具”下拉菜单中选择“运动追踪”命令，如图5-81所示。打开“打开视频文件”对话框，选择“宠物.mp4”视频素材，单击“打开”按钮，如图5-82所示。

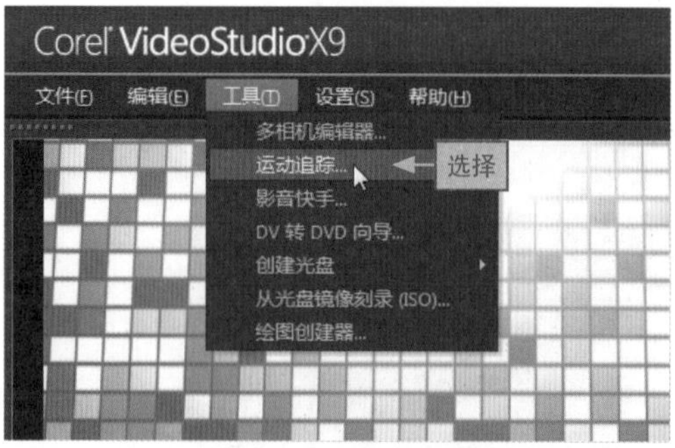

图5-81

图5-82

步骤02 打开“运动追踪”对话框，选择“跟踪器 01”选项，如图5-83所示。将红色控制点拖动到需要跟踪的对象上，这里拖动到宠物处，如图5-84所示。

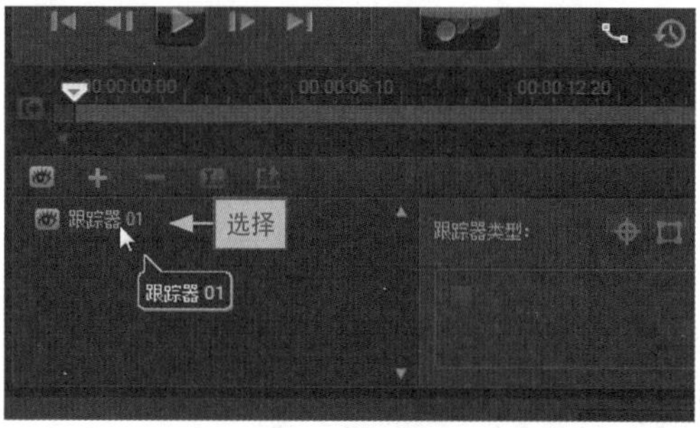

图5-83

图5-84

步骤03 单击“运动追踪”按钮，如图5-85所示。此时可以看到画面中描绘了一条宠物运动的路径，勾选“添加匹配对象”复选框，单击“确定”按钮，如图5-86所示。

图5-85

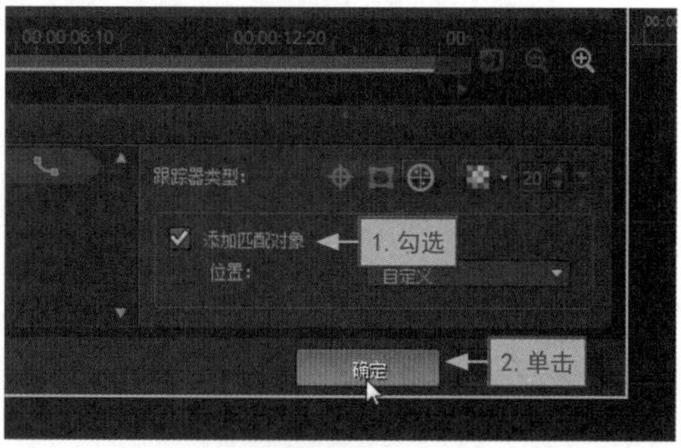

图5-86

步骤04 右击覆叠轨中的素材，在弹出的快捷菜单中选择“替换素材/照片”命令，如图5-87所示。在打开的“替换/重新链接素材”对话框中选择“箭头.png”素材图片，单击“打开”按钮，如图5-88所示。

图5-87

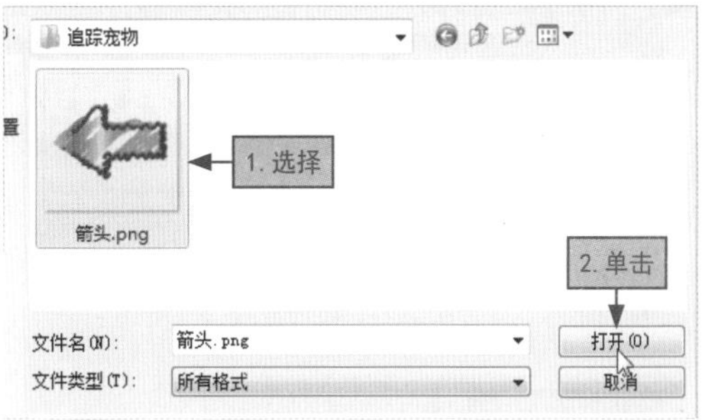

图5-88

完成以上步骤后在预览窗口播放视频，可以看到箭头始终追踪宠物运动，如图5-89所示。

图5-89

知识延伸 | 按区域跟踪和多点跟踪

在运动跟踪工具中，除了可以按点设置跟踪器外，还可以按区域和多点设置跟踪器。按区域设置跟踪器，可以使用矩形选框选择需要设置跟踪器的区域，如图5-90所示。按多点设置跟踪器可以改变选框的形状，如图5-91所示。

图5-90

图5-91

LESSON 5.3 图像素材的调整

知识级别

■初级入门 | □中级提高 | □高级拓展

知识难度 ★

学习时长 30 分钟

学习目标

① 对照片的播放区间进行调整。

② 对素材进行变形操作。

※主要内容※

内 容	难 度	内 容	难 度
默认照片区间的调整	★	轻松批量调整播放时间	★
将图片素材变形	★★	调整素材的显示大小	★★

效果预览 > > >

5.3.1 默认照片区间的调整

在会声会影的视频轨中添加照片素材后，程序会自动为照片设置一定的播放区间，对于默认的区间可以根据需要进行设置，下面以将默认照片区间设置为4分钟为例讲解相关的操作步骤。

[知识演练] 将默认照片区间设置为4分钟

步骤01 启动会声会影软件，在“设置”下拉菜单中选择“参数选择”命令，如图5-92所示。在打开的“参数选择”对话框中单击“编辑”选项卡，如图5-93所示。

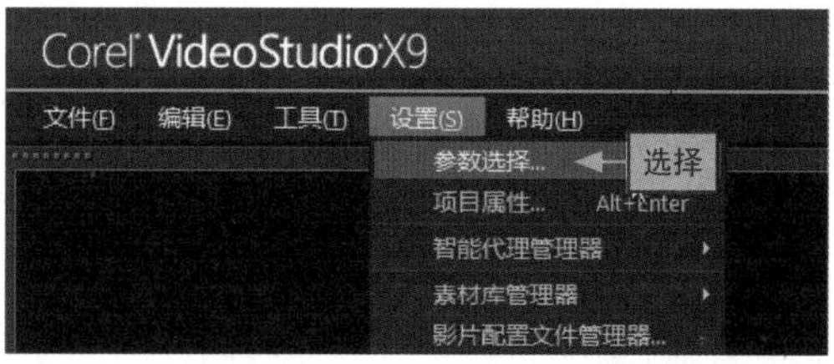

图5-92

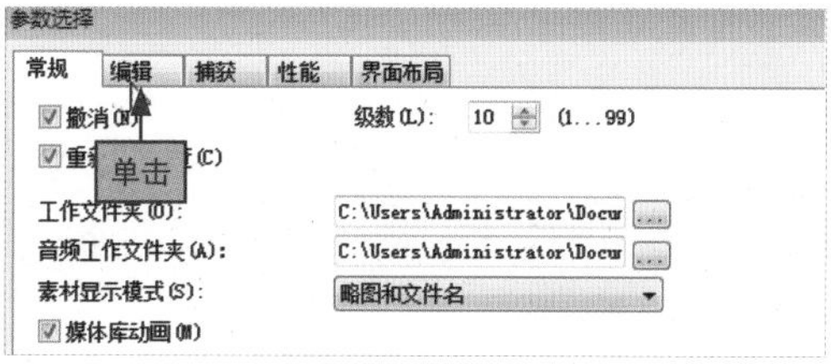

图5-93

步骤02 在“默认照片/色彩区间”数值框中输入4，如图5-94所示。单击“确定”按钮，如图5-95所示。

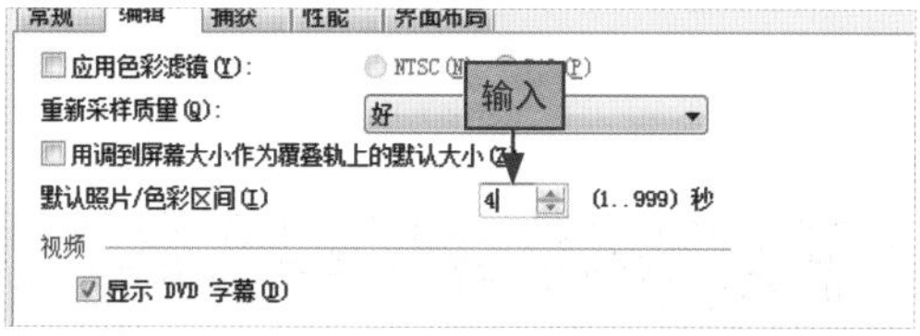

图5-94

图5-95

5.3.2 轻松批量调整播放时间

在会声会影中制作一段完整的视频时，常常会添加多张图片素材到轨道中，而修改播放时长是常用的操作。如果照片需要修改的时间和区间比较统一，那么采用批量修改的方法会节省很多时间，下面以批量调整图片素材区间为5分钟为例讲解相关的操作步骤。

[知识演练] 将3张照片的区间批量设置为5分钟

本节素材	⊙|素材|Chapter05|动物
本节效果	⊙|效果|无

步骤01 在会声会影视频轨中插入“动物”文件夹中的所有图片素材，如图5-96所示。单击“故事板视图”按钮，如图5-97所示。

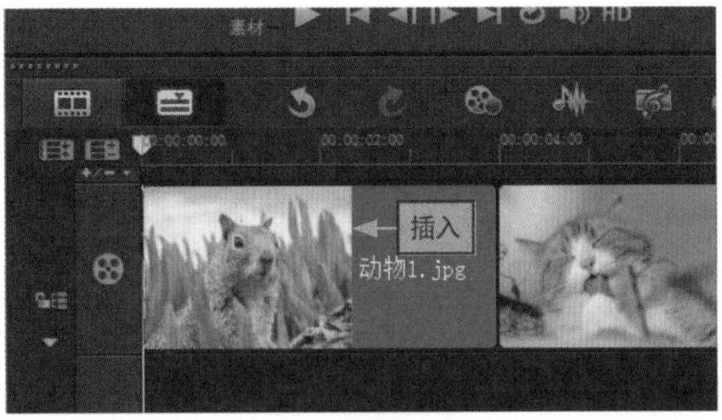

图5-96

图5-97

步骤02 按住Shift键依次选择3张图片，如图5-98所示。右击选中的图片，在弹出的快捷菜单中选择“更改照片区间”命令，如图5-99所示。

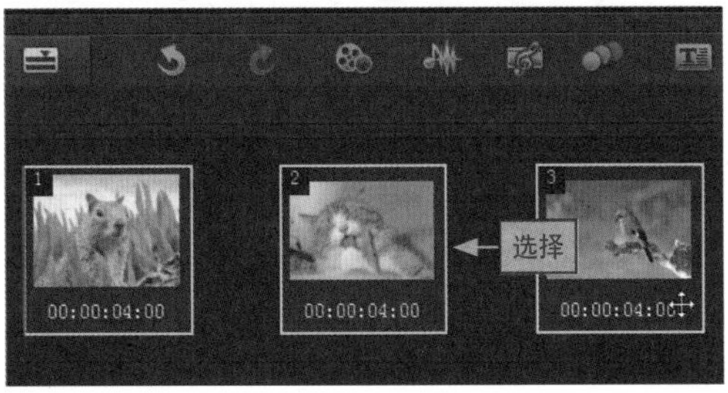

图5-98

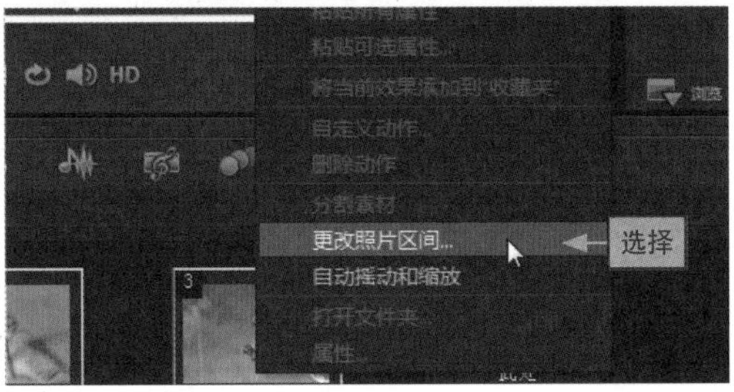

图5-99

步骤03 打开“区间”对话框，设置“区间”为5分钟，如图5-100所示。单击“确定”按钮，如图5-101所示。

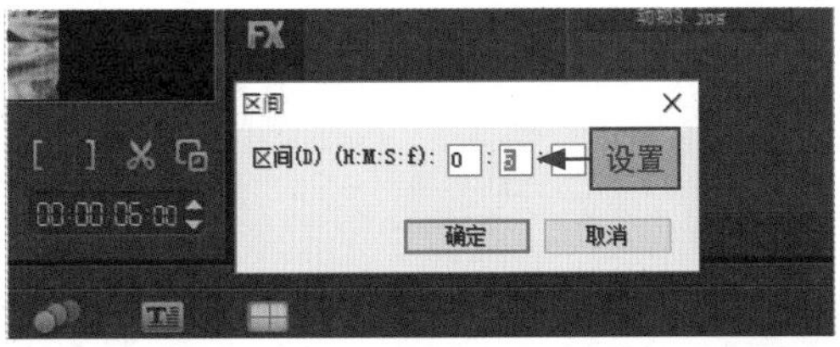

图5-100

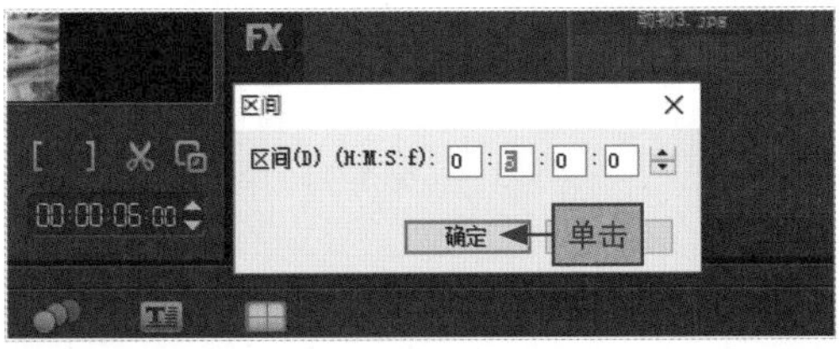

图5-101

5.3.3 将图片素材变形

在会声会影中添加图像素材后，可以根据影片制作的需要对素材进行变形操作。下面以将“天空.jpg”图片素材进行变形为例讲解相关的操作步骤。

[知识演练] “天空”素材的变形操作

本节素材	⊙素材\Chapter05\天空.jpg
本节效果	⊙效果\Chapter05\天空.VSP

步骤01 在会声会影视频轨中插入“天空.jpg”素材图片，如图5-102所示。单击“选项”按钮，如图5-103所示。

图5-102

图5-103

步骤02 打开“选项”面板，单击“属性”选项卡，如图5-104所示。勾选“变形素材”复选框，如图5-105所示。

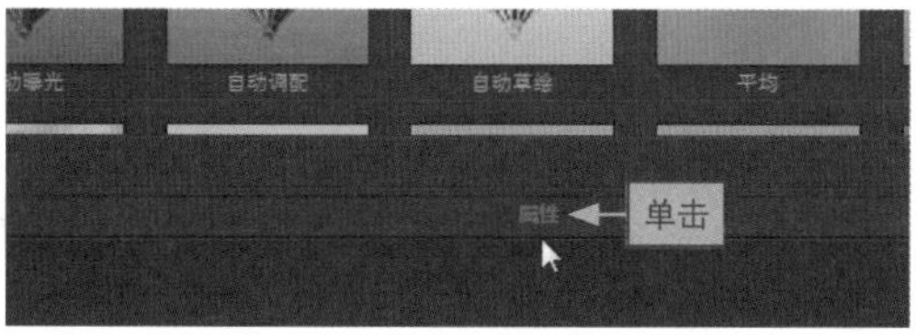

图5-104

图5-105

步骤03 选中其中一个控制点并拖动素材，即可进行变形操作，如图5-106所示。按照同样的方法再次拖动其他控制点进行变形操作，如图5-107所示。

图5-106

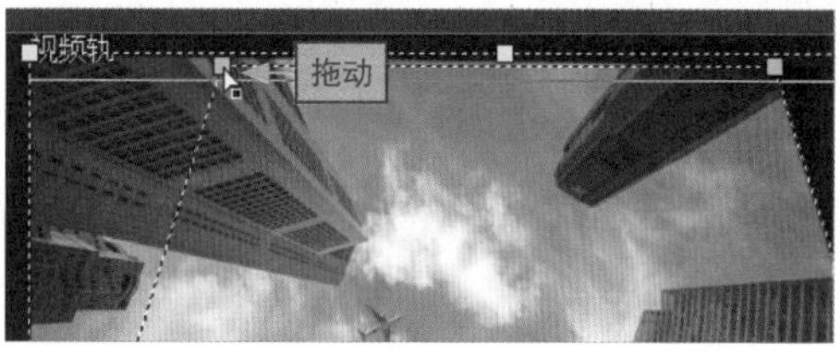

图5-107

知识延伸 | 将变形的素材恢复为默认

对于已经进行变形操作的素材，若要将其恢复，只需在预览窗口右击素材图片，在弹出的快捷菜单中选择“重置变形”命令即可，如图5-108所示。若要恢复到原始大小，选择“原始大小”命令即可，如图5-109所示。

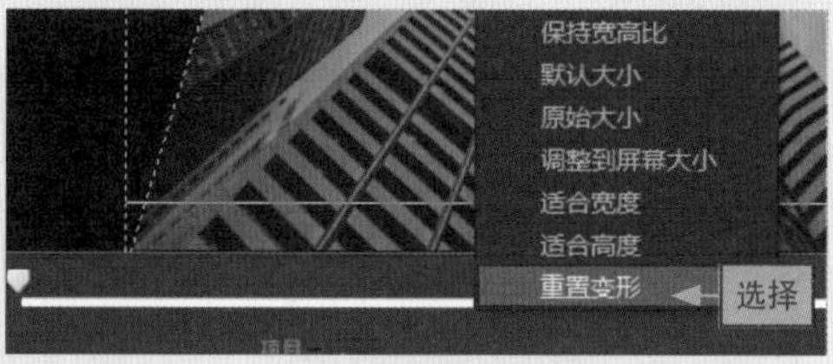

图5-108

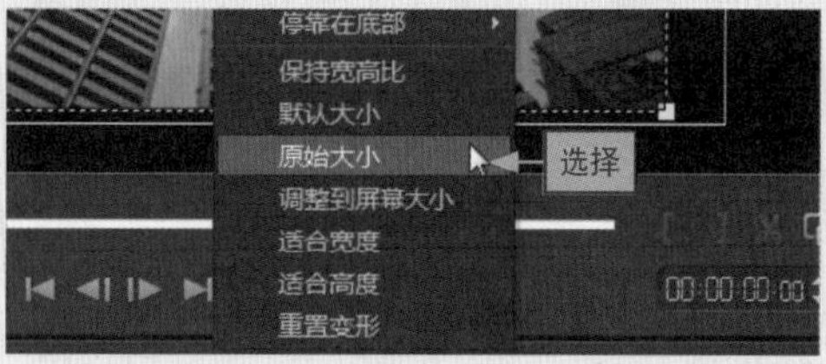

图5-109

5.3.4 调整素材的显示大小

因为图片尺寸的原因，有时插入会声会影中的图片会出现不适合屏幕显示方式的情况，这时可以使用变形素材功能让其适应屏幕。下面以将长方形图片素材调整为适应屏幕为例讲解相关的操作步骤。

[知识演练] 让素材根据屏幕宽屏显示

本节素材	⊙|素材|Chapter05|玫瑰.jpg
本节效果	⊙|效果|Chapter05|玫瑰.VSP

步骤01 在会声会影视频轨中插入“玫瑰.jpg”素材图片，如图5-110所示。单击“选项”按钮，如图5-111所示。

图5-110

图5-111

步骤02 打开“选项”面板，单击“属性”选项卡，如图5-112所示。勾选“变形素材”复选框，如图5-113所示。

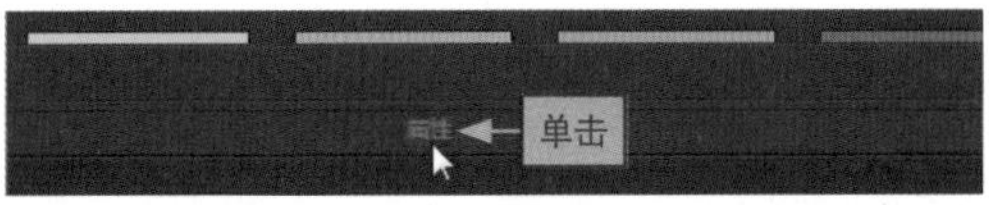

图5-112

图5-113

步骤03 右击预览窗口素材图片，在弹出的快捷菜单中选择“调整到屏幕大小”命令，如图5-114所示。再次右击预览窗口素材图片，在弹出的快捷菜单中选择“保持宽高比”命令，如图5-115所示。

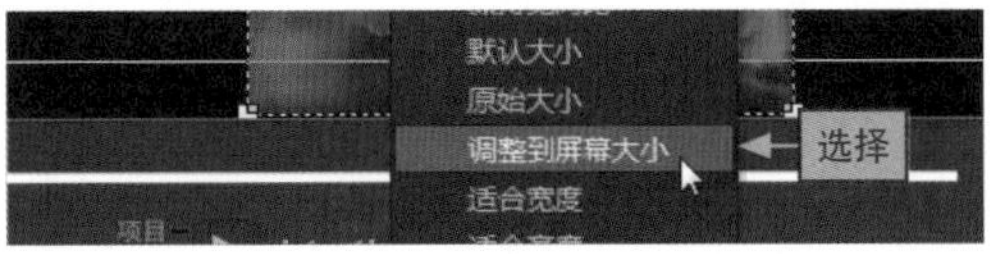

图5-114

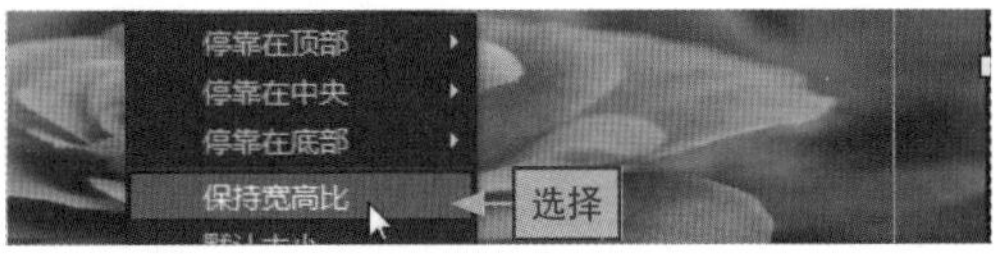

图5-115

步骤04 选中预览窗口素材图片并向上拖动，使玫瑰花显示在屏幕中间位置，如图5-116所示。完成以上步骤后，可以看到玫瑰花已适应屏幕显示，如图5-117所示。

图5-116

图5-117

LESSON 5.3
图像素材摇动效果

知识级别

■初级入门 | □中级提高 | □高级拓展

知识难度 ★

学习时长 15 分钟

学习目标

① 为照片应用缩放和摇动动画。

② 对缩放和摇动效果进行自定义设置。

※主要内容※

内　容	难　度	内　容	难　度
添加自动摇动和缩放动画	★	自定义摇动和缩放效果的播放速度	★

效果预览 > > >

5.4.1 添加自动摇动和缩放动画

摇动和缩放是一种运用于图片素材的动画效果，下面以为素材图片添加程序自带的摇动和缩放效果为例讲解相关的操作步骤。

[知识演练] 给“湖泊”素材添加摇动和缩放效果

本节素材	⊙\素材\Chapter05\湖泊.jpg
本节效果	⊙\效果\Chapter05\湖泊.VSP

步骤01 在会声会影视频轨中插入“湖泊.jpg”素材图片，如图5-118所示。单击“选项”按钮，打开“选项”面板，如图5-119所示。

图5-118

图5-119

步骤02 选中“摇动和缩放”单选按钮，如图5-120所示。单击下方的三角形按钮，弹出下拉列表，如图5-121所示。

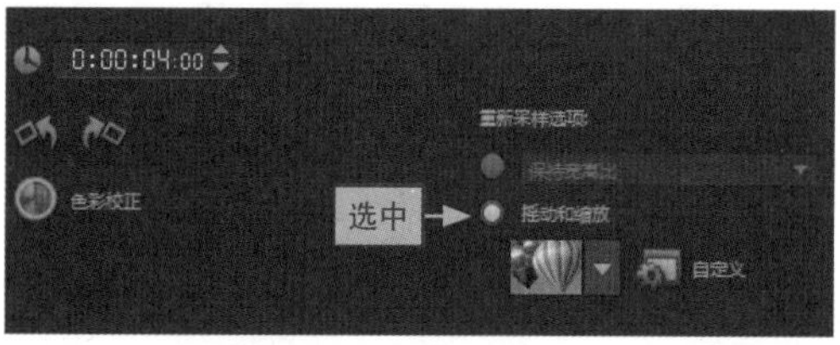

图5-120

图5-121

步骤03 选择合适的摇动和缩放效果，如图5-122所示。完成后单击预览窗口的“播放”按钮即可查看其效果，如图5-123所示。

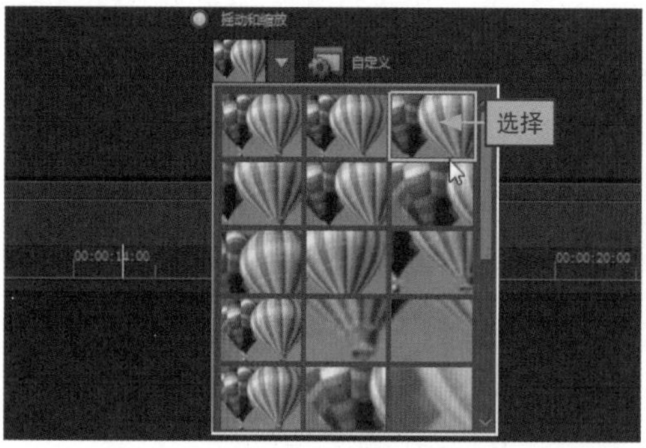

图5-122

图5-123

5.4.2 自定义摇动和缩放效果的播放速度

为图片素材添加摇动和缩放效果，还可以自定义播放速度，下面以设置“蝴蝶.jpg”素材的播放速度为例讲解相关的操作步骤。

[知识演练] 自定义“蝴蝶”素材的播放速度

本节素材	⊙|素材|Chapter05|蝴蝶.jpg
本节效果	⊙|效果|Chapter05|蝴蝶.VSP

步骤01 在会声会影视频轨中插入“蝴蝶.jpg”素材图片，如图5-124所示。打开“选项”面板，选中“摇动和缩放”单选按钮，如图5-125所示。

图5-124

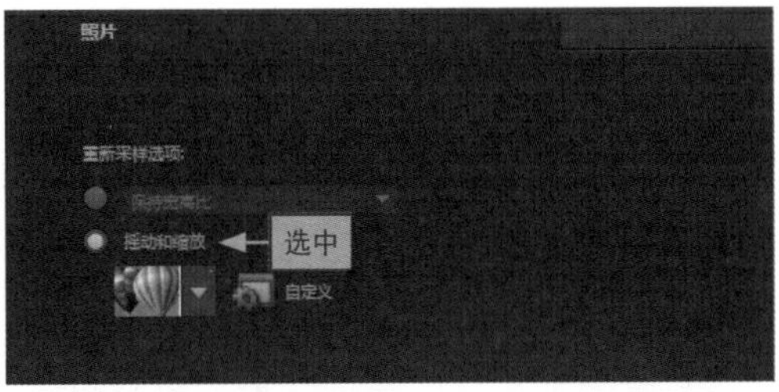

图5-125

步骤02 在“摇动和缩放”下拉列表中选择一种效果，如图5-126所示。单击“自定义”按钮，如图5-127所示。

图5-126

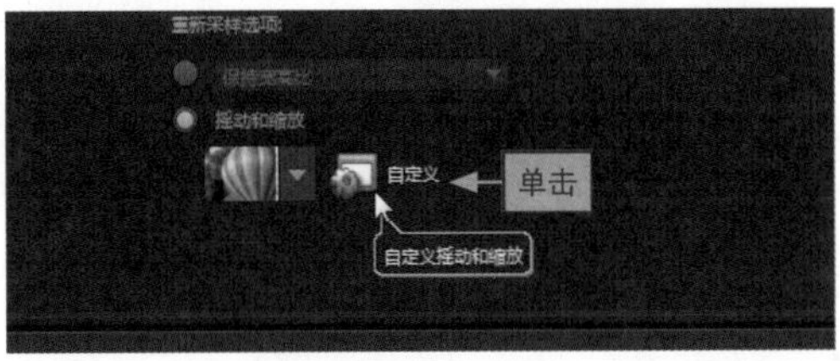

图5-127

步骤03 打开“摇动和缩放”对话框，单击“播放速度”按钮，如图5-128所示。在打开的下拉列表中选择“更快”选项，如图5-129所示。

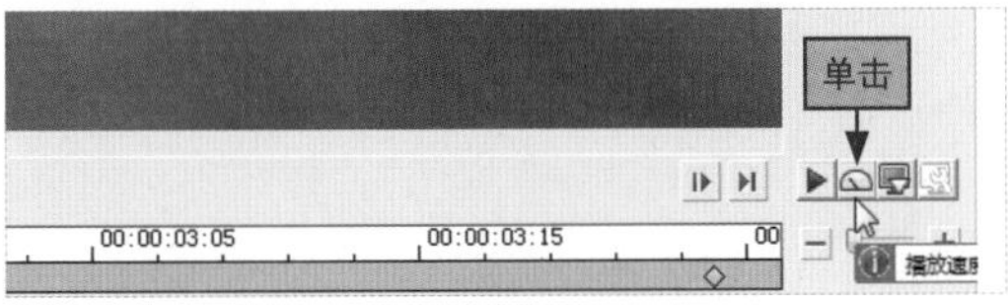

图5-128

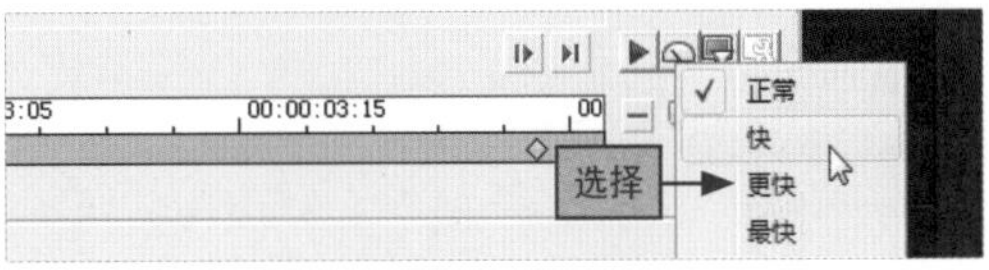

图5-129

步骤04 单击“确定”按钮，如图5-130所示。返回预览窗口后，播放可查看其效果，如图5-131所示。

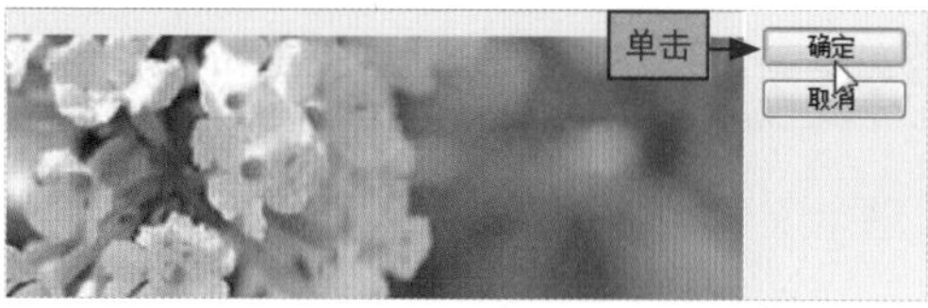

图5-130

图5-131

知识延伸 | 调节缩放和摇动效果的播放路径

在“摇动和缩放”对话框中还可以对播放路径进行调整。选择一个控制点，当其变为形状时，拖动即可调整播放路径，如图5-132所示。拖动矩形选框可调整摇动和缩放效果的框选范围，如图5-133所示。

图5-132

图5-133

第6章

滤镜应用，打造视频光影特效

学习目标

滤镜具有修饰影片的作用，它可以让视频更精彩动人，使画面效果更具有艺术感。本章将具体介绍如何使用会声会影提供的滤镜效果对素材进行处理。

本章要点

- 为素材应用幻影动作滤镜
- 添加多个滤镜效果
- 替换不合适的滤镜效果
- 对比应用滤镜前后的效果
- 给图像加点探照灯效果

……

LESSON 6.1 给视频加点滤镜特效

知识级别

□初级入门 | ■中级提高 | □高级拓展

知识难度 ★★

学习时长 30 分钟

学习目标

① 应用预设滤镜效果。

② 滤镜效果的删除和替换。

③ 滤镜效果的自定义设置。

※主要内容※

内容	难度	内容	难度
为素材应用幻影动作滤镜	★★	添加多个滤镜效果	★★
替换不合适的滤镜效果	★★	对比应用滤镜前后的效果	★★
删除效果不好的滤镜	★★	自定义专属滤镜	★★
收藏滤镜	★★		

效果预览 > > >

6.1.1 为素材应用幻影动作滤镜

会声会影内置了多种滤镜效果，下面以应用翻转滤镜为例讲解使用滤镜的相关操作步骤。

[知识演练] 让树叶具有幻影效果

本节素材	⊙/素材/Chapter06/树叶.jpg
本节效果	⊙/效果/Chapter06/树叶.VSP

步骤01 在会声会影视频轨中插入“树叶.jpg”素材，如图6-1所示。在“素材库”面板中单击“滤镜”按钮，如图6-2所示。

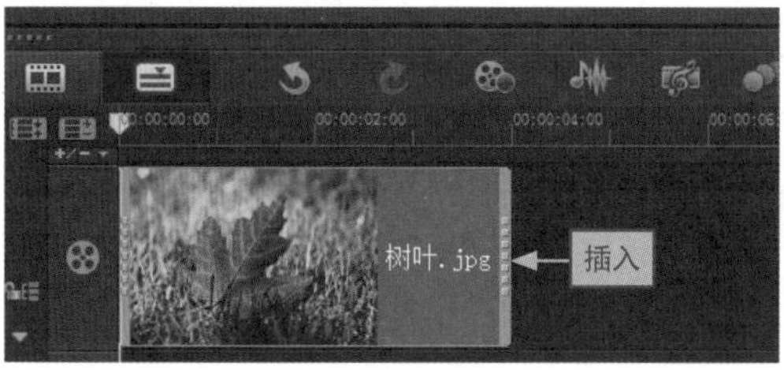

图6-1

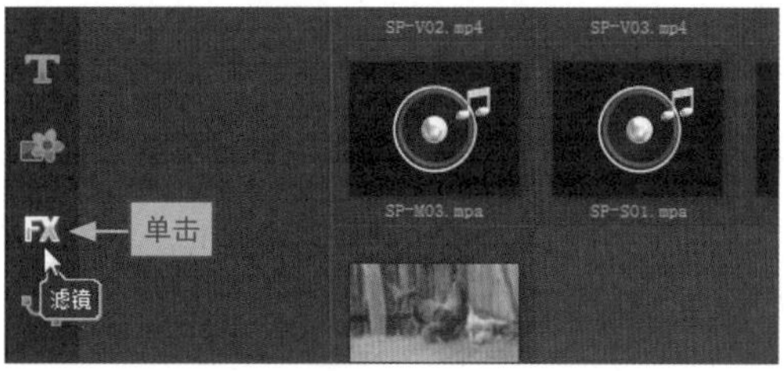

图6-2

步骤02 在素材库中选择“幻影动作”滤镜，如图6-3所示。按住鼠标左键并拖动其到素材图片的上方，如图6-4所示。

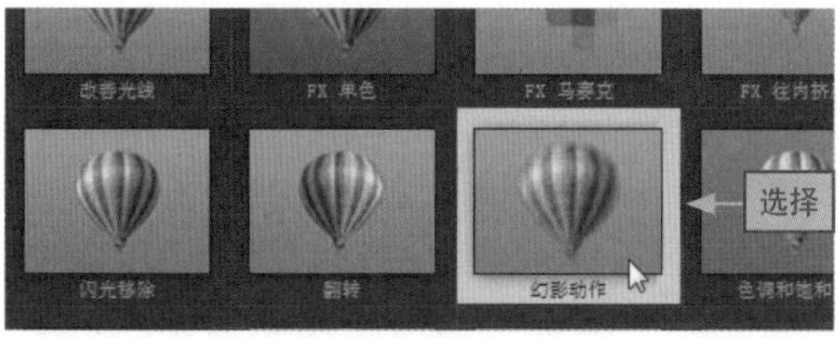

图6-3

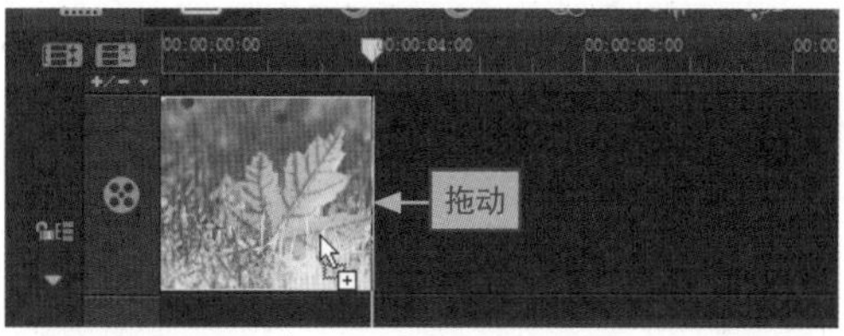

图6-4

为素材应用“幻影动作”滤镜后，可以在预览窗口查看应用滤镜后的播放效果，如图6-5所示。

图6-5

6.1.2 添加多个滤镜效果

在会声会影中，一个素材也可以应用多个滤镜，以实现滤镜效果的叠加，下面以应用3个滤镜为例讲解相关的操作步骤。

[知识演练] 为素材应用3个滤镜

本节素材	⊙|素材|Chapter06|帆船.jpg
本节效果	⊙|效果|Chapter06|帆船.VSP

步骤01 在会声会影视频轨中插入“帆船.jpg”素材，如图6-6所示。切换至滤镜库，选择一个滤镜效果，这里选择“活动摄影机”滤镜，如图6-7所示。

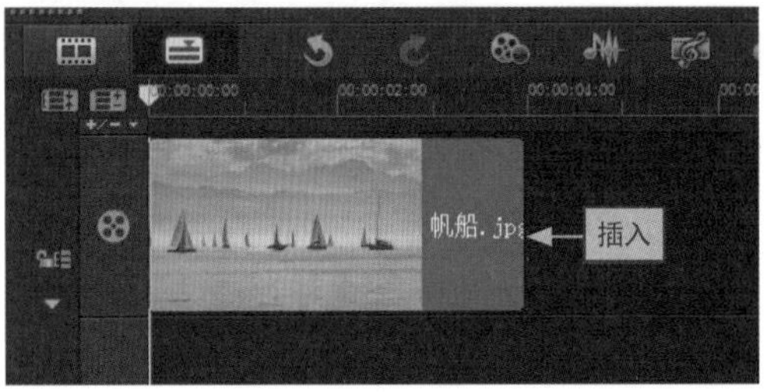

图6-6

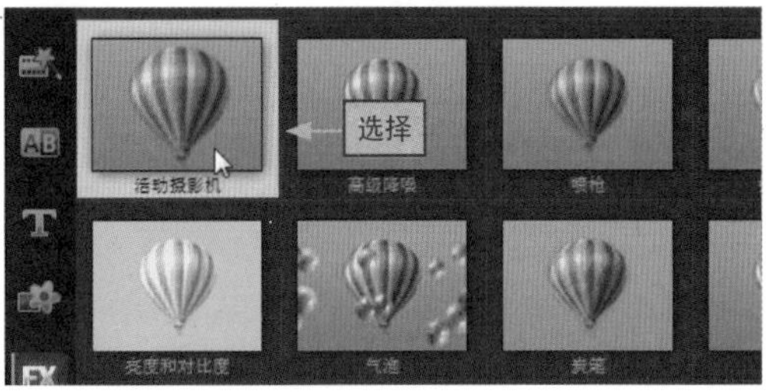

图6-7

步骤02 按住鼠标左键拖动“活动摄影机”滤镜到素材上，如图6-8所示。单击“选项”按钮，如图6-9所示。

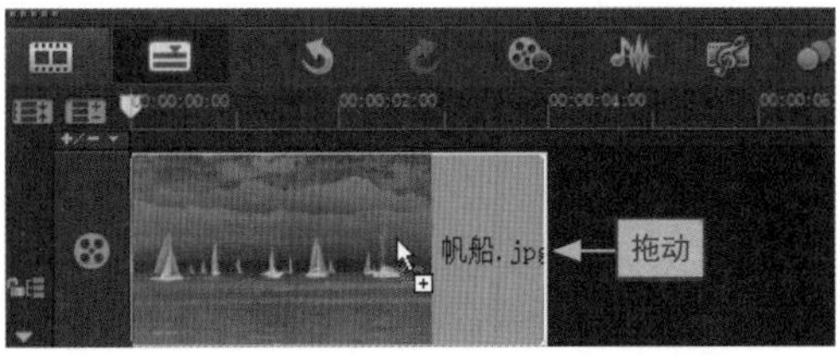

图6-8

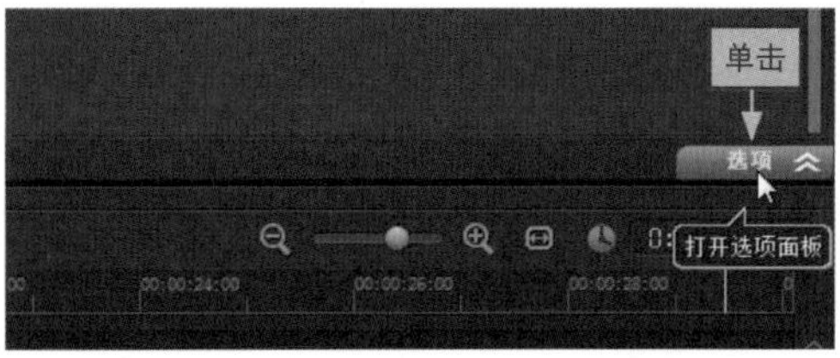

图6-9

步骤03 在打开的“选项”面板中取消勾选“替换上一个滤镜”复选框，如图6-10所示。在滤镜库中选择滤镜效果，这里选择“喷枪”滤镜，如图6-11所示。

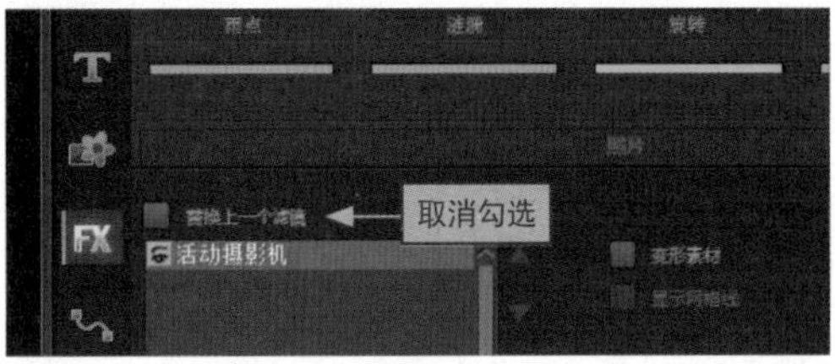

图6-10

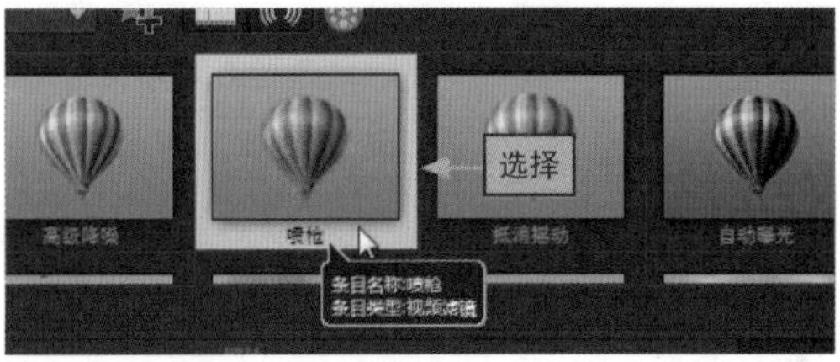

图6-11

步骤04 按住鼠标左键拖动滤镜到素材图片上，如图6-12所示。再选择一个滤镜，这里选择“模糊”滤镜，如图6-13所示。

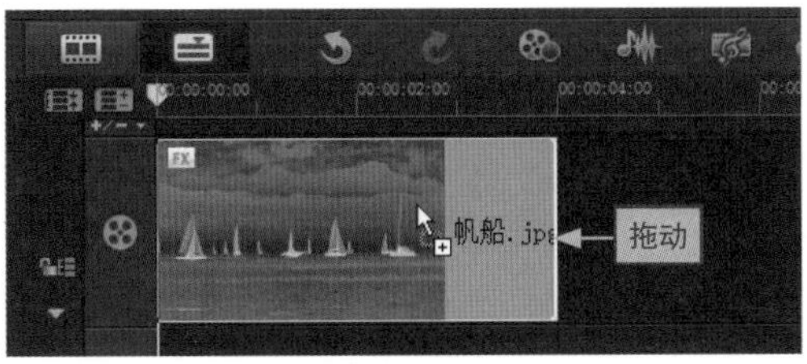

图6-12

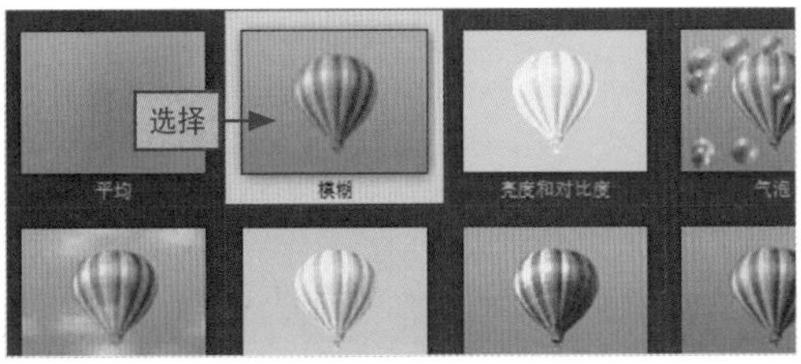

图6-13

步骤05 按住鼠标左键并拖动滤镜到素材图片上，如图6-14所示。完成滤镜效果的叠加后，可在预览窗口查看其效果，如图6-15所示。

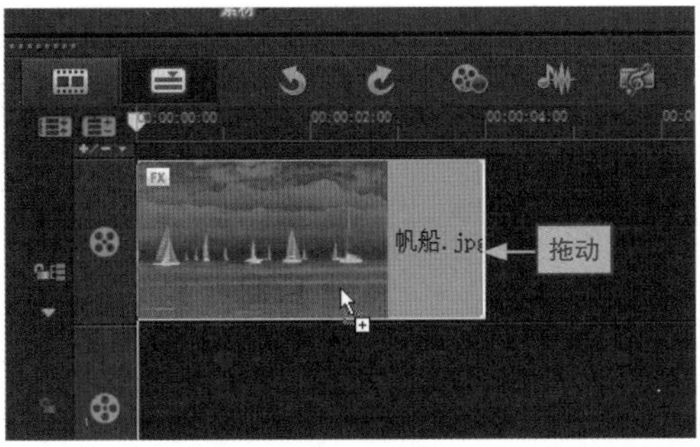

图6-14

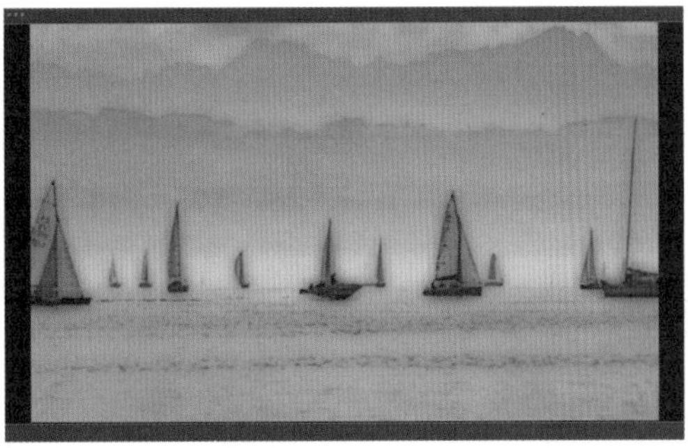

图6-15

6.1.3 替换不合适的滤镜效果

如果项目文件本身添加的滤镜效果并不令人满意，可以将原有的滤镜效果进行替换。下面以替换“色彩偏移”滤镜为例讲解相关的操作步骤。

[知识演练] 替换“色彩偏移”滤镜效果

本节素材	⊙\素材\Chapter05\美食
本节效果	⊙\效果\Chapter05\美食.VSP

步骤01 在“美食”文件夹中双击项目文件，如图6-16所示。打开素材后，单击“选项”按钮，如图6-17所示。

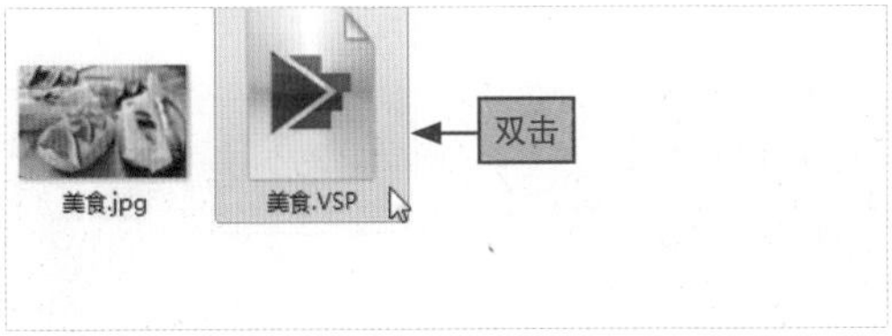

图6-16

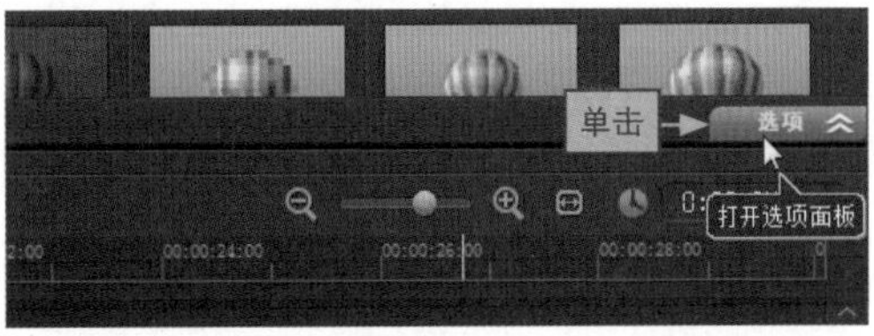

图6-17

步骤02 在打开的“选项”面板中勾选“替换上一个滤镜”复选框，如图6-18所示。在滤镜库中选择滤镜效果，这里选择“修剪”滤镜，将其拖动到素材上方，完成滤镜的替换，如图6-19所示。

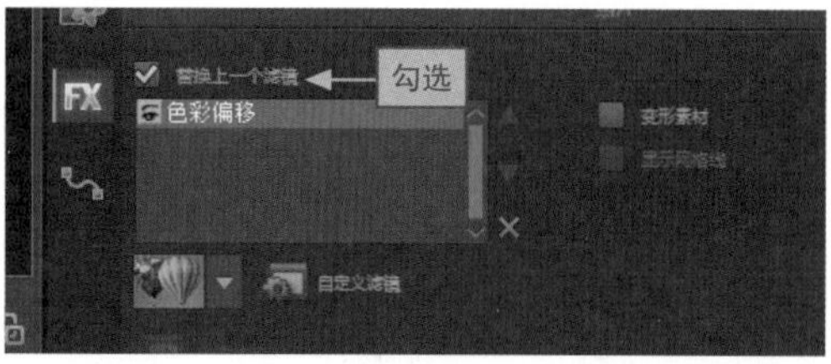

图6-18

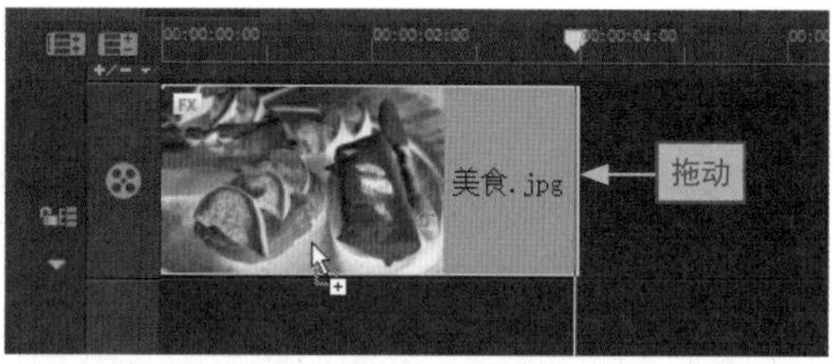

图6-19

完成滤镜的替换后，可以在预览窗口查看其效果，如果不满意可再次进行替换，应用“修剪”滤镜后的对比效果如图6-20所示。

图6-20

6.1.4 对比应用滤镜前后的效果

对应用滤镜前后的效果进行对比，可以直观地看出这一滤镜是否能实现想要的效果，下面以对比应用“云彩”滤镜前后的效果为例讲解相关的操作步骤。

[知识演练] 对比应用“云彩”滤镜的效果

本节素材	◎|素材|Chapter06|郁金香.jpg
本节效果	◎|效果|无

步骤01 在会声会影视频轨中插入“郁金香.jpg”素材图片，如图6-21所示。打开滤镜库，选择“云彩”滤镜，并将其拖动到素材图片上方，如图6-22所示。

图6-21

图6-22

步骤02 单击“选项”按钮，如图6-23所示。打开“选项”面板，单击滤镜名称前的“眼睛”图标将其隐藏，可查看未应用滤镜前的效果，若再次单击该图标将其点亮，可查看应用滤镜后的效果，如图6-24所示。

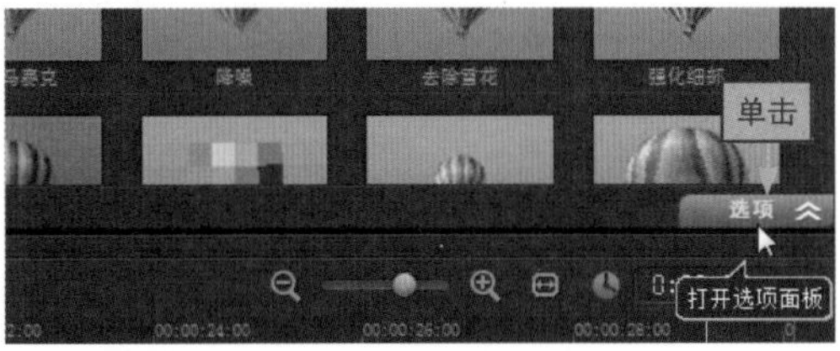

图6-23

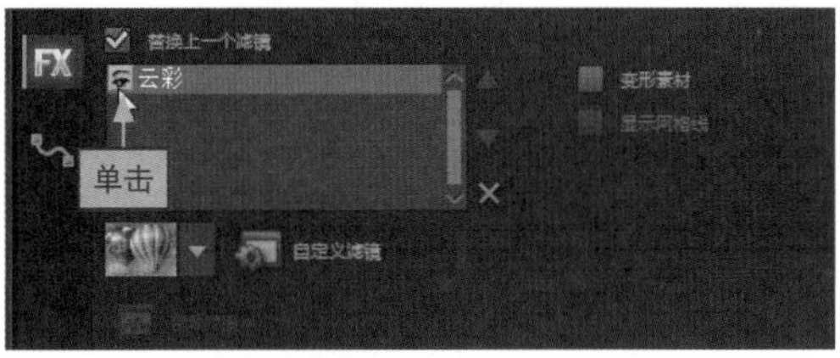

图6-24

6.1.5 删除效果不好的滤镜

对于应用后效果不是很好的滤镜，可以采用替换滤镜的方法将其替换，但也可以将该滤镜删除。下面以删除“雨点”滤镜效果为例讲解相关的操作步骤。

[知识演练] 删除“雨点”滤镜效果

本节素材	⊙素材\Chapter06\小猫.jpg
本节效果	⊙效果\Chapter06\小猫.VSP

步骤01 打开“小猫.jpg”项目文件，如图6-25所示。单击“选项”按钮，打开“选项”面板，如图6-26所示。

图6-25

图6-26

步骤02 单击“属性”选项卡，如图6-27所示。在打开的“属性”面板中单击“删除滤镜”按钮，即可删除“雨点”滤镜效果，如图6-28所示。

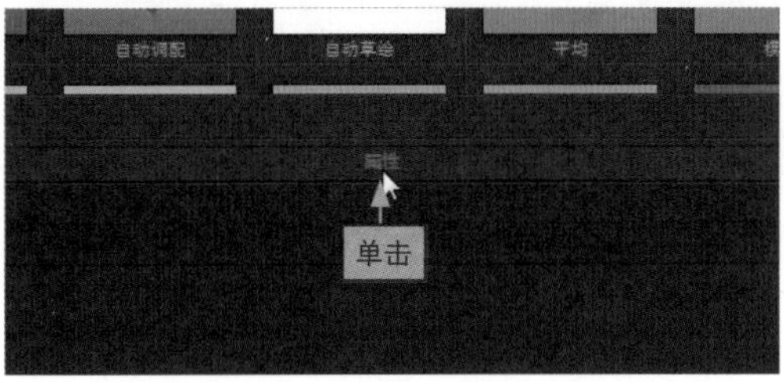

图6-27

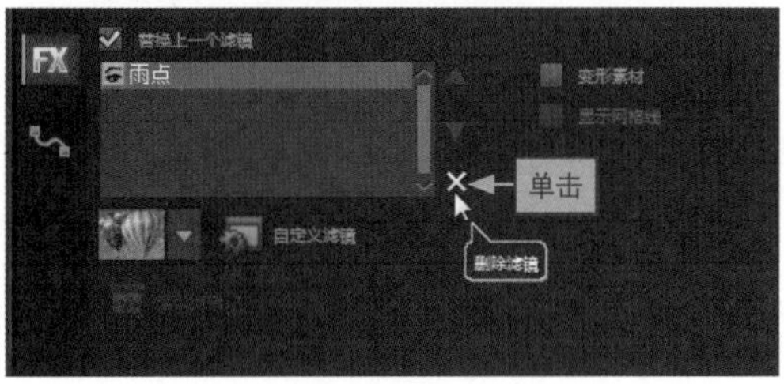

图6-28

6.1.6 自定义专属滤镜

会声会影还提供了滤镜的自定义功能，这一功能可以帮助丰富滤镜效果，下面以自定义“气泡”滤镜为例讲解具体操作步骤。

[知识演练] 自定义“气泡”滤镜效果

本节素材	⊙|素材|Chapter06|水果.jpg
本节效果	⊙|效果|Chapter06|水果.VSP

步骤01 在会声会影视频轨中插入“水果.jpg”素材图片，如图6-29所示。打开滤镜库，选择“气泡”滤镜，并将其拖动到素材图片上方，如图6-30所示。

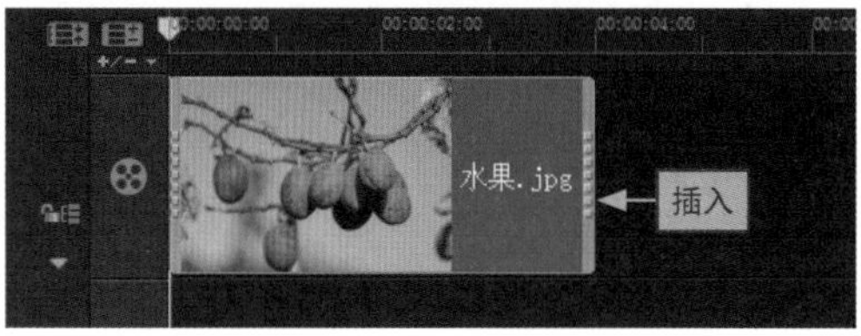

图6-29

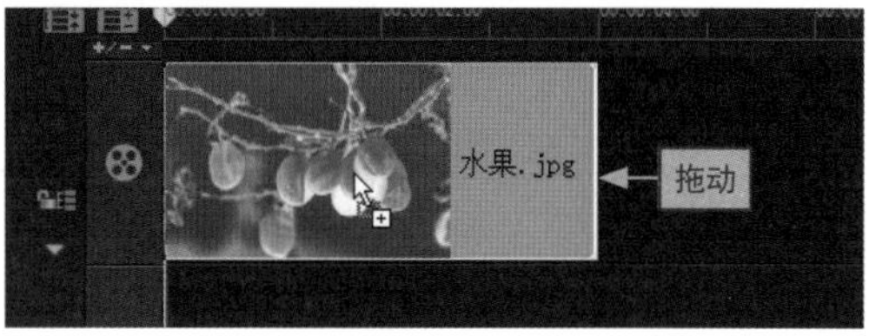

图6-30

步骤02 单击“选项”按钮，如图6-31所示。打开“选项”面板，单击“自定义滤镜”按钮，如图6-32所示。

图6-31

图6-32

步骤03 打开“气泡”对话框，在“基本”选项卡中拖动“颗粒属性”栏中的滑块调节颗粒效果，如图6-33所示。拖动“效果控制”栏中的滑块调节效果，如图6-34所示。

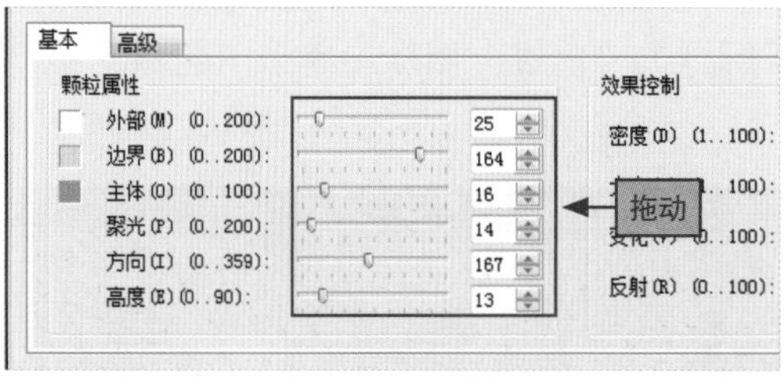

图6-33

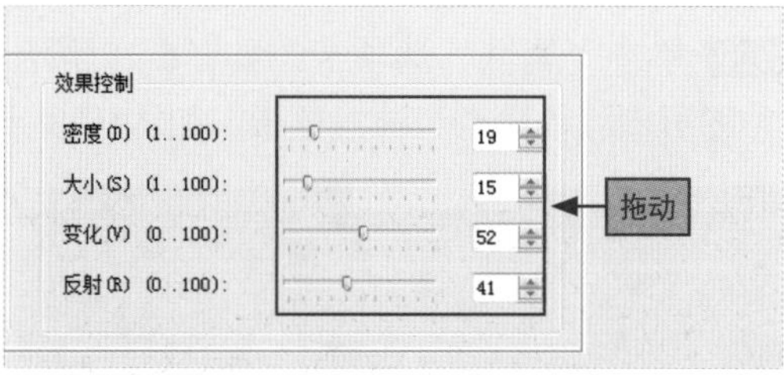

图6-34

步骤04 单击“高级”选项卡，如图6-35所示。滑动滑块调节气泡滤镜效果，如图6-36所示。

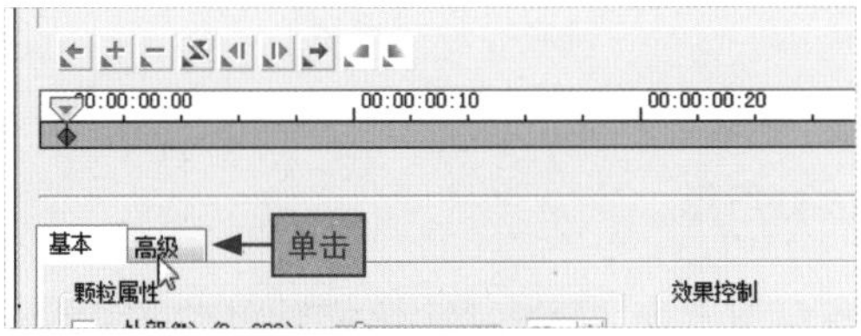

图6-35

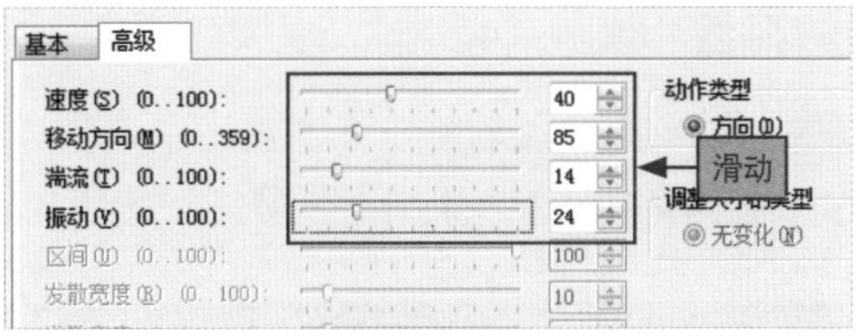

图6-36

步骤05 完成设置后单击“播放”按钮可查看滤镜效果，如图6-37所示。单击“确定”按钮关闭对话框，如图6-38所示。

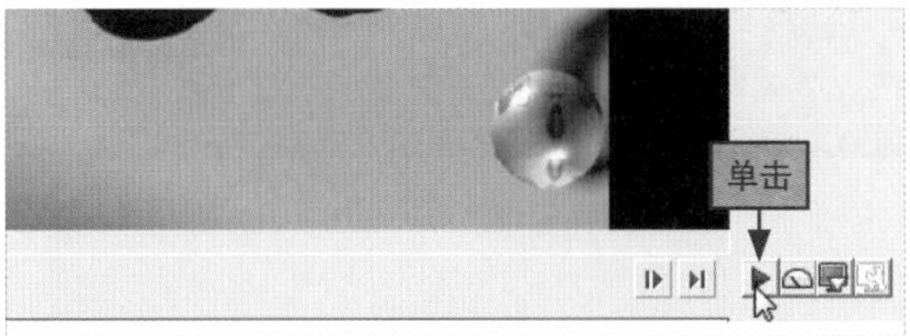

图6-37

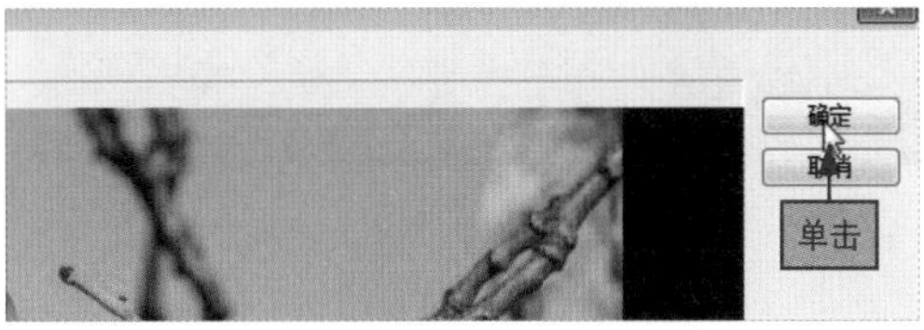

图6-38

知识延伸 | 不同滤镜的自定义设置会不同

在会声会影中为素材选择不同的滤镜效果后，进行滤镜的自定义设置时，其提供的参数会有所不同，如选择“高级降噪”滤镜，打开“高级降噪”对话框后，可看到“程度”参数，如图6-39所示。若选择的是“活动摄影机”滤镜，打开“NewBlue活动摄影机”对话框后，可看到多种效果，如图6-40所示。

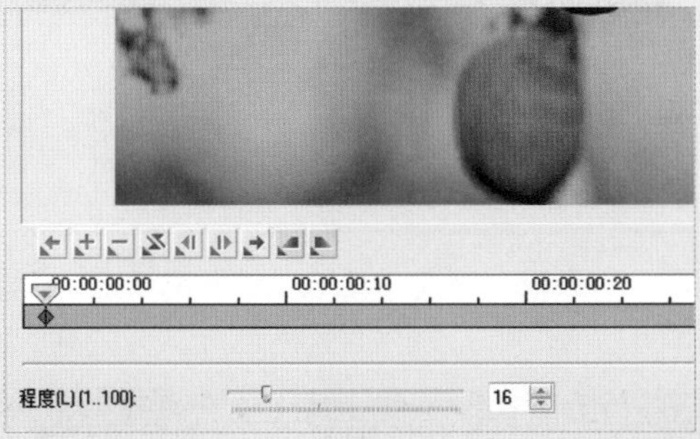

图6-39

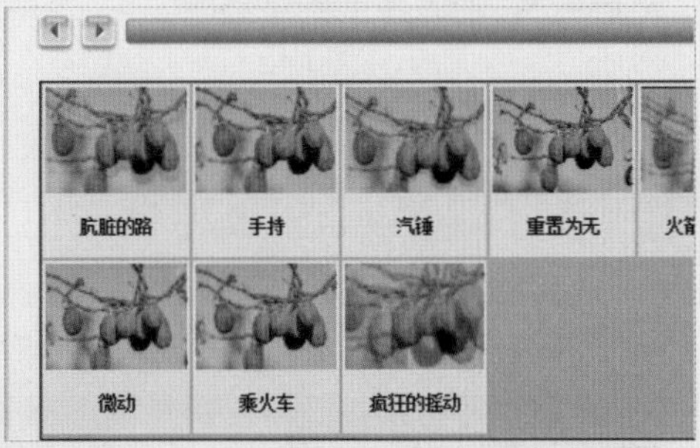

图6-40

6.1.7 收藏滤镜

对于在会声会影中常使用的滤镜可以进行收藏，以方便下次使用时能够更快地进行调用，下面以收藏“喷枪”滤镜为例讲解具体操作步骤。

[知识演练] 收藏“喷枪”滤镜到收藏夹

步骤01 启动会声会影软件，在滤镜库中选择“喷枪”滤镜，如图6-41所示。右击该滤镜，在弹出的快捷菜单中选择“添加到收藏夹”命令，如图6-42所示。

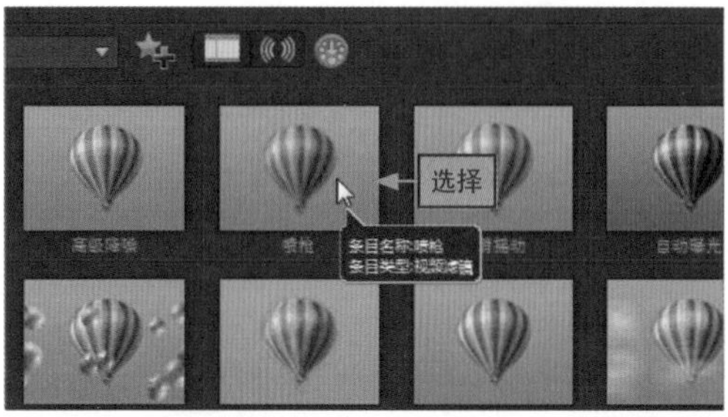

图6-41

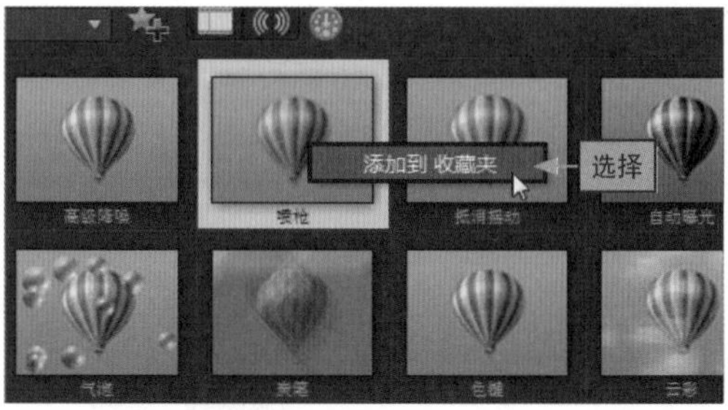

图6-42

步骤02 在“全部”下拉列表中选择“收藏夹”命令，如图6-43所示。在打开的收藏夹中即可查看收藏的滤镜，如图6-44所示。

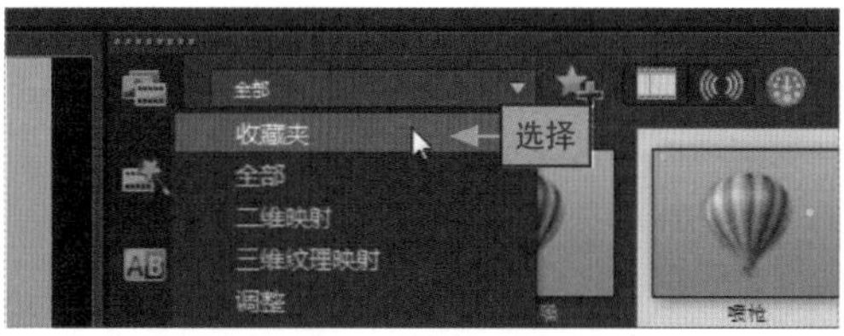

图6-43

图6-44

知识延伸 | 删除收藏夹中的滤镜

对于已添加到收藏夹中的滤镜，若要将其删除，可在“收藏夹”列表中右击要删除的滤镜，在弹出的快捷菜单中选择“删除”命令，如图6-45所示。

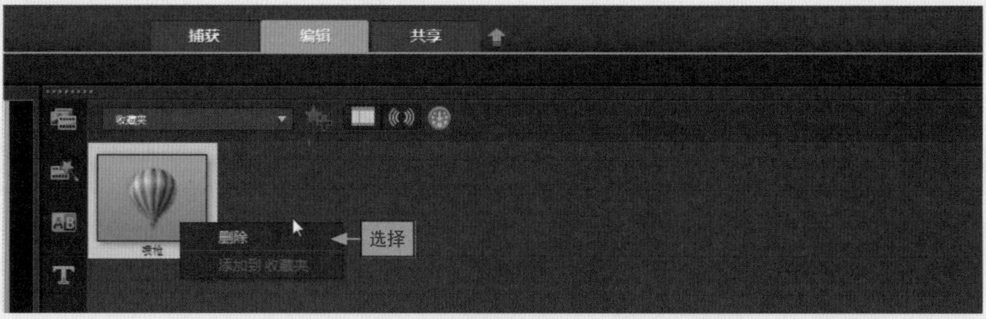

图6-45

LESSON 6.2

使效果更加丰富的滤镜应用

知识级别

□初级入门 | ■中级提高 | □高级拓展

知识难度 ★★

学习时长 90 分钟

学习目标

① 了解各种滤镜效果。

② 自定义设置滤镜风格。

※主要内容※

内　容	难　度	内　容	难　度
模糊清晰我们说了算	★	给图像加点探照灯效果	★★
放大显示的“鱼眼”滤镜	★	制作手绘水彩风格	★
为平静的水面添加层层涟漪	★★	来点电闪雷鸣的效果	★★
制造晕影镜头效果	★★	给视频带来老电影视觉体验	★
创造柔光梦幻氛围	★★	没雨的天气也可以添加雨滴	★★
让画面呈现光斑光晕效果	★	使影像更加细腻柔和	★
用滤镜给照片打马赛克	★★		

效果预览 > > >

6.2.1 模糊清晰我们说了算

会声会影提供的滤镜效果很丰富，其中“模糊”滤镜可以制作出模糊效果，如图6-46所示为应用“模糊”滤镜前后的效果对比。

图6-46

6.2.2 给图像加点探照灯效果

“光线”滤镜能够营造出探照灯的效果，让画面的明暗效果更突出，如图6-47所示为应用“光线”滤镜前后的效果对比。

图6-47

6.2.3 放大显示的“鱼眼”滤镜

“鱼眼”滤镜可以放大素材的局部，使之形成鱼眼效果。在使用“鱼眼”滤镜时，通过自定义设置对滤镜的光线方向进行调整，如图6-48所示为应用“鱼眼”滤镜前后的效果对比。

图6-48

6.2.4 制作手绘水彩风格

“水彩”滤镜可以将图片打造成具有艺术风格的手绘水彩画。在使用“水彩”滤镜时，可以根据需要来调节水彩画效果的笔画大小和湿度，如图6-49所示为应用“水彩”滤镜前后的效果对比。

图6-49

6.2.5 为平静的水面添加层层涟漪

“涟漪”滤镜可以让平静的水面具有动态的涟漪效果，适合于有水面的素材。注意，会声会影提供了两种风格的“涟漪”滤镜，一个是“FX 涟漪”；另一个是“涟漪”。“FX 涟漪”能制造从中心点向四周发散的圈圈式涟漪，“涟漪”则能制造波浪式涟漪。由于两种涟漪的效果不同，所以在对效果进行自定义设置时，其提供的参数也不同，如图6-50所示为“FX 涟漪”滤镜效果，如图6-51所示为“涟漪”滤镜效果。

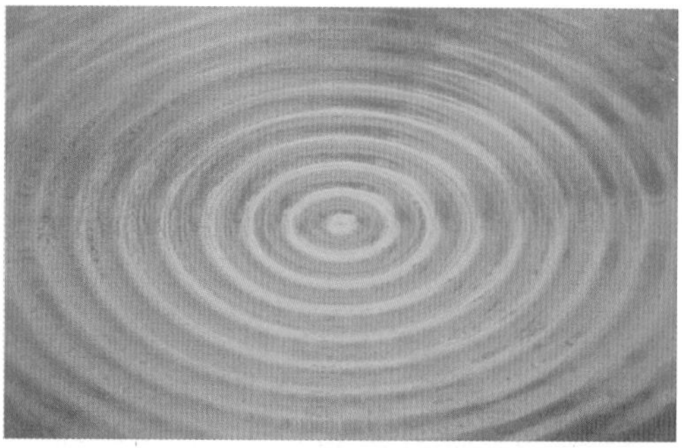

图6-50

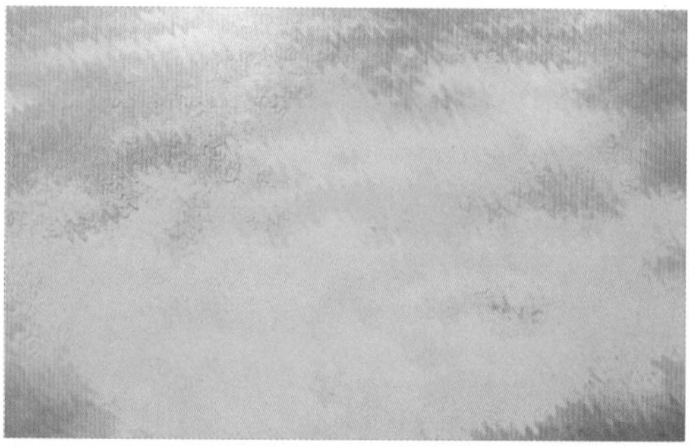

图6-51

6.2.6 来点电闪雷鸣的效果

会声会影提供的“闪电”滤镜能模拟闪电电击效果，让视频看起来更具冲击力，为阴天或者乌云密布的天气添加“闪电”滤镜，能够增强画面氛围，如图6-52所示为应用“闪电”滤镜前后的效果对比。

图6-52

6.2.7 制造晕影镜头效果

“晕影”滤镜在视频中很常见，它具有四角压暗的效果，可以起到突出中心主体的作用，同时也能增强画面的氛围感，营造一种神秘感。会声会影提供的晕影效果有两个，条目名称都叫作“晕影”，区别在于两者预设提供的遮罩颜色不同，一个为黑色，一个为白色。另外，自定义设置页面的参数也有所不同。黑色遮罩的“晕影”滤镜可以根据视频需要调节晕影的位置，选择晕影的风格，如椭圆形、矩形、心脏形、三角形等，还可以调整晕影的宽度、高度和不透明度等。白色遮罩的“晕影”滤镜可以调节晕影形状，设置柔和度，如图6-53所示为应用黑色遮罩“晕影”滤镜前后的效果对比。如图6-54所示为应用白色遮罩“晕影”滤镜前后的效果对比。

图6-53

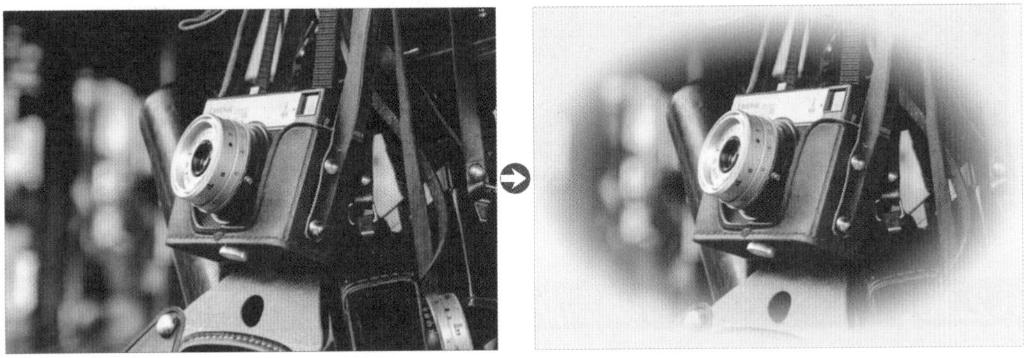

图6-54

6.2.8 给视频带来老电影视觉体验

老电影给人以怀旧复古的感觉，在会声会影中，可以使用“老电影”滤镜来呈现旧场景的视觉效果，如图6-55所示为使用“老电影”滤镜前后的效果对比。

图6-55

6.2.9 创造柔光梦幻氛围

在视频中，很多温馨的场景都需要柔光梦幻的氛围来烘托，使画面看起来更梦幻柔美。要实现这一效果，可以借助会声会影中的“发散光晕”滤镜，如图6-56所示为应用“发散光晕”滤镜前后的效果对比。

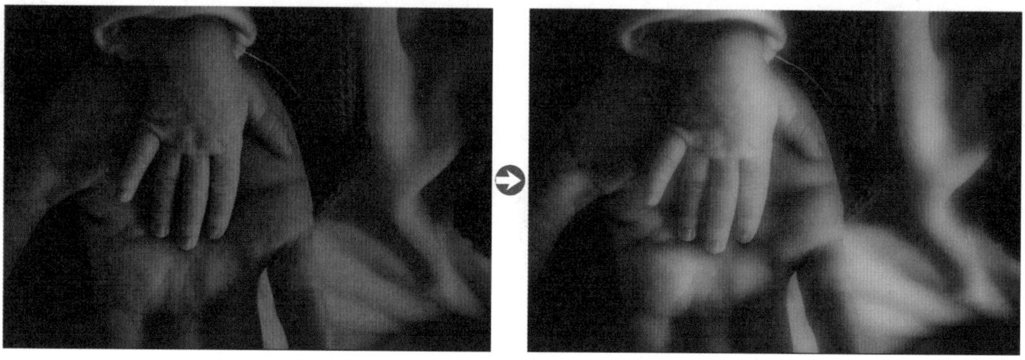

图6-56

6.2.10 没雨的天气也可以添加雨滴

会声会影中的“雨点”滤镜能够为视频打造雨天场景。在使用该滤镜时，可以根据具体情况选择合适的滤镜预设。另外，也可以在自定义设置中调整雨点的密度、长度、宽度等，使雨滴效果更好，如图6-57所示为应用“雨点”滤镜前后的效果对比。

图6-57

6.2.11 让画面呈现光斑光晕效果

会声会影中的“镜头闪光”滤镜能够让画面具有反光的光斑效果，如图6-58所示为应用“镜头闪光”滤镜前后的效果对比。

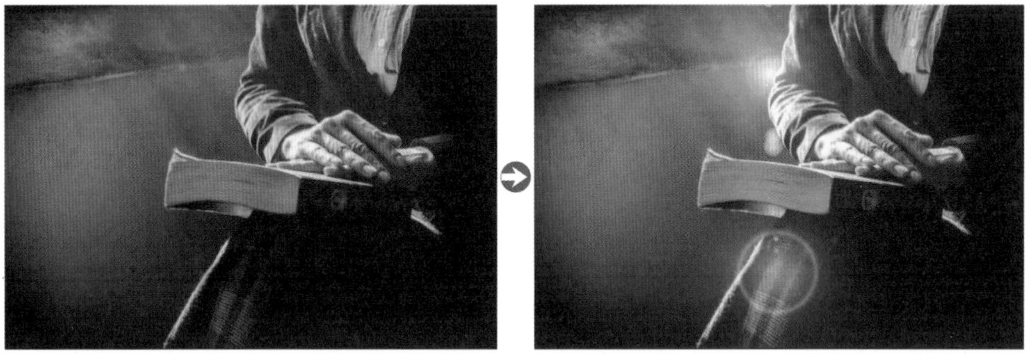

图6-58

6.2.12 使影像更加细腻柔和

要使影像效果看起来更加细腻柔和，可以使用“柔焦”滤镜来实现，另外，对于有人像的视频来说，“柔焦”滤镜还可以在一定程度上掩盖人像皮肤的一些缺陷，让画面看起来更柔美，如图6-59所示为应用“柔焦”滤镜前后的效果对比。

图6-59

6.2.13 用滤镜给照片打马赛克

在制作视频的过程中，有时需要对画面中的内容打马赛克，将其遮盖掉。会声会影提供了多种马赛克滤镜，包括“FX 马赛克”“马赛克”和“局部马赛克”。其中，“局部马赛克”滤镜可以实现对画面的局部进行马赛克处理，是使用得比较多的马赛克滤镜。在使用“局部马赛克”滤镜时，可以根据需要调整马赛克的大小，从而实现马赛克的灵活遮盖，如图6-60所示为应用“局部马赛克”滤镜前后的效果对比。

图6-60

实战应用 利用滤镜制作飘雪天气

本节主要介绍了会声会影中常用的滤镜应用效果，下面以在“冬季树林”素材中制作大雪纷飞的特效为例，讲解如何通过滤镜的自定义操作来为视频添加具有变化的特效。

本节素材	⊙|素材|Chapter06|冬季树林.jpg
本节效果	⊙|效果|Chapter06|冬季树林.VSP

步骤01 在会声会影视频轨中插入“冬季树林.jpg”素材图片，如图6-61所示。打开滤镜库，选择“雨点”滤镜，拖动其到素材图片的上方，如图6-62所示。

图6-61

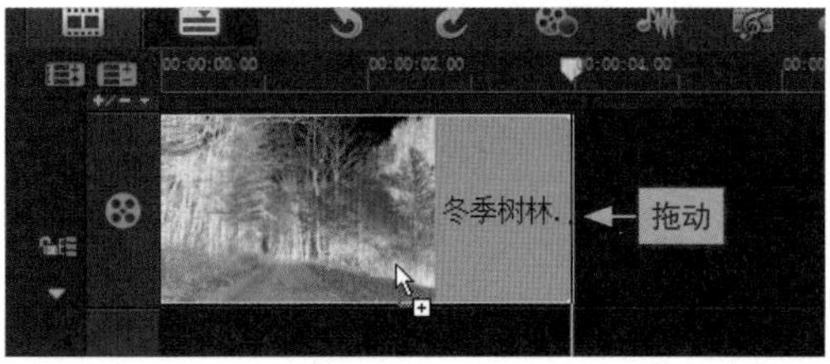

图6-62

步骤02 打开“选项”面板，单击“自定义滤镜”按钮，如图6-63所示。打开“雨点”对话框，将“长度”设置为3，如图6-64所示。

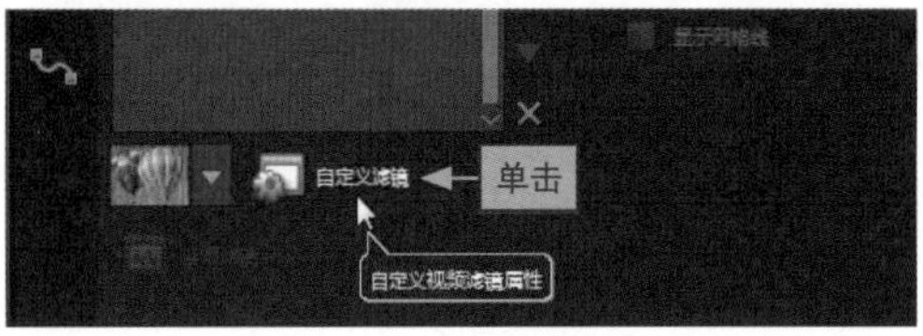

图6-63

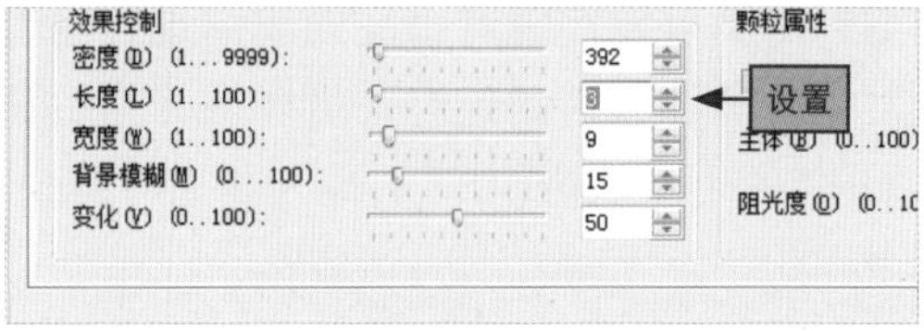

图6-64

步骤03 调整滤镜效果的宽度，这里将宽度设置为30，如图6-65所示。此时可以看到雨点已变成了雪花，拖动三角形滑块到轨道中部位置（00:00:01:20），如图6-66所示。

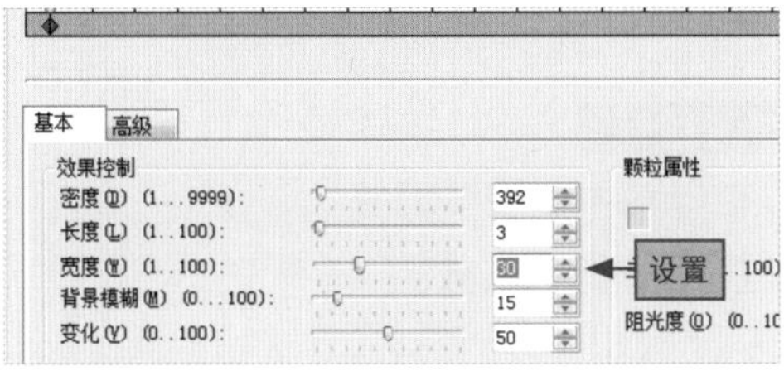

图6-65

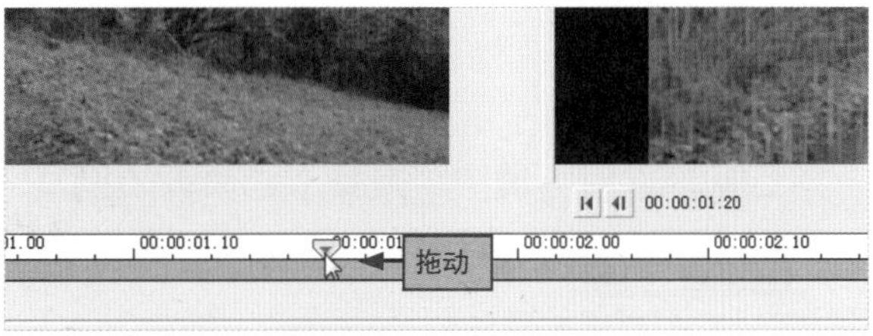

图6-66

步骤04 单击“添加关键帧”按钮，如图6-67所示。设置“密度”“长度”和“宽度”为1000、4、28，让雪花的密度比第一个关键帧的密度大，如图6-68所示。

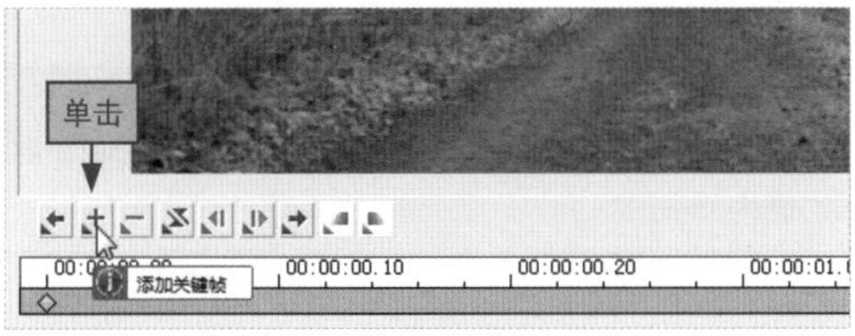

图6-67

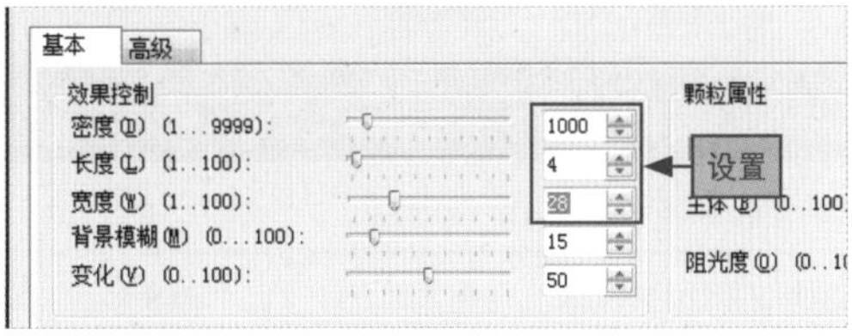

图6-68

步骤05 在（00:00:03:29）处添加最后一个关键帧，如图6-69所示。设置密度、长度和宽度为1217、4、28，如图6-70所示。

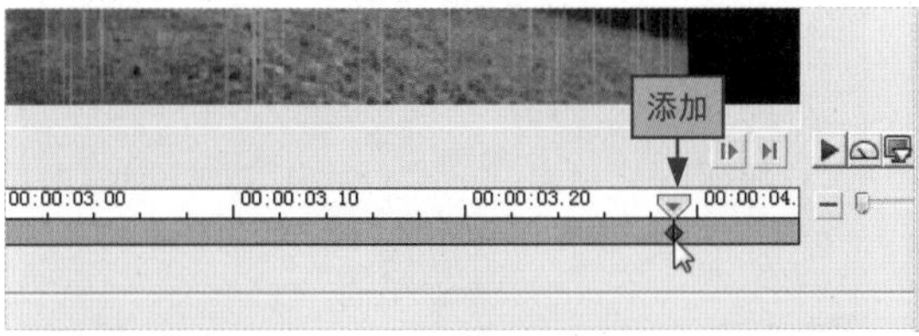

图6-69

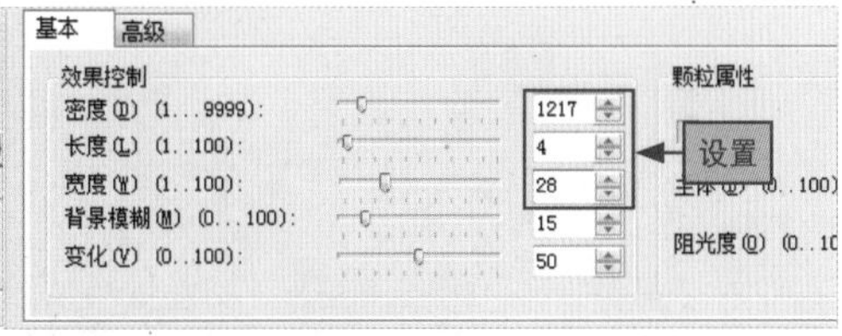

图6-70

步骤06 单击“确定”按钮，如图6-71所示。完成后在预览窗口可查看播放效果，如图6-72所示。

图6-71

图6-72

LESSON 6.3 安装插件增加特效滤镜

知识级别

□初级入门 | ■中级提高 | □高级拓展

知识难度 ★★

学习时长 45 分钟

学习目标

① 在电脑中安装 G 滤镜。

② 应用 G 滤镜特效。

※主要内容※

内　容	难　度	内　容	难　度
安装特效 G 滤镜	★	如何使用 G 滤镜	★★
G 滤镜的自定义设置	★★		

效果预览 > > >

6.3.1 安装特效G滤镜

会声会影内置的滤镜效果毕竟有限，如果想要在制作视频时使用更多滤镜效果，可以安装G滤镜。特别是在制作电子相册时，G滤镜将提供很多帮助。G滤镜是一款滤镜插件，全称为Boris Graffiti，是会声会影常用插件之一。G滤镜的安装比较简单，在网上下载G滤镜安装包，双击安装程序进行G滤镜的安装，如图6-73所示。安装完成后启动会声会影软件，在滤镜库中即可查看到已安装好的G滤镜，如图6-74所示。

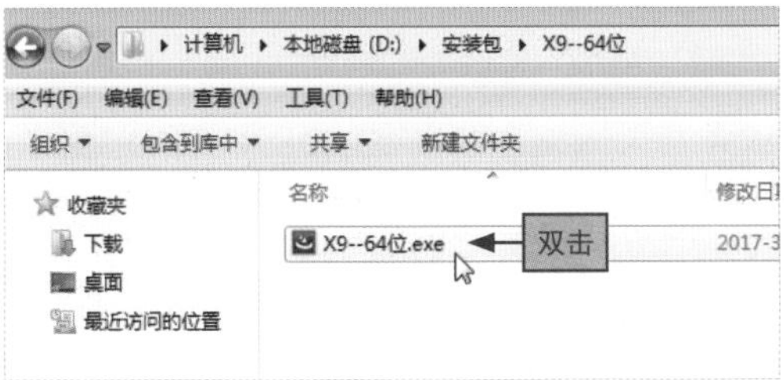

图6-73

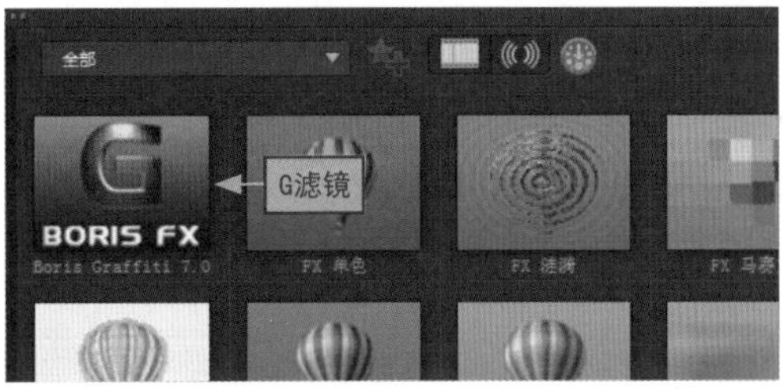

图6-74

6.3.2 如何使用G滤镜

在电脑中安装好G滤镜后就可以使用其提供的特效滤镜了，下面以应用“BCC镜头光斑”滤镜为例讲解相关的操作步骤。

[知识演练] 为素材应用一种G滤镜效果

本节素材	⊙|素材|Chapter06|蒲公英.jpg
本节效果	⊙|效果|Chapter06|蒲公英.VSP

步骤01 在会声会影视频轨中插入“蒲公英.jpg”素材图片，如图6-75所示。打开滤镜库，选择G滤镜，拖动其到素材图片的上方，如图6-76所示。

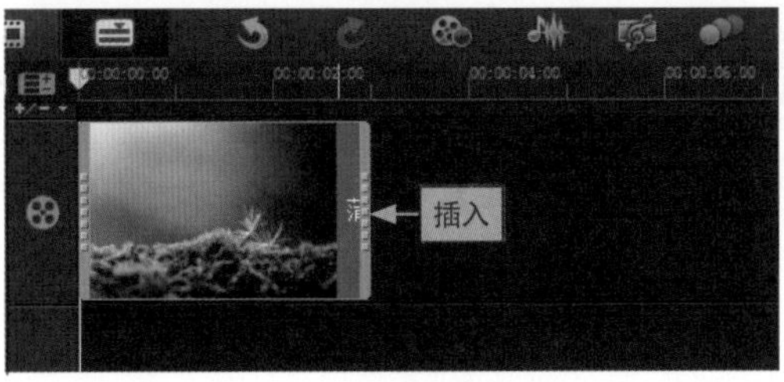

图6-75

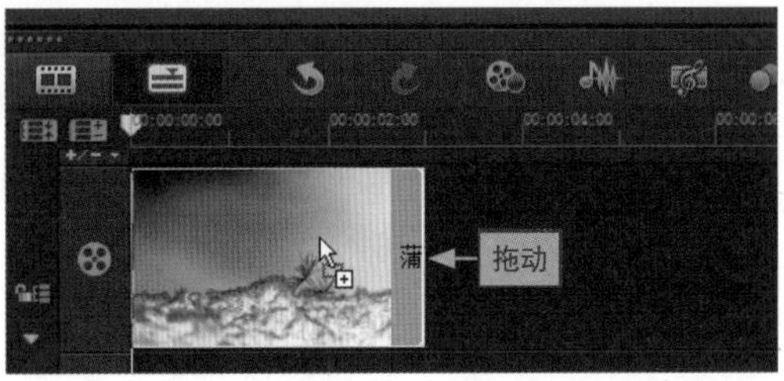

图6-76

步骤02 打开“选项”面板，单击“自定义滤镜”按钮，如图6-77所示。在打开的“G滤镜无标题工程”对话框中单击“Advanced Mode”按钮，如图6-78所示。

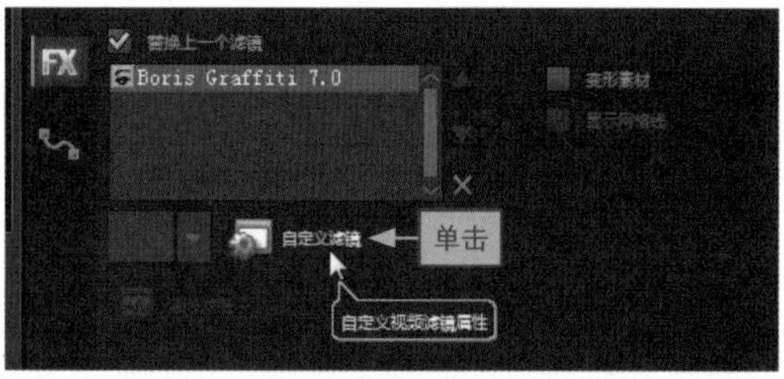

图6-77

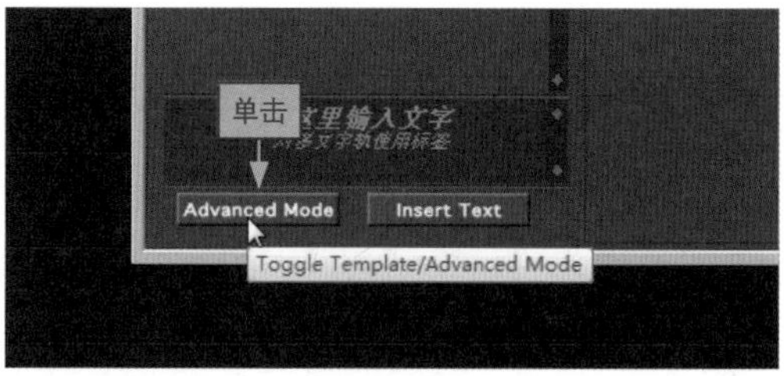

图6-78

步骤03 在打开的G滤镜编辑窗口的“时间轴”面板中选择“背景”选项，如图6-79所示。在菜单栏“滤镜”下拉列表中选择“OpenGL/BCC 镜头光斑”选项，如图6-80所示。

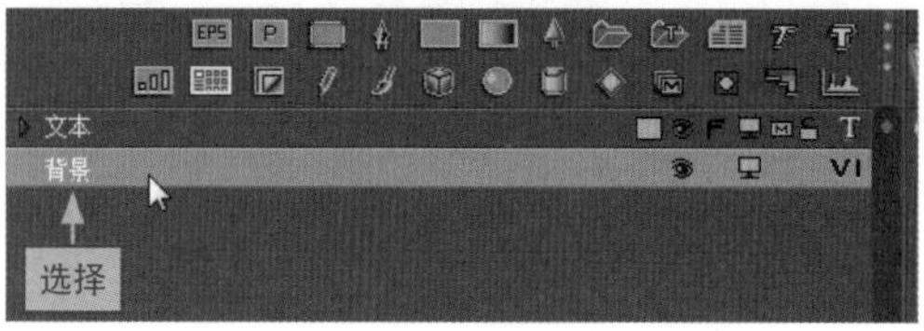

图6-79

图6-80

步骤04 单击“Apply”按钮，如图6-81所示。完成后在返回的预览窗口可查看应用滤镜后的效果，如图6-82所示。

图6-81

图6-82

6.3.3 G滤镜的自定义设置

与会声会影自带的滤镜一样，G滤镜也支持自定义设置，下面以自定义设置“BCC 闪烁”滤镜为例讲解相关的操作步骤。

[知识演练] 自定义“BCC 闪烁”滤镜

本节素材	⊙|素材|Chapter06|一棵树.jpg
本节效果	⊙|效果|Chapter06|一棵树.VSP

步骤01 在会声会影视频轨中插入“一棵树.jpg”素材图片，如图6-83所示。打开滤镜库，拖动G滤镜到素材图片的上方，如图6-84所示。

图6-83

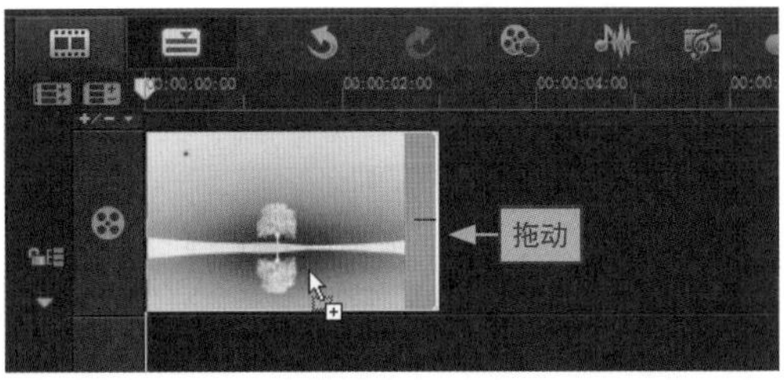

图6-84

步骤02 打开“选项”面板，单击“自定义滤镜”按钮，如图6-85所示。在打开的“G滤镜无标题工程”对话框中单击“Advanced Mode”按钮，如图6-86所示。

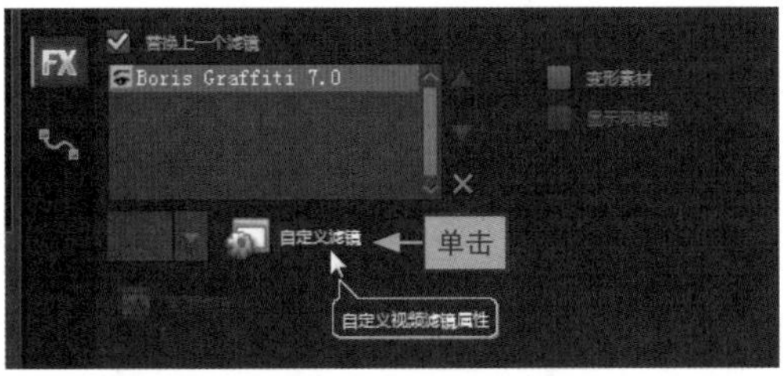

图6-85

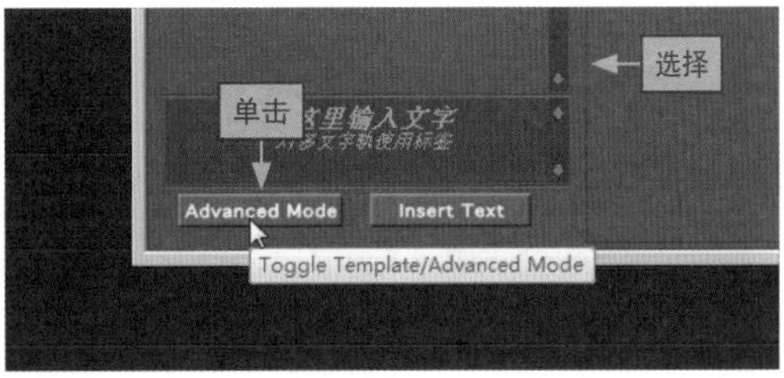

图6-86

步骤03 选择“背景”选项，如图6-87所示。在菜单栏“滤镜”下拉列表中选择“OpenGL/BCC 闪烁”命令，如图6-88所示。

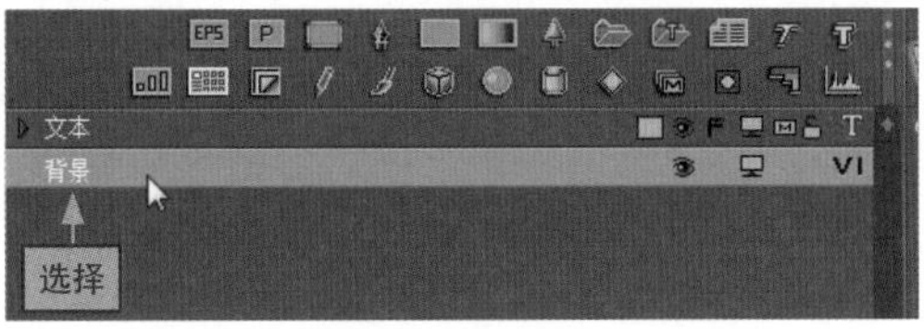

图6-87

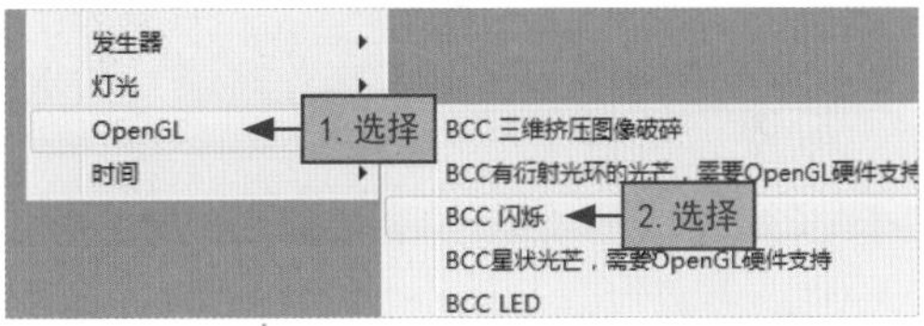

图6-88

步骤04 依次拖动参数滑块调整滤镜参数，如图6-89所示。拖动视频轨滑块到轨道的最末端，如图6-90所示。

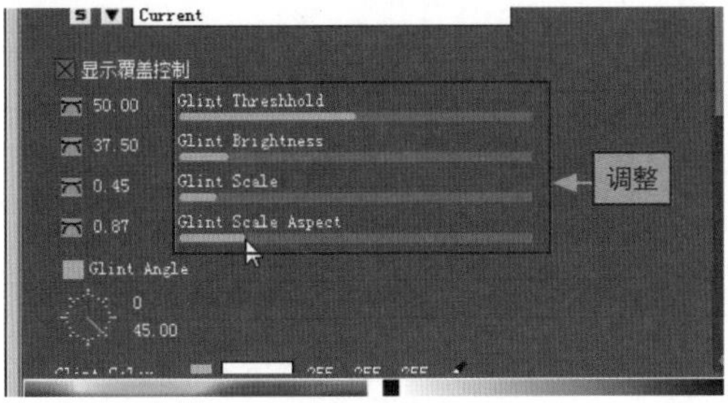

图6-89

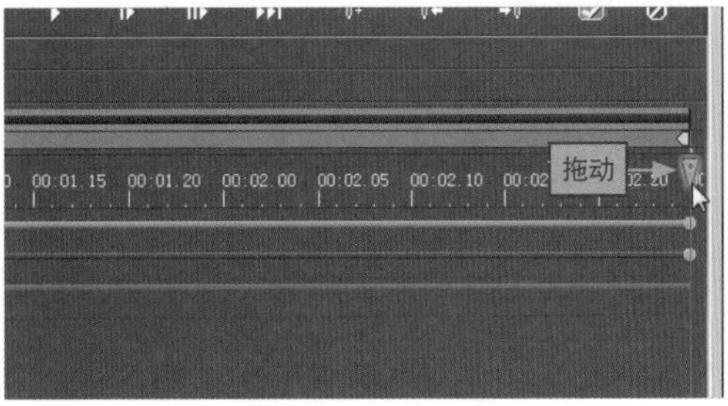

图6-90

步骤05 依次拖动参数滑块调整滤镜参数，如图6-91所示。单击“Apply”按钮，如图6-92所示。

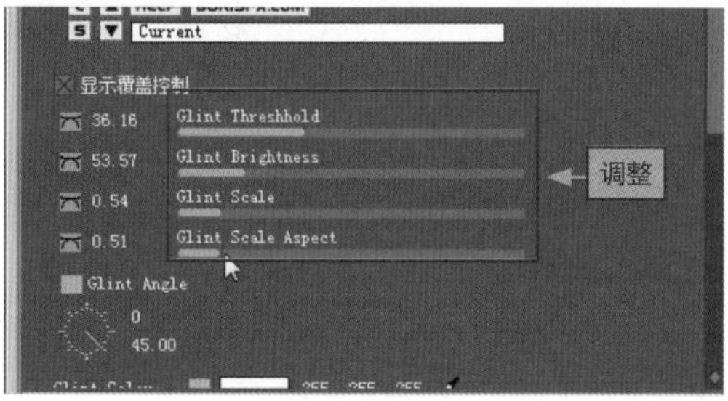

图6-91

图6-92

完成以上步骤后，可在预览窗口看到素材图片呈现出动态的闪烁效果，如图6-93所示。

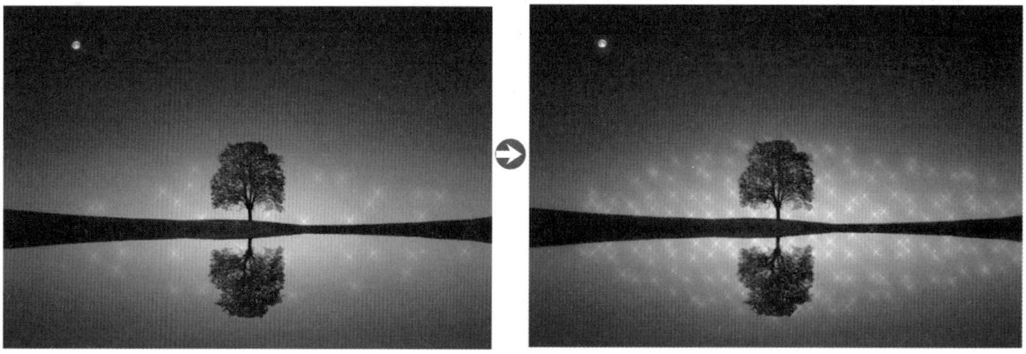

图6-93

实战应用 制作动态翻页效果

前面讲解了G滤镜的使用方法，通过灵活使用G滤镜提供的功能，可以制作更多动态效果，下面以制作动态翻页效果为例讲解如何使用G滤镜提供的其他工具。

本节素材	◎\素材\Chapter06\向日葵
本节效果	◎\效果\Chapter06\向日葵.VSP

步骤01 在会声会影视频轨中插入“向日葵”文件夹中的“1.jpg”图片，如图6-94所示。打开滤镜库，拖动G滤镜到素材图片的上方，如图6-95所示。

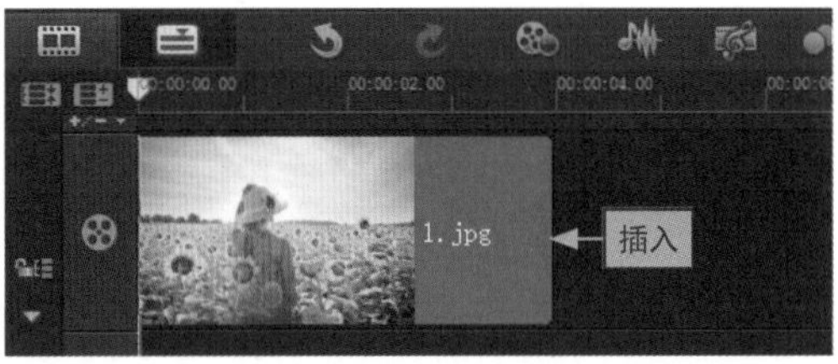

图6-94

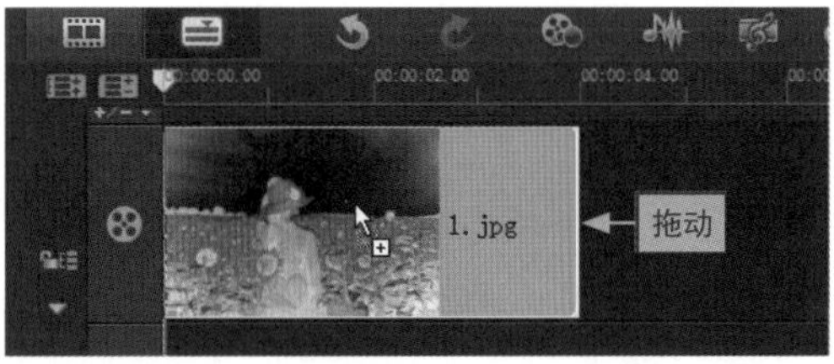

图6-95

步骤02 打开“选项”面板，单击“自定义滤镜”按钮，如图6-96所示。在打开的“G滤镜无标题工程”对话框中单击“Advanced Mode”按钮，如图6-97所示。

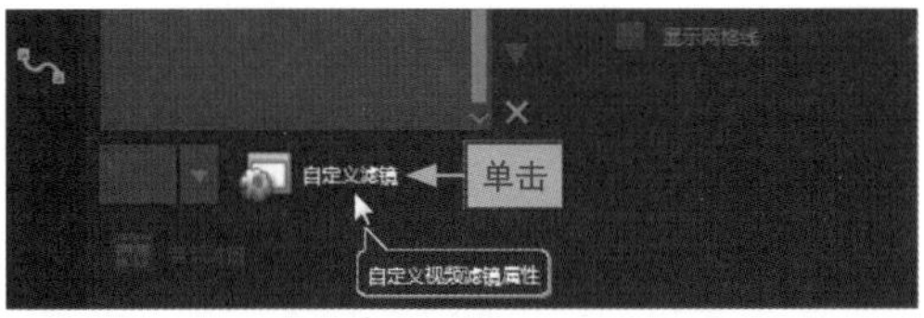

图6-96

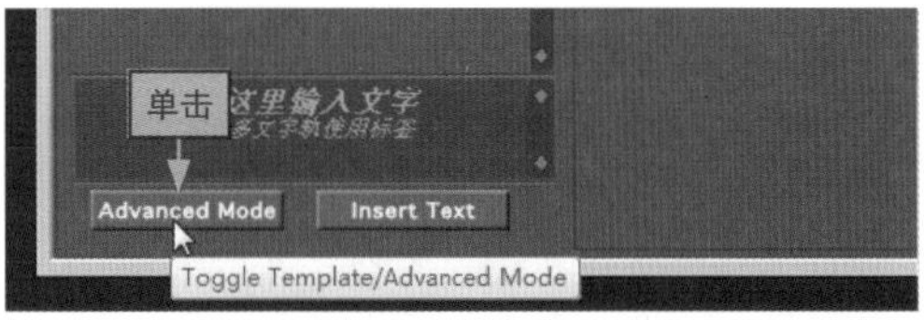

图6-97

步骤03 右击“文本”轨道，在弹出的快捷菜单中选择“删除轨道”命令，如图6-98所示。单击“添加翻页”按钮，如图6-99所示。

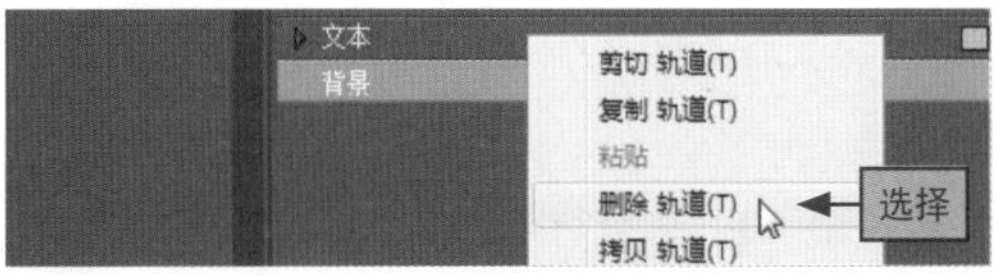

图6-98

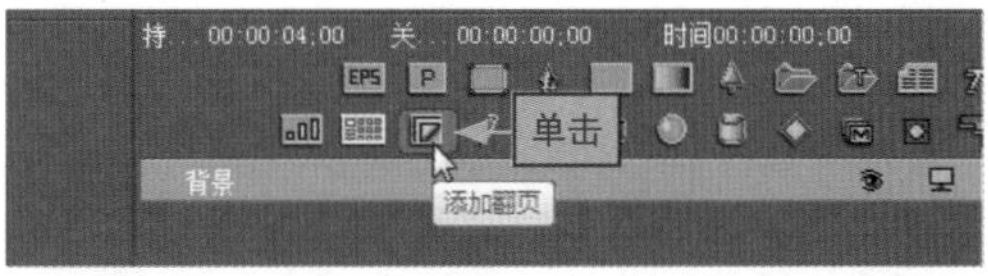

图6-99

步骤04 单击“翻页”下拉按钮，如图6-100所示。单击“面”后方的“改变轨道媒体”按钮，如图6-101所示。

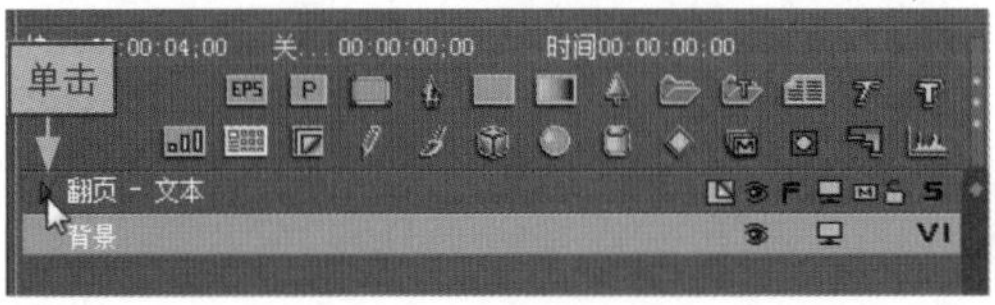

图6-100

图6-101

步骤05 在打开的下拉列表中选择“静态图像文件”命令，如图6-102所示。在打开的“打开”对话框中选择“2.jpg”图片素材，单击“打开”按钮，如图6-103所示。

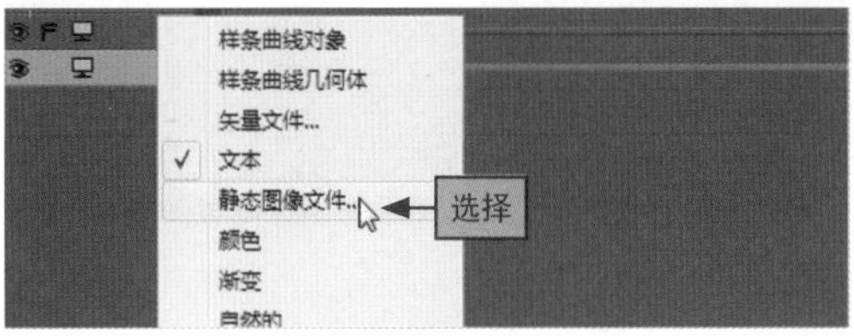

图6-102

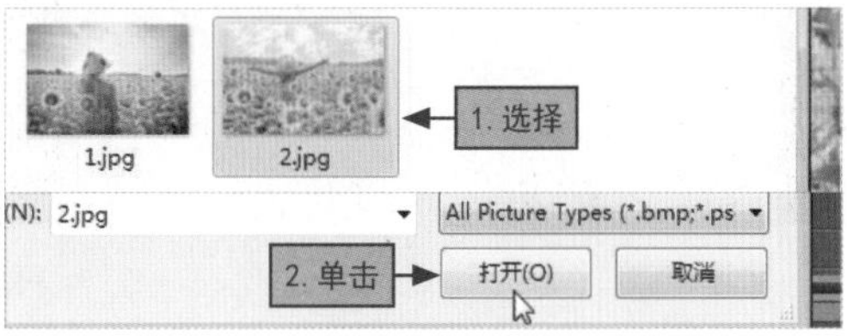

图6-103

步骤06 选择视频轨的第一帧，如图6-104所示。单击左侧“翻页”选项卡，如图6-105所示。

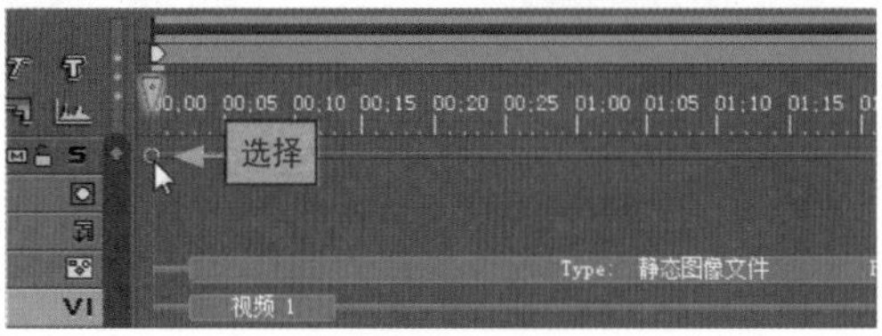

图6-104

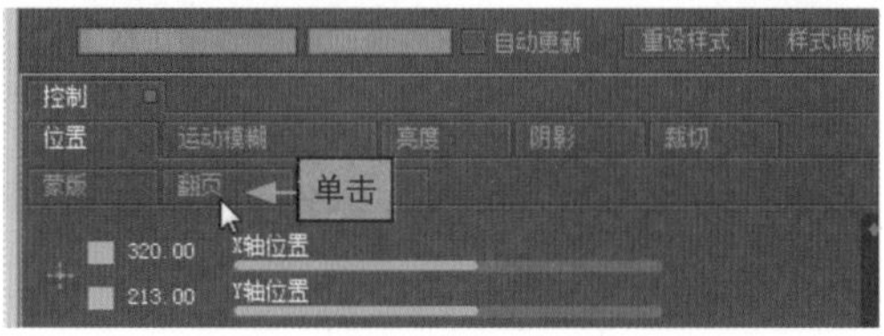

图6-105

步骤07 设置半径为0，偏移为0，前面不透明度为100，方向为0，如图6-106所示。选择视频轨的最后一帧，如图6-107所示。

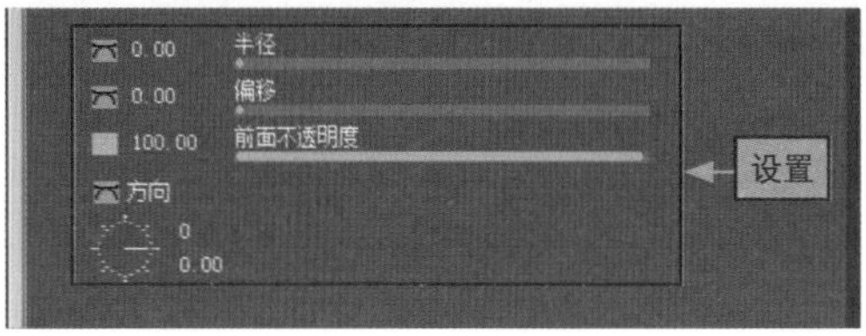

图6-106

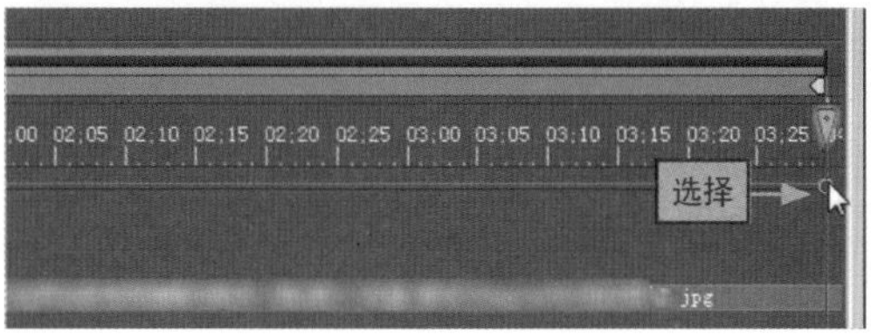

图6-107

步骤08 设置半径为5.8，偏移为100，前面不透明度为82.14，方向为41，如图6-108所示。单击“Apply”按钮，如图6-109所示。

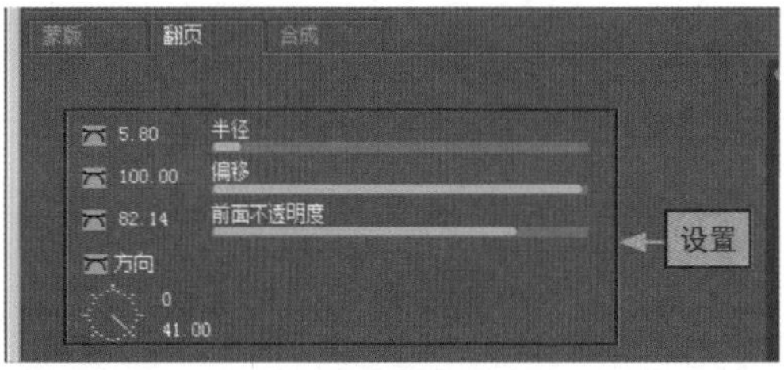

图6-108

图6-109

完成以上步骤后可以在预览窗口查看视频播放的动态翻页效果，如图6-110所示。

图6-110

第7章

视频调色，调整视频的画风

学习目标

对素材进行颜色调整也是进行视频编辑时常会涉及的操作，通过对素材进行颜色调整可帮助打造不同氛围的视频。本章介绍使用颜色调整功能进行画面色彩效果的修饰。

本章要点

- 让图像的对比度更合理
- 白平衡还原图像原来色彩
- 对曝光不足的素材进行调整
- 让色彩更鲜艳的饱和度调节
- 把视频调成黑白照片效果

……

LESSON 7.1

基础调整，校正图像的色彩

知识级别

■初级入门 | □中级提高 | □高级拓展

知识难度 ★

学习时长 60 分钟

学习目标

① 使用色彩校正工具。

② 对偏色的素材进行调整。

※主要内容※

内　容	难　度	内　容	难　度
让图像的对比度更合理	★	白平衡还原图像原来色彩	★
对曝光不足的素材进行调整	★	白平衡还原图像原来色彩	★
调整图像的色调	★	图像的 Gamma 效果调整	★

效果预览 > > >

7.1.1 让图像的对比度更合理

通过调整对比度可以调节画面的明暗反差，下面以调节“日出.jpg”素材图片为例讲解相关的操作步骤。

[知识演练] 让画面明暗反差更明显

本节素材	⊙|素材|Chapter07|日出.jpg
本节效果	⊙|效果|Chapter07|日出.VSP

步骤01 在会声会影视频轨中插入“日出.jpg”素材，如图7-1所示。单击“选项”按钮，如图7-2所示。

图7-1

图7-2

步骤02 在“选项”面板中单击“色彩校正”按钮，如图7-3所示。拖动对比度圆形滑块，调整对比度，如图7-4所示。

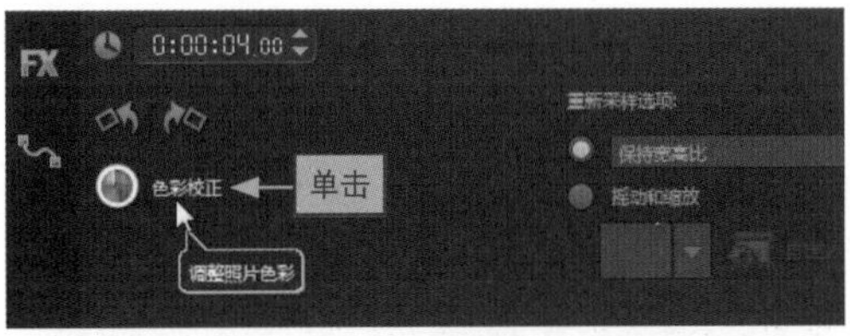

图7-3

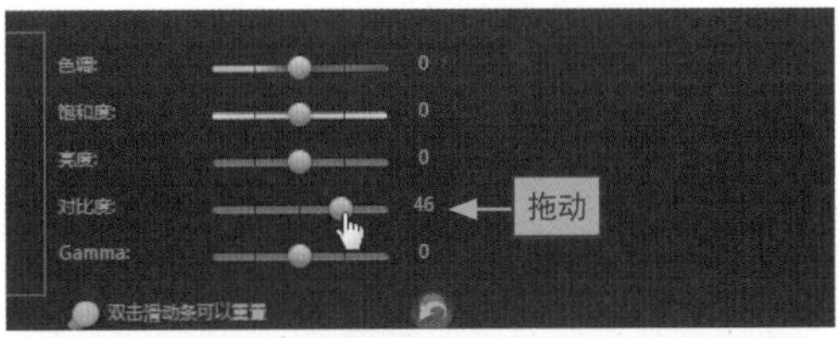

图7-4

调整对比度后可以看到画面的明暗对比更明显了，照片色彩也更加鲜艳，如图7-5所示为调整对比度前后的效果对比。

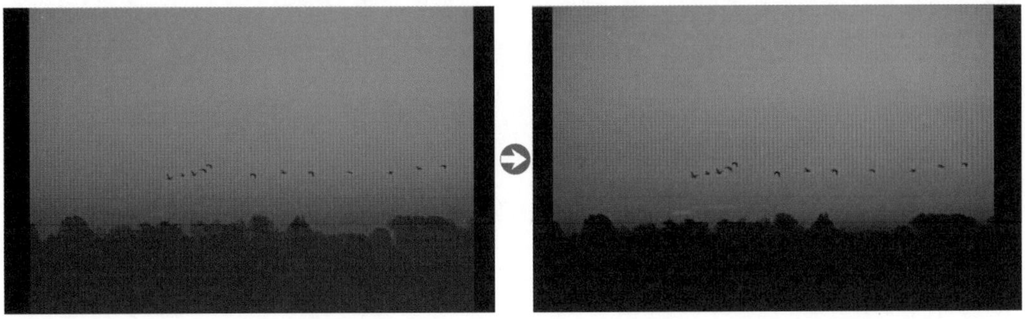
图7-5

7.1.2 白平衡还原图像原来色彩

因为光线的原因，有时拍出来的照片或视频色彩会偏色，这时通过调节白平衡来实现想要的色彩，下面以调整“雪景.jpg”素材的白平衡为例讲解相关的操作步骤。

[知识演练] 让雪景照片偏白色

本节素材	◎I素材IChapter07I雪景.jpg
本节效果	◎I效果IChapter07I雪景.VSP

步骤01 在会声会影视频轨中插入“雪景.jpg”素材，如图7-6所示。打开“选项”面板，单击“色彩校正”按钮，如图7-7所示。

图7-6

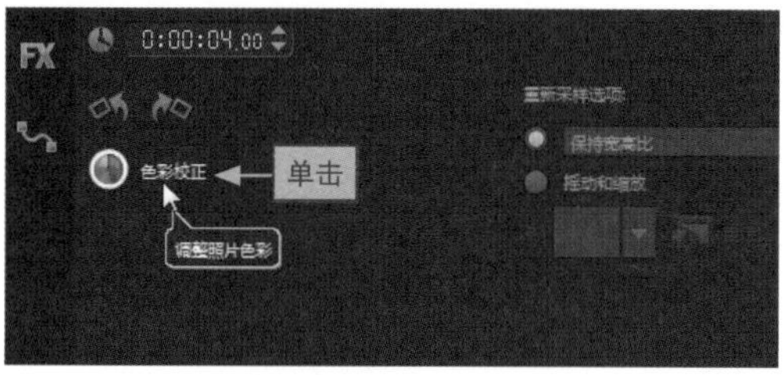

图7-7

步骤02 在打开的“色彩校正编辑”面板中勾选“白平衡”复选框，如图7-8所示。单击“选取色彩”按钮，如图7-9所示。

图7-8

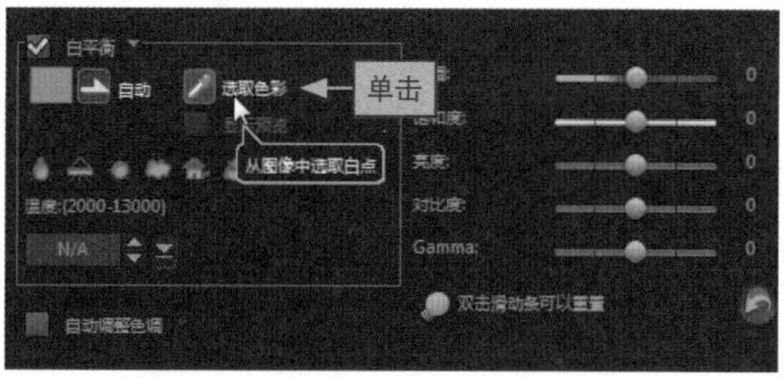

图7-9

步骤03 将鼠标光标移动到预览窗口，单击吸取颜色，调整画面白平衡，如图7-10所示。如果没有得到满意的色彩，可以多次单击，直到得到满意的色彩，如图7-11所示。

图7-10

图7-11

利用吸管工具调节白平衡后，可以看到比较偏黄的画面变白了，如图7-12所示为调整白平衡前后的效果对比。

图7-12

知识延伸 | 利用自动白平衡调整

除了可以利用吸管工具调节白平衡，还可以利用自动白平衡工具调整画面的白平衡。单击不同的白平衡预设即可调整画面的白平衡，如图7-13所示。勾选“自动调整色调”复选框，在下拉列表中可以选择色彩的明暗程度，如图7-14所示。

图7-13

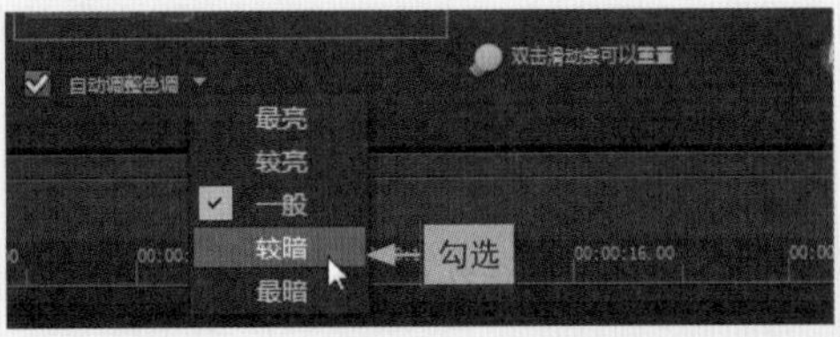

图7-14

7.1.3 对曝光不足的素材进行调整

对于曝光不足的素材来说，可以通过调整亮度让其曝光正常，亮度的调整方法与对比度相同，如图7-15所示为调整亮度前后的效果对比。

图7-15

7.1.4 让色彩更鲜艳的饱和度调节

通过调节饱和度，可以调整素材的鲜艳程度。如果素材不够鲜艳可以提高饱和度，反之可以降低饱和度，如图7-16所示为增强饱和度前后的效果对比。

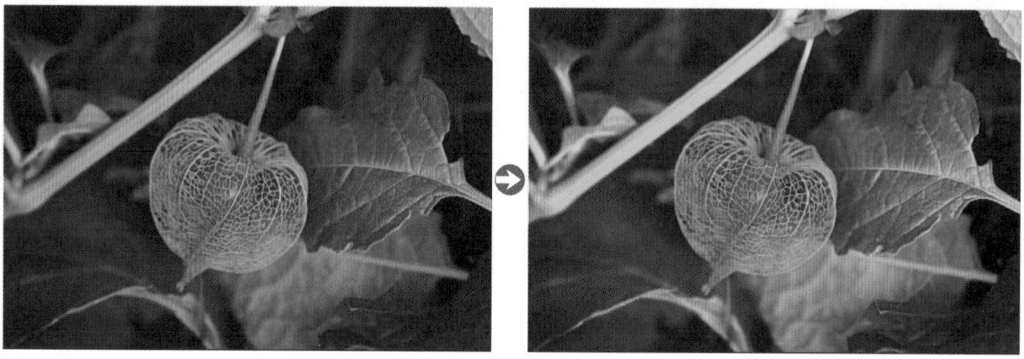

图7-16

7.1.5 调整图像的色调

在会声会影色彩校正工具中，可以通过调整色调来实现调色，如图7-17所示为调整色调前后的效果对比。

图7-17

7.1.6 图像的Gamma效果调整

在会声会影中，还可以看到“Gamma”这一工具，其可以对素材的灰度值进行调节，如图7-18所示为调整Gamma前后的效果对比。

图7-18

实战应用 调整偏色的照片

前面讲解了如何使用会声会影的色彩校正工具，下面以调整偏色的照片为例讲解对色彩进行校正的操作步骤。

本节素材	素材|Chapter07|松鼠.jpg
本节效果	效果|Chapter07|松鼠.VSP

步骤01 在会声会影视频轨中插入“松鼠.jpg”素材图片，如图7-19所示。打开“选项”面板，单击“色彩校正”按钮，如图7-20所示。

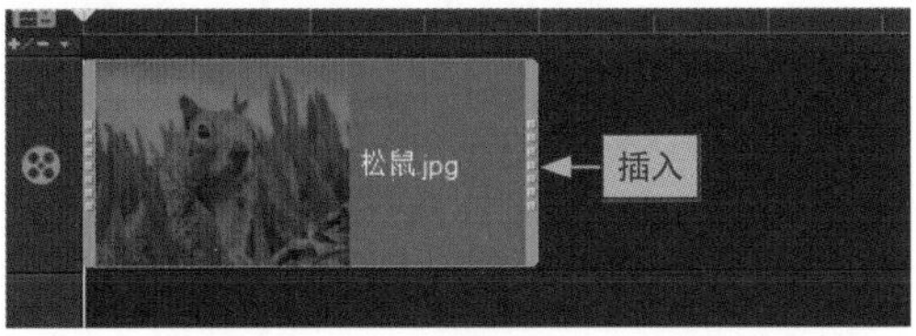

图7-19

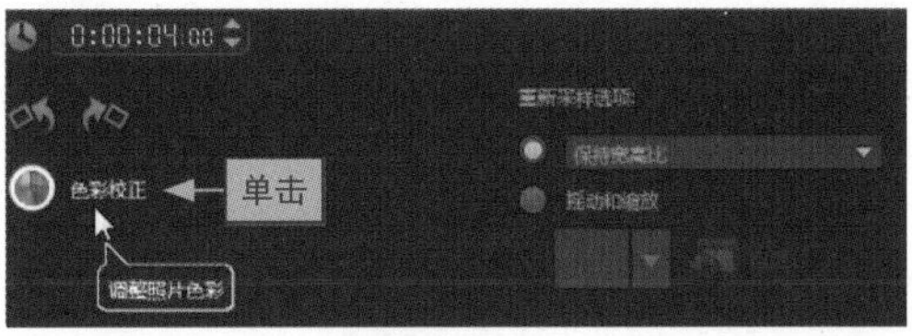

图7-20

步骤02 在预览窗口可以看到照片的亮度偏暗，拖动亮度滑块，设置“亮度”为54，如图7-21所示。调整后观察照片，发现对比不够强，拖动对比度滑块，设置“对比度”为40，如图7-22所示。

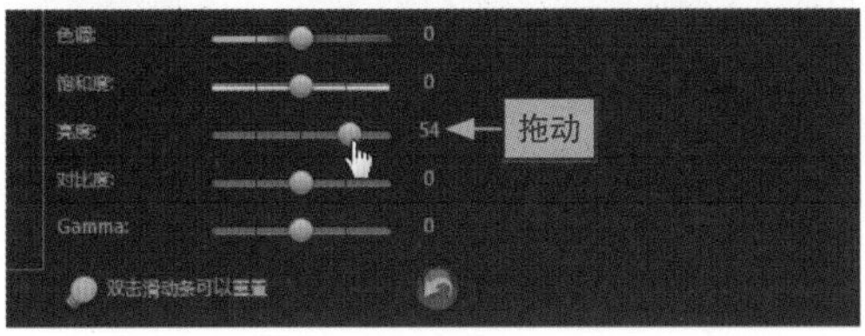

图7-21

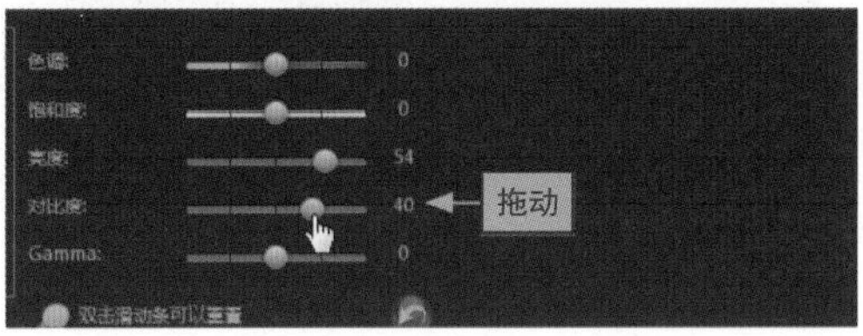

图7-22

步骤03 对亮度和对比度进行调整后，可以看到照片的色彩整体偏红，这时需要调整色调，向右拖动色调滑块，设置“色调”为14，如图7-23所示。完成色彩的大致调整后，可以继续观察素材的色彩，进行参数的微调，这里设置“亮度”为58，如图7-24所示。

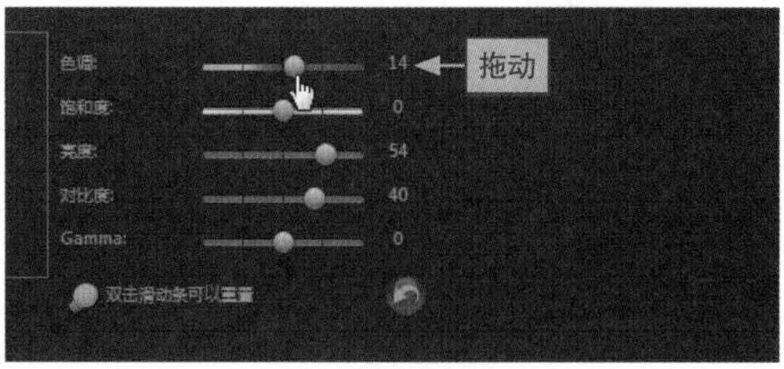

图7-23

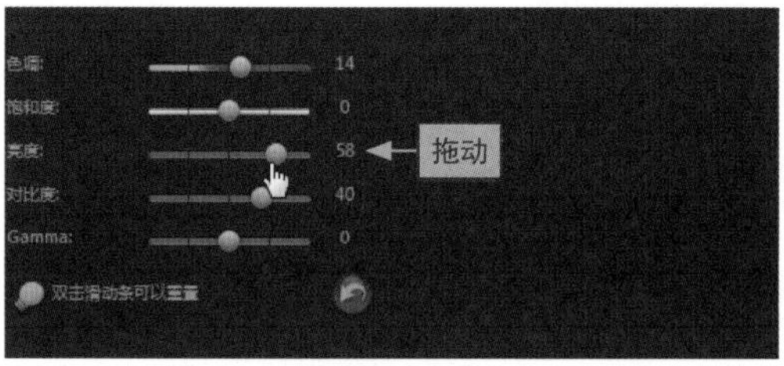

图7-24

按照以上步骤对素材进行调整后，可以看到原素材照片的偏色得到了校正，如图7-25所示为调色前后的效果对比。

图7-25

知识延伸 | 重置滑动条

在使用色彩校正工具调色的过程中，若对调色结果不满意，可以单击按钮，重置全部滑动条，如图7-26所示。也可以双击滑块按钮进行重置，如图7-27所示。

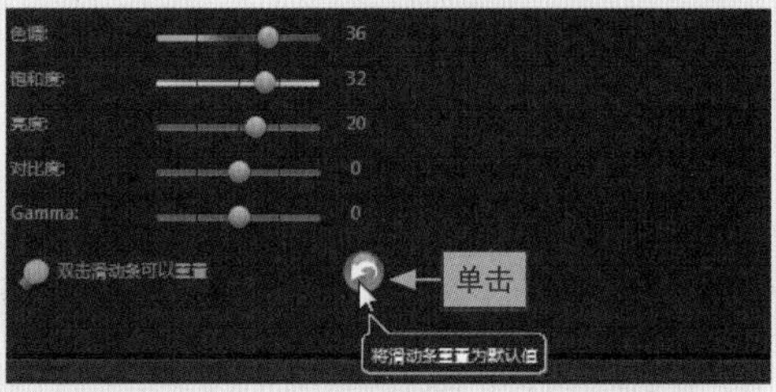

图7-26

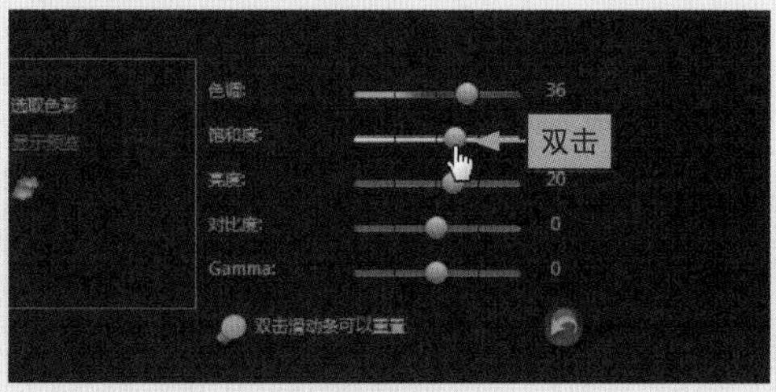

图7-27

LESSON 7.2 高级调整，调个不一样的色调

知识级别

□初级入门 | ■中级提高 | □高级拓展

知识难度 ★★

学习时长 60 分钟

学习目标

① 了解各种调色滤镜。

② 使用调色滤镜进行色彩调整。

※主要内容※

内　容	难　度	内　容	难　度
色彩调整的其他方法	★★	把视频调成黑白照片效果	★★★
将视频图像转为双色调	★★	让视频画风趋于暖色调	★★
给冬天的景观加点冷色调	★★	给背景替换一个颜色	★★

效果预览 > > >

7.2.1 色彩调整的其他方法

使用会声会影为素材调色，除了使用色彩校正工具外，还可以使用滤镜，下面以使用“亮度和对比度”滤镜为例讲解使用滤镜进行调色的操作步骤。

[知识演练] “亮度和对比度”滤镜调色

本节素材	⊙\素材\Chapter07\银杏.jpg
本节效果	⊙\效果\Chapter07\银杏.VSP

步骤01 在会声会影视频轨中插入“银杏.jpg”素材图片，如图7-28所示。打开滤镜库，单击“全部”下拉按钮，如图7-29所示。

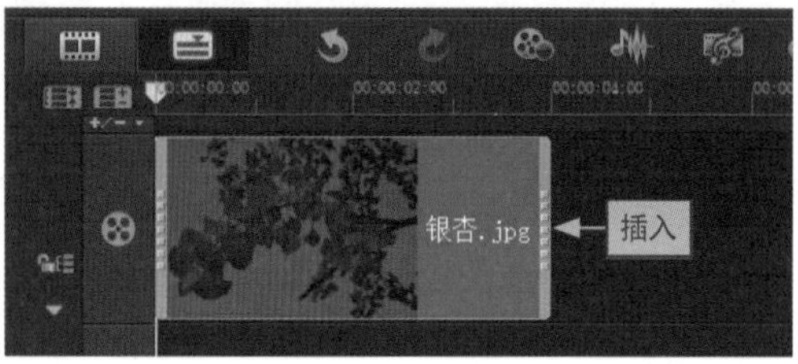

图7-28

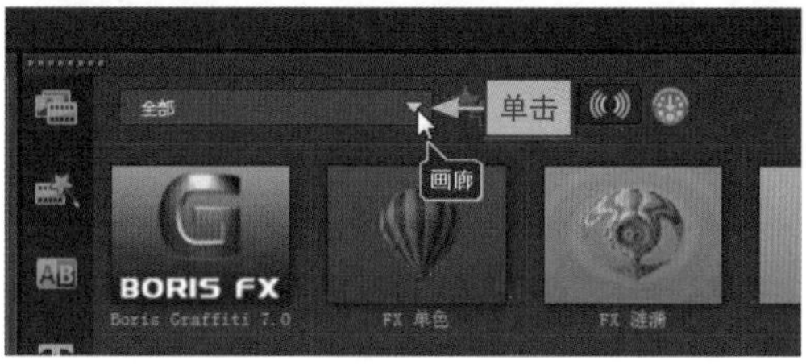

图7-29

步骤02 在打开的下拉列表中选择“暗房”选项，如图7-30所示。选择“亮度和对比度”滤镜，如图7-31所示。

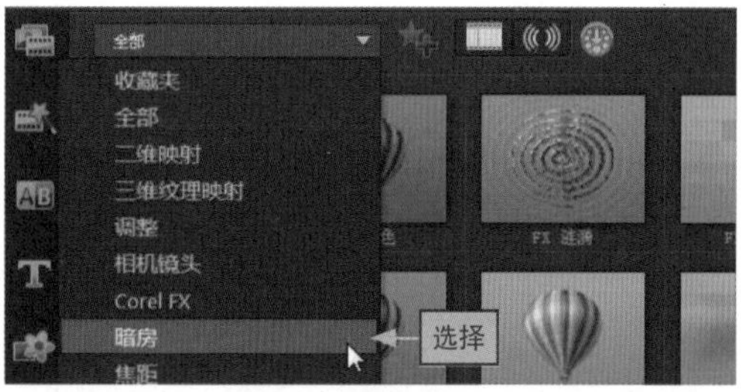

图7-30

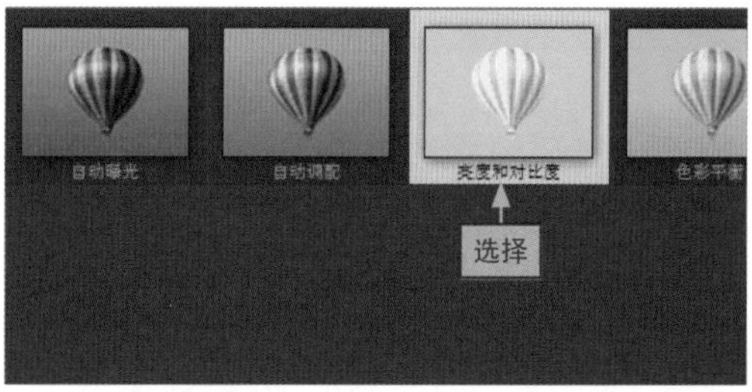

图7-31

步骤03 拖动“亮度和对比度”滤镜到素材图片的上方，如图7-32所示。打开“选项”面板，单击滤镜预设下拉按钮，如图7-33所示。

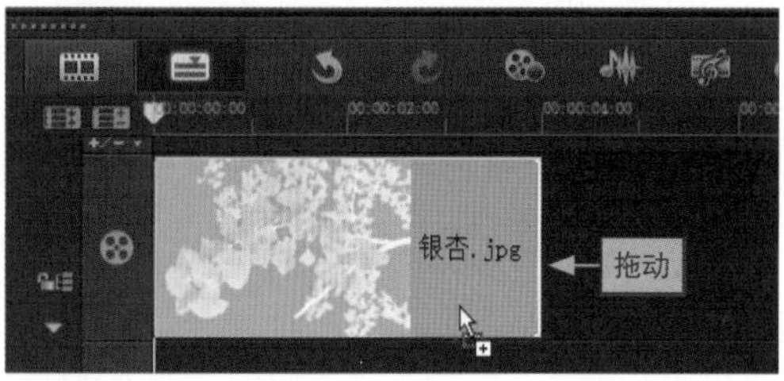

图7-32

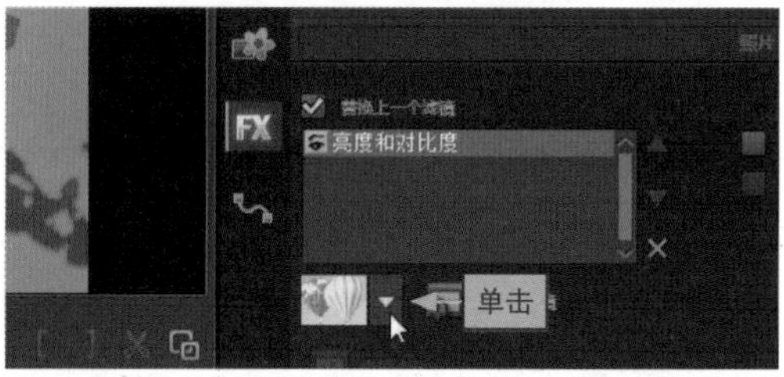

图7-33

步骤04 在打开的下拉列表中选择第5个滤镜预设，如图7-34所示。单击“自定义滤镜”按钮，如图7-35所示。

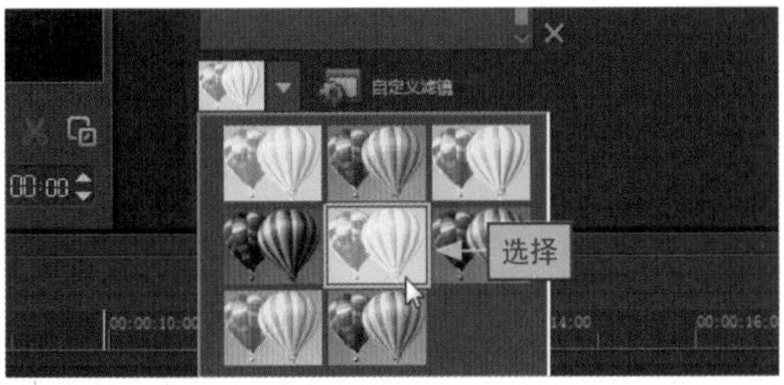

图7-34

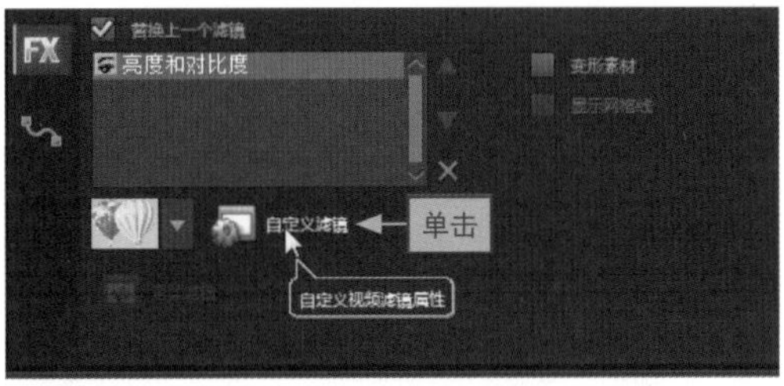

图7-35

步骤05 打开“亮度和对比度”对话框，设置“亮度”为91，“对比度”为39，Gamma为0.6，如图7-36所示。单击“确定”按钮，如图7-37所示。

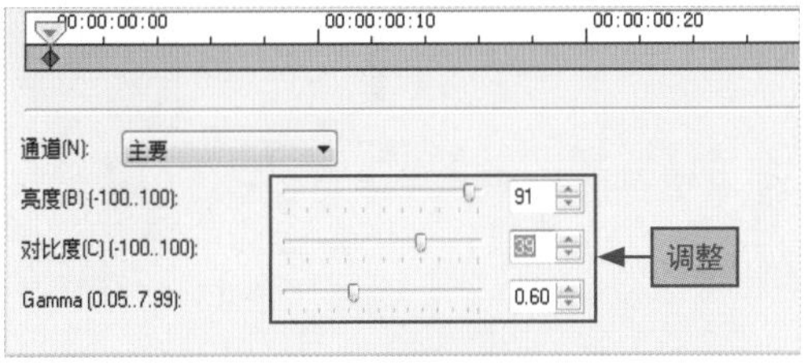

图7-36

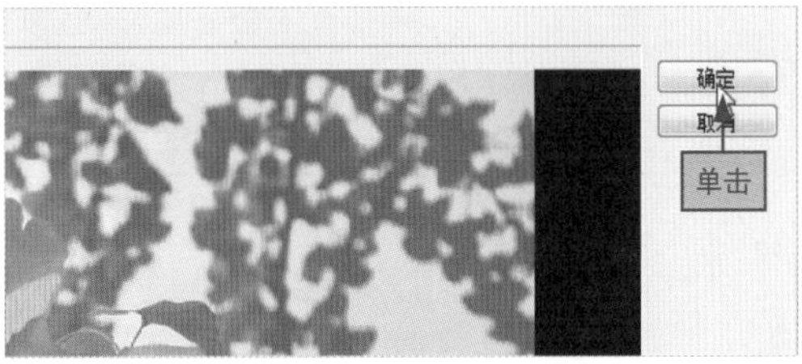

图7-37

如图7-38所示为使用“亮度和对比度”滤镜前后的效果对比。

图7-38

知识延伸 | 利用通道调整亮度和对比度

在对“亮度和对比度”滤镜进行自定义设置时，还可以利用红色、绿色和蓝色来调整素材的亮度和对比度，在“通道”下拉列表中选择通道后即可。

7.2.2 把视频调成黑白照片效果

要把视频调成黑白照片效果，可以使用“单色”滤镜或“FX 单色”滤镜。将“单色”滤镜拖动到素材上方，即可将彩色素材变为黑白色照片。如果使用“FX 单色”滤镜，则要打开“自定义滤镜”对话框，单击“单色”按钮，如图7-39所示。打开“Corel色彩选取器”对话框，选择黑色，拖动三角形滑块选择浅灰色，单击“确定”按钮，如图7-40所示。

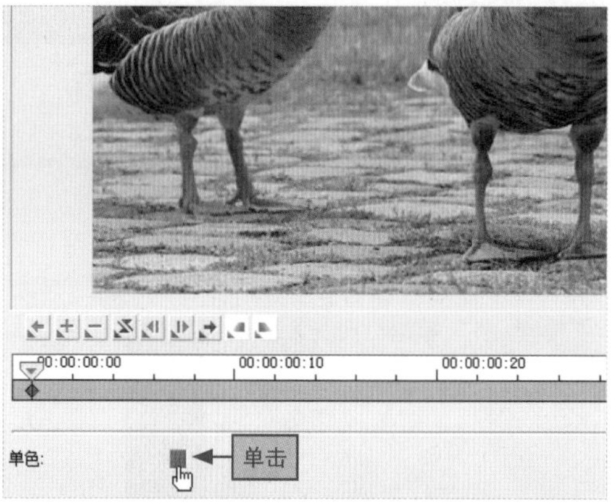

图7-39

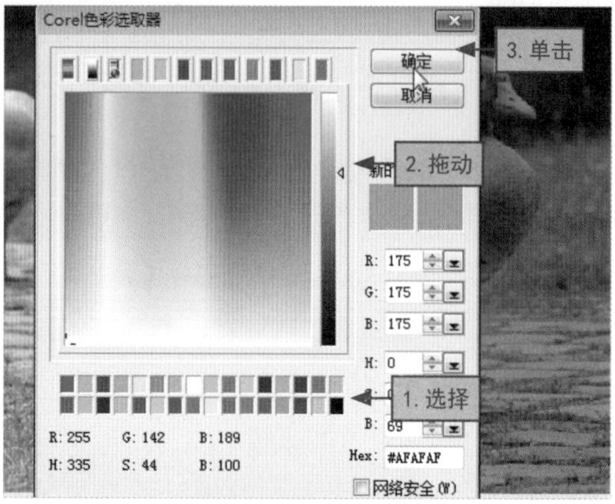

图7-40

为素材添加“单色”滤镜后，可以看到彩色照片变为了黑白色，如图7-41所示为添加“单色”滤镜前后的效果对比。

图7-41

7.2.3 将视频图像转为双色调

“双色调”滤镜可以帮助用户在一个素材中调出两种色调。打开“双色调自定义滤镜”对话框后，可以看到两个色块以及“保留原始色彩”和“红色/橙色滤镜”滑动条，如图7-42所示。在使用“双色调”滤镜时，可通过拖动色块下方的滑块来改变色彩的选择范围，如图7-43所示。

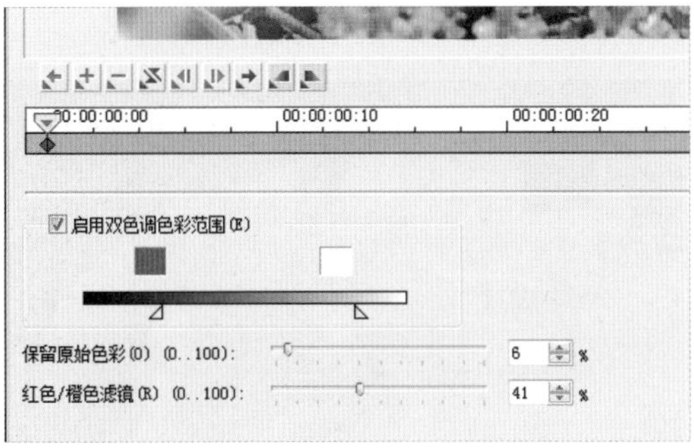

图7-42

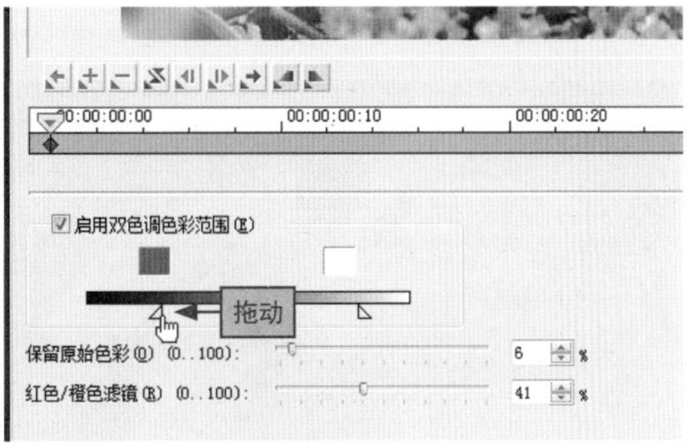

图7-43

在使用“双色调”滤镜进行调色时，“保留原始色彩”的值越大，素材越能更多地呈现原色如图7-44所示为进行双色调调整前后的效果对比。

图7-44

7.2.4 让视频画风趋于暖色调

暖色给人以温馨的感觉，通过应用“色彩平衡”滤镜，为素材添加红色调，减少蓝色调，这样就可以调出偏暖的色调，如图7-45所示为“色彩平衡”滤镜的自定义设置页面，拖动滑块即可调整色调。

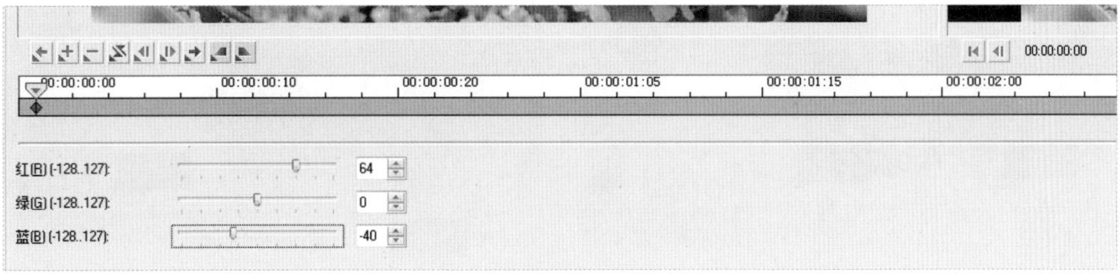

图7-45

如图7-46所示为使用“色彩平衡”滤镜前后的效果对比。

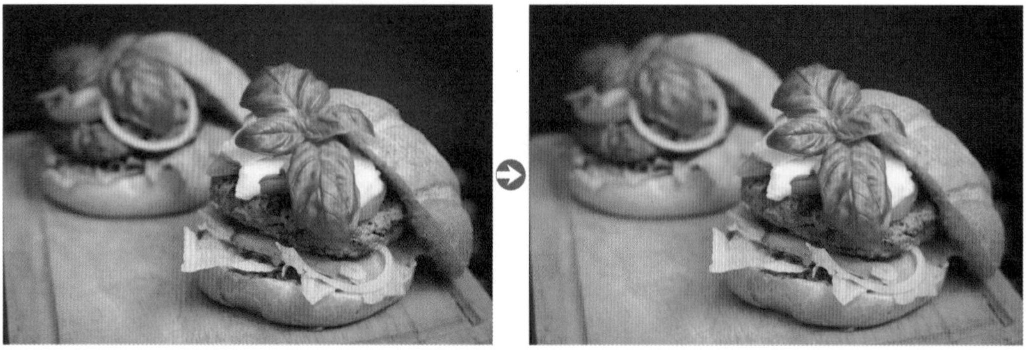

图7-46

7.2.5 给冬天的景观加点冷色调

会声会影中的“色调”滤镜可以对素材的颜色、饱和度和亮度进行调整，如图7-47所示为色调滤镜的自定义页面，旋转滑块即可调整各参数。

图7-47

为冬季景观添加冷色调，让画面看起来更偏冷，可通过“色调”滤镜来实现。如图7-48所示为使用“色调”滤镜添加前后的效果对比。

图7-48

7.2.6 给背景替换一个颜色

会声会影中的“色彩替换”滤镜可以实现将选中的色彩替换为其他颜色。在“色彩替换”滤镜的自定义页面可以选择预设的模板，如图7-49所示。也可以选择源颜色和调剂的颜色进行色彩替换，如图7-50所示。

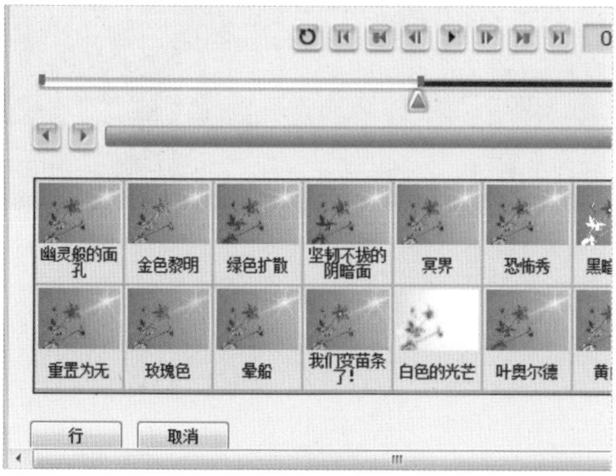

图7-49

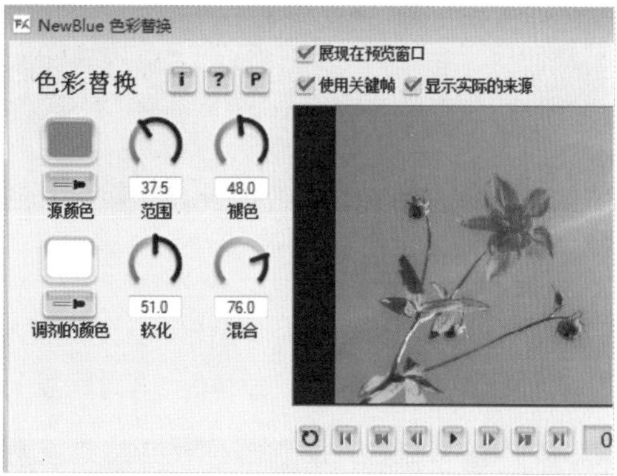

图7-50

在使用“色彩替换”滤镜时，可以通过调节范围、褪色、软化和混合的值来控制色彩替换的效果，如图7-51所示为使用“色彩替换”滤镜前后的效果对比，可以看到黄色光斑的颜色被替换掉了。

图7-51

实战应用 用滤镜调出亮丽色彩

本节讲解了会声会影常见调色滤镜的效果，下面以调整暗色调素材为例，讲解如何利用滤镜让画面色彩看起来更亮丽。

本节素材	⊙|素材|Chapter07|小麦.jpg
本节效果	⊙|效果|Chapter07|小麦.VSP

步骤01 在会声会影视频轨中插入“小麦.jpg”素材图片，如图7-52所示。打开滤镜库，拖动“亮度和对比度”滤镜到素材图片上方，如图7-53所示。

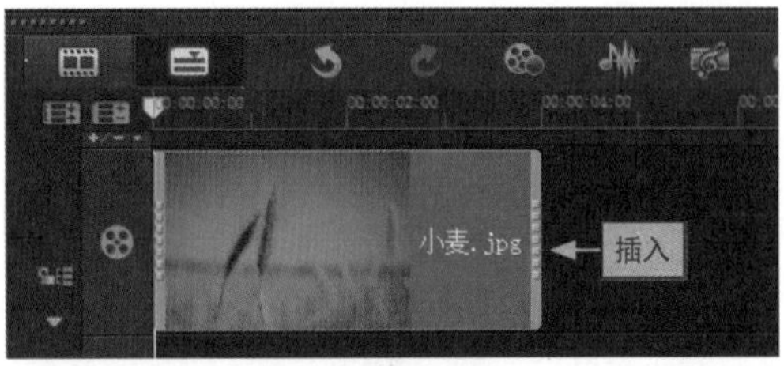

图7-52

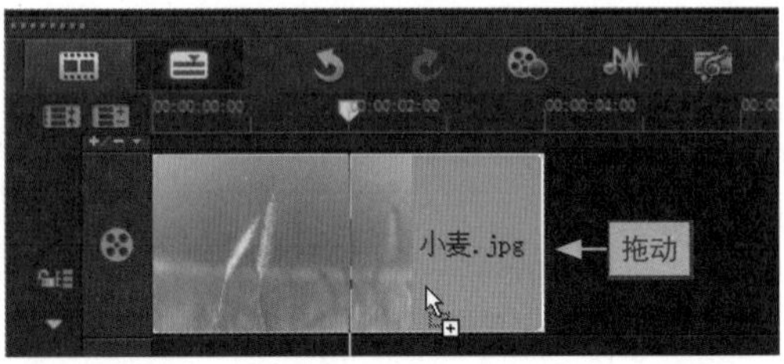

图7-53

步骤02 打开“选项”面板，单击“自定义滤镜”按钮，如图7-54所示。在打开的“亮度和对比度”对话框中设置“亮度”为40，“对比度”为21，“Camma”为1.42，如图7-55所示。

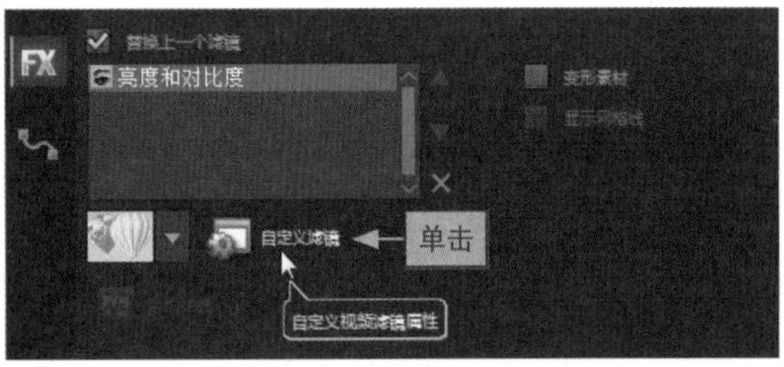

图7-54

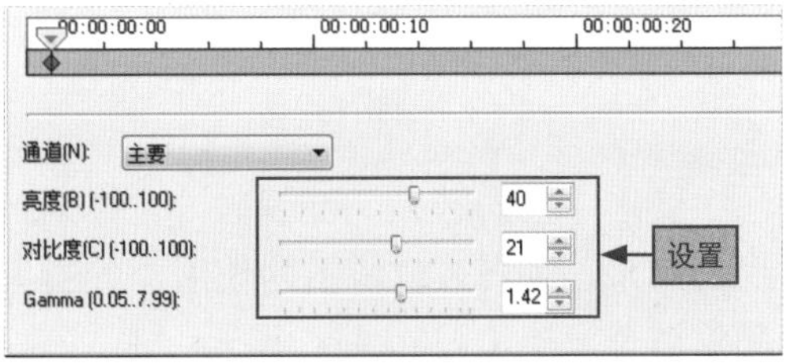

图7-55

步骤03 在“通道”下拉列表中选择“蓝色”选项，如图7-56所示。设置蓝色通道的“亮度”为31，“对比度”为5，“Camma”为1.00，如图7-57所示。

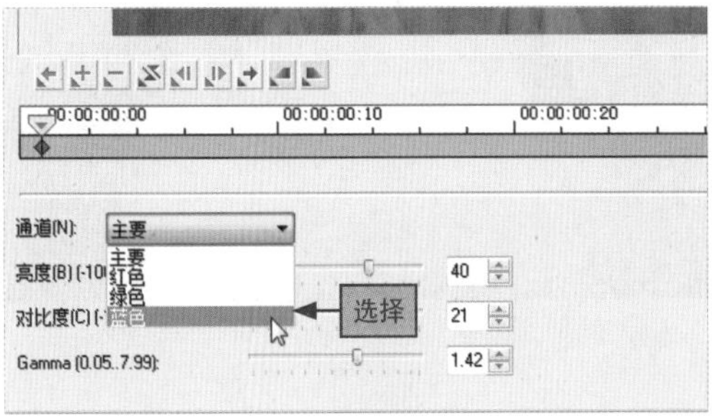

图7-56

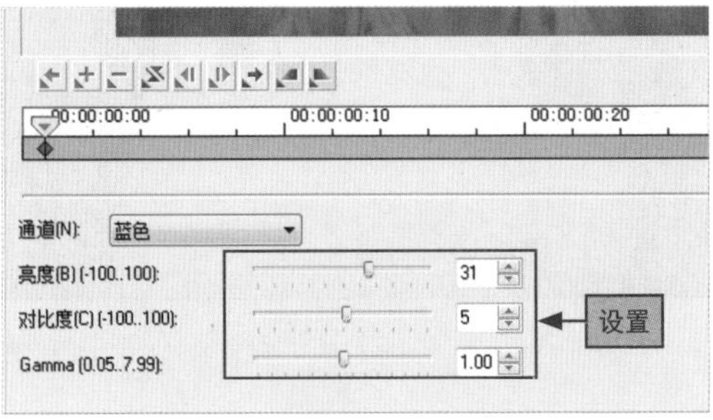

图7-57

步骤04 选择结尾位置的关键帧，如图7-58所示。按照开始帧的参数对结尾帧的参数进行调整，如图7-59所示。

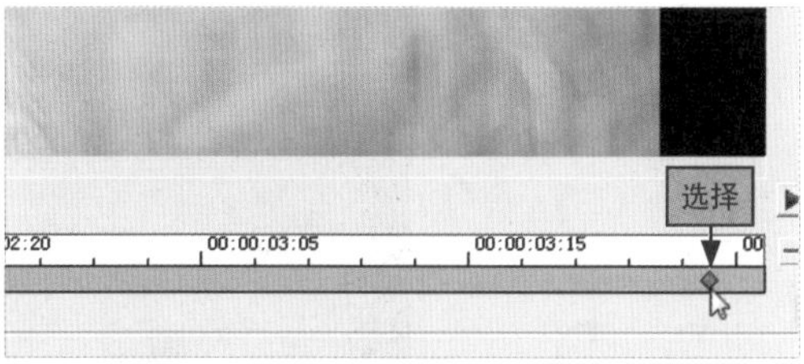

图7-58

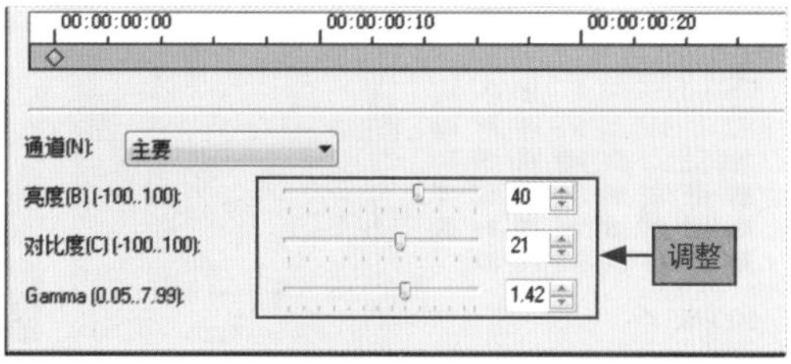

图7-59

步骤05 单击“确定”按钮，如图7-60所示。取消勾选“替换上一个滤镜”复选框，如图7-61所示。

图7-60

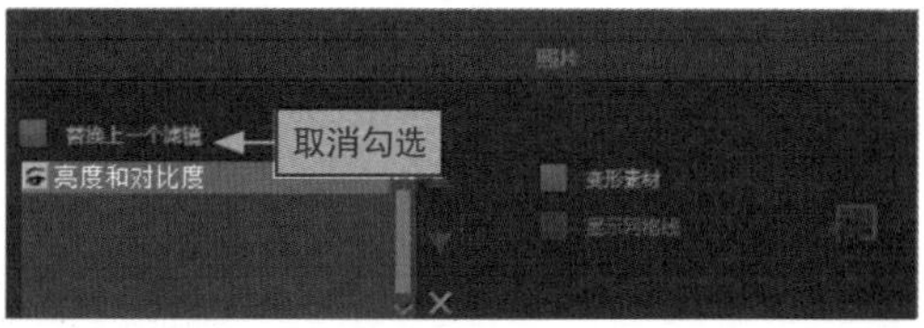

图7-61

步骤06 选择“色调”滤镜，为素材应用该滤镜，如图7-62所示。打开“选项”面板，单击“自定义滤镜”按钮，如图7-63所示。

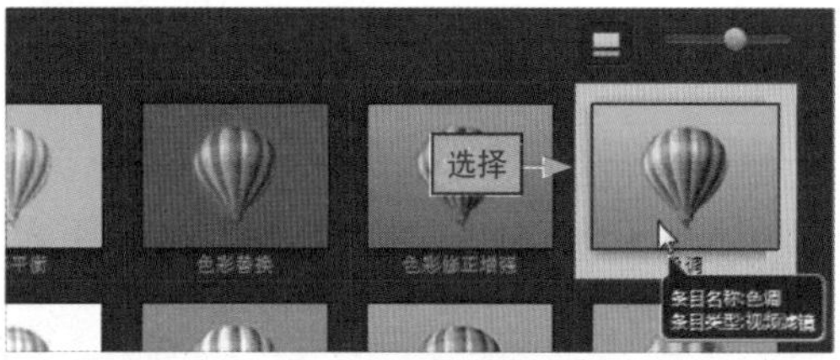

图7-62

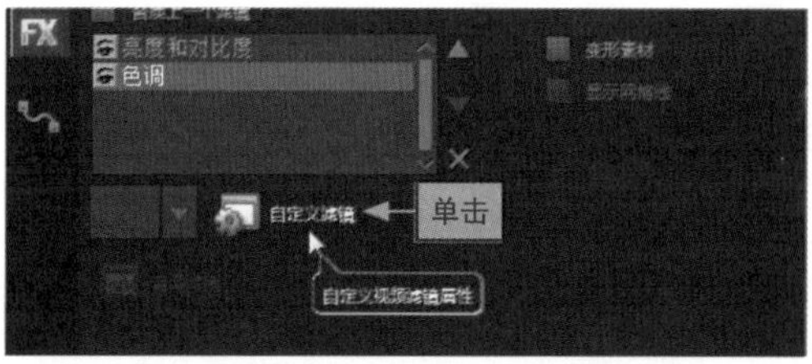

图7-63

步骤07 单击“光标放置在剪辑的开始”按钮，如图7-64所示。单击“设置颜色着色”按钮，如图7-65所示。

图7-64

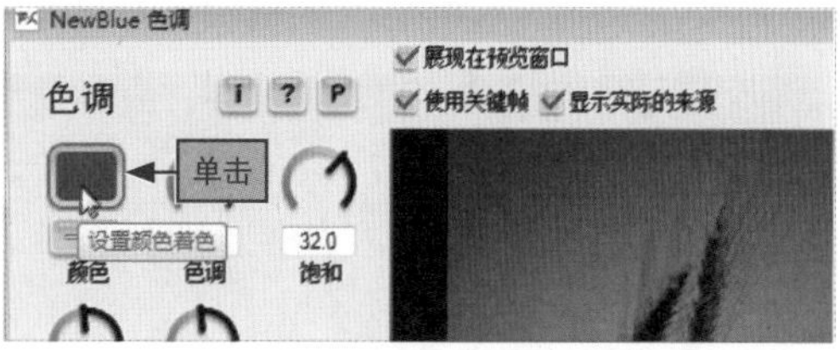

图7-65

步骤08 在打开的“颜色”对话框中选取颜色，单击“确定”按钮，如图7-66所示。调整滤镜的参数，这里设置“色调”为42.6，如图7-67所示。

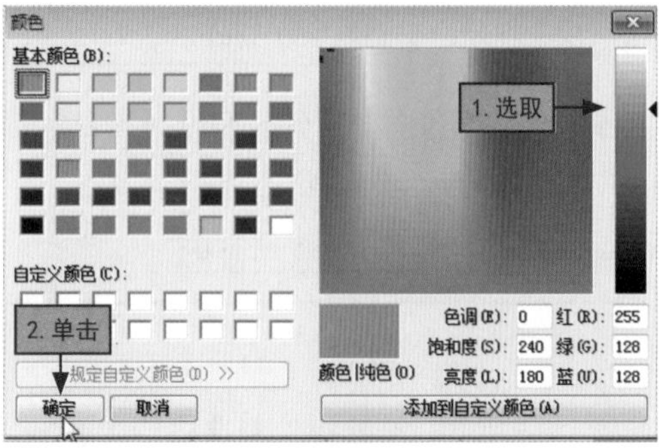

图7-66

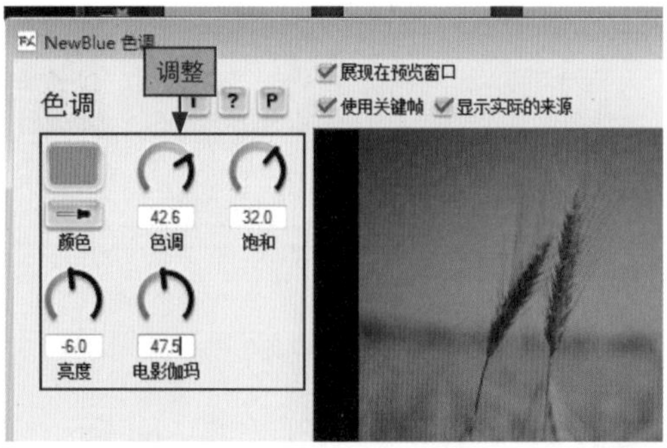

图7-67

步骤09 单击“光标放置在剪辑的结束”按钮，如图7-68所示。选择开始帧的色调，并按照开始帧的参数调整滤镜参数，如图7-69所示。

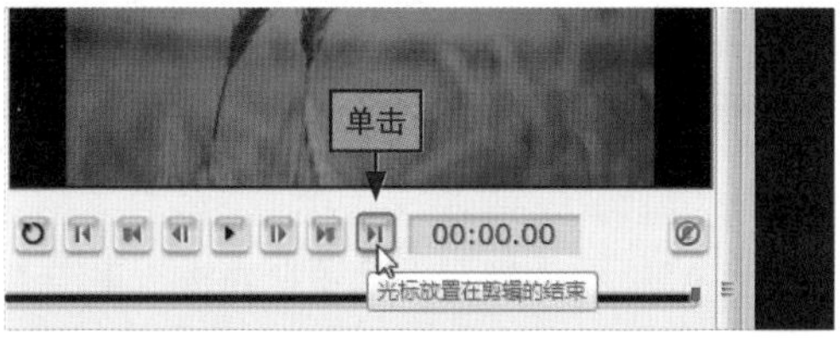

图7-68

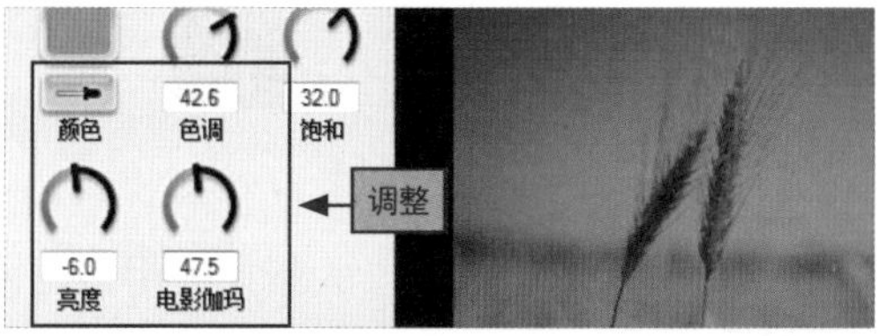

图7-69

步骤10 单击“行”按钮，如图7-70所示。单击“上移滤镜”按钮，将“色调”滤镜移至最上方，如图7-71所示。

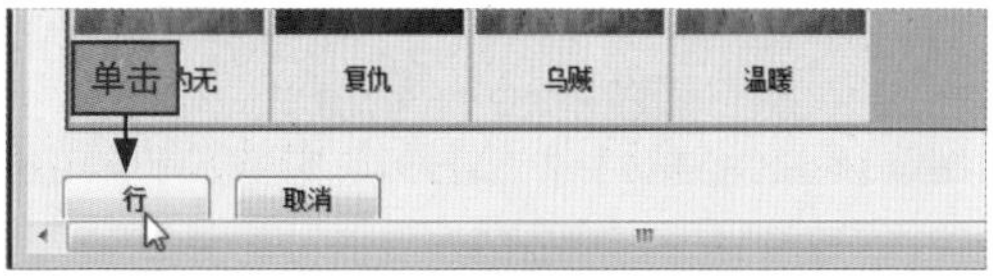

图7-70

图7-71

完成以上步骤后，原来比较偏暗和冷色的素材就变得亮丽，同时还原了小麦本身的色彩，如图7-72所示为调整色调前后的效果对比。

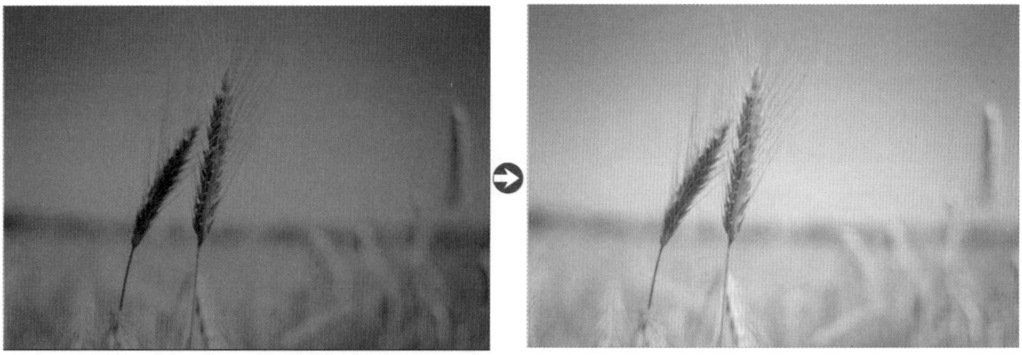

图7-72

第8章

特色覆叠，实现创意合成特效

学习目标

要使用会声会影实现更多的效果，就要充分利用覆叠轨。借助覆叠轨，可以将素材结合在一起，实现合成效果。本章将介绍如何灵活使用会声会影的覆叠轨。

本章要点

- 什么是覆叠效果
- 调整覆叠素材位置和大小
- 倾斜或者扭曲素材
- 快速更换覆叠轨位置
- 移动覆叠轨素材到其他轨道

……

LESSON 8.1 利用素材制作覆叠效果

知识级别

■初级入门 | □中级提高 | □高级拓展

知识难度 ★

学习时长 45 分钟

学习目标

① 为视频添加覆叠效果。

② 熟悉覆叠轨的基本设置。

※主要内容※

内　容	难　度	内　容	难　度
什么是覆叠效果	★	调整覆叠素材位置和大小	★
倾斜或者扭曲素材	★	快速更换覆叠轨位置	★
移动覆叠轨素材到其他轨道	★	让覆叠轨素材跟随移动	★

效果预览 > > >

8.1.1 什么是覆叠效果

覆叠效果可简单理解为将两张以上的素材叠加所产生的效果。如图8-1所示为两张素材叠加的效果。

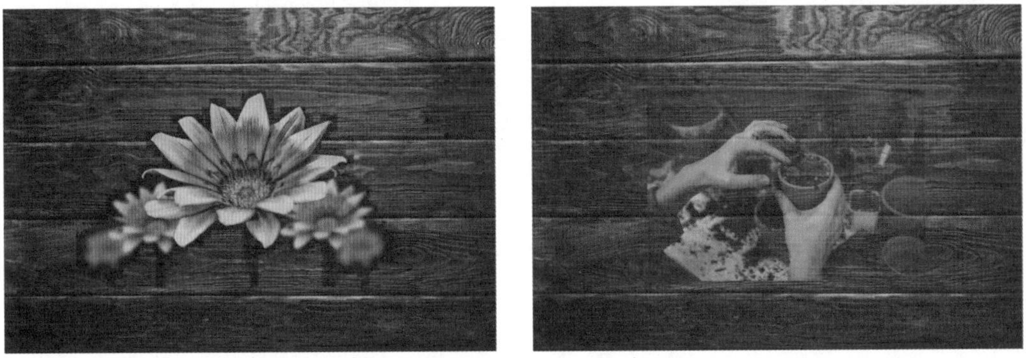

图8-1

8.1.2 调整覆叠素材位置和大小

在覆叠轨中添加素材后，素材的位置和大小都是可以调整的，下面以添加一张覆叠素材为例讲解相关的操作步骤。

[知识演练] 在覆叠轨中添加一张素材

本节素材	⊙|素材|Chapter08|山谷
本节效果	⊙|效果|Chapter08|山谷.VSP

步骤01 在会声会影视频轨中插入“相框.png”素材，如图8-2所示。在覆叠轨中插入“风景.jpg”素材，如图8-3所示。

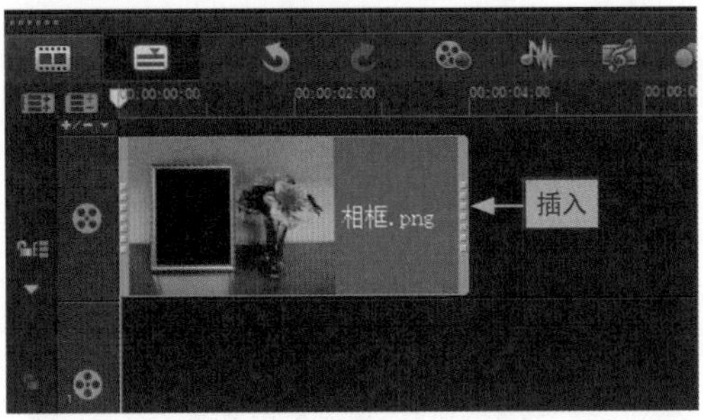

图8-2

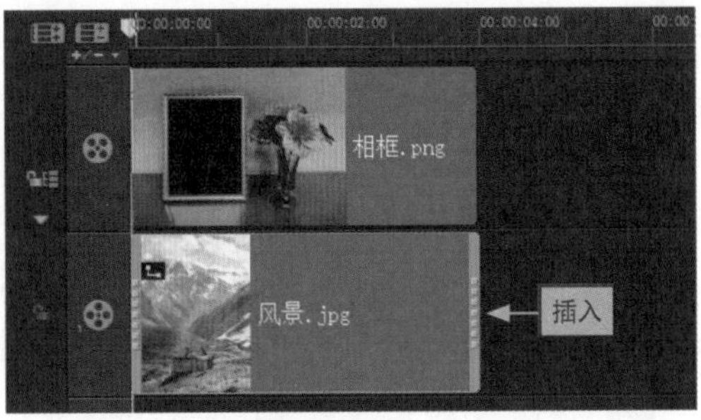

图8-3

步骤02 将覆叠素材拖动到预览窗口的合适位置，如图8-4所示。拖动右下角黄色控制点改变覆叠素材的大小，使其与相框大小一致，如图8-5所示。

图8-4

图8-5

完成以上步骤后可以看到，风景素材被镶嵌到了相框中，如图8-6所示为调整覆叠前后的效果对比。

图8-6

知识延伸 | 利用网格线控制覆叠素材位置

在调整覆叠素材的位置时，可以开启网格线来辅助调整素材。打开“选项”面板，勾选“显示网格线”复选框，如图8-7所示。此时可以看到预览窗口有了网格线显示，如图8-8所示。

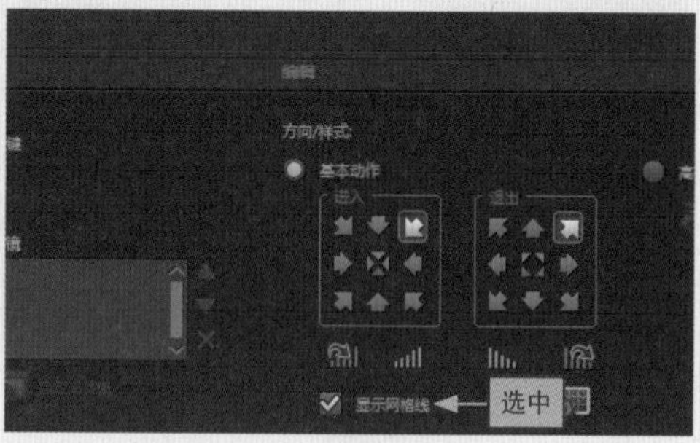

图8-7

图8-8

8.1.3 倾斜或者扭曲素材

有时为了让覆叠素材更好地与背景融合，需要改变素材的形状，下面以让覆叠素材不规则展示为例讲解相关的操作步骤。

[知识演练] 对覆叠素材进行变形

本节素材	⊙l素材lChapter08l自然风景
本节效果	⊙l效果lChapter08l自然风景.VSP

步骤01 在会声会影视频轨中插入“照片.jpg”素材，如图8-9所示。在覆叠轨单击右键，在弹出的快捷菜单中选择“插入照片”命令，在打开的“浏览照片”对话框中选择“1.jpg”素材，单击“打开”按钮将素材“1.jpg”插入到覆叠轨，如图8-10所示。

图8-9

图8-10

步骤02 移动覆叠“1”素材到左侧照片位置，拖动黄色控制点可放大或缩小素材，如图8-11所示。拖动绿色控制点对覆叠素材进行变形操作，使素材形状大小与背景照片相同，如图8-12所示。

图8-11

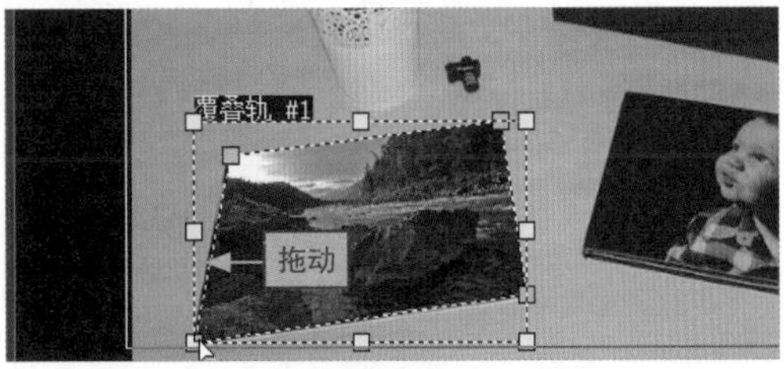

图8-12

步骤03 右击覆叠轨按钮，在弹出的快捷菜单中选择“插入轨下方”命令，如图8-13所示。在新建的覆叠轨中插入“2.jpg”素材，如图8-14所示。

图8-13

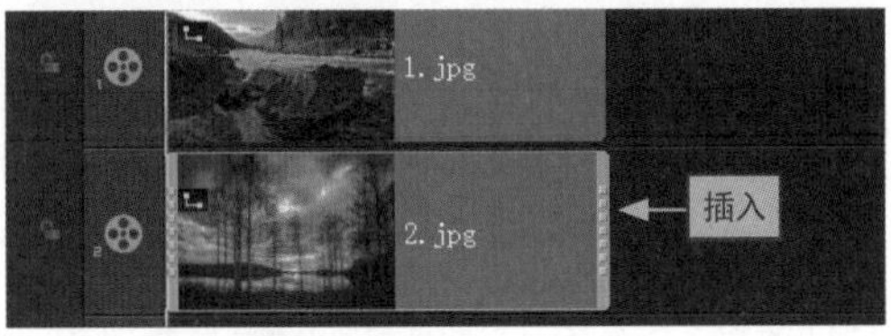

图8-14

步骤04 移动覆叠素材到右下角照片位置，如图8-15所示。拖动绿色控制点对覆叠素材进行变形操作，使素材形状大小与背景照片相同，如图8-16所示。

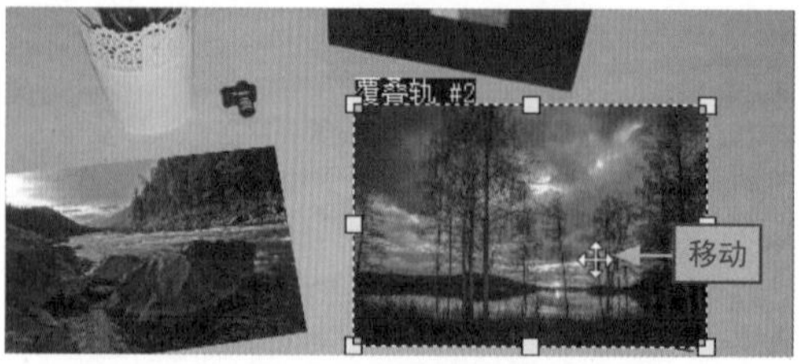

图8-15

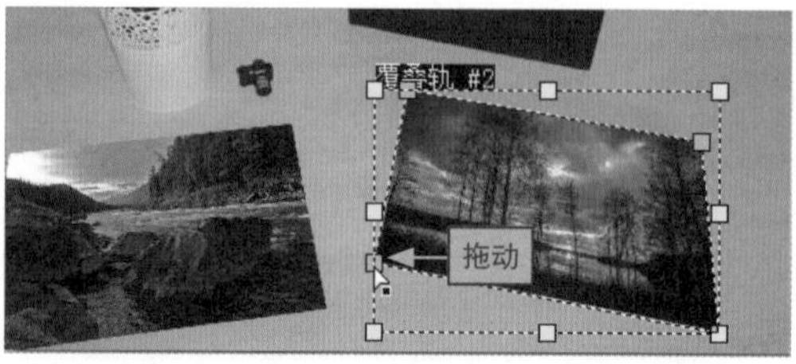

图8-16

步骤05 右击第二个覆叠轨按钮，在弹出的快捷菜单中选择“插入轨下方”命令，如图8-17所示。在新建的覆叠轨中插入“3.jpg”素材，如图8-18所示。

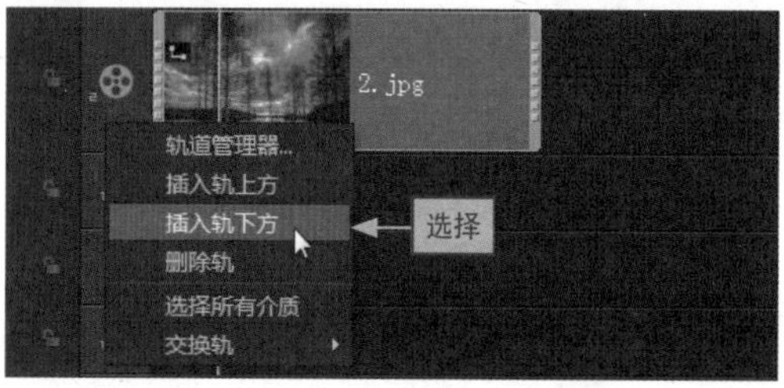

图8-17

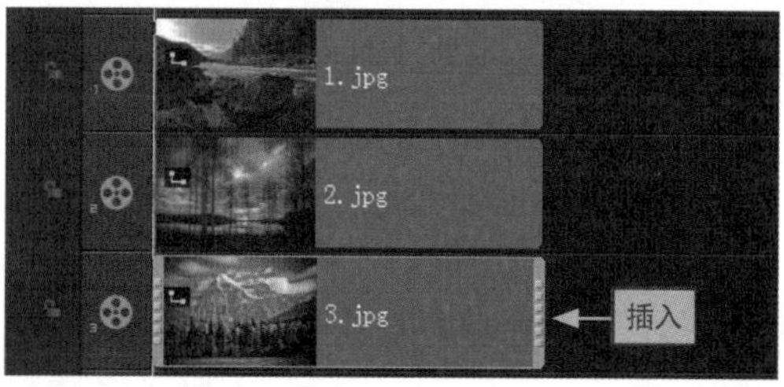

图8-18

步骤06 移动覆叠轨素材到右上角照片位置，如图8-19所示。拖动绿色控制点对覆叠素材进行变形操作，使素材形状大小与背景照片相同，如图8-20所示。

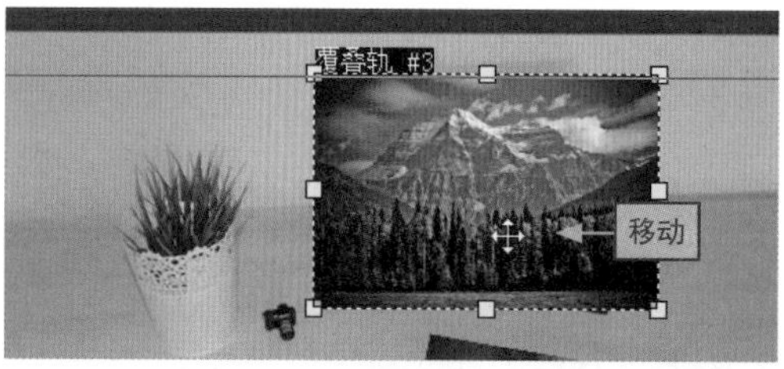

图8-19

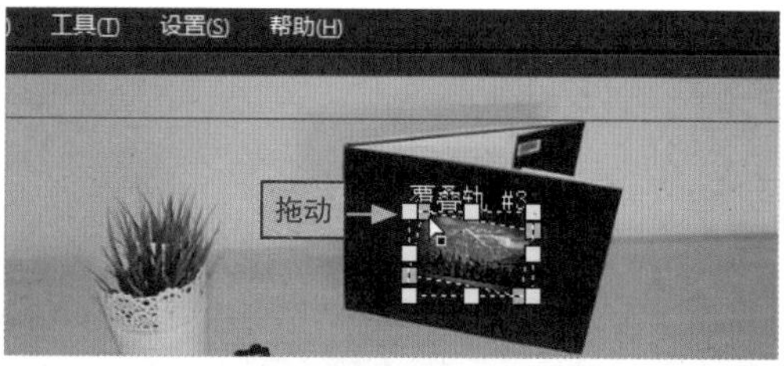

图8-20

步骤07 在预览窗口单击“项目”按钮，如图8-21所示。根据预览效果对3张覆叠轨素材的边界进行微调，如图8-22所示。

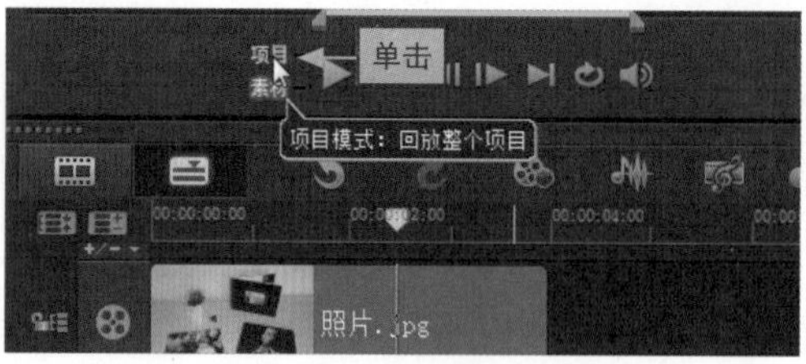

图8-21

图8-22

对3张覆叠素材进行变形操作后，原照片的背景图片被替换了，如图8-23所示为对覆叠素材进行变形前后的效果对比。

图8-23

8.1.4 快速更换覆叠轨位置

在制作一段完整的视频时，很多时候都需要添加多个覆叠轨，这种情况下就可能会遇到要交换轨道顺序的情况。更换覆叠轨位置的操作比较简单，右击要交换的覆叠轨按钮，在弹出的快捷菜单中选择“交换轨/覆叠轨#2”命令，如图8-24所示。

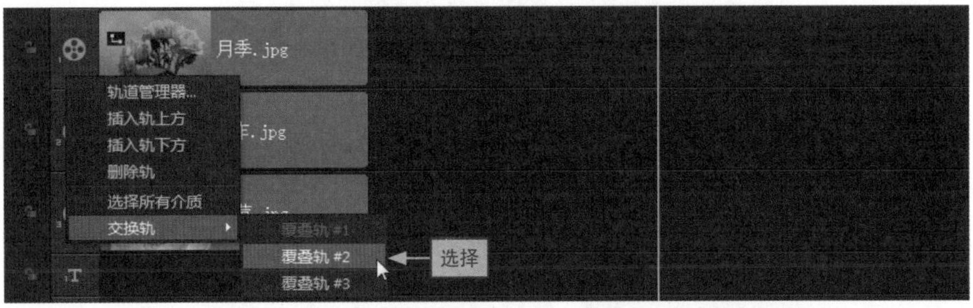

图8-24

8.1.5 移动覆叠轨素材到其他轨道

当一个覆叠轨中插入了多个素材时，要将该轨道中的全部素材移动到其他轨道，可以右击覆叠轨按钮，在弹出的快捷菜单中选择“选择所有介质”命令，如图8-25所示。然后按住鼠标左键并拖动所有素材到其他轨道，如图8-26所示。另外，首先选择覆叠轨中的第一个素材，按住Shift键不放，然后选择覆叠轨上的最后一个素材，也可以快速全选覆叠轨上的素材。

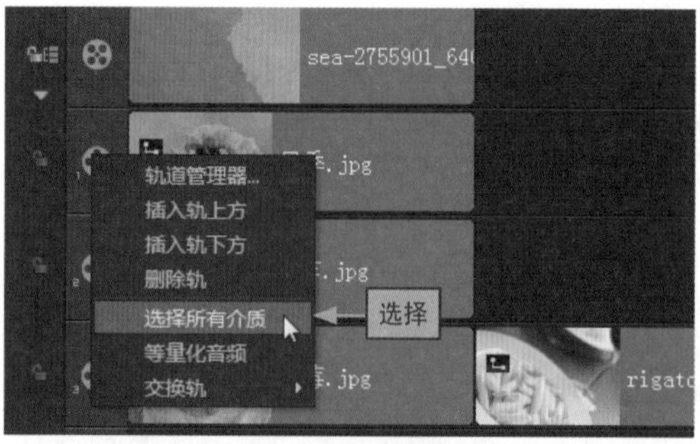

图8-25

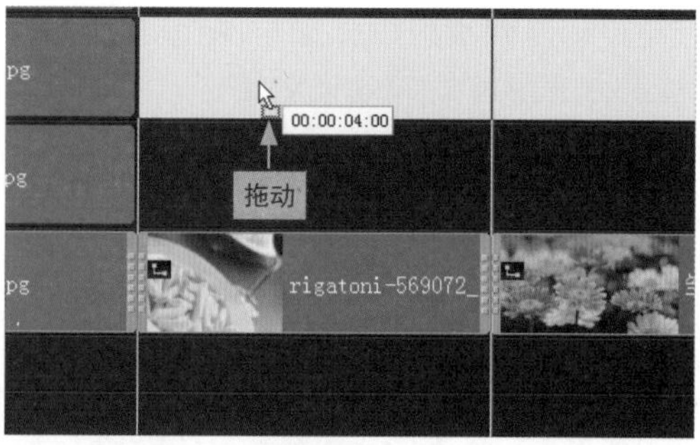

图8-26

8.1.6 让覆叠轨素材跟随移动

会声会影软件的连续编辑功能默认为关闭，此时如果在视频轨中插入新的视频，在覆叠轨以及其他轨道上已存在的素材不会跟随相对位置进行移动。要实现其他轨道素材与视频轨同步移动可以启动连续编辑功能。在视频轨左侧下拉列表中选择“启用连续编辑”选项，如图8-27所示。在视频轨下拉列表中选择要启用连续编辑的轨道选项，如图8-28所示。

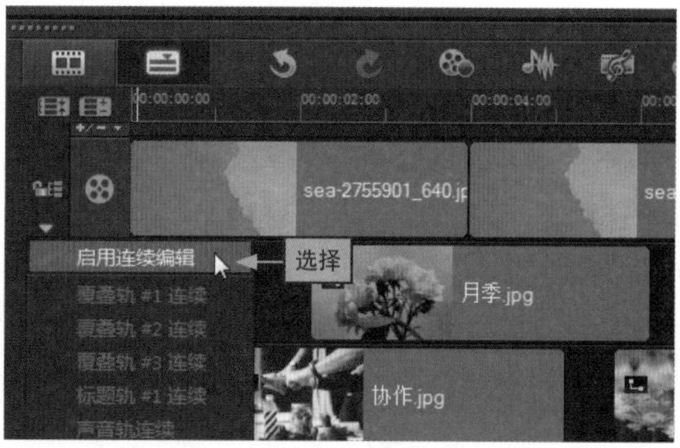

图8-27

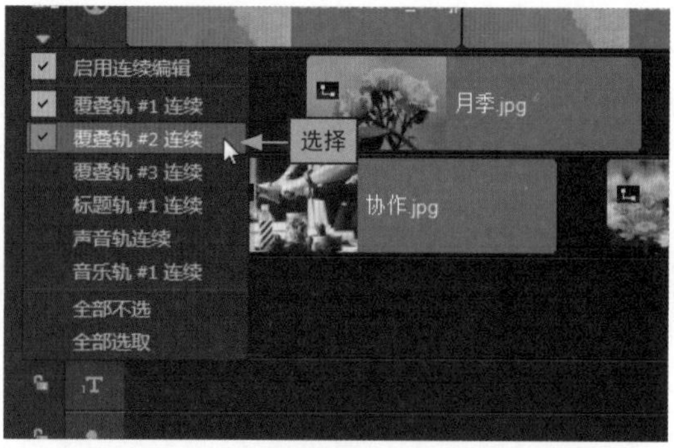

图8-28

LESSON 8.2 为覆叠素材打造装饰框

知识级别

□初级入门 | ■中级提高 | □高级拓展

知识难度 ★★

学习时长 45 分钟

学习目标

① 用遮罩和色度键工具添加边框。

② 用滤镜和自定义动作工具添加边框。

※主要内容※

内容	难度	内容	难度
制作覆叠画面边框特效	★★	自带素材添加花边边框	★★
用滤镜给覆叠素材添加边框	★★	自定义动作制作边框	★★

效果预览 > > >

8.2.1 制作覆叠画面边框特效

为了突出展示覆叠素材本身，很多时候需要为覆叠素材添加边框，下面以制作纪念图片为例讲解相关的操作步骤。

[知识演练] 为纪念图片添加矩形边框

本节素材	⊙\素材\Chapter08\纪念图片
本节效果	⊙\效果\Chapter08\纪念图片.VSP

步骤01 在会声会影视频轨中插入“羊皮纸.jpg”素材，如图8-29所示。在覆叠轨中插入“焰火.jpg”素材，如图8-30所示。

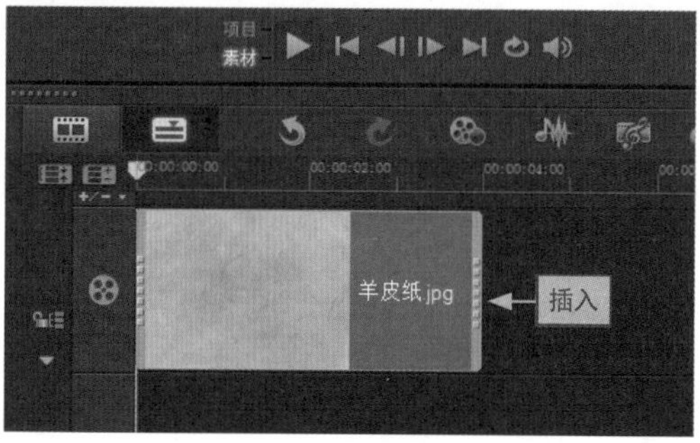

图8-29

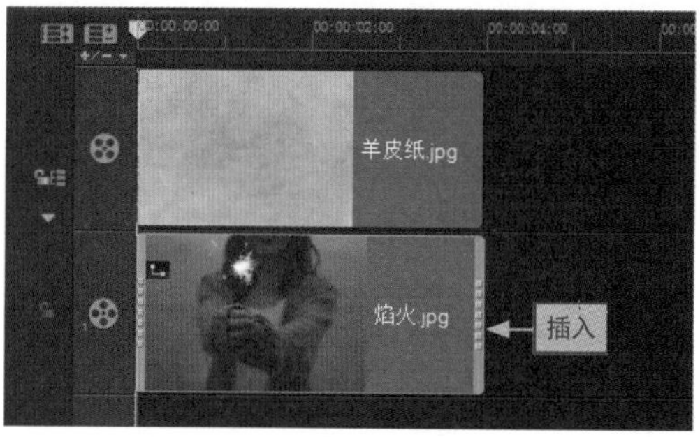

图8-30

步骤02 拖动黄色控制点调整覆叠素材的大小，如图8-31所示。在预览窗口右击覆叠素材，在弹出的快捷菜单中选择“停靠在中央/居中”命令，如图8-32所示。

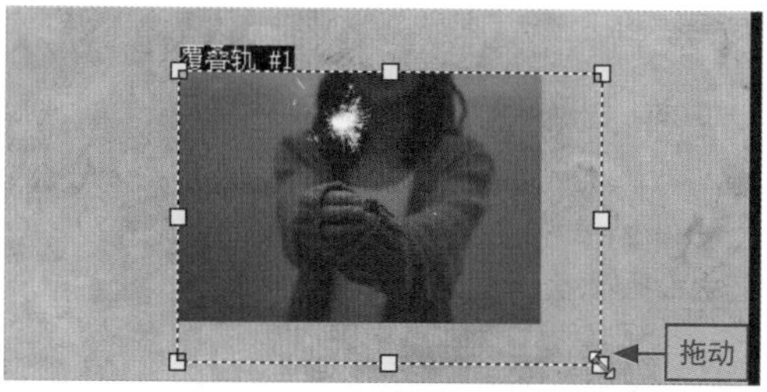

图8-31

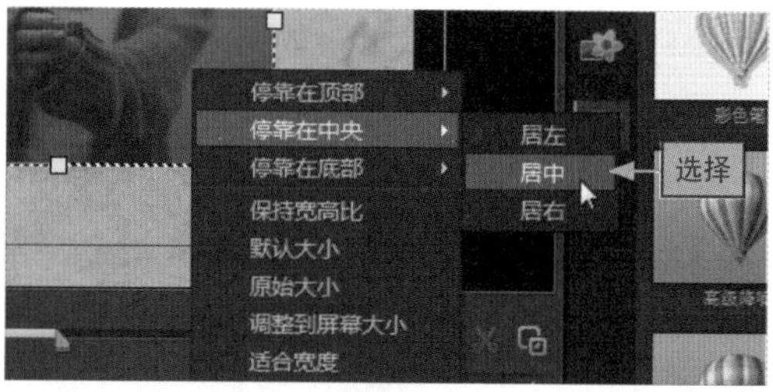

图8-32

步骤03 打开“选项”面板，单击“遮罩和色度键”按钮，如图8-33所示。在“边框”数值框中输入2，如图8-34所示。

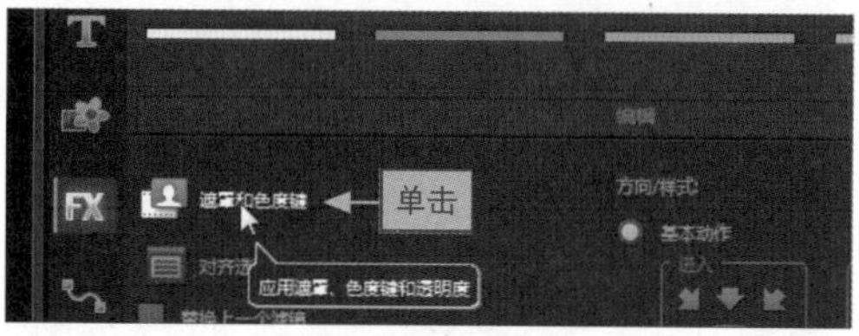

图8-33

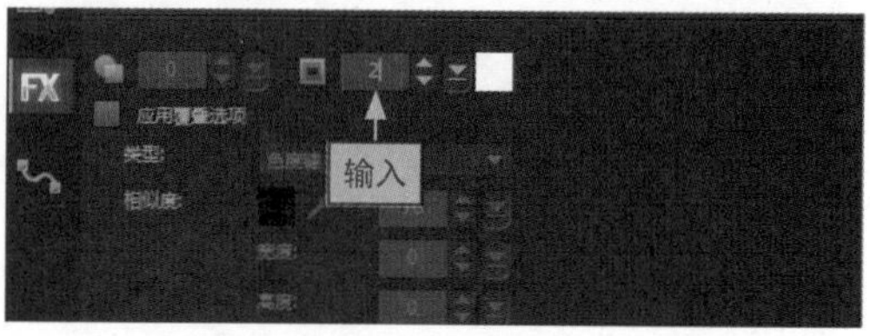

图8-34

完成以上步骤后即可完成覆叠素材边框的添加，边框大小可根据需要来设置，如图8-35所示为添加边框前后的对比效果。

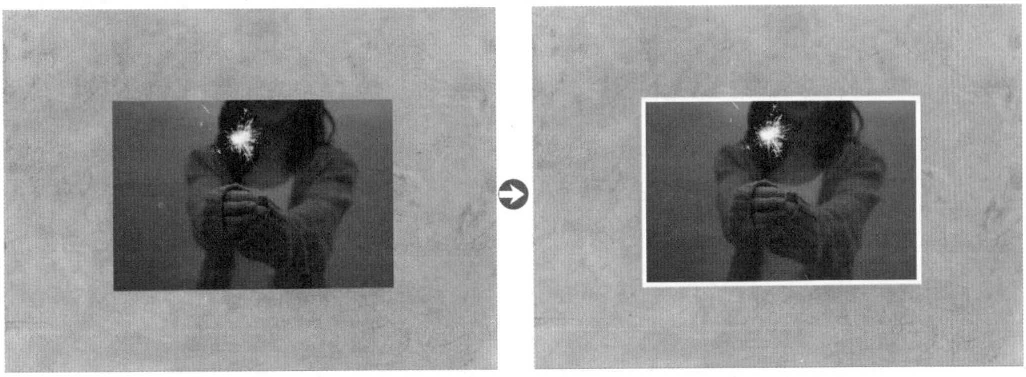

图8-35

知识延伸 | 设置边框的颜色

在为覆叠素材添加边框时，还可以设置边框的颜色。单击“边框色彩”按钮，如图8-36所示。在打开的列表中选择颜色，如图8-37所示。

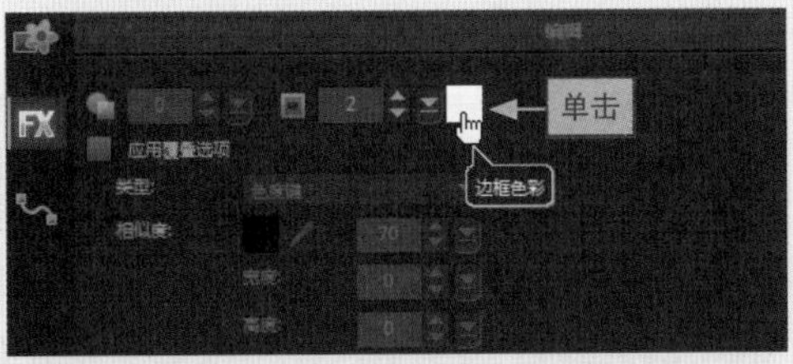

图8-36

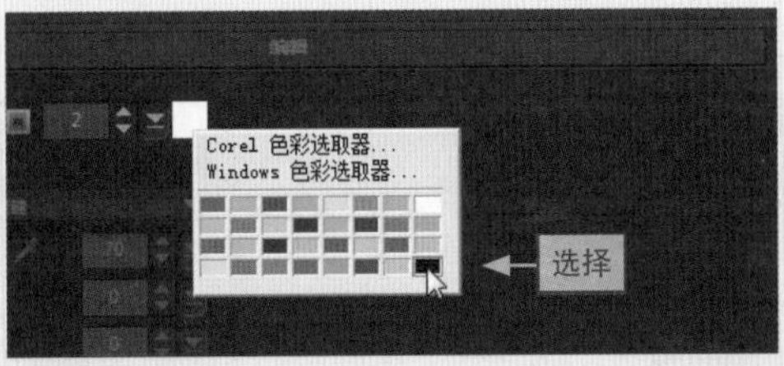

图8-37

8.2.2 自带素材添加花边边框

利用遮罩和色度键工具添加边框，边框的效果会比较简约，如果想要边框更具有装饰效果，可以使用会声会影中自带的装饰框。下面以使用“FR-C04”边框为例讲解相关的操作步骤。

[知识演练] 添加“FR-C04”边框

本节素材	⊙I素材IChapter08I滑板.jpg
本节效果	⊙I效果IChapter08I滑板.VSP

步骤01 在会声会影覆叠轨中插入“滑板.jpg”素材，如图8-38所示。右击覆叠轨按钮，在弹出的快捷菜单中选择“插入轨下方”命令，如图8-39所示。

图8-38

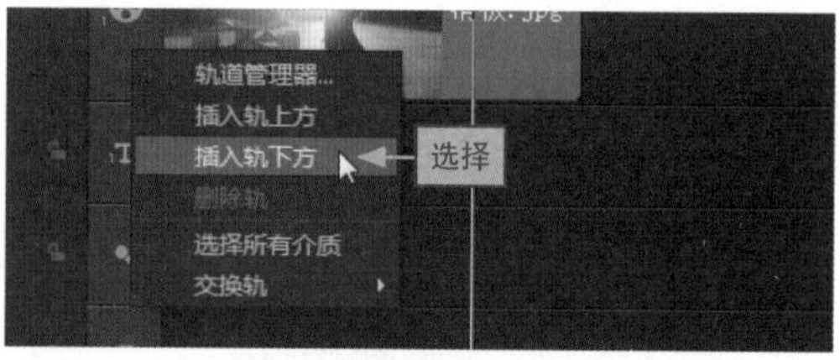

图8-39

步骤02 在“编辑”面板中单击“图形”按钮，如图8-40所示。在“色彩模式”下拉列表中选择“边框”选项，如图8-41所示。

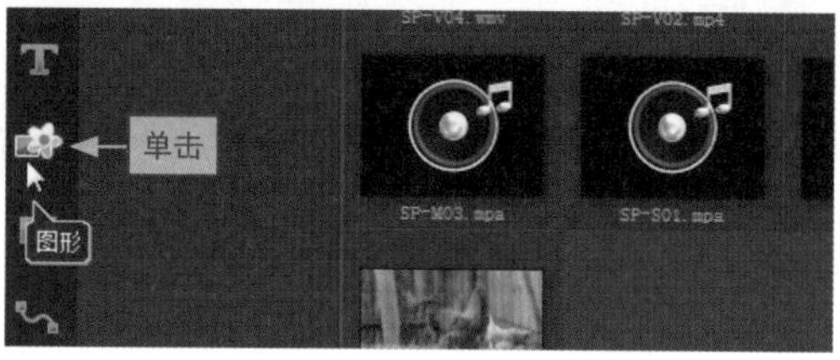

图8-40

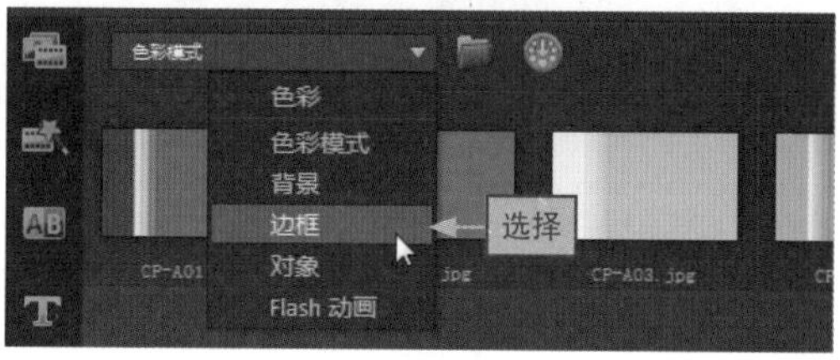

图8-41

步骤03 选择“FR-C04”边框，拖动其到覆叠轨2中，如图8-42所示。选择“滑板.jpg”素材，如图8-43所示。

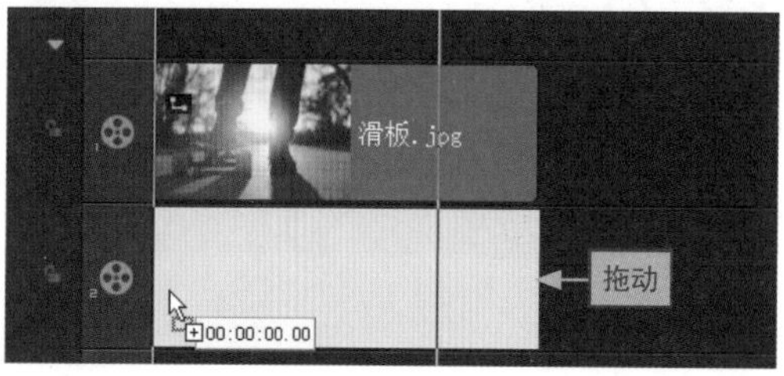

图8-42

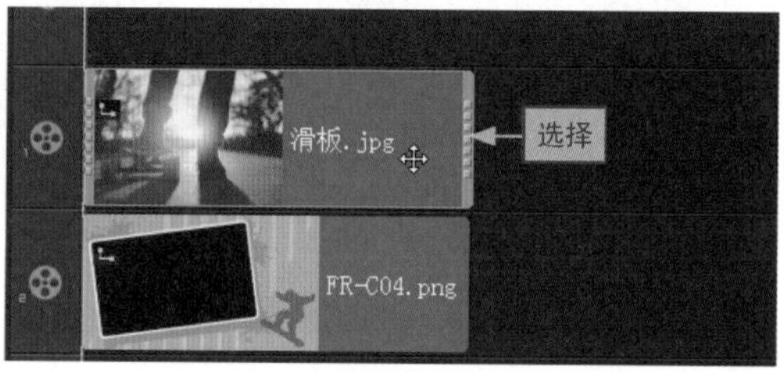

图8-43

步骤04 拖动绿色控制点改变素材大小和方向，让“滑板”素材与边框相契合，如图8-44所示。完成后查看预览效果，如图8-45所示。

图8-44

图8-45

知识延伸 | 下载边框素材实现装饰效果

会声会影内置的边框素材比较少，想让视频看起来更丰富，可以自行下载。在覆叠轨中插入png格式边框素材，如图8-46所示。根据需要调整背景素材的大小和方向，如图8-47所示。

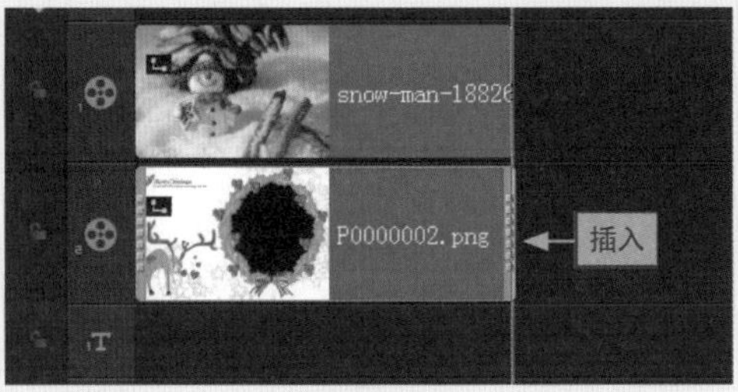

图8-46

图8-47

8.2.3 用滤镜给覆叠素材加边框

在会声会影中，也可以使用“画中画”滤镜给素材添加边框，下面以添加浅色边框为例讲解用滤镜给素材添加边框的操作步骤。

[知识演练] 制作浅色边框效果

本节素材	◎|素材|Chapter08|小鸟
本节效果	◎|效果|Chapter08|小鸟.VSP

步骤01 在会声会影视频轨中插入“植物.jpg”素材，在覆叠轨中插入“鸟.jpg”素材，如图8-48所示。打开滤镜库，选择“画中画”滤镜，拖动其到覆叠素材上方，如图8-49所示。

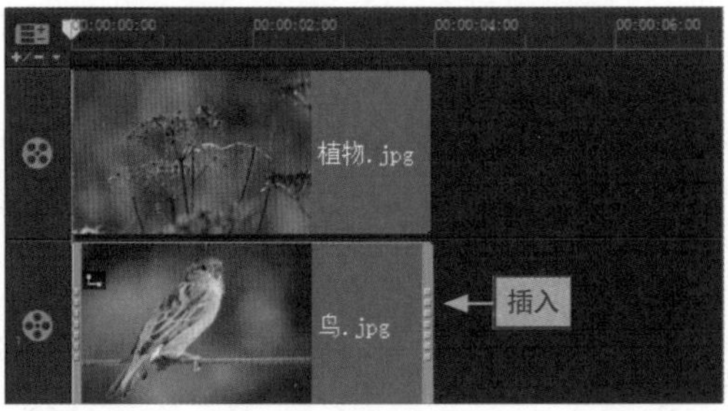

图8-48

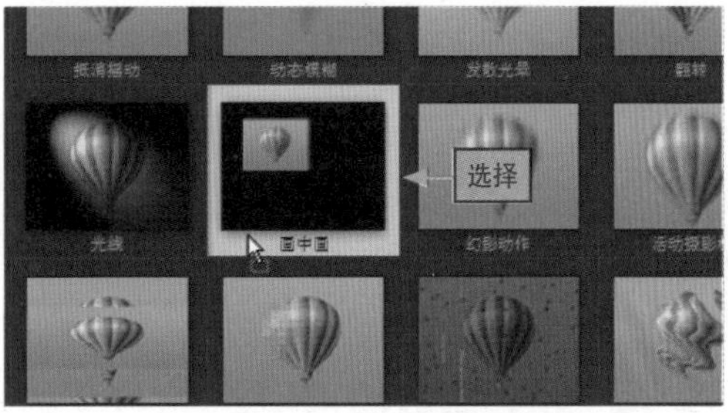

图8-49

步骤02 打开“选项”面板，单击“自定义滤镜”按钮，如图8-50所示。在打开的“NewBlue画中画”对话框中单击“光标放置在剪辑的开始”按钮，如图8-51所示。

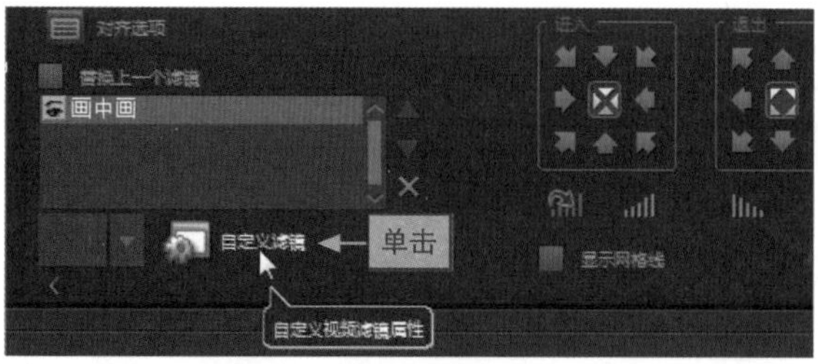

图8-50

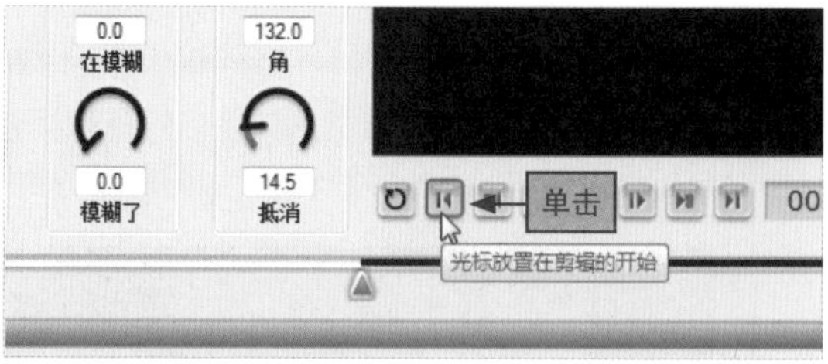

图8-51

步骤03 设置“画中画”滤镜参数，如图8-52所示。单击“光标放置在剪辑的结束”按钮，如图8-53所示。

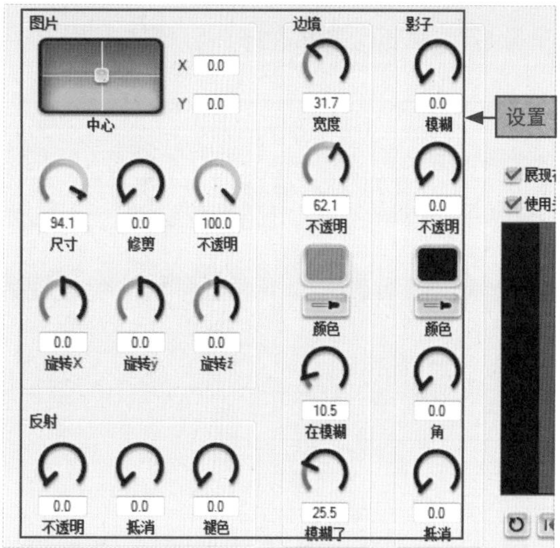

图8-52

图8-53

步骤04 按照开始帧的参数设置结束帧的滤镜参数，完成设置后单击“行”按钮，如图8-54所示。在返回的预览窗口查看效果，如图8-55所示。

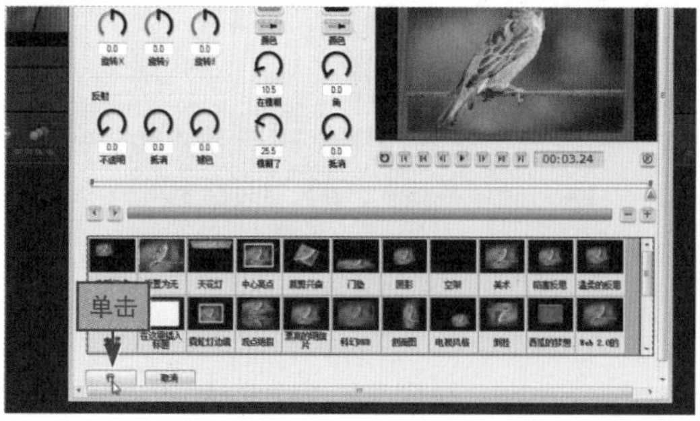

图8-54

图8-55

知识延伸 | 其他可以添加边框的滤镜

除了“画中画”滤镜可以为素材添加边框外，利用修剪滤镜和G滤镜也可以为素材添加边框。如图8-56所示为修剪滤镜的自定义页面，如图8-57所示为G滤镜的边框设置页面。

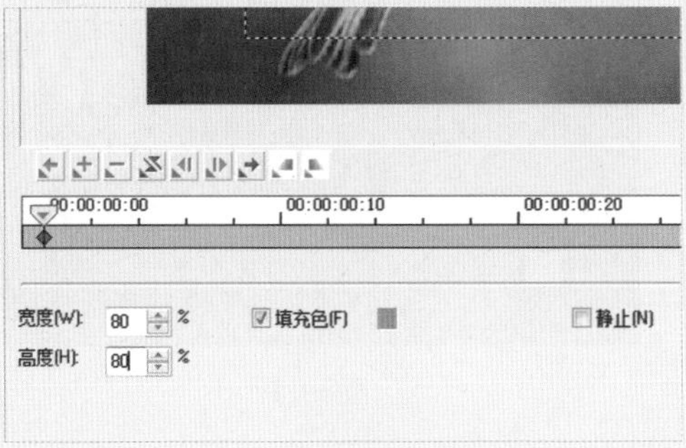

图8-56

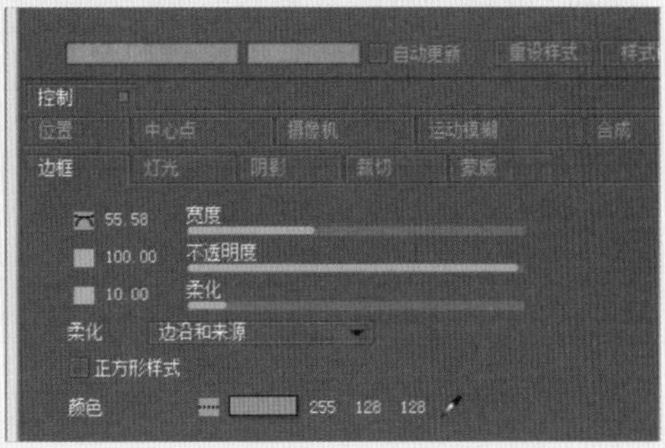

图8-57

8.2.4 自定义动作制作边框

前面已经介绍了利用自定义动作控制素材的运动路径，除了制作运动路径外，通过自定义动作还可以给素材添加边框，下面以为素材添加白色边框为例讲解相关的操作步骤。

[知识演练] 制作白色边框效果

本节素材	⊙|素材|Chapter08|鹿.jpg
本节效果	⊙|效果|Chapter08|鹿.VSP

步骤01 在会声会影视频轨中插入“森林.jpg”素材，在覆叠轨中插入“小鹿.jpg”素材，如图8-58所示。右击覆叠素材，在弹出的快捷菜单中选择“自定义动作”命令，如图8-59所示。

图8-58

图8-59

步骤02 在打开的“自定义动作”对话框中的“边界”栏中设置“边界”颜色为白色，边界“阻光度”为96，“边界尺寸”为4，“边界模糊淡出”为2，“边界模糊淡入”为2，如图8-60所示。单击“结束帧”按钮，如图8-61所示。

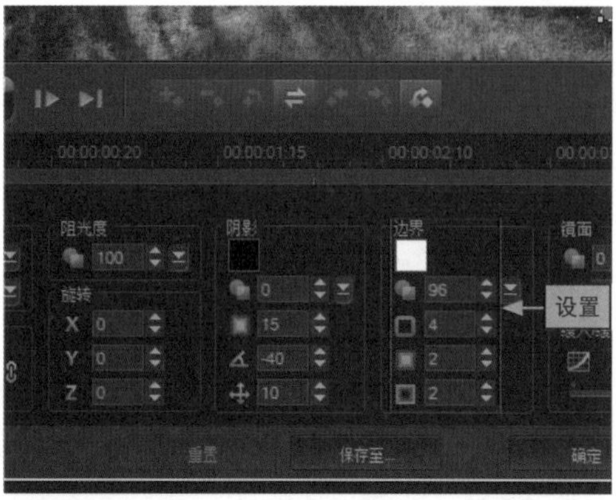

图8-60

图8-61

步骤03 为结束帧设置边界的颜色、阻光度、尺寸、模糊淡出和模糊淡入参数，这里设置与开始帧相同的参数，单击“确定”按钮，如图8-62所示。返回预览窗口可查看效果，如图8-63所示。

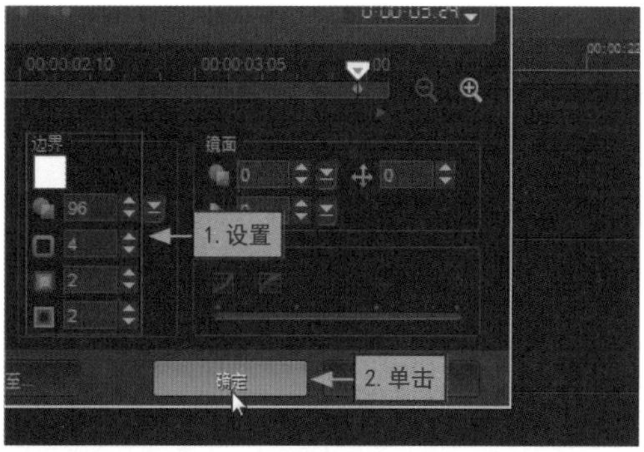

图8-62

图8-63

知识延伸 | 调整边界阻光度的方法

调整自定义动作边界阻光度可以通过输入数值或单击“向上/向下”按钮，打开进度条拖动滑块的方式来实现。要打开进度条，需单击边界阻光度下拉按钮并按住鼠标左键，打开进度条后，左右滑动即可进行调整，如图8-64所示。

图8-64

LESSON 8.3

利用覆叠制作画中画特效

知识级别

□初级入门 | ■中级提高 | □高级拓展

知识难度 ★★

学习时长 90 分钟

学习目标

① 画中画效果制作方式。

② 画中画效果的综合运用。

※主要内容※

内 容	难 度	内 容	难 度
若隐若现的画面叠加	★★	遮罩局部遮盖叠加	★★
背景隐藏式的叠加	★★	绘图创建镂空效果	★★
淡入淡出的动画效果	★★	逐渐添加的汇聚效果	★★

效果预览 > > >

8.3.1 若隐若现的画面叠加

在视频中常常可以看到若隐若现的半透明画中画叠加效果，下面以调整覆叠素材的透明度为例讲解实现半透明覆叠效果的操作步骤。

[知识演练] 设置覆叠素材的透明度

本节素材	⊙/素材/Chapter08/猫咪
本节效果	⊙/效果/Chapter08/猫咪.VSP

步骤01 在会声会影视频轨中插入“桃心.jpg”素材，如图8-65所示。在覆叠轨中插入“小猫.jpg”素材，如图8-66所示。

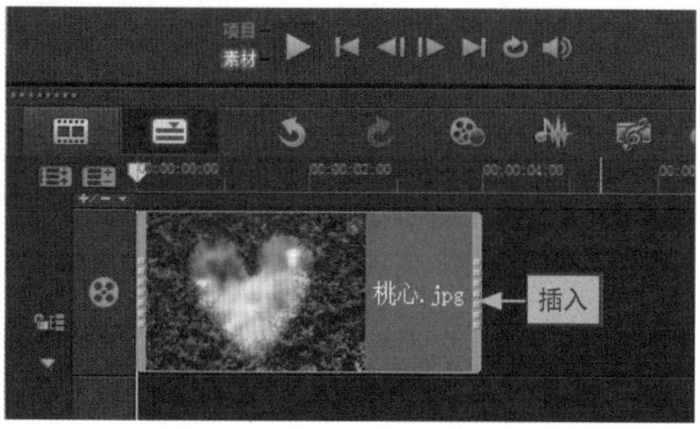

图8-65

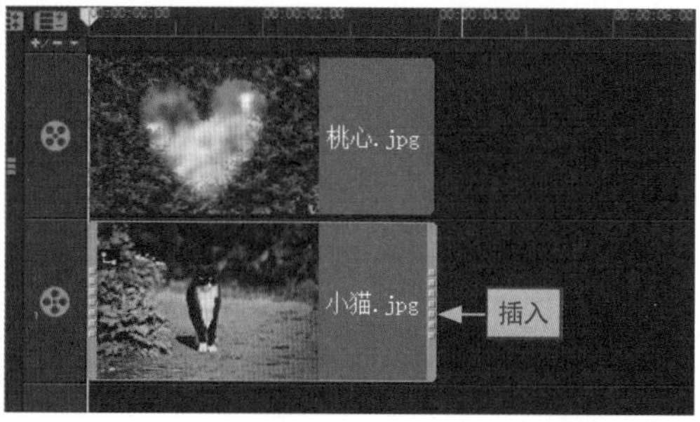

图8-66

步骤02 移动并调整覆叠素材大小，使“小猫”位于背景桃心中，如图8-67所示。单击“选项”按钮，如图8-68所示。

图8-67

图8-68

步骤03 打开“选项”面板，单击“遮罩和色度键”按钮，如图8-69所示。勾选“应用覆叠选项”复选框，如图8-70所示。

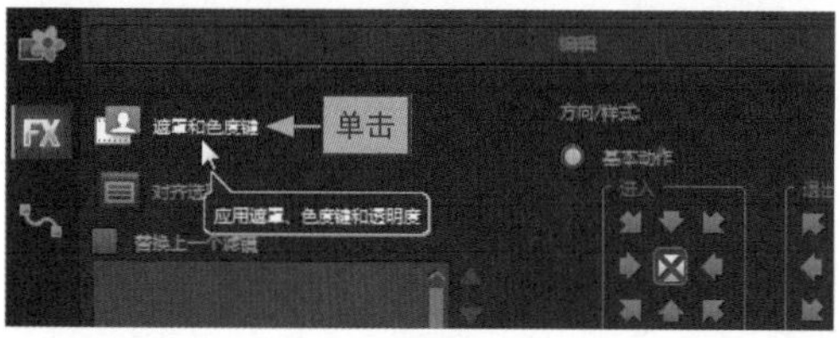

图8-69

图8-70

步骤04 在“类型”下拉列表中选择“灰度键”选项，如图8-71所示。单击“向上”按钮，设置“不透明度”为28，如图8-72所示。

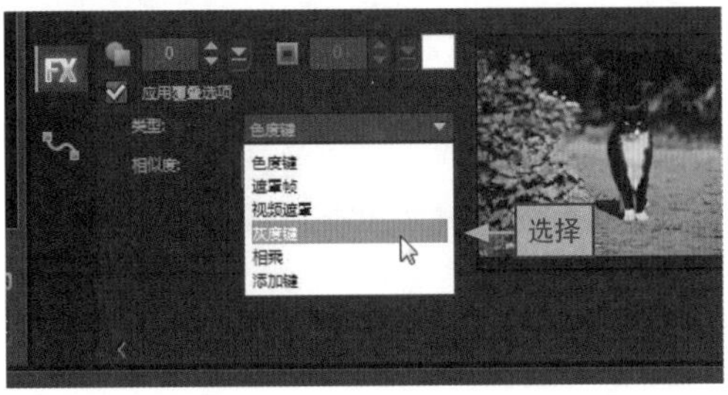

图8-71

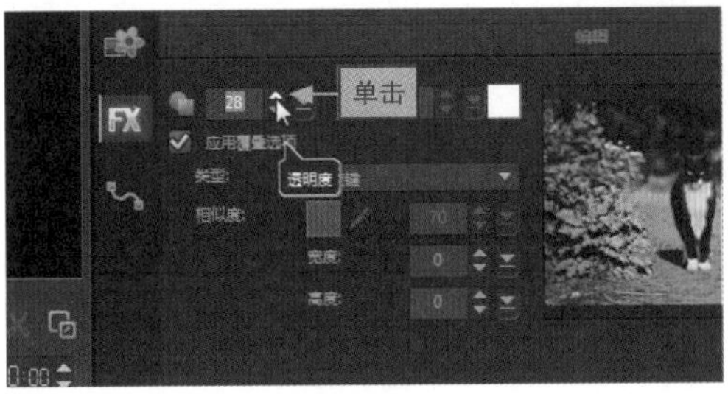

图8-72

步骤05 拖动覆叠素材黄色控制点，调整覆叠素材大小，使其适应屏幕大小，如图8-73所示。在预览窗口查看效果，如图8-74所示。

图8-73

图8-74

8.3.2 遮罩局部遮盖叠加

遮罩是比较常用的工具，它可以将画面的一部分遮住，将另一部分显示出来。在会声会影遮罩库中，可以看到不同形状的遮罩，下面以应用双桃心形状遮罩为例讲解相关的操作步骤。

[知识演练] 应用双桃心形状遮罩

本节素材	⊙|素材|Chapter08|爱心
本节效果	⊙|效果|Chapter08|爱心.VSP

步骤01 在“爱心”文件夹中打开“爱心”项目文件，如图8-75所示。选择覆叠轨素材，如图8-76所示。

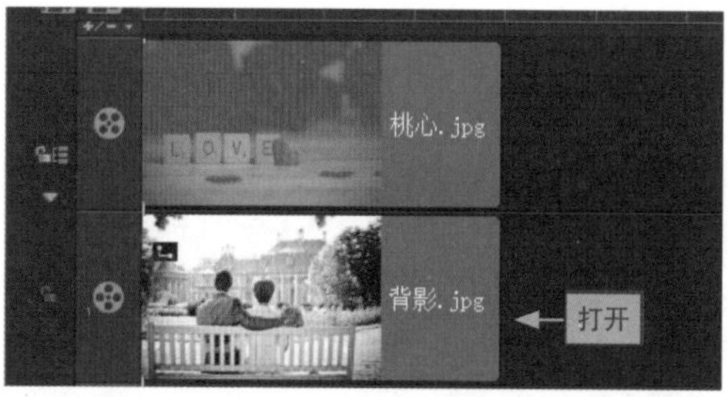

图8-75

图8-76

步骤02 打开“选项”面板，单击“遮罩和色度键”按钮，如图8-77所示。勾选“应用覆叠选项”复选框，在“色度键”下拉列表中选择“遮罩帧”选项，如图8-78所示。

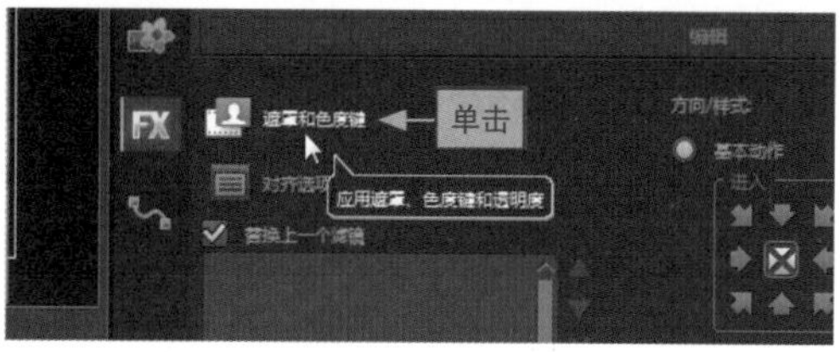

图8-77

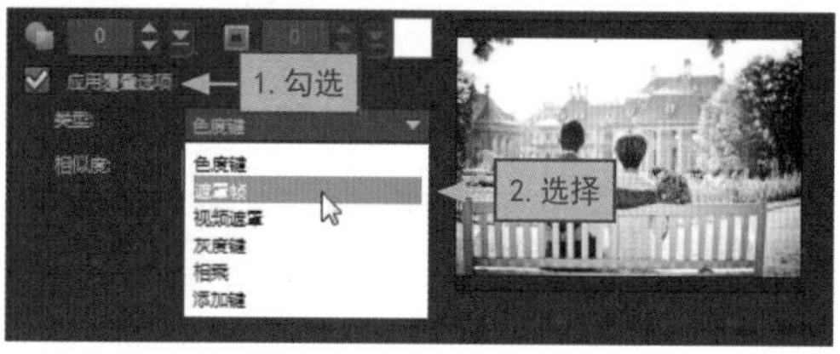

图8-78

步骤03 在打开的列表中选择双桃心形状遮罩，如图8-79所示。在预览窗口调整覆叠素材的位置和大小，如图8-80所示。

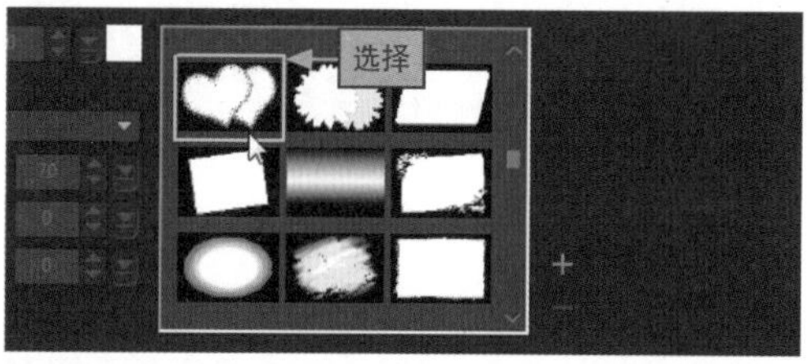

图8-79

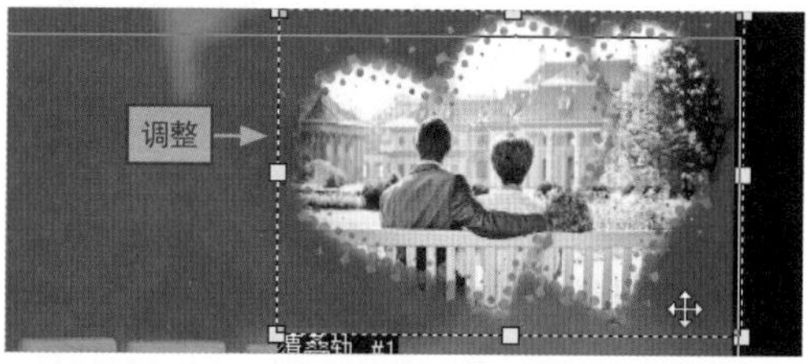

图8-80

步骤04 单击“项目”按钮，如图8-81所示。在预览窗口查看效果，如图8-82所示。

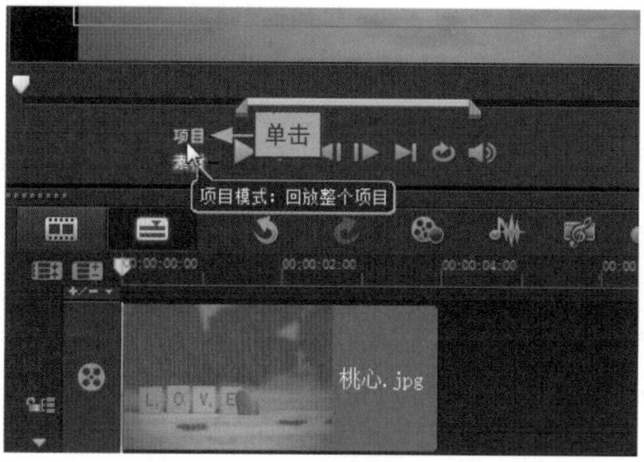

图8-81

图8-82

知识延伸 | 添加遮罩素材到遮罩库

在使用遮罩工具时，如果遮罩库中的素材不合适，可以在网上下载素材，然后将其导入遮罩库中。单击遮罩库右侧的“添加遮罩项”按钮，如图8-83所示。在打开的“浏览照片”对话框中选择遮罩素材，单击“打开”按钮，如图8-84所示。

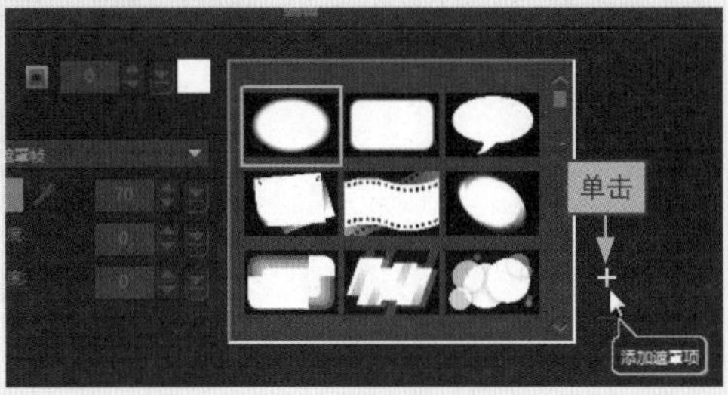

图8-83

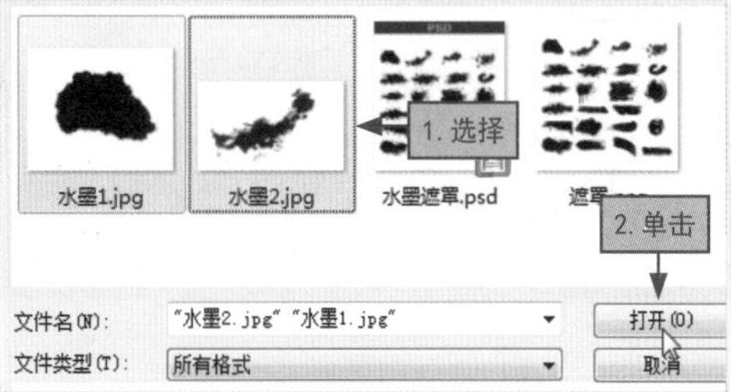

图8-84

8.3.3 背景隐藏式的叠加

对于背景比较简单的素材而言，可以利用色度键工具来实现部分背景的隐藏，从而制作出协调的画中画叠加特效。下面以隐藏蓝色的天空为例讲解色度键的操作步骤。

[知识演练] 色度键去除部分色彩

本节素材	⊙|素材|Chapter08|灯塔
本节效果	⊙|效果|Chapter08|灯塔.VSP

步骤01 在“灯塔”文件夹中打开“灯塔.jpg”项目文件，选择覆叠轨素材，如图8-85所示。打开“选项”面板，单击“遮罩和色度键”按钮，如图8-86所示。

图8-85

图8-86

步骤02 勾选“应用覆叠选项”复选框，单击“相似度”选项后的吸管工具，单击淡蓝色的天空，吸取颜色，如图8-87所示。在预览窗口右击覆叠素材，在弹出的快捷菜单中选择“调整到屏幕大小”命令，如图8-88所示。

图8-87

图8-88

步骤03 再次右击覆叠素材，在弹出的快捷菜单中选择“保持宽高比”命令，如图8-89所示。在预览窗口查看效果，如图8-90所示。

图8-89

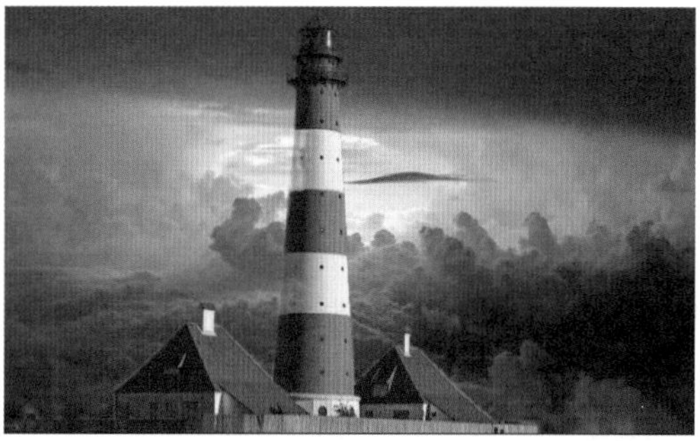

图8-90

8.3.4 绘图创建镂空效果

会声会影中的遮罩也可以通过绘图来进行自定义创建，创建时，需要使用黑白两色，下面以绘图创建器制作遮罩为例讲解通过手绘实现画中画叠加效果的操作步骤。

[知识演练] 手绘创建静态遮罩

本节素材	⊙/素材/Chapter08/书本
本节效果	⊙/效果/Chapter08/书本.VSP

步骤01 在“书本”文件夹中打开“书本.jpg”项目文件，如图8-91所示。在“工具”下拉菜单中选择“绘图创建器”命令，如图8-92所示。

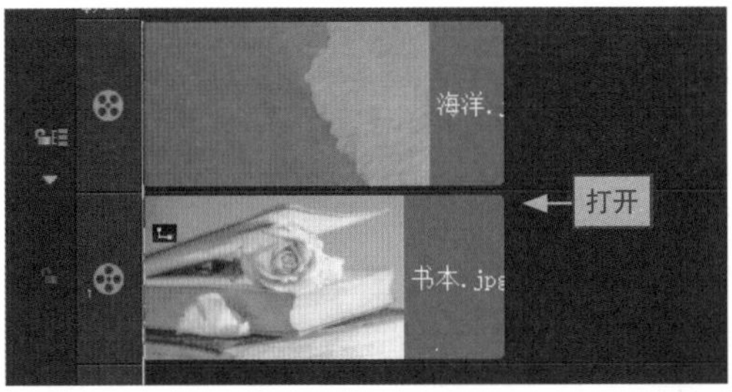

图8-91

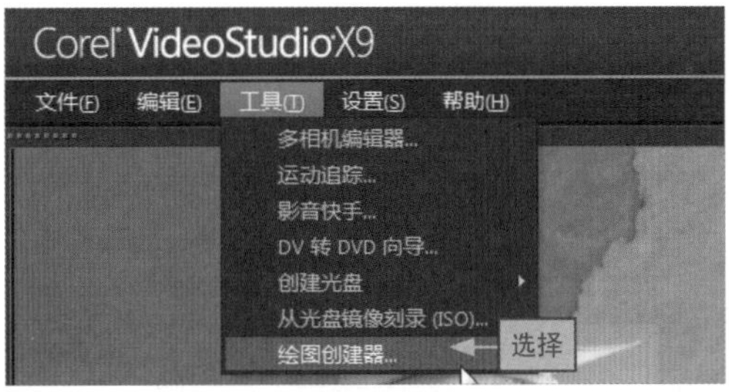

图8-92

步骤02 打开“绘图创建器”对话框，单击“开始录制”按钮，如图8-93所示。单击“色彩选择器”按钮，在打开的色板中选择白色，如图8-94所示。

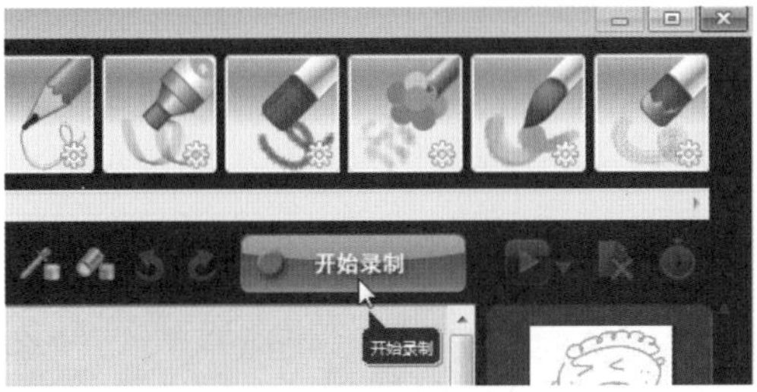

图8-93

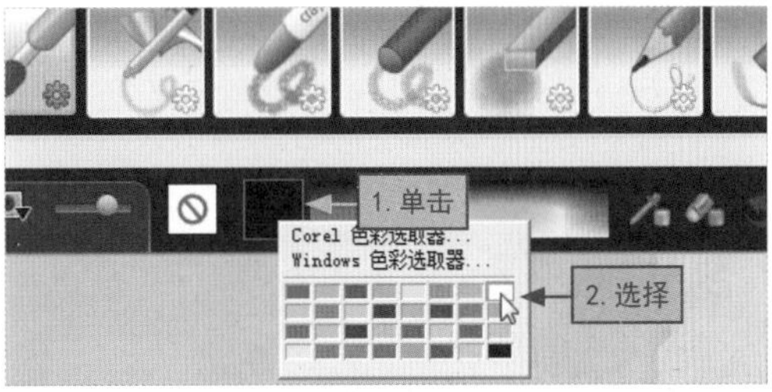

图8-94

步骤03 拖动圆形滑块调大笔刷的宽度和高度，如图8-95所示。涂抹画布，将其全部涂抹为白色，如图8-96所示。

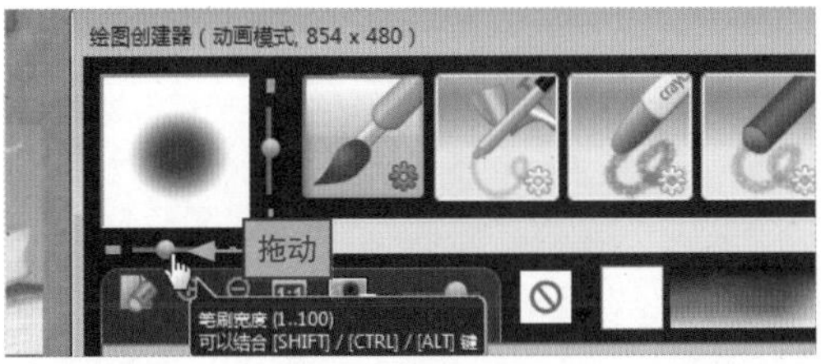

图8-95

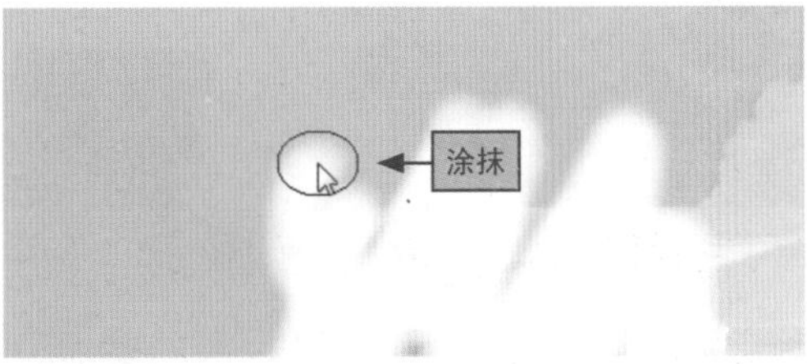

图8-96

步骤04 单击“色彩选择器”按钮，在打开的色板中选择黑色，如图8-97所示。选择笔刷样式，这里选择“蜡笔”样式，如图8-98所示。

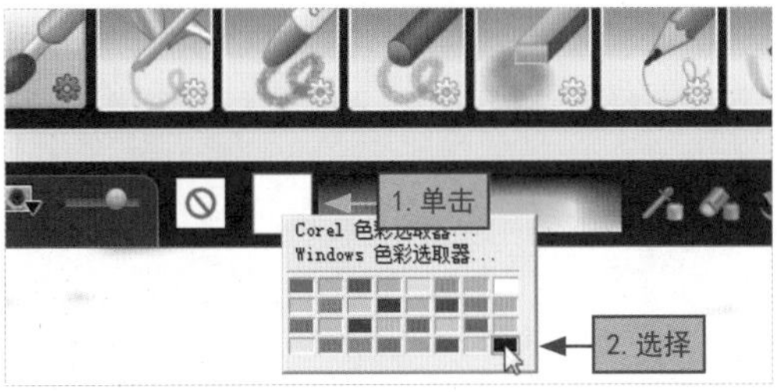

图8-97

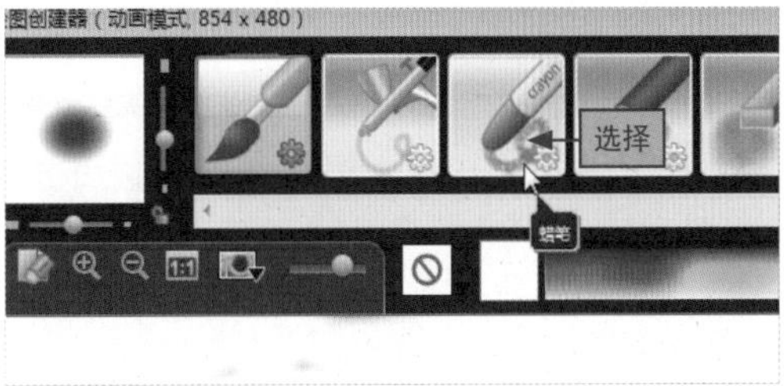

图8-98

步骤05 单击笔刷右下角“设置”按钮，设置笔刷参数，单击“确定”按钮，如图8-99所示。涂抹画布，将要遮住覆盖素材的、显示背景的部分涂为黑色，这里涂抹边缘，保留中间部分为白色，如图8-100所示。

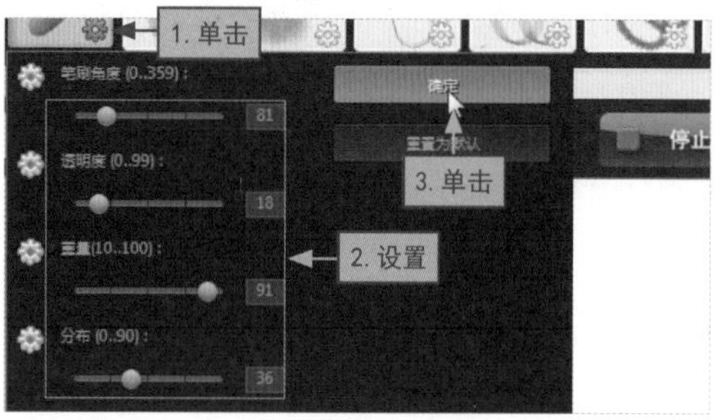

图8-99

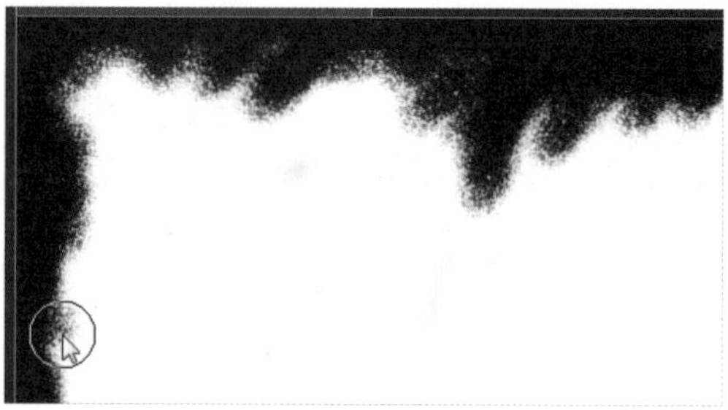

图8-100

步骤06 涂抹完成后单击“停止录制”按钮，如图8-101所示。单击“确定”按钮，如图8-102所示。

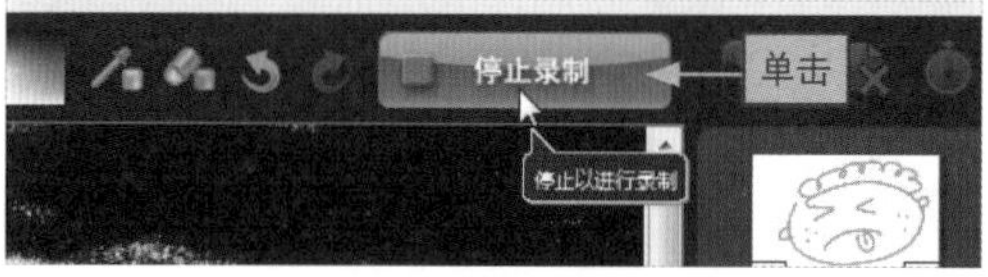

图8-101

图8-102

步骤07 在媒体库中可以看到已录制好的文件，拖动滑轨到结束帧位置，如图8-103所示。单击“录制/捕获选项”按钮，如图8-104所示。

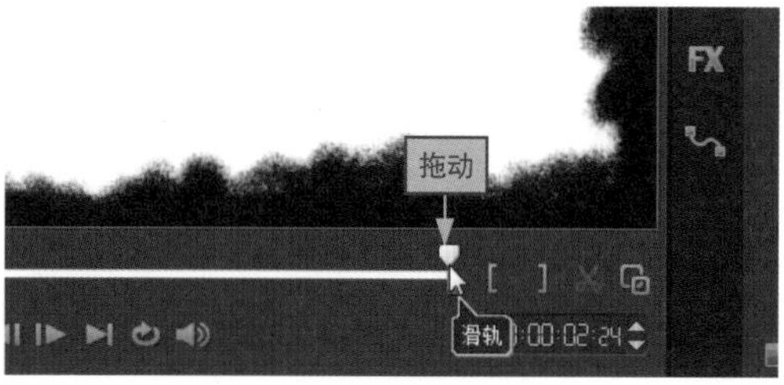

图8-103

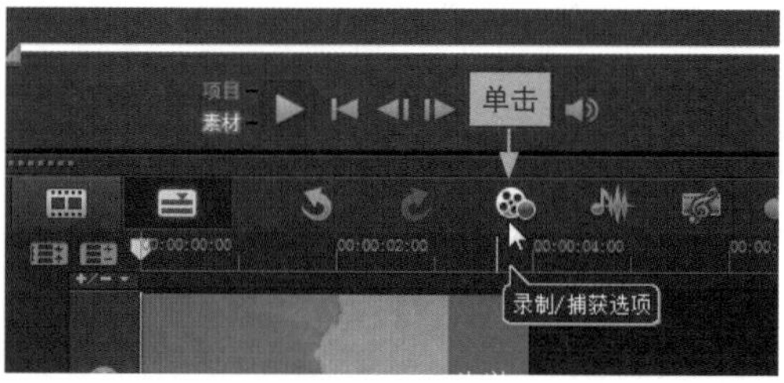

图8-104

步骤08 在打开的“录制/捕获选项”对话框中单击“快照”按钮，如图8-105所示。选择覆叠轨素材，如图8-106所示。

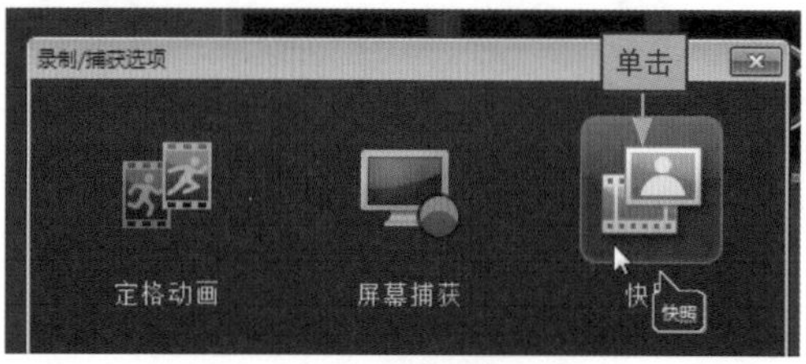

图8-105

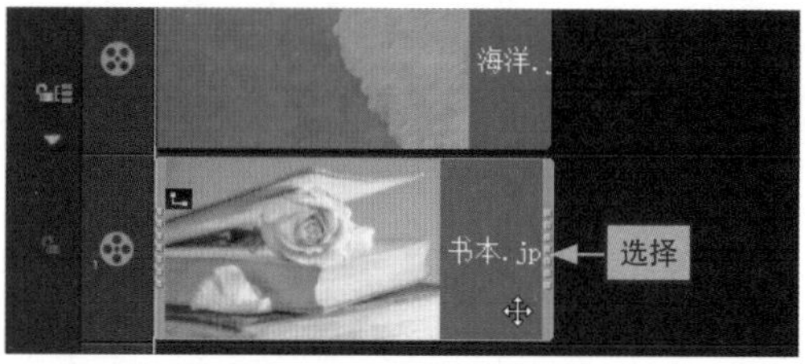

图8-106

步骤09 打开“选项”面板，进入“遮罩和色度键”面板，勾选“应用覆叠选项”复选框，打开遮罩库，单击“添加遮罩项”按钮，如图8-107所示。在本地电脑中选择保存的快照，单击“打开”按钮，如图8-108所示。

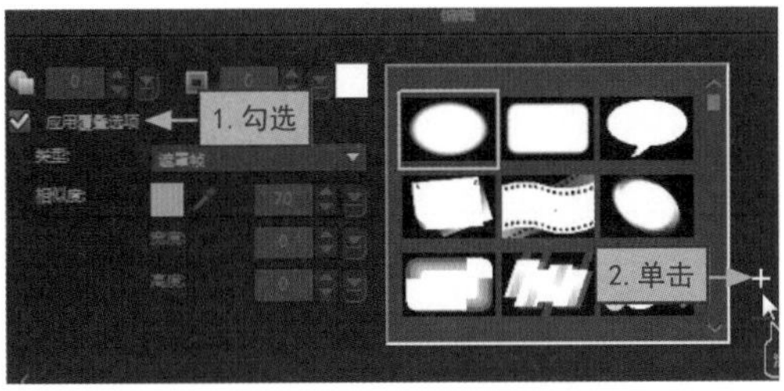

图8-107

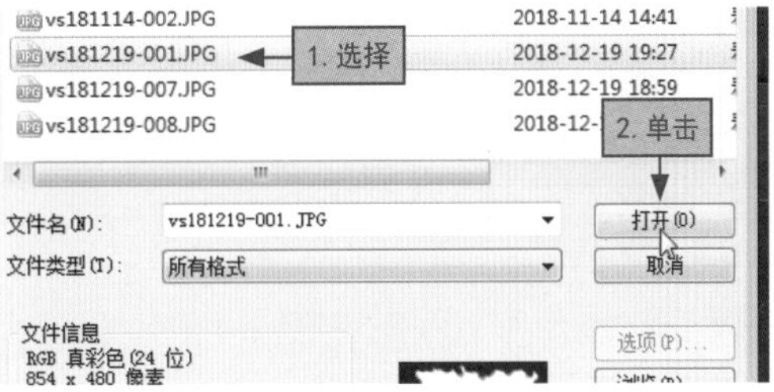

图8-108

步骤10 在打开的提示对话框中单击“确定”按钮，如图8-109所示。在预览窗口右击覆叠素材，在弹出的快捷菜单中选择“调整到屏幕大小”命令，如图8-110所示。

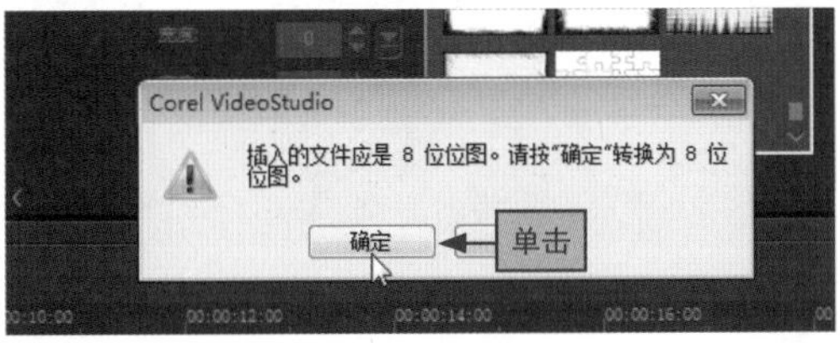

图8-109

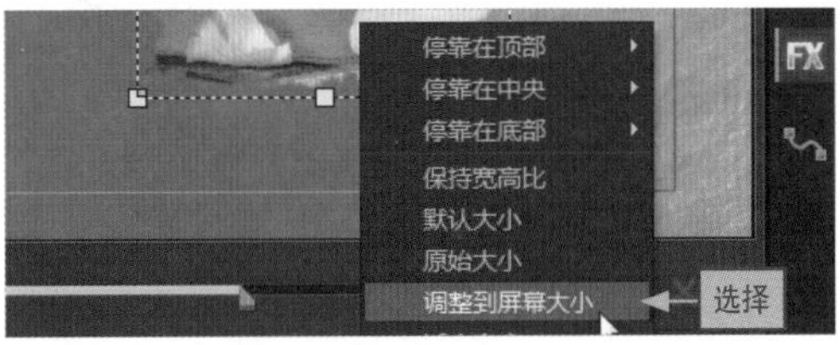

图8-110

步骤11 在预览窗口右击覆叠素材，在弹出的快捷菜单中选择“保持宽高比”命令，如图8-111所示。在预览窗口查看效果，如图8-112所示。

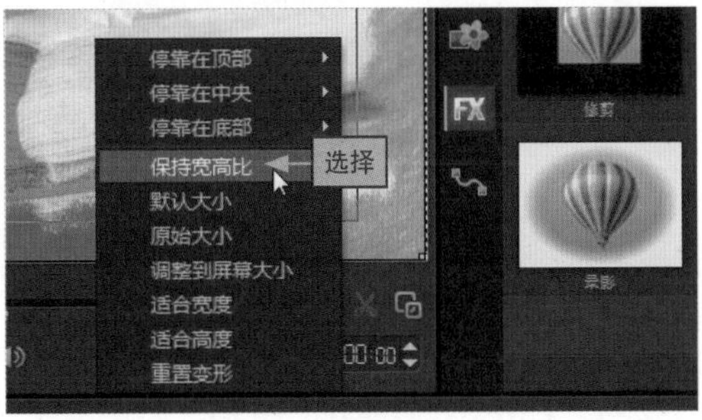

图8-111

图8-112

知识延伸 | 直接以静态图片输出绘制的图形

在使用绘图创建器制作静态遮罩图片时，可以在“更改为”下拉列表中将“动画模式”更改为“静态模式”，此时在画布中进行绘制的图形会直接以照片的形式进行保存，在为素材添加遮罩时，无须再进行捕获快照的操作，只需将其导入遮罩库即可，但如果使用的是动态遮罩，则要以动画模式绘制图形。

8.3.5 淡入淡出的动画效果

淡入淡出的动画效果能让视频更生动，下面以设置左上到右下的淡入淡出效果为例讲解相关的操作步骤。

[知识演练] 左上到右下的淡入淡出效果

本节素材	⊙/素材/Chapter08/散步
本节效果	⊙/效果/Chapter08/散步.VSP

步骤01 在“散步”文件夹中打开“散步.jpg”项目文件，选择覆叠轨素材，如图8-113所示。打开“选项”面板，单击“遮罩和色度键”按钮，如图8-114所示。

图8-113

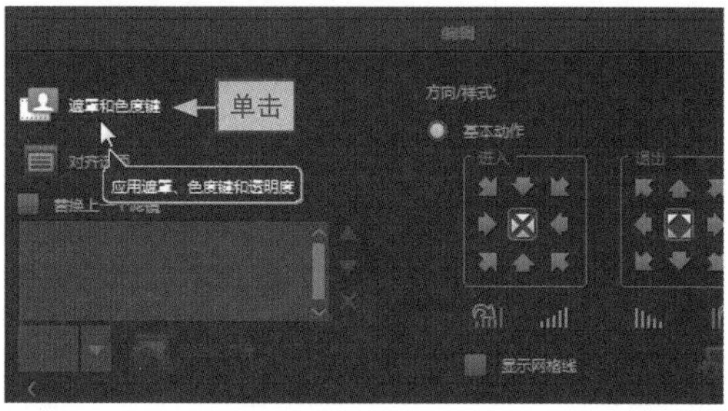

图8-114

步骤02 勾选“应用覆叠选项”复选框，打开遮罩库，选择一个遮罩效果，如图8-115所示。单击“关闭”按钮，如图8-116所示。

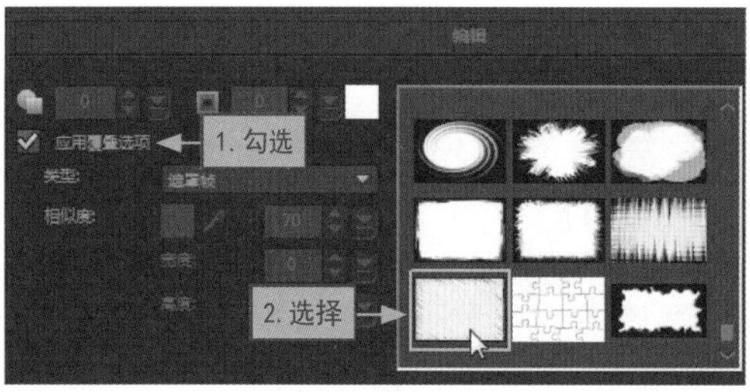

图8-115

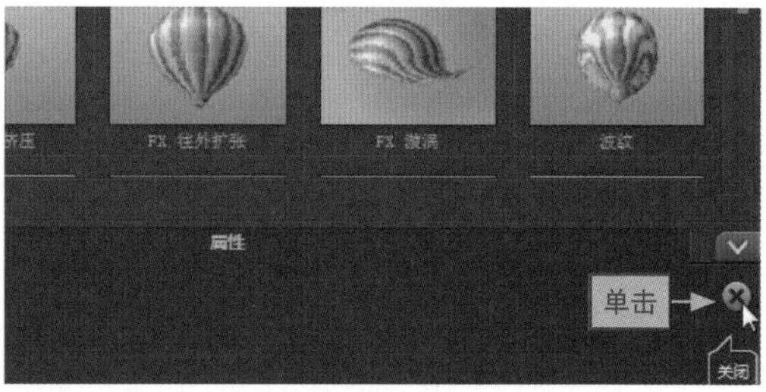

图8-116

步骤03 在“基本动作”栏中单击“从左上方进入”按钮，如图8-117所示。单击“从右下方退出”按钮，如图8-118所示。

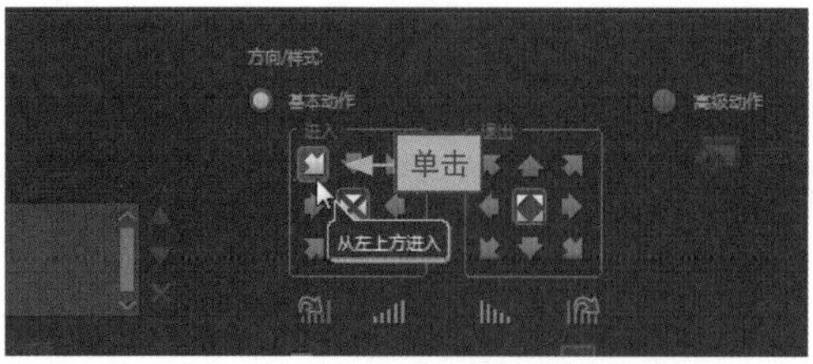

图8-117

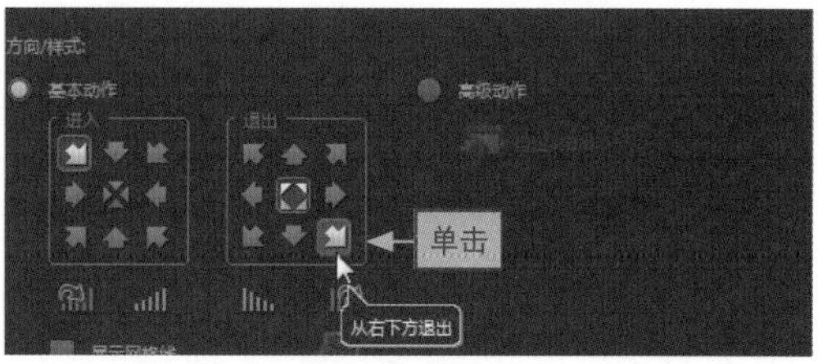

图8-118

步骤04 分别单击进入动作中的“暂停区间前旋转”和“淡入动画效果”按钮，如图8-119所示。单击退出动作中的“暂停区间后旋转”和“淡出动画效果”按钮，如图8-120所示。

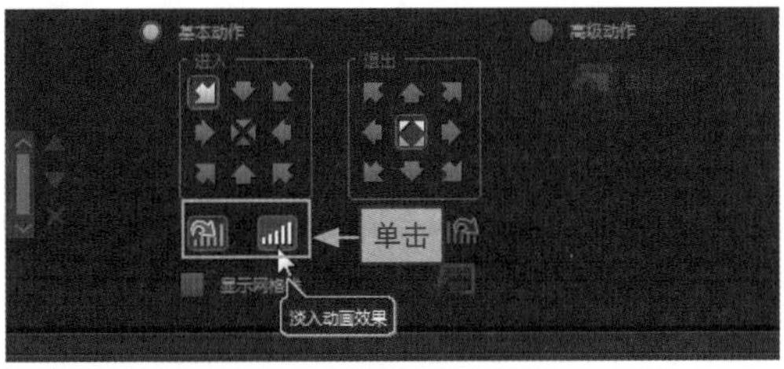

图8-119

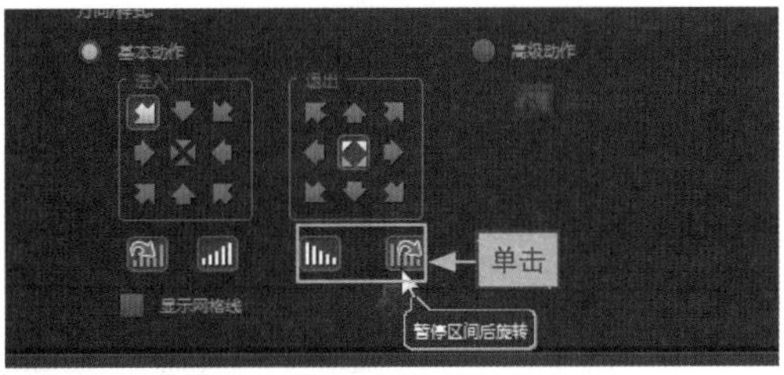

图8-120

步骤05 打开滤镜库，选择“画中画”滤镜，为覆叠素材应用该滤镜，如图8-121所示。打开“选项”面板，单击“自定义滤镜”按钮，如图8-122所示。

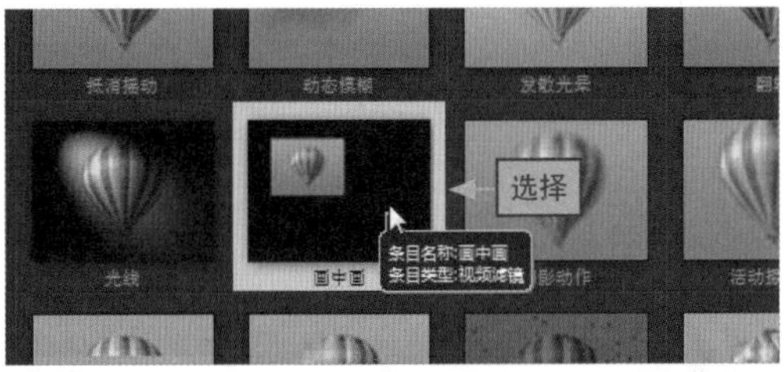

图8-121

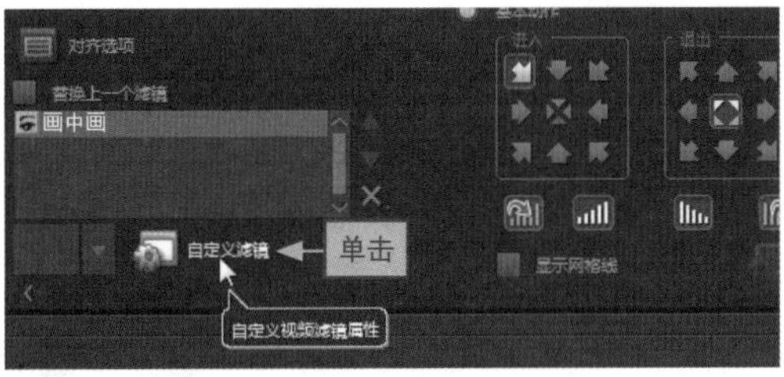

图8-122

步骤06 将光标定位在开始帧位置，设置“画中画”滤镜参数，单击“设置边框的颜色”按钮，如图8-123所示。在打开的“颜色”对话框中选择灰色，单击“确定”按钮，如图8-124所示。

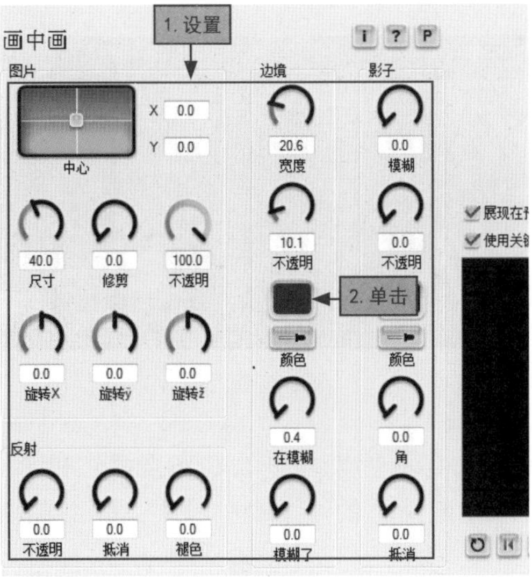

图8-123

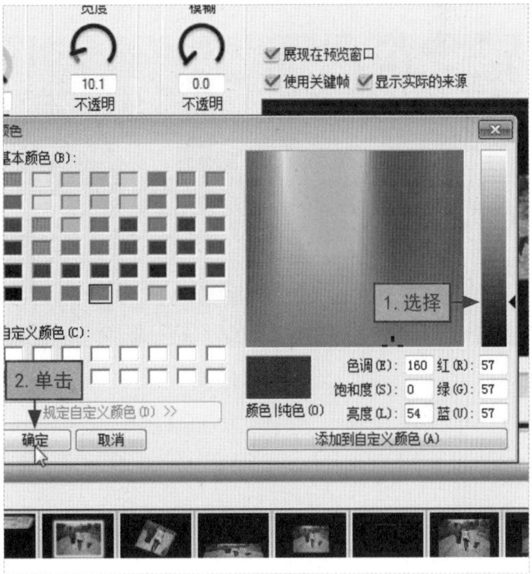

图8-124

步骤07 将光标定位在结束帧位置，按照开始帧的参数设置结束帧的滤镜参数，如图8-125所示。将光标定位在滑轨的中间位置，如图8-126所示。

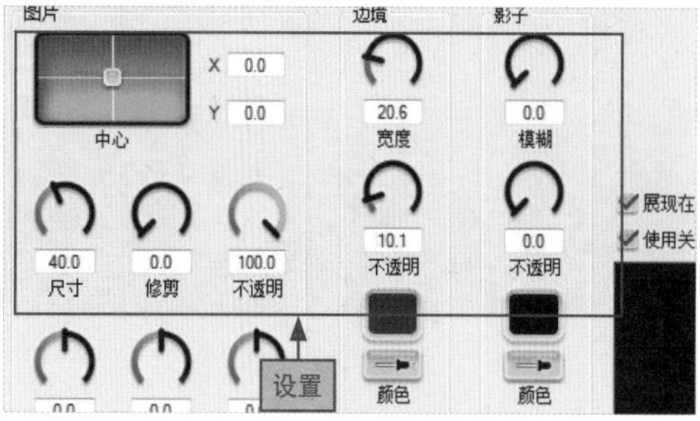

图8-125

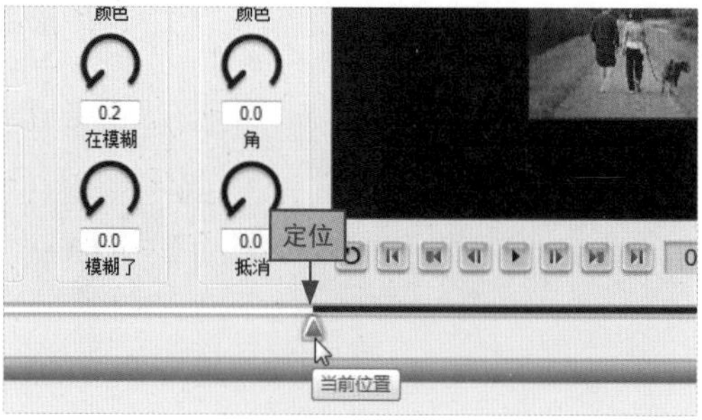

图8-126

步骤08 设置尺寸为100，其他参数保持不变，如图8-127所示。设置完成后单击下方的“行”按钮，如图8-128所示。

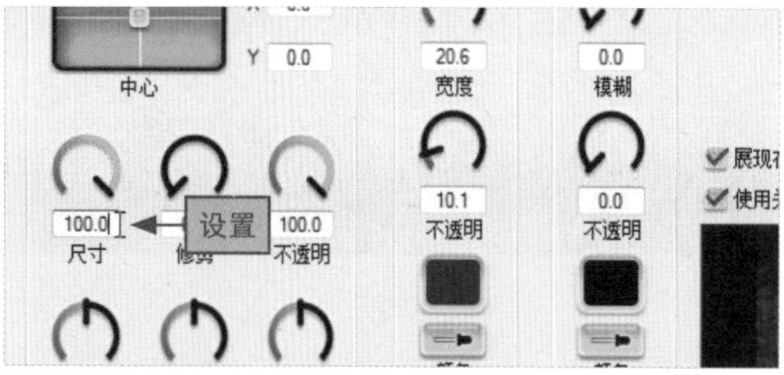

图8-127

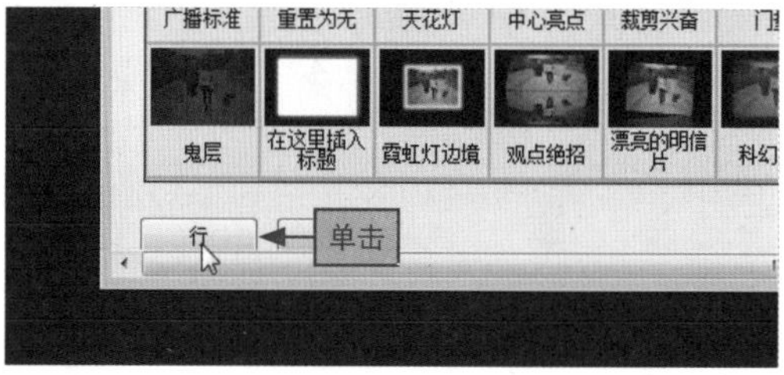

图8-128

步骤09 拖动视频轨素材右侧边框，将照片区间设置为10，如图8-129所示。拖动覆叠轨素材右侧边框，将照片区间设置为10，如图8-130所示。

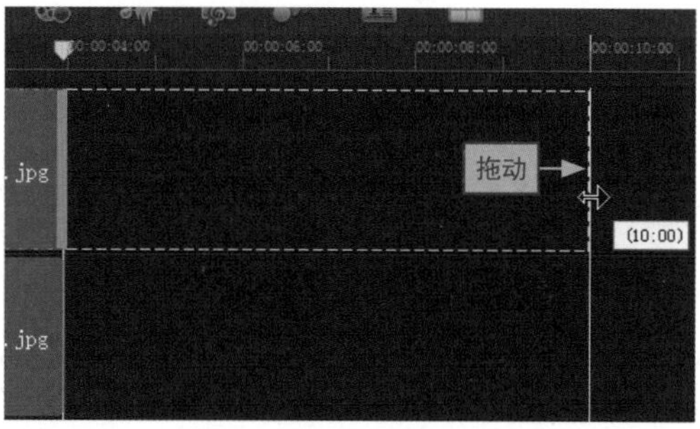

图8-129

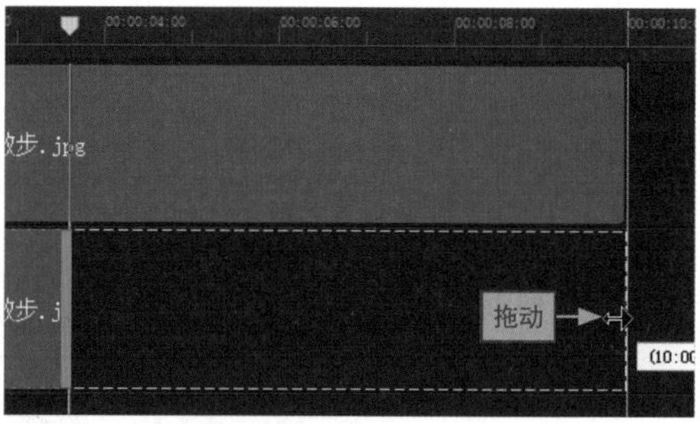

图8-130

完成以上步骤后，可以在预览窗口查看视频的播放效果，可以看到素材在进入画面时呈现逐渐放大的淡入动画效果，退出时呈现逐渐缩小的淡出动画效果，如图8-131所示。

图8-131

8.3.6 逐渐添加的汇聚效果

在会声会影中可以添加多条覆叠轨，下面以制作逐渐添加的汇聚效果为例讲解多条覆叠轨在视频制作过程中的操作步骤。

本节素材	◎\素材\Chapter08\汇聚
本节效果	◎\效果\Chapter08\汇聚.VSP

[知识演练] 制作照片拼贴汇聚效果

步骤01 在会声会影视频轨中插入“羊皮纸”素材，如图8-132所示。右击覆叠轨，在弹出的快捷菜单中选择“轨道管理器”命令，如图8-133所示。

图8-132

图8-133

步骤02 在打开的“轨道管理器”对话框中设置覆叠轨为11，单击“确定”按钮，如图8-134所示。选择视频轨素材，打开选项面板，设置照片区间为0:00:14:01，如图8-135所示。

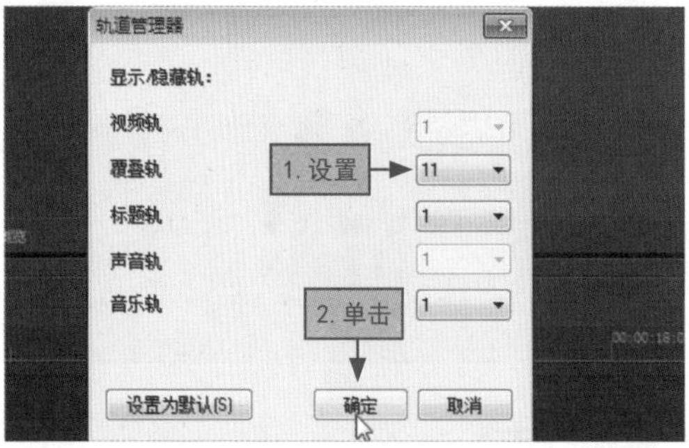

图8-134

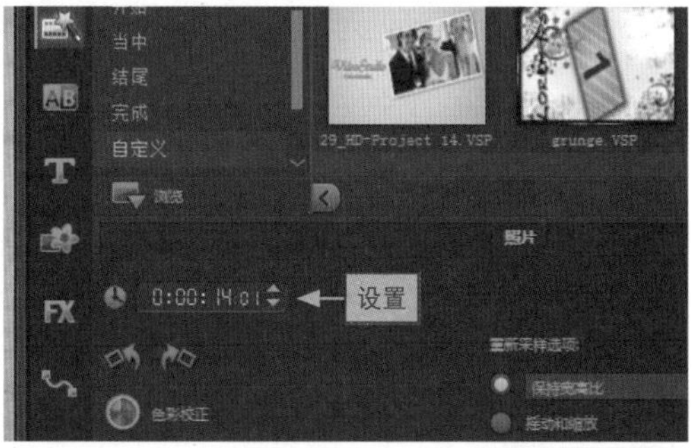

图8-135

步骤03 在覆叠轨1中插入“1.jpg”素材，如图8-136所示。打开“选项”面板，设置照片区间为0:00:14:01，如图8-137所示。

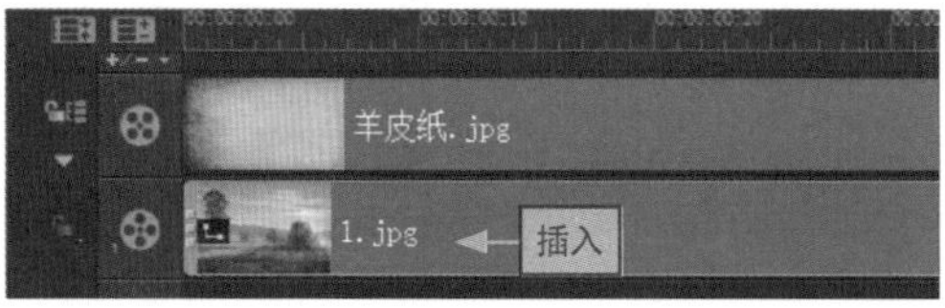

图8-136

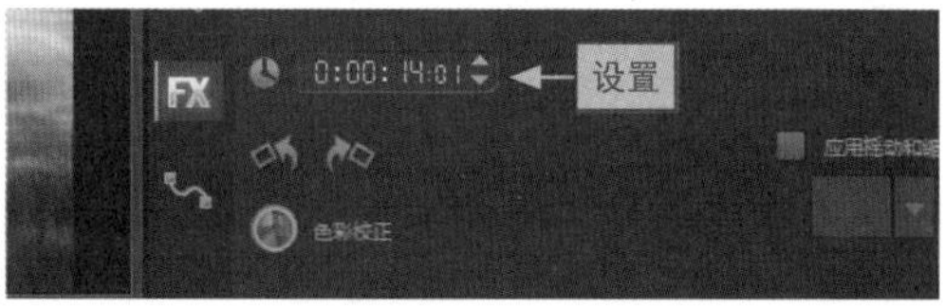

图8-137

步骤04 右击“1.jpg”素材，在弹出的快捷菜单中选择“自定义动作”命令，如图8-138所示。打开“自定义动作”对话框，将光标定位在开始帧位置，设置“位置”为-2，85，“大小”为60,60，如图8-139所示。

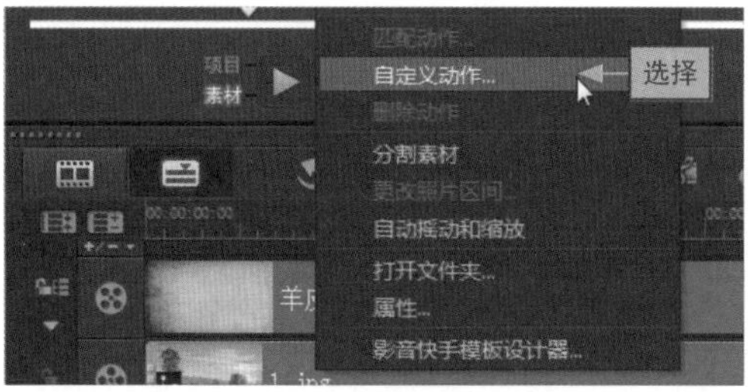

图8-138

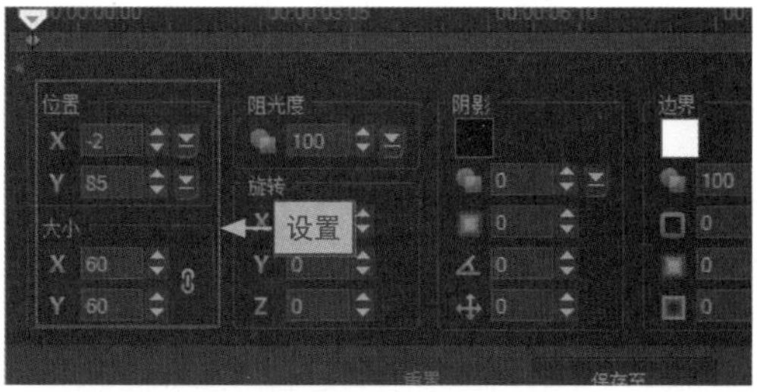

图8-139

步骤05 将光标定位在结束帧位置，设置“位置”为-2，2，设置“大小”为8，8，如图8-140所示。单击“确定”按钮，如图8-141所示。

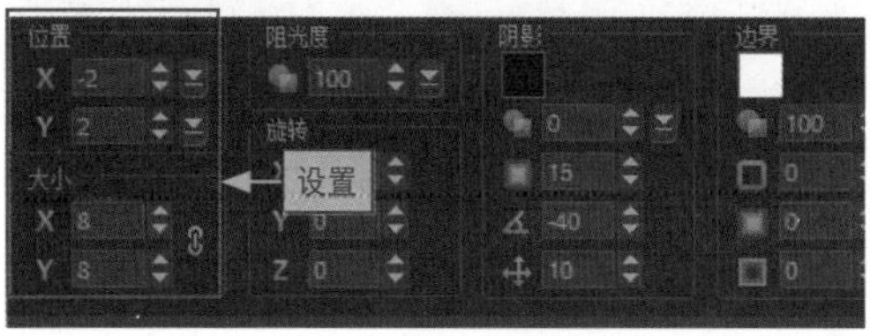

图8-140

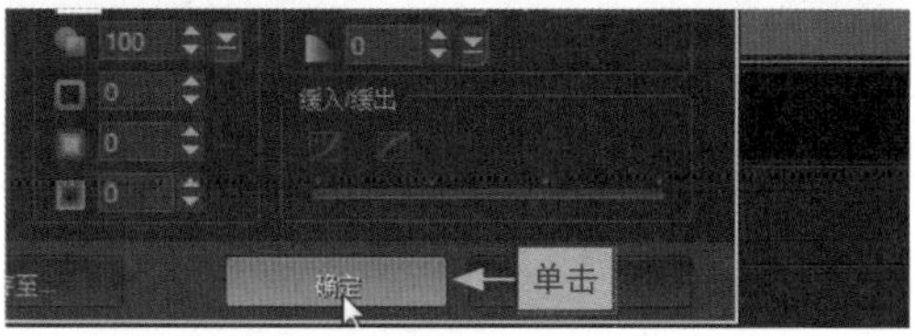

图8-141

步骤06 在覆叠轨2中插入“2.jpg”素材，如图8-142所示。打开“选项”面板，设置照片区间为0:00:12:01，如图8-143所示。

图8-142

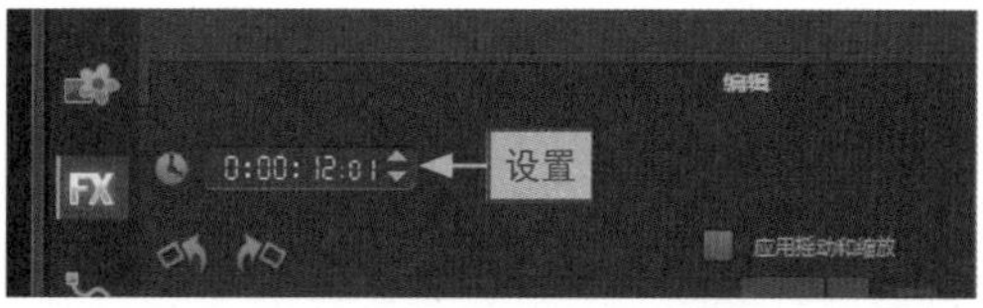

图8-143

步骤07 右击覆叠轨2的素材，选择“自定义动作”命令，打开“自定义动作”对话框，将光标定位在开始帧位置，设置“位置”为89，-105，“大小”为100,100，如图8-144所示。将光标定位在结束帧位置，设置“位置”为16，-22，“大小”为10,10，完成设置后单击“确定”按钮，如图8-145所示。

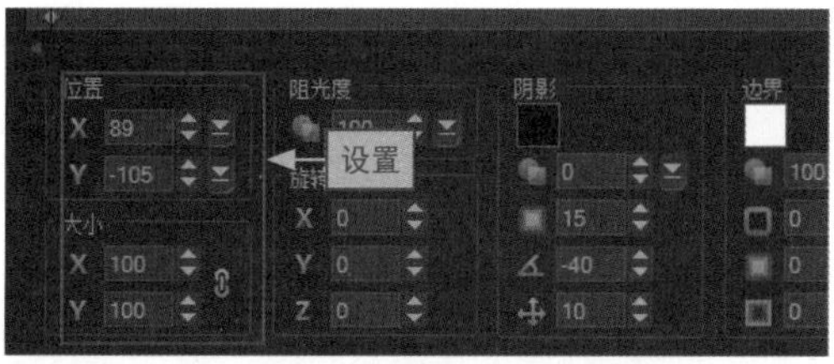

图8-144

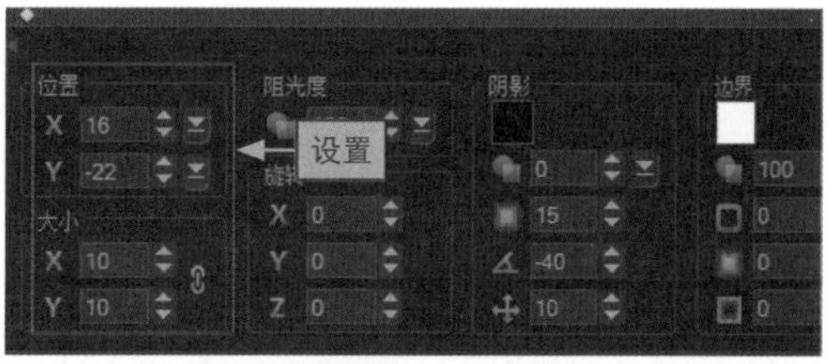

图8-145

步骤08 拖动覆叠轨2的素材，使其尾部与上方轨道对齐，如图8-146所示。在覆叠轨3中插入“3.jpg”素材，使之与素材“2.jpg”开始帧对齐，如图8-147所示。

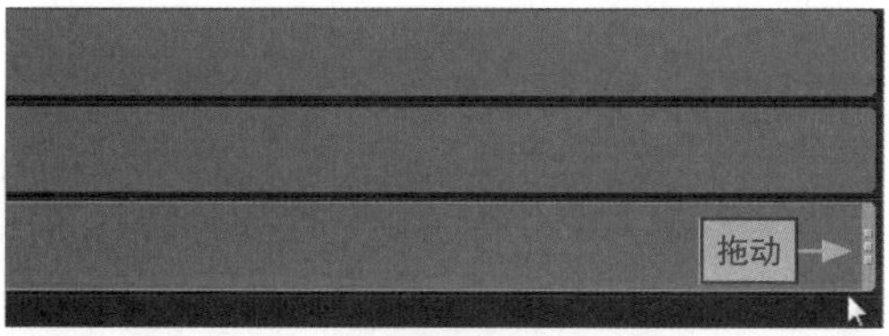

图8-146

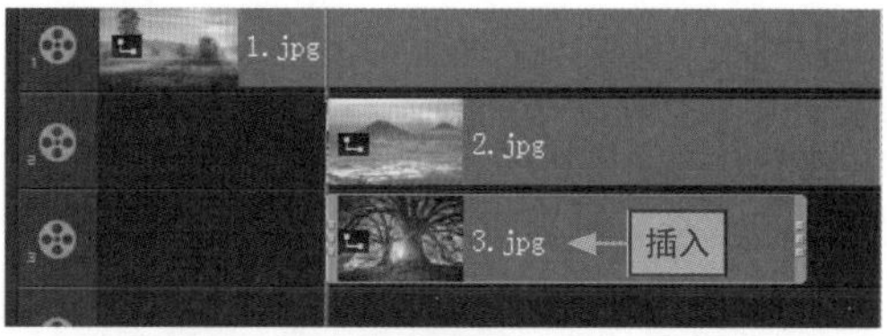

图8-147

步骤09 打开“选项”面板，设置照片区间为0:00:12:01，如图8-148所示。打开“自定义动作”对话框，将光标定位在开始帧位置，设置“位置”为-161,135，“大小”为100,100，如图8-149所示。

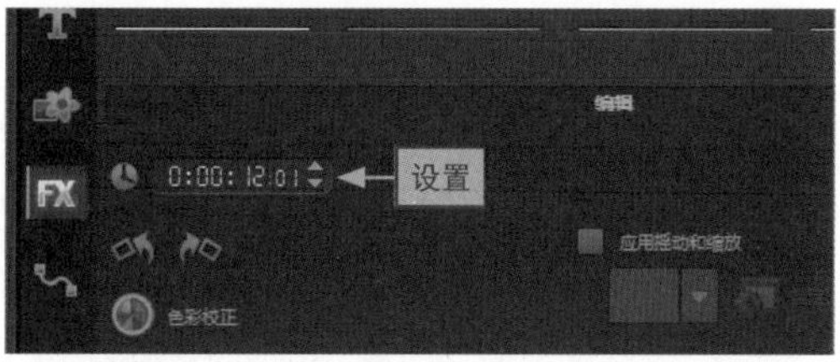

图8-148

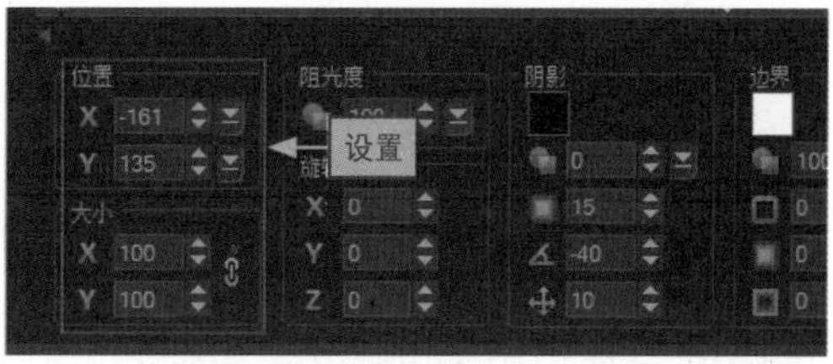

图8-149

步骤10 将光标定位在结束帧位置，设置“位置”为-27,26，“大小”为12,12，完成设置后单击“确定”按钮，如图8-150所示。在覆叠轨4中插入“4.jpg”素材，设置照片区间为0:00:10:01，如图8-151所示。

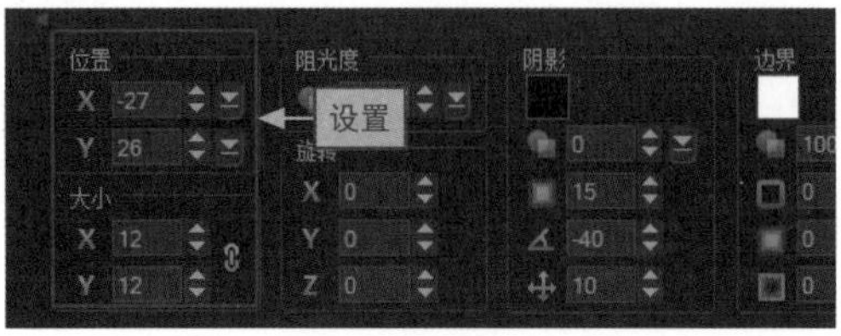

图8-150

图8-151

步骤11 打开覆叠轨4素材的“自定义动作”对话框，设置开始帧的“位置”为153,161，“大小”为100,100，如图8-152所示。设置结束帧的“位置”为24，30，“大小”为14,14，完成设置后单击“确定”按钮，如图8-153所示。

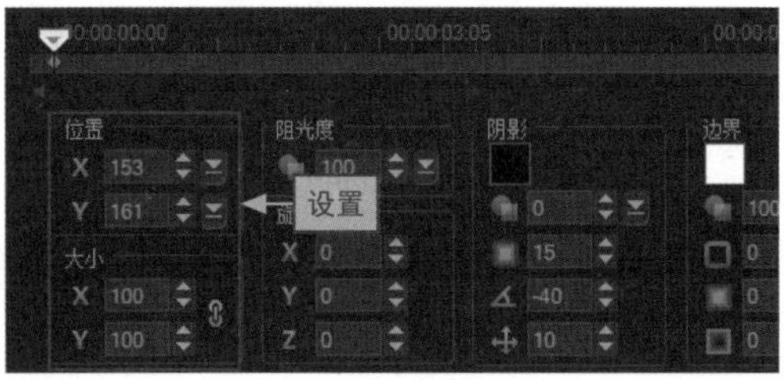

图8-152

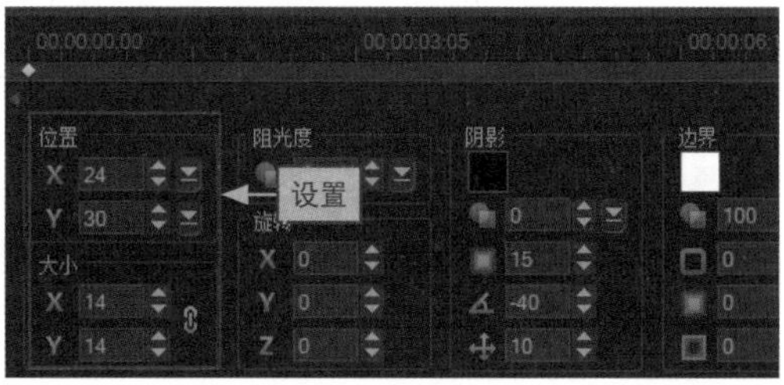

图8-153

步骤12 在覆叠轨5中插入“5.jpg”素材，设置照片区间为0:00:10:01，如图8-154所示。打开覆叠轨5素材的“自定义动作”对话框，设置开始帧的“位置”为-147，-131，“大小”为100,100，如图8-155所示。

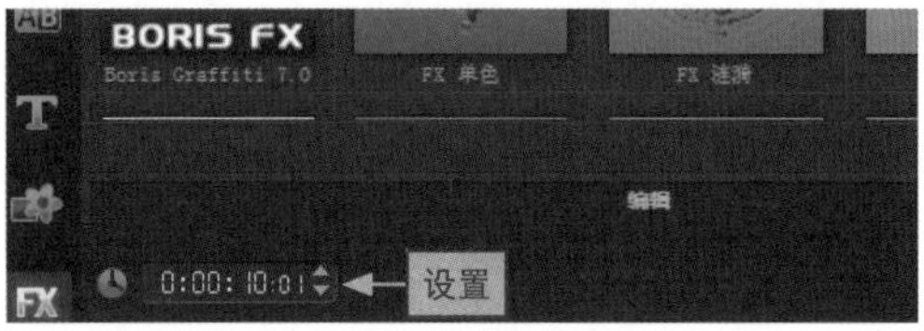

图8-154

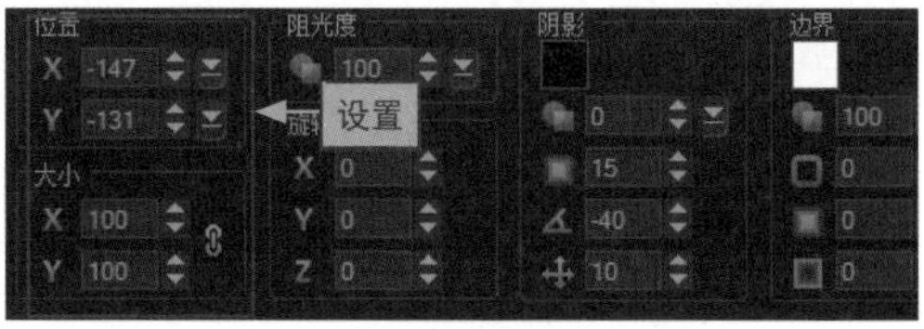

图8-155

步骤13 设置结束帧的“位置”为-27，-24，“大小”为16，16，完成设置后单击“确定”按钮，如图8-156所示。在覆叠轨6中插入“6.jpg”素材，设置照片区间为0:00:08:01，如图8-157所示。

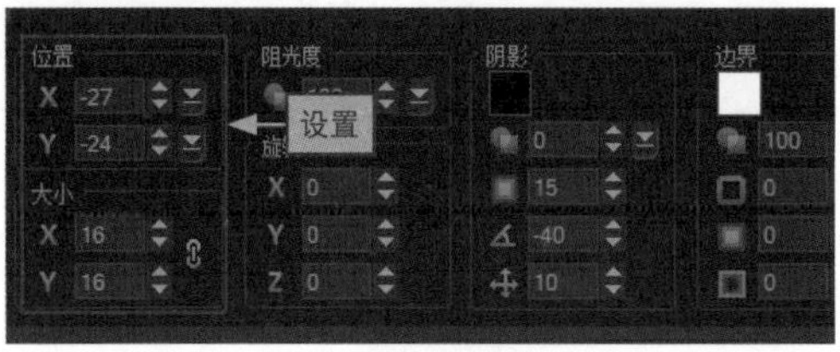

图8-156

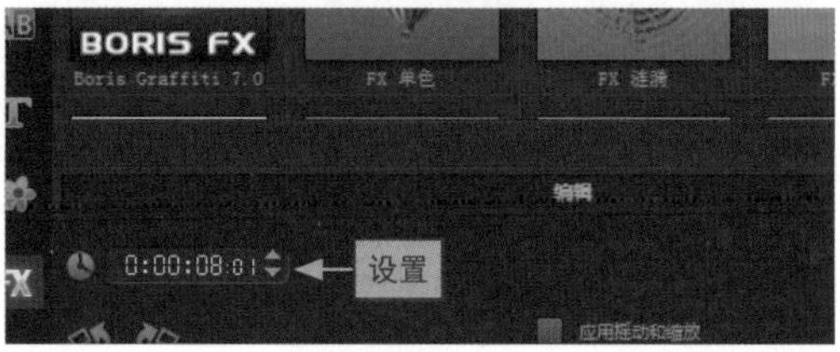

图8-157

步骤14 打开覆叠轨6素材的“自定义动作”对话框，设置开始帧“位置”为-177，159，“大小”为100，100，如图8-158所示。设置结束帧的“位置”为-57，55，“大小”为18，18，完成设置后单击“确定”按钮，如图8-159所示。

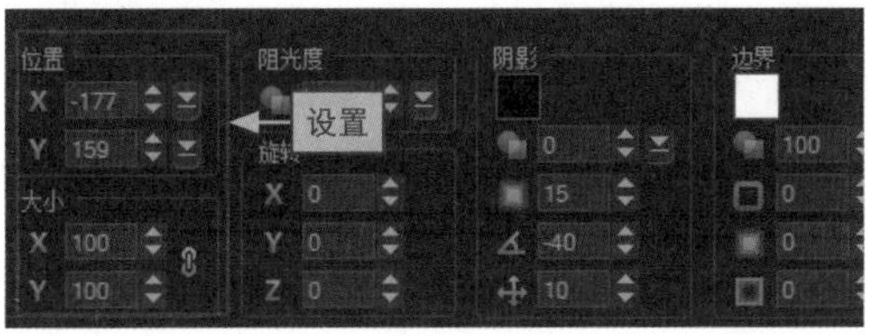

图8-158

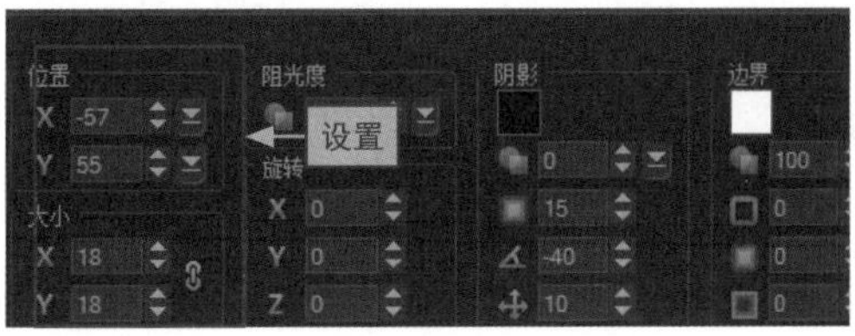

图8-159

步骤15 在覆叠轨7、8、9、10、11中依次插入“7.jpg”“8.jpg”“9.jpg”“10.jpg”和“11.jpg”素材，如图8-160所示。按照相同的方法依次设置覆叠轨7、8、9、10、11素材的照片区间。覆叠轨7的照片区间为“0:00:08:01”，覆叠轨8的照片区间为“0:00:06:01”，覆叠轨9的照片区间为“0:00:06:01”，覆叠轨10的照片区间为“0:00:05:01”，覆叠轨11的照片区间为“0:00:05:01”，如图8-161所示。

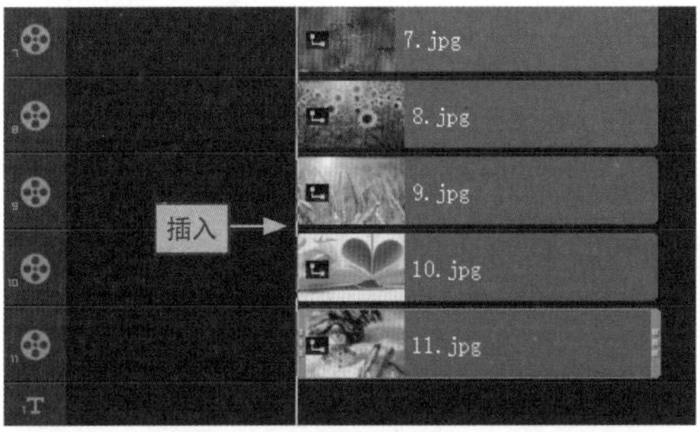

图8-160

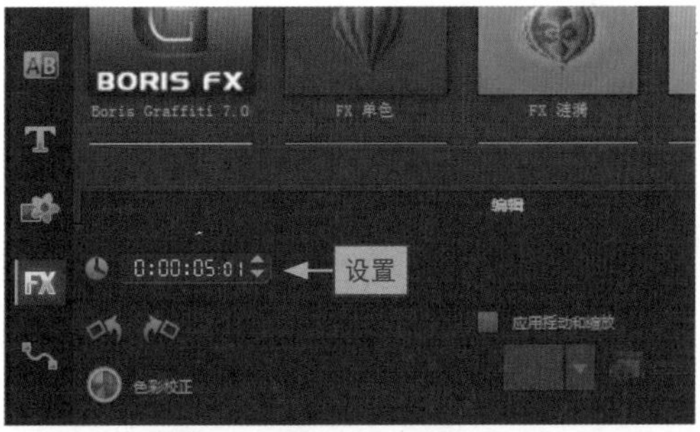

图8-161

步骤16 按照以上方法，依次设置覆叠轨7、8、9、10、11素材的自定义动作参数。覆叠轨7素材的开始帧（以下均为左侧为开始帧）和结束帧（以下均为右侧为结束帧）位置和大小参数如图8-162所示。覆叠轨8素材的开始帧和结束帧位置和大小参数如图8-163所示。

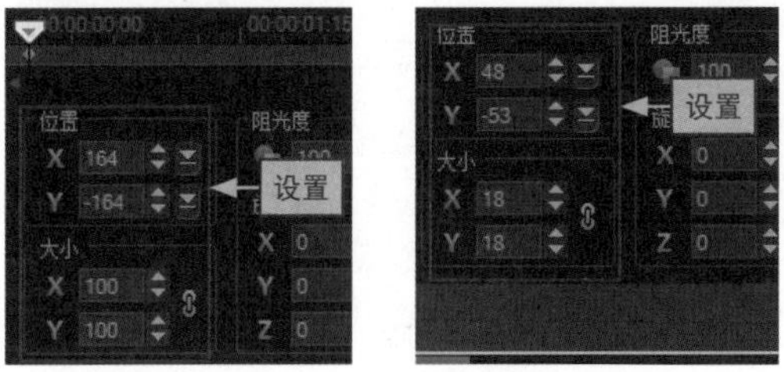

图8-162

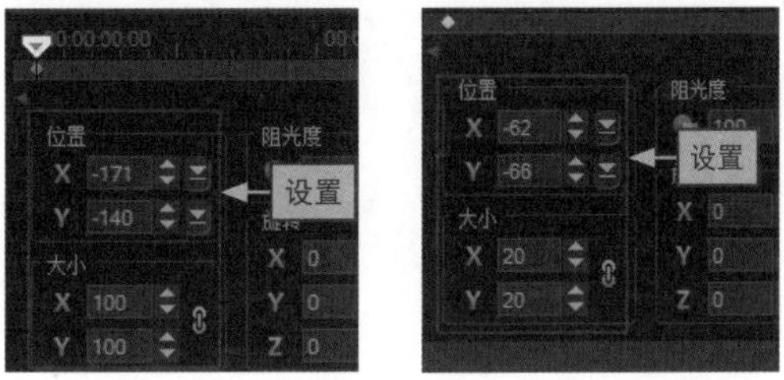

图8-163

步骤17 覆叠轨9素材的开始帧和结束帧位置和大小参数如图8-164所示。覆叠轨10素材的开始帧和结束帧位置和大小参数如图8-165所示。

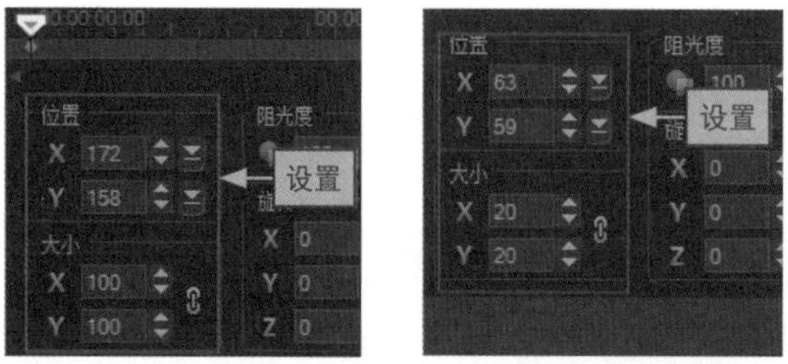

图8-164

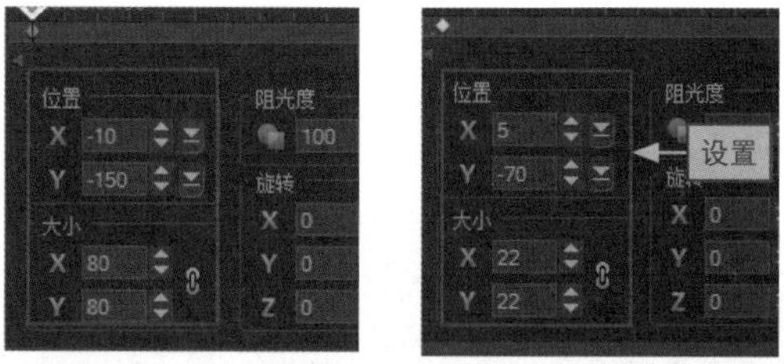

图8-165

步骤18 覆叠轨11素材的开始帧和结束帧位置和大小参数如图8-166所示。依次调整覆叠轨素材位置，使所有素材右对齐，如图8-167所示。

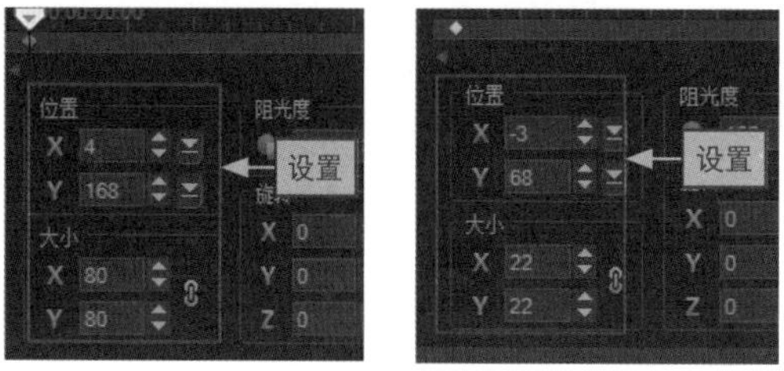

图8-166

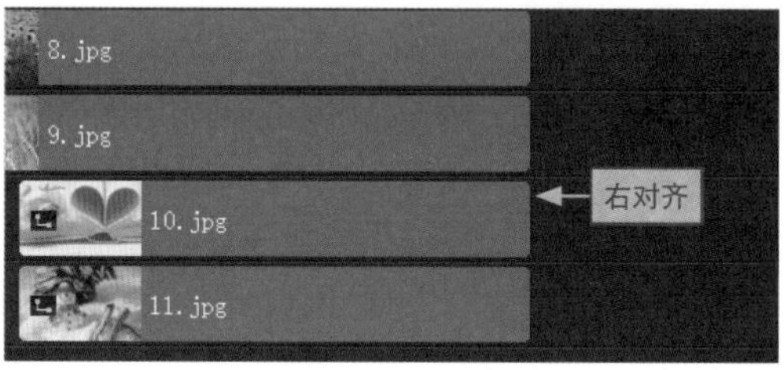

图8-167

步骤19 单击“图形”按钮，如图8-168所示。在“色彩模式”下拉列表中选择“色彩”选项，如图8-169所示。

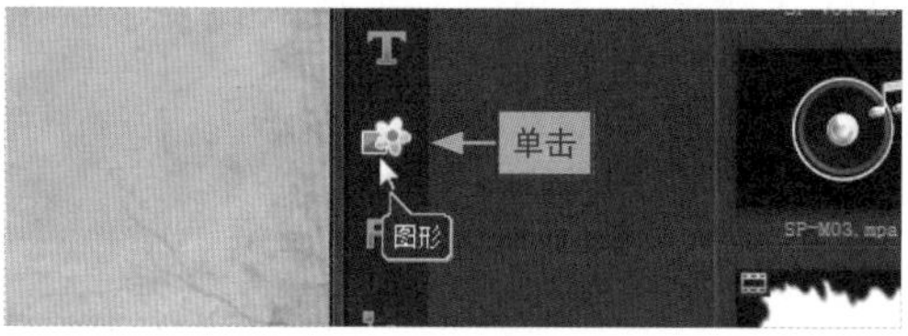

图8-168

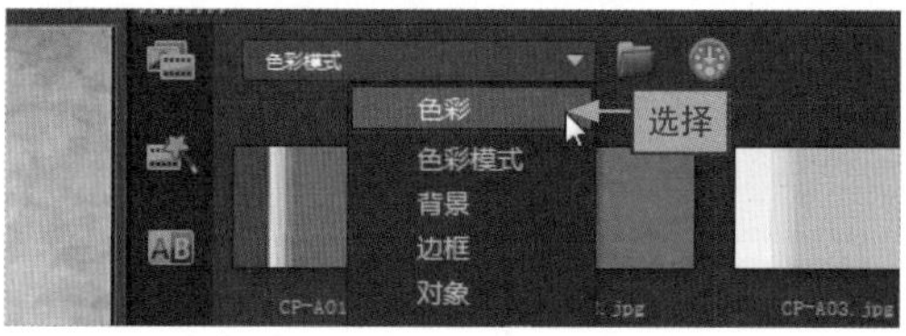

图8-169

步骤20 选择黑色色块，如图8-170所示。拖动黑色色块到覆叠轨2素材的前方，如图8-171所示。

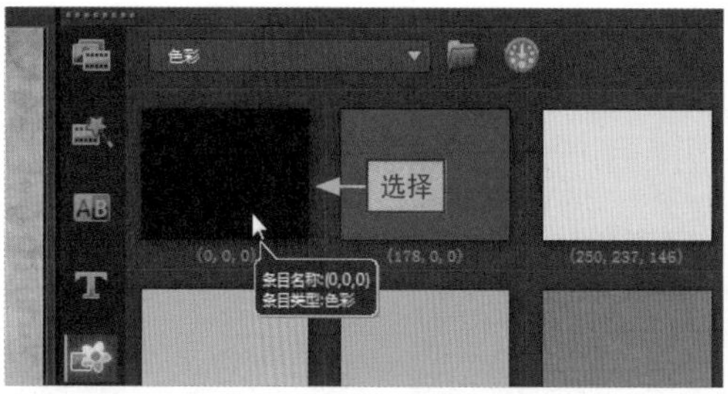

图8-170

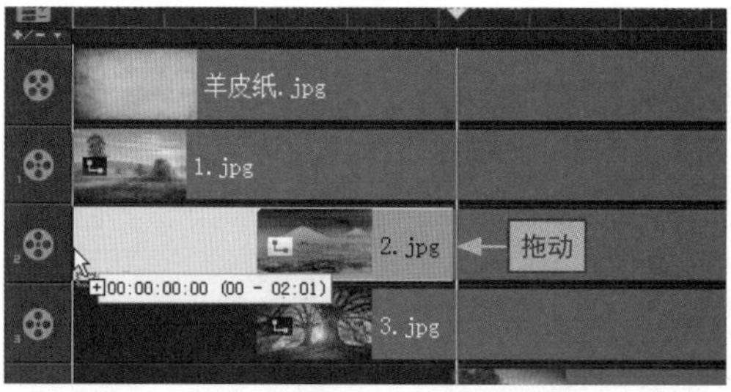

图8-171

步骤21 打开“选项”面板，设置黑色色块的照片区间为0:00:01:03，如图8-172所示。右击黑色色块，在弹出的快捷菜单中选择“自定义动作”命令，如图8-173所示。

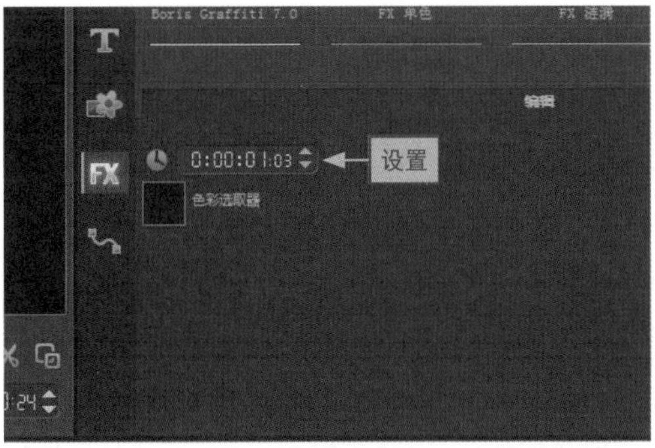

图8-172

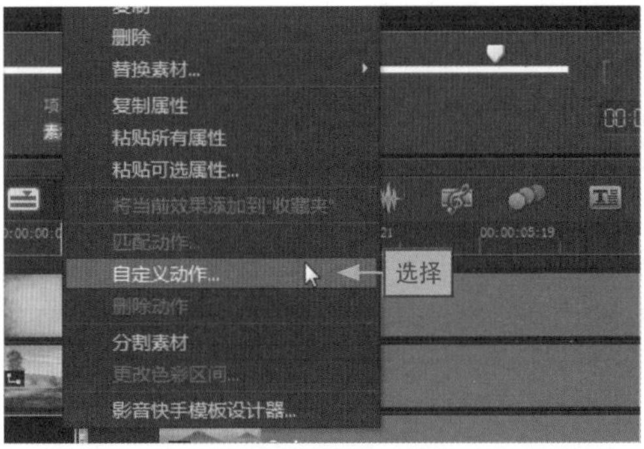

图8-173

步骤22 将光标定位在开始帧位置，设置开始帧的参数，如图8-174所示。将光标定位在结束帧位置，设置与开始帧相同的参数，设置完成后单击“确定”按钮，如图8-175所示。

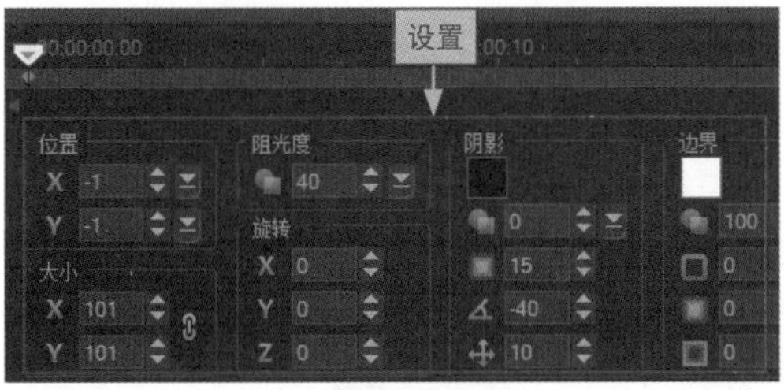

图8-174

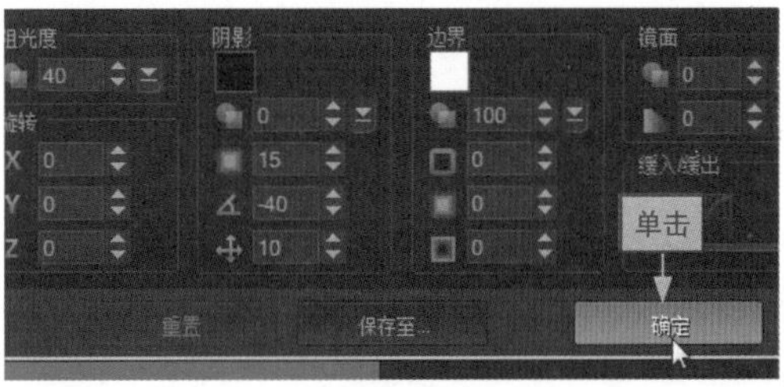

图8-175

步骤23 在预览窗口单击“项目”按钮，如图8-176所示。单击“播放”按钮即可查看效果，如图8-177所示。

图8-176

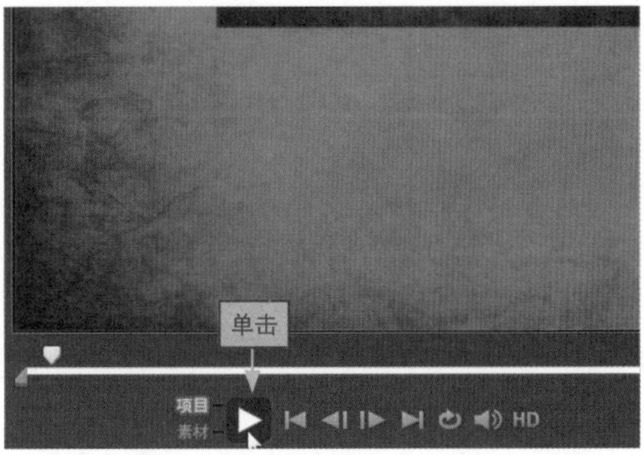

图8-177

完成以上步骤后，可以看到呈现出多张照片逐步添加并且汇聚的效果，如图8-178所示。

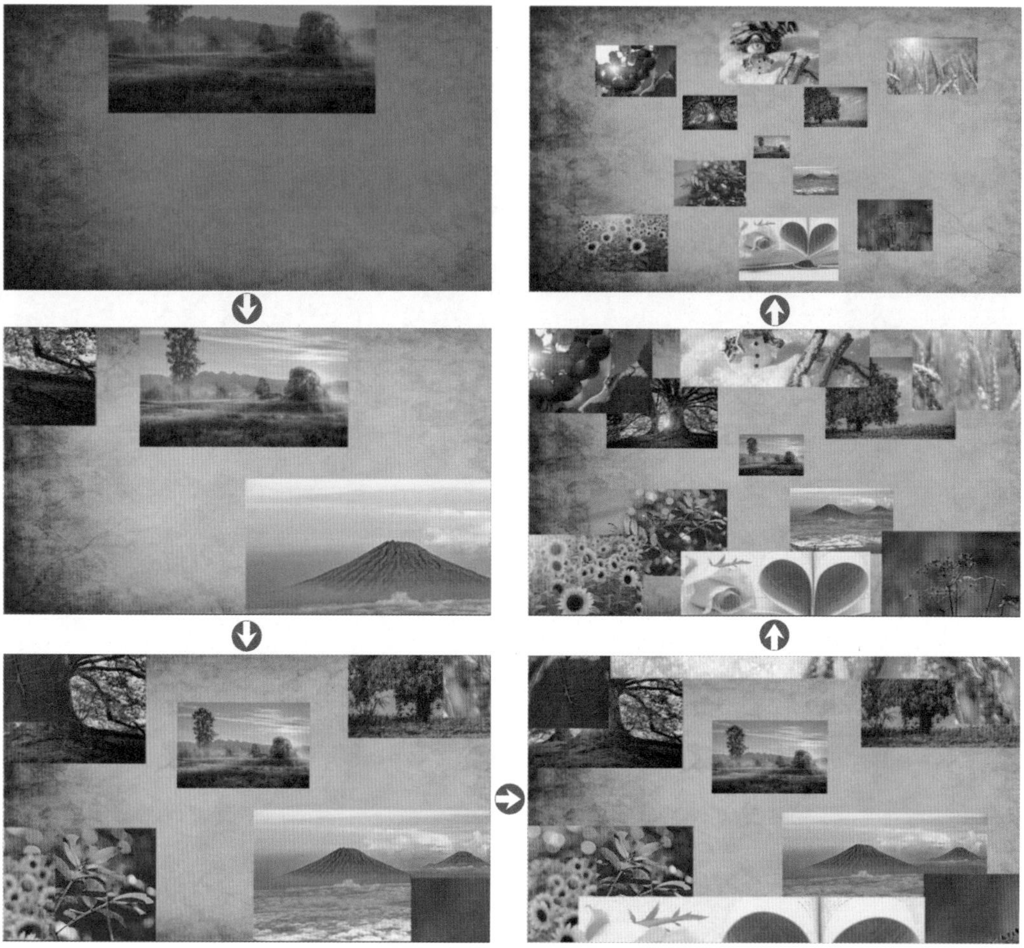

图8-178

第9章

转场特效，影片场景氛围渲染

学习目标

在编辑视频时，转场是两个素材自然过渡的重要手段，有了转场，素材之间的连接就会看起来很和谐，而不是生硬的转换。本章将介绍如何在会声会影中运用转场效果。

本章要点

- 转场对视频编辑的重要性
- 为照片添加交叉转场效果
- 转场效果的随机添加
- 插入素材时自动添加转场
- 对素材应用统一的转场效果

……

LESSON 9.1 让视频连接更好的转场

知识级别

■初级入门 | □中级提高 | □高级拓展

知识难度 ★

学习时长 45 分钟

学习目标

① 认识什么是转场。

② 为素材应用转场效果。

※主要内容※

内 容	难 度	内 容	难 度
转场对视频编辑的重要性	★	为照片添加交叉转场效果	★
转场效果的随机添加	★	插入素材时自动添加转场	★
对素材应用统一的转场效果	★	将不需要的转场效果删除	

效果预览 > > >

9.1.1 转场对视频编辑的重要性

转场是由“转”和“场”共同构成的，“转”是指转换，“场”是指场景。在影片中，常常可以看到场景的切换效果，这就是转场。在视频编辑过程中，转场能让情节段落有视觉上的连续性，使镜头自然过渡。可以说转场是避免视频片段间脱节的重要工具，如图9-1所示为转场的过渡效果。

图9-1

知识延伸 | 转场的两种方式

转场的方式有两种，一种是无技巧转场；另一种是技巧转场，这两种转场方式的具体含义如图9-2所示。

无技巧转场

无技巧转场是指前期拍摄时利用镜头的切换来实现画面过渡，之所以叫作无技巧转场，是因为场景转换是依靠剪接来实现的，而没有依靠特效。

技巧转场

技巧转场是指运用后期特效来实现场景的转换，常见的效果有淡入淡出、翻转、挤压、交错、扭曲、旋涡等，本章介绍的转场主要指技巧转场。

图9-2

9.1.2 为照片添加交叉转场效果

在会声会影中，转场的使用并不复杂，下面以使用交叉转场效果为例讲解相关的操作步骤。

[知识演练] 用交叉转场实现自然过渡

本节素材	⊙/素材/Chapter09/交叉
本节效果	⊙/效果/Chapter09/交叉.VSP

步骤01 在会声.，如图9-4所示。

图9-3

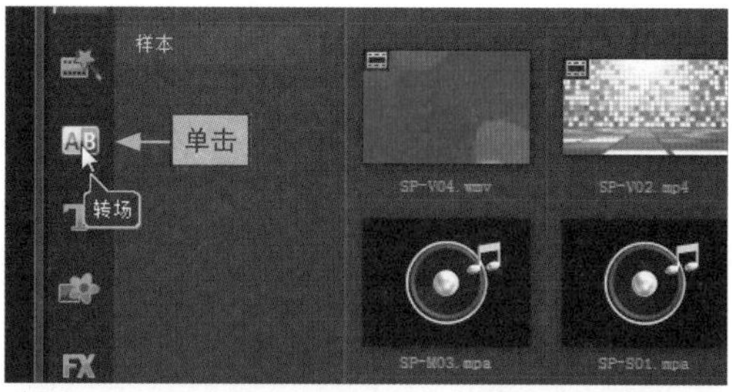

图9-4

步骤02 在转场库中选择一种交叉转场效果，如图9-5所示。将转场效果拖动到两个素材之间，如图9-6所示。

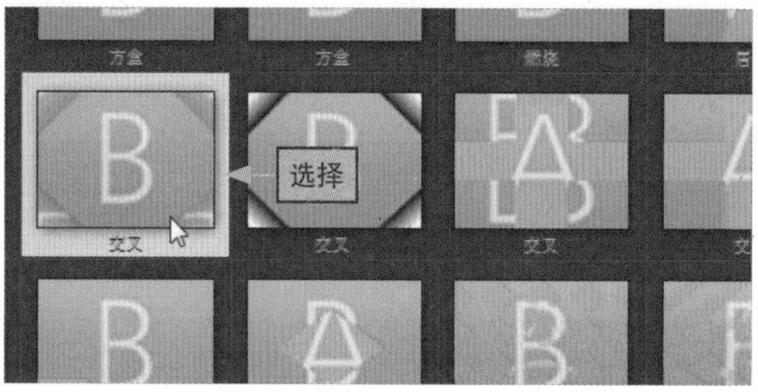

图9-5

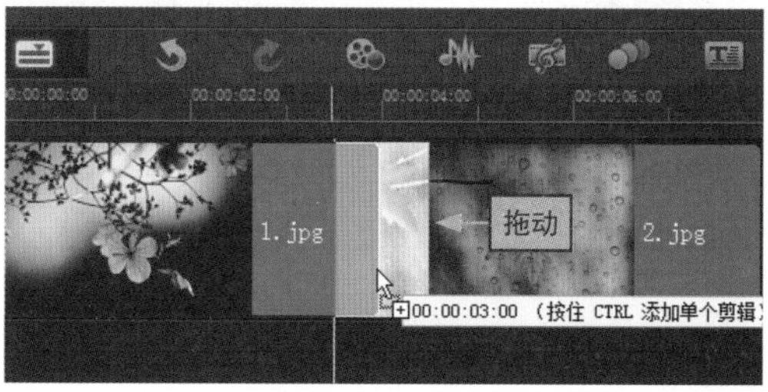

图9-6

添加转场效果后，单击“播放”按钮即可在预览窗口查看转场的过渡效果，如图9-7所示为添加交叉转场后的播放效果。

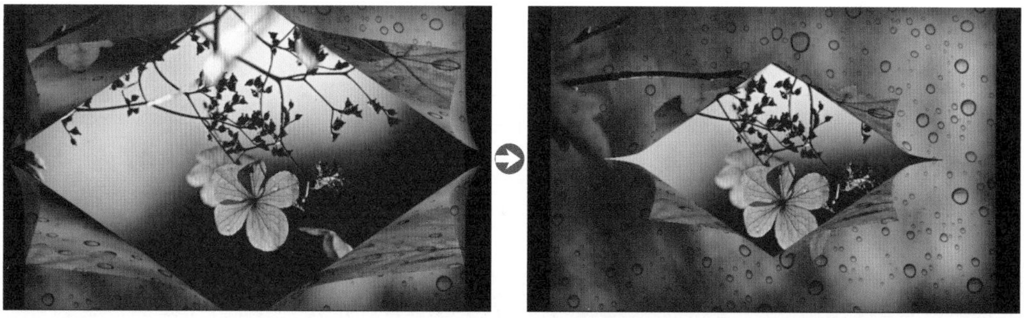

图9-7

9.1.3 转场效果的随机添加

在添加转场效果时，可以手动选择转场效果，也可以让程序随机添加转场效果，下面以添加两个随机转场效果为例讲解相关的操作步骤。

[知识演练] 添加两个随机转场效果

本节素材	/素材/Chapter09/美食
本节效果	/效果/Chapter09/美食.VSP

步骤01 在视频轨中插入3张素材，如图9-8所示。拖动2.jpg素材到1.jpg素材上方，将会随机添加转场效果，如图9-9所示。

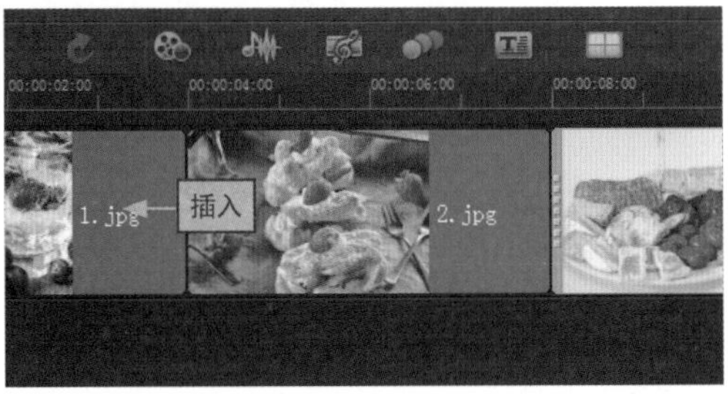

图9-8

图9-9

步骤02 拖动3.jpg素材到2.jpg素材上方，如图9-10所示。此时可以看到程序默认添加了转场效果，如图9-11所示。

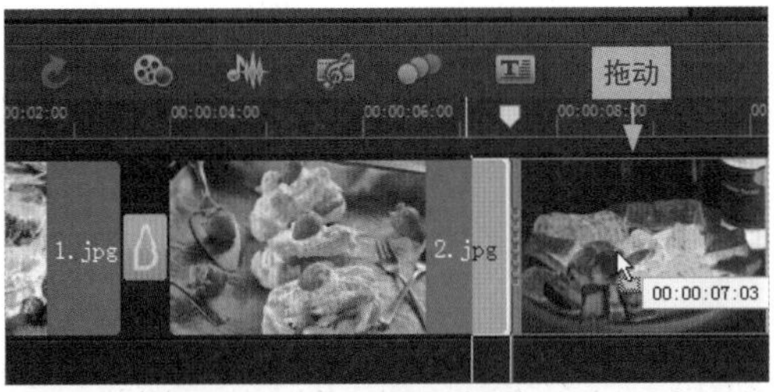

图9-10

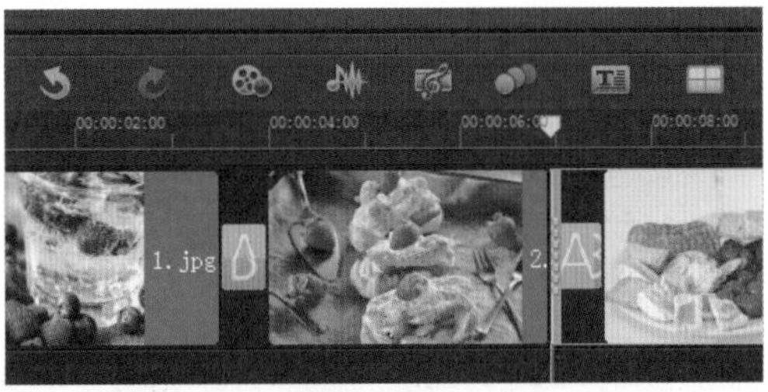

图9-11

添加随机转场效果后单击“播放”按钮即可在预览窗口查看转场效果，如图9-12所示为随机添加的两种不同的转场效果。

图9-12

9.1.4 插入素材时自动添加转场

在编辑视频的过程中，如果需要添加转场的素材比较多，那么可以设置为自动添加转场效果，这样在插入素材时程序就会自动加入转场效果，下面以在“参数选择”对话框中进行设置为例讲解相关的操作步骤。

[知识演练] 在“参数选择”对话框中设置自动添加转场

步骤01 启动会声会影软件，在“设置”下拉菜单中选择“参数选择”命令，如图9-13所示。在打开的“参数选择”对话框中单击“编辑”选项卡，如图9-14所示。

图9-13

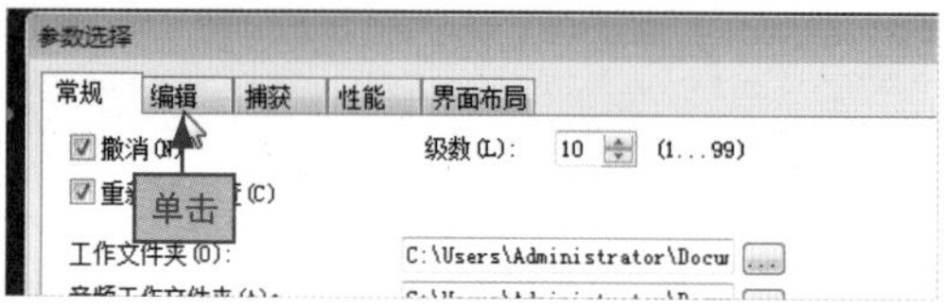

图9-14

步骤02 勾选“自动添加转场效果”复选框，单击“确定”按钮，如图9-15所示。完成设置后在视频轨中插入两张素材时，程序会自动随机添加转场效果，如图9-16所示。

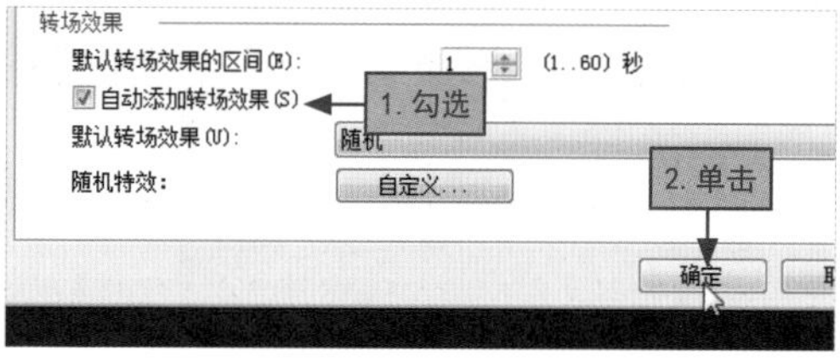

图9-15

图9-16

9.1.5 对素材应用统一的转场效果

当需要对多个素材应用相同的转场效果时，如果采用拖动插入的方式依次添加转场效果，这样会浪费很多时间，比较快捷的方法是对素材统一应用当前转场效果，下面以为多个素材统一应用当前转场效果为例讲解相关的操作步骤。

[知识演练] 对视频轨应用当前转场效果

本节素材	⊙|素材|Chapter09|水果
本节效果	⊙|效果|Chapter09|水果.VSP

步骤01 在会声会影视频轨中插入3张素材，如图9-17所示。打开转场库，选择一种转场效果，这里选择“手风琴”转场效果，如图9-18所示。

图9-17

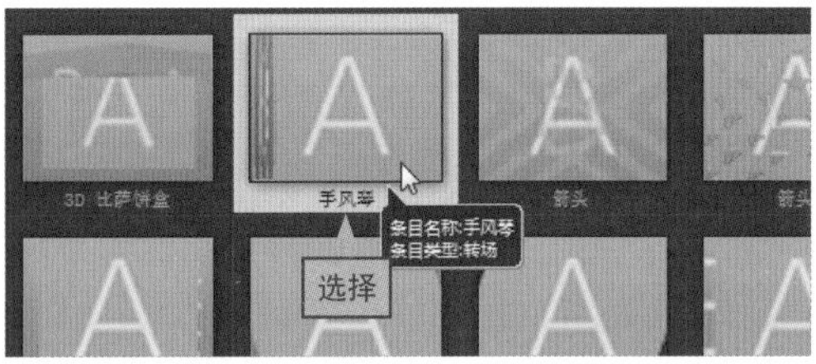

图9-18

步骤02 单击“对视频轨应用当前效果”按钮，如图9-19所示。此时程序会自动为所有素材应用当前选择的手风琴转场效果，如图9-20所示。

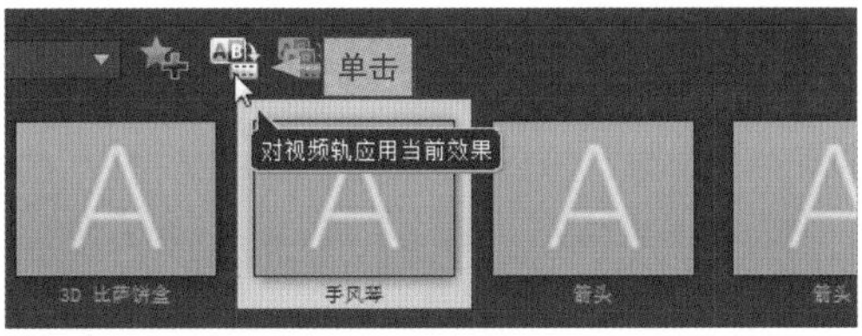

图9-19

图9-20

完成以上步骤后，可在预览窗口查看转场的应用效果，如图9-21所示为应用“手风琴”转场的效果。

图9-21

9.1.6 将不需要的转场效果删除

对于不需要的转场效果，在编辑视频时可将其删除。删除转场效果的方法很简单，选中转场效果右击，在弹出的快捷菜单中选择“删除”命令，如图9-22所示。

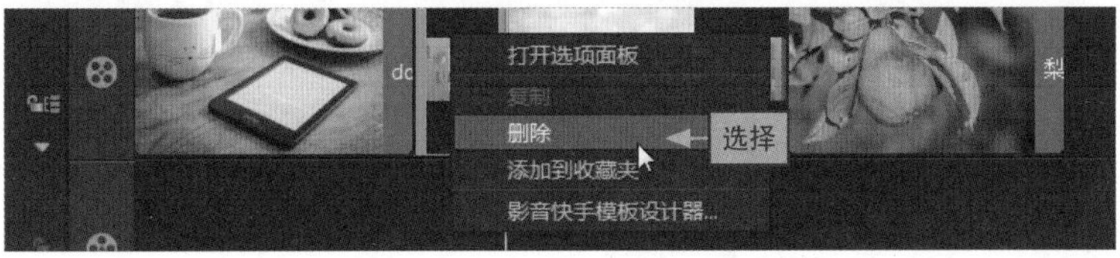

图9-22

LESSON

9.2 对转场效果进行设置

知识级别

■初级入门 | □中级提高 | □高级拓展

知识难度 ★

学习时长 30 分钟

学习目标

① 更改转场效果的区间。

② 设置转场效果的方向和边框。

※主要内容※

内　容	难　度	内　容	难　度
改变转场的播放时长	★	转场默认效果区间调整	★
移动素材间的转场位置	★	改变转场效果的运动轨迹	★
为素材图片制作转场边框	★	自定义随机转场的类型	★

效果预览 > > >

9.2.1 改变转场的播放时长

在为素材添加转场效果后，其默认的播放时长是1秒，但如果觉得这一时长不合适，可以手动对其进行更改。下面以调整转场效果的时长为3秒为例讲解相关的操作步骤。

[知识演练] 调整转场效果的时长为3秒

本节素材	⊙|素材|Chapter09|小猫
本节效果	⊙|效果|Chapter09|小猫.VSP

步骤01 打开“小猫”文件夹中的项目文件，如图9-23所示。选择已添加的转场效果，如图9-24所示。

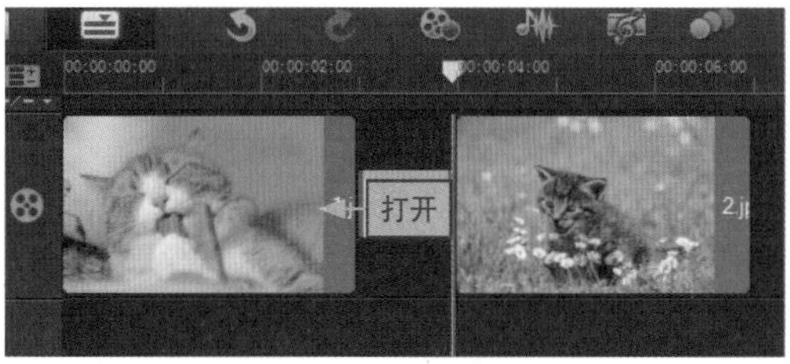

图9-23

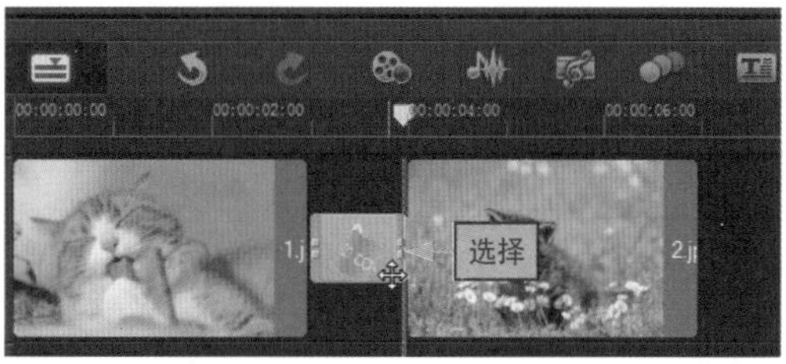

图9-24

步骤02 单击“选项”按钮，如图9-25所示。打开“选项”面板，设置照片区间为3秒，如图9-26所示。

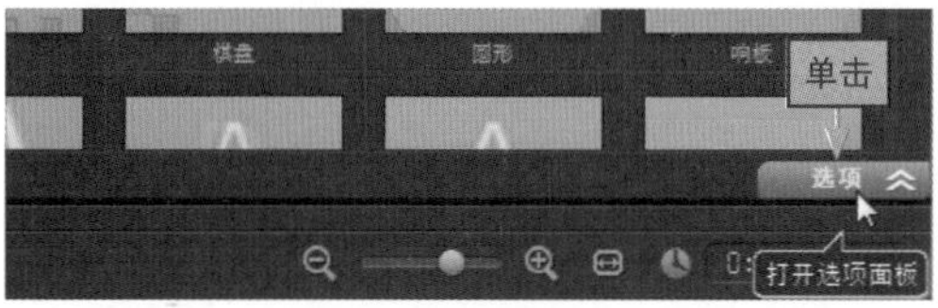

图9-25

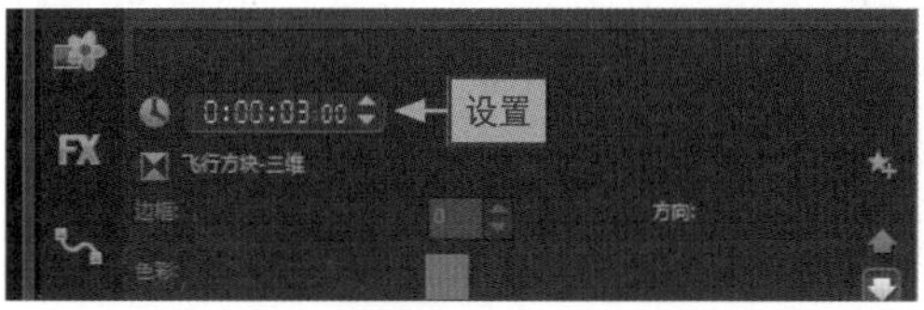

图9-26

完成转场效果播放时长的设置后，可在预览窗口查看最终的播放效果，如图9-27所示。

图9-27

知识延伸 | 拖动改变转场效果的时长

除了可通过“选项”面板调整转场效果的播放时长外，还可采用拖动的方式来调节。选择转场效果的边框，待出现形状时，拖动边框即可改变播放时长，如图9-28所示。

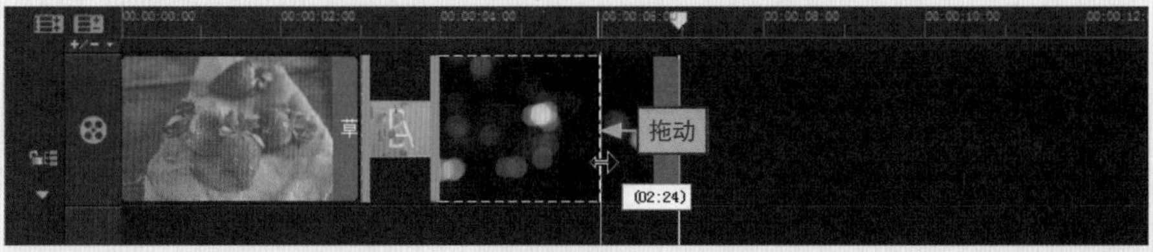

图9-28

9.2.2 转场默认效果区间调整

对于程序默认设置的1秒转场效果区间，在会声会影中也可以进行修改。在“设置”下拉菜单中选择“参数选择”命令，如图9-29所示。切换至“编辑”选项卡，在“默认转场效果的区间”输入框中设置时长，单击“确定”按钮即可调整默认转场效果区间，如图9-30所示。

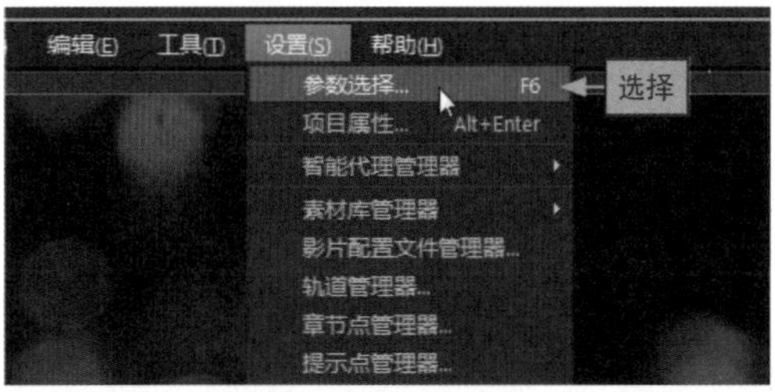

图9-29

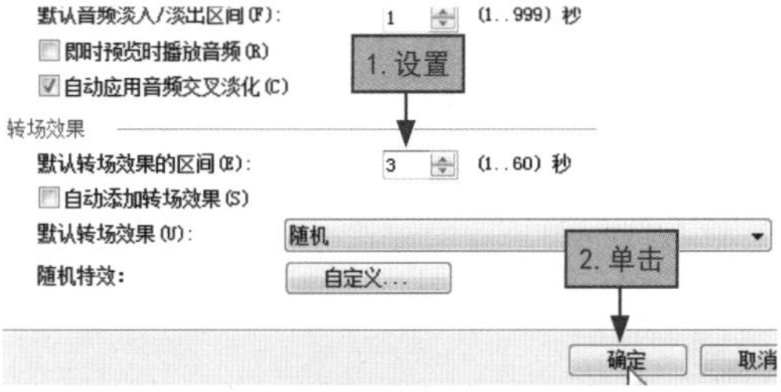

图9-30

9.2.3 移动素材间的转场位置

在编辑视频时如果需要将素材间的转场效果进行位置的改变，只需选择该转场效果，如图9-31所示，拖动其到合适的位置即可，如图9-32所示。

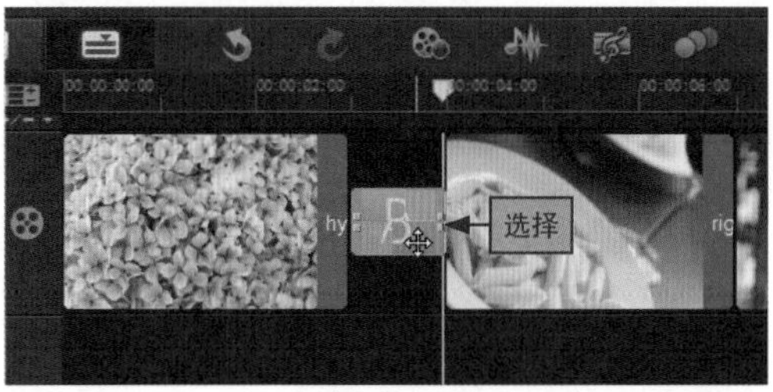

图9-31

图9-32

9.2.4 改变转场效果的运动轨迹

在预览转场效果时可以发现，每个转场效果都有一定的运动方式，如从上到下，从左下到右上等，对于有运动方向的转场效果，是可以调整运动轨迹的。下面以调整转场运动轨迹为右上到左下为例讲解相关的操作步骤。

[知识演练] 制作由右上到左下的转场效果

本节素材	⊙|素材|Chapter09|植物
本节效果	⊙|效果|Chapter09|植物.VSP

步骤01 在会声会影视频轨中插入两个素材，如图9-33所示。打开转场库，选择“飞行木板”转场效果，如图9-34所示。

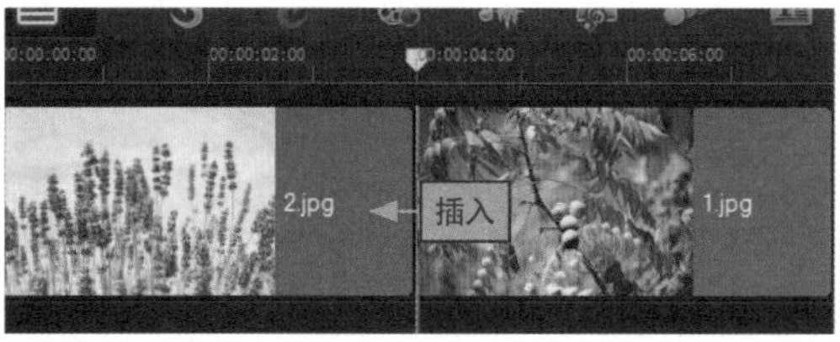

图9-33

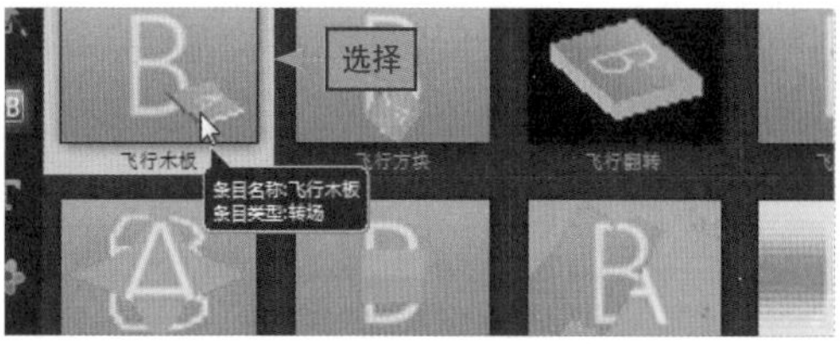

图9-34

步骤02 为素材应用“飞行木板”转场效果，如图9-35所示。选中该转场效果，打开“选项”面板，单击“右上到左下”按钮，如图9-36所示。

图9-35

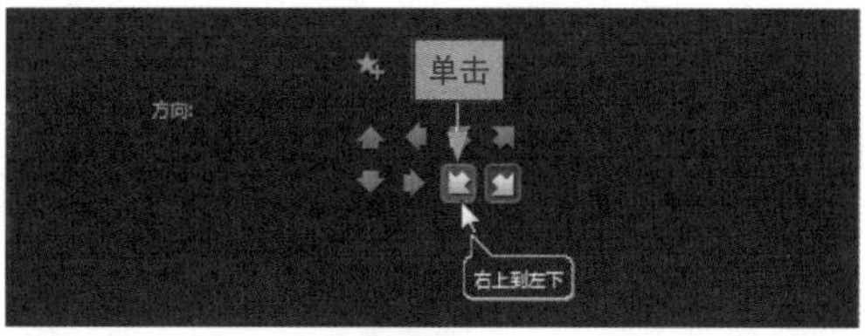

图9-36

完成运动轨迹的设置后，可以看到画面场景转换时，其轨迹是沿着右上到左下方向运动的，如图9-37所示。

图9-37

9.2.5 为素材图片制作转场边框

在会声会影提供的众多转场效果中，横条、方盒、分割以及打开等转场效果都是可以设置边框的，下面以为分割转场效果设置边框为例讲解相关的操作步骤。

[知识演练] 为“分割”转场效果设置边框

本节素材	⊙\素材\Chapter09\饮料
本节效果	⊙\效果\Chapter09\饮料.VSP

步骤01 在“饮料”文件夹中打开项目文件，如图9-38所示。在转场库中选择“分割”转场效果，如图9-39所示。

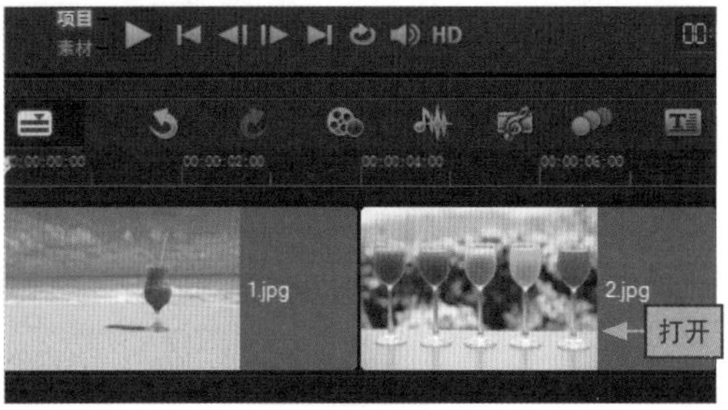

图9-38

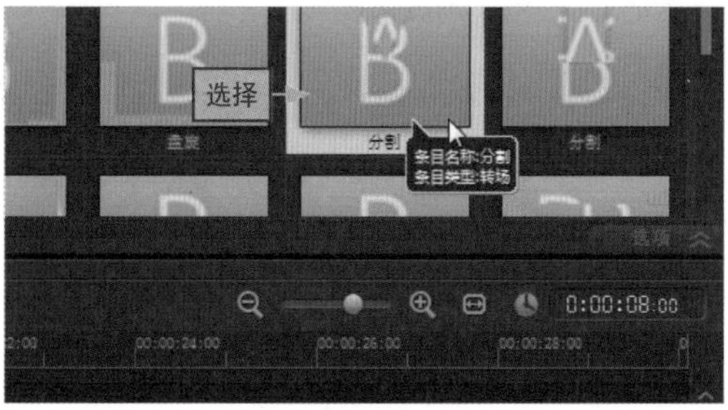

图9-39

步骤02 为素材应用转场效果，如图9-40所示。选中转场效果，打开“选项”面板，设置“边框”为2，如图9-41所示。

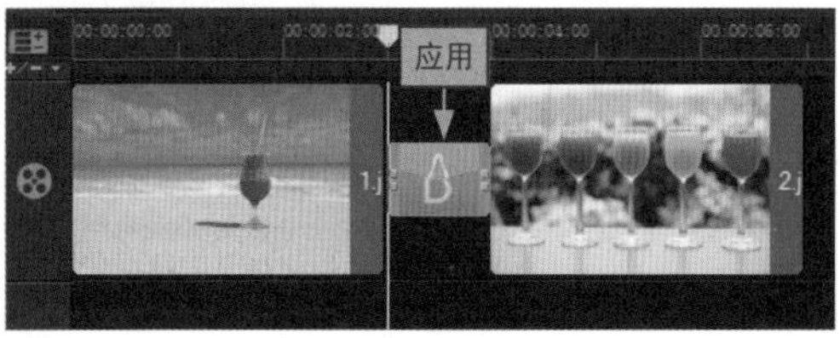

图9-40

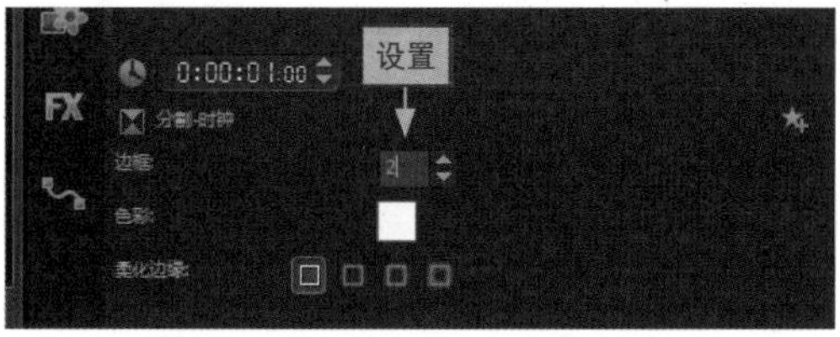

图9-41

步骤03 单击“边框色彩”按钮，如图9-42所示。选择一种边框颜色，这里选择淡蓝色，如图9-43所示。

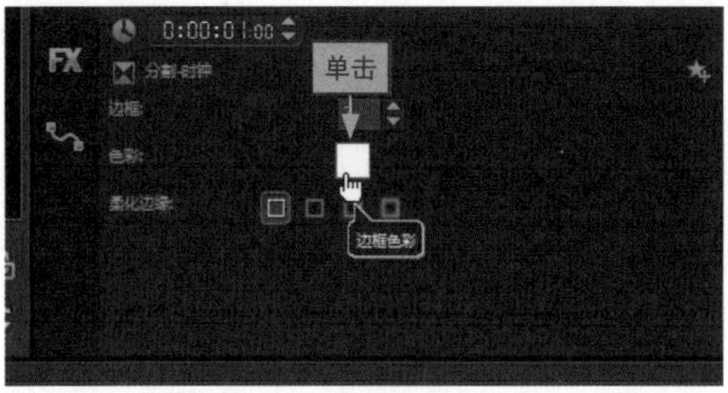

图9-42

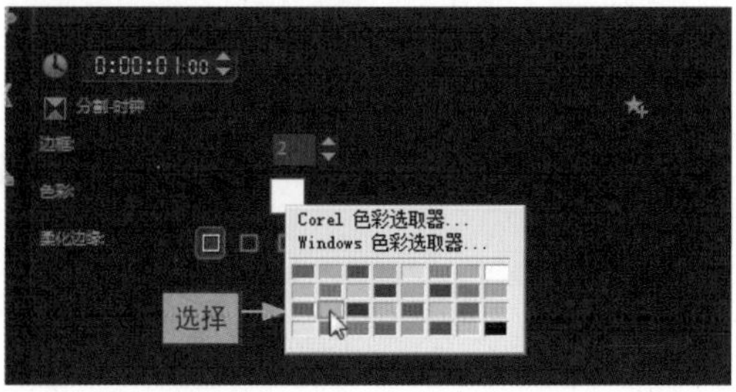

图9-43

为转场效果设置淡蓝色的边框后，在两个素材转场时即可看到已添加的淡蓝色边框，如图9-44所示。

图9-44

9.2.6 自定义随机转场的类型

在会声会影中，程序自动添加的转场效果是随机的，如果在应用随机转场效果时有几种自己中意的效果，那么可以自定义设置随机转场效果的数量，选择想要的转场效果。

打开“参数选择”对话框，在“编辑”选项卡中单击“自定义”按钮，如图9-45所示。在打开的“自定义随机特效”对话框中将不需要的随机转场效果取消勾选，单击“确定”按钮，如图9-46所示。

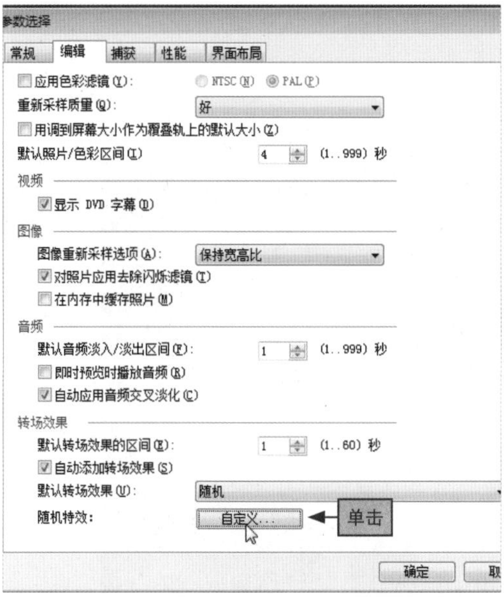

图9-45

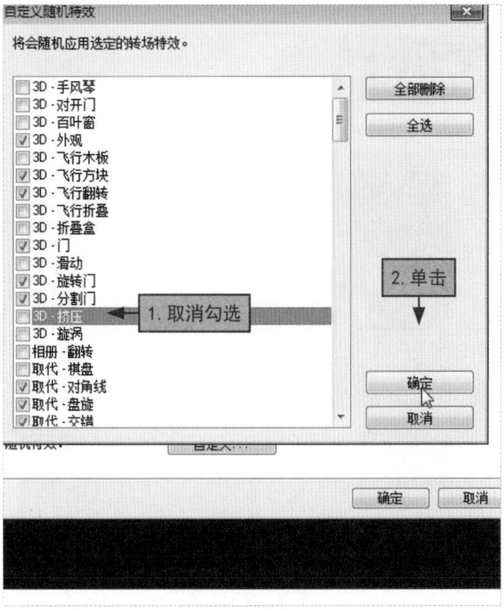

图9-46

LESSON 9.3 具有艺术性的转场效果

知识级别

□初级入门 | ■中级提高 | □高级拓展

知识难度 ★★

学习时长 60 分钟

学习目标

① 了解常见的转场特效。

② 自定义设置转场的特效属性。

※主要内容※

内 容	难 度	内 容	难 度
让视频流畅的交叉淡化	★	旋转转场让图片逐渐变小	★
星形转场将素材显示出来	★	遮罩形式让素材消失	★
用卷轴将画面逐步打开	★	多个三角形打碎素材	★
折叠飞行出入场效果	★	开窗方式将素材显现	★
以彩屑废物的形式显示素材			

效果预览 > > >

9.3.1 让视频流畅的交叉淡化

在会声会影转场库中提供了多种交叉转场效果，其中，交叉淡化是比较常用的一种，如图9-47所示为“交叉”转场的预览效果。

图9-47

9.3.2 “旋转”转场让图片逐渐变小

“旋转”转场可以让素材旋转着逐渐缩小，如图9-48所示为“旋转”转场的逐渐变小效果。

图9-48

9.3.3 “星形”转场将素材显示出来

“星形”转场可以让素材以五角星形状实现场景过渡，星形的中间部分会显示第二张素材，同时星形会逐步放大，直至完全显示第二张素材，如图9-49所示为“星形”转场的预览效果。

图9-49

9.3.4 遮罩形式让素材消失

会声会影提供的遮罩类转场有多种，包括遮罩A、遮罩B、遮罩C等，在编辑视频时可以根据需要选择，如图9-50所示为“遮罩E”转场的预览效果。

图9-50

9.3.5 用卷轴将画面逐步打开

“单向”转场能够实现以卷轴的方式将素材逐步打开，如图9-51所示为“单向”转场的预览效果。

图9-51

知识延伸 | 其他卷动转场效果

以卷动的形式实现场景切换的转场，除了单向转场方式外，还有横条、渐进、分成两半、分割、扭曲和环绕，这几种转场方式卷动的位置和方向都有所不同，如图9-52所示为横条（左）和分割（右）转场的预览效果。

图9-52

9.3.6 多个三角形打碎素材

在会声会影提供的3D类转场效果中，“旋涡”转场可以在场景切换时实现三角形打碎素材的播放效果，如图9-53所示为“旋涡”转场的预览效果。

图9-53

9.3.7 折叠飞行出入场效果

“折叠飞行”转场可以将素材折叠起来，然后逐渐飞出画面范围，如图9-54所示为“折叠飞行”转场的预览效果。

图9-54

9.3.8 开窗方式将素材显现

“百叶窗”转场是以开窗的方式逐渐将素材显示出来，如图9-55所示为“百叶窗”转场的预览效果。

图9-55

9.3.9 以彩屑废物的形式显示素材

在会声会影提供的转场效果中，有的转场可通过自定义设置属性来实现效果的灵活呈现，下面以对“3D 彩屑”转场效果进行属性设置为例讲解进行转场效果的自定义操作步骤。

[知识演练] 设置转场效果为树叶繁茂

本节素材	⊙I素材IChapter09I峡谷
本节效果	⊙I效果IChapter09I峡谷.VSP

步骤01 在会声会影视频轨中插入素材，如图9-56所示。打开转场库，为素材应用“3D 彩屑”转场，如图9-57所示。

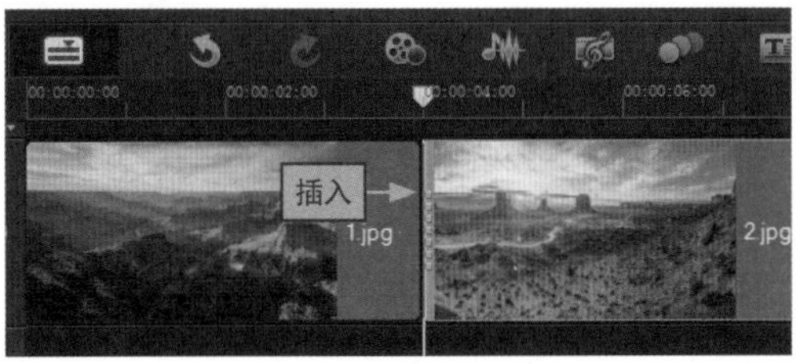

图9-56

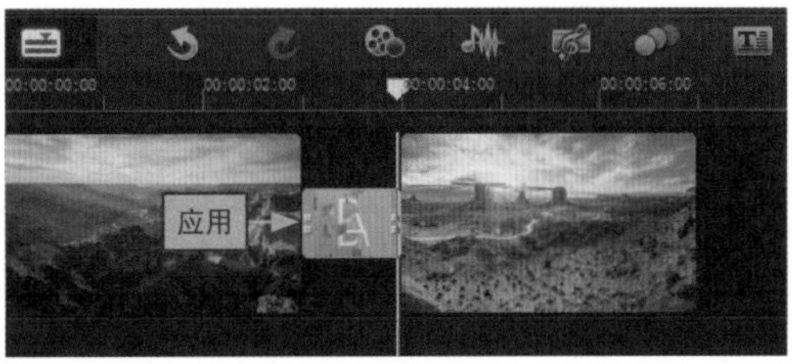

图9-57

步骤02 打开“选项”面板，单击“自定义”按钮，如图9-58所示。在打开的“NewBlue3D彩屑”对话框中选择“树叶繁茂”选项，如图9-59所示。

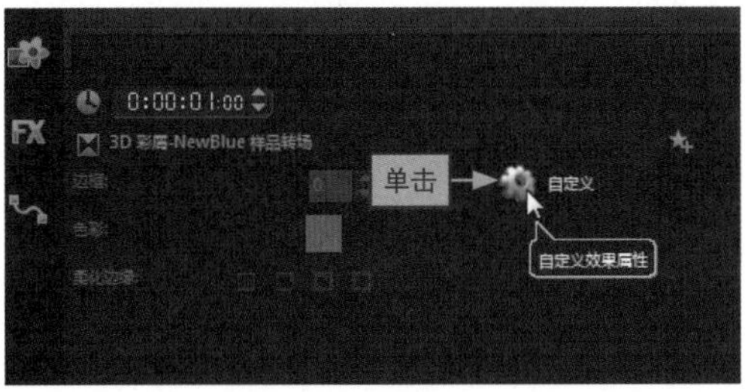

图9-58

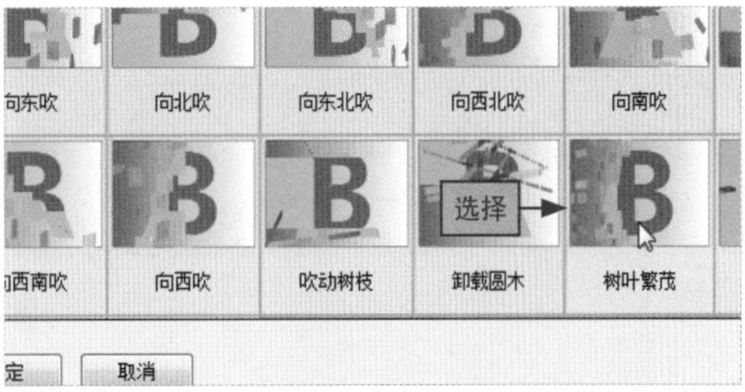

图9-59

步骤03 设置转场效果的“列”“行”和“方向”分别为15，15，13.3，勾选“反转”复选框，如图9-60所示。单击“确定”按钮，如图9-61所示。

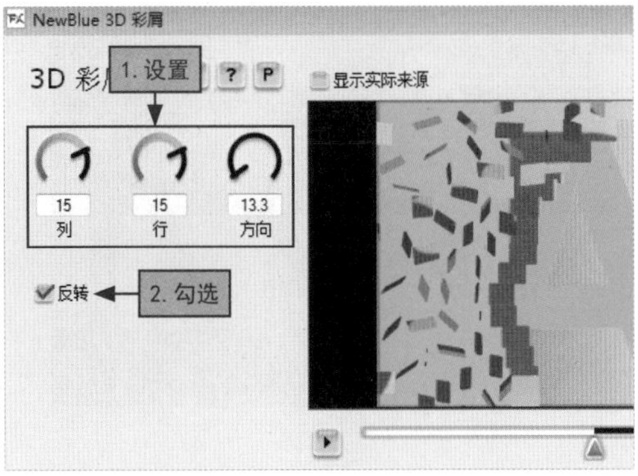

图9-60

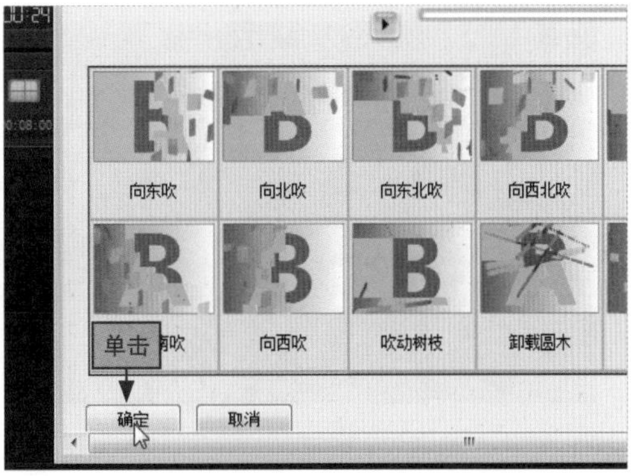

图9-61

对“3D 彩屑”转场的效果属性进行设置后，在预览窗口可查看播放效果，如图9-62所示。

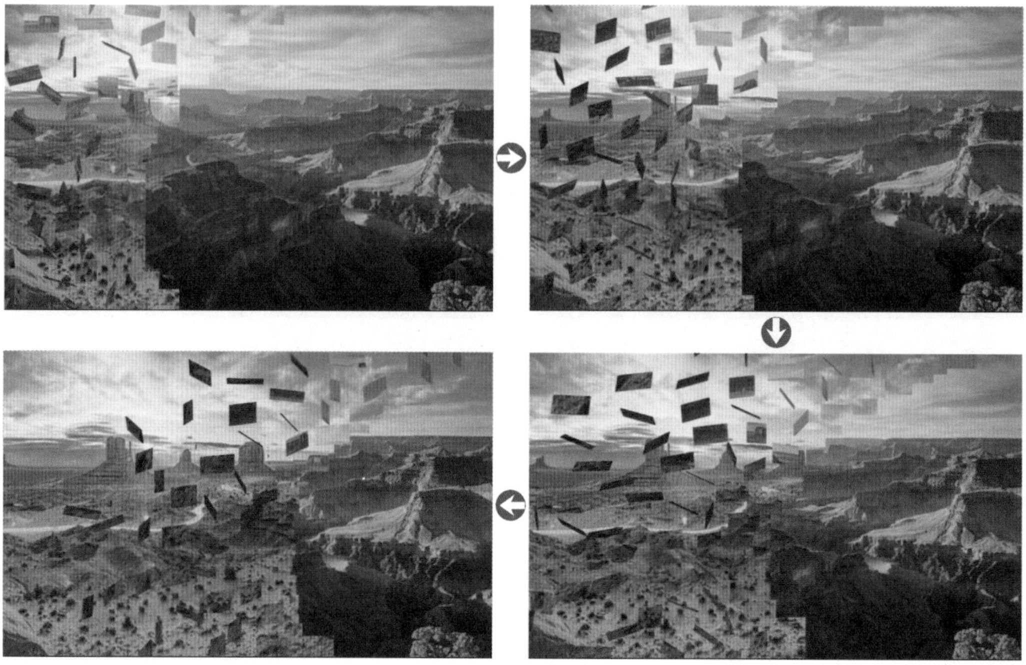

图9-62

知识延伸 | 根据分类快速选择转场类型

在为素材添加转场效果时，可以根据分类来选择转场，这样可以更快速地选择需要的转场效果。在“全部”下拉列表中选择转场分类，在打开的分类中选择转场效果，如图9-63所示。

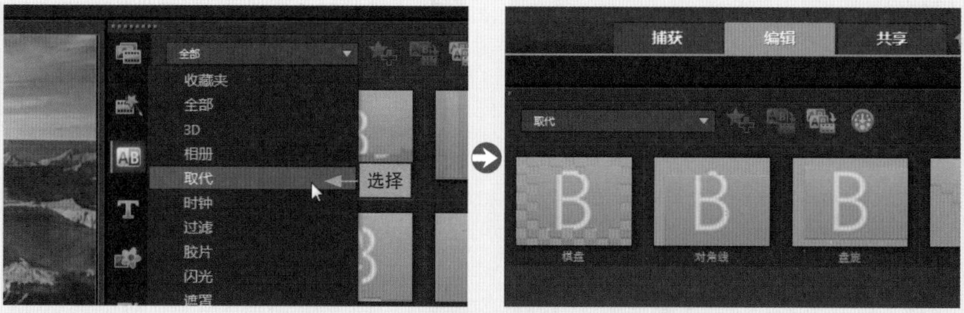

图9-63

的季节

沙滩上的海螺

第10章

面朝大海，春暖花开

多少地方多少脸都淡漠了

2

字幕制作，传递影片信息

户外旅行

学习目标

字幕添加是编辑视频过程中不可缺少的一步，字幕是传递影片信息的重要媒介，它起着说明解释的作用，同时也能提高视频的可视性。本章介绍如何利用会声会影为视频添加字幕。

本章要点

- 标题库添加标题字幕
- 双击预览窗口添加字幕
- 创建两个标题字幕
- 如何插入字幕文件
- 使用G滤镜添加字幕

……

LESSON 10.1 添加字幕为影片增色

知识级别

■初级入门 | □中级提高 | □高级拓展

知识难度 ★

学习时长 60 分钟

学习目标

① 在标题轨中添加字幕。

② 以插入方式添加字幕文件。

※主要内容※

内　容	难　度	内　容	难　度
标题库添加标题字幕	★	双击预览窗口添加字幕	★
创建两个标题字幕	★	使用 G 滤镜添加字幕	★
如何插入字幕文件	★	在覆叠轨中插入预设字幕	★

效果预览 > > >

10.1.1 标题库添加标题字幕

会声会影标题库中提供了丰富的字幕模板，通过应用这些模板可以快速为视频添加标题字幕。下面以为视频添加“浪漫摩天轮”字幕为例讲解相关的操作步骤。

[知识演练] 添加“浪漫摩天轮”标题字幕

本节素材	⊙|素材|Chapter10|摩天轮.jpg
本节效果	⊙|效果|Chapter10|摩天轮.VSP

步骤01 在会声会影视频轨中插入“摩天轮.jpg”素材，如图10-1所示。在“编辑”面板中单击“标题”按钮，如图10-2所示。

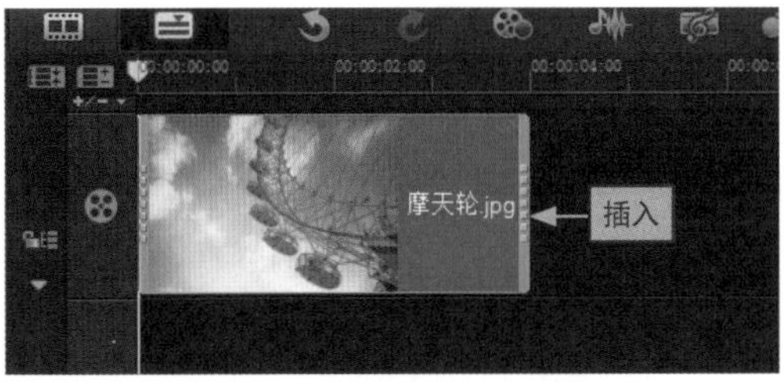

图10-1

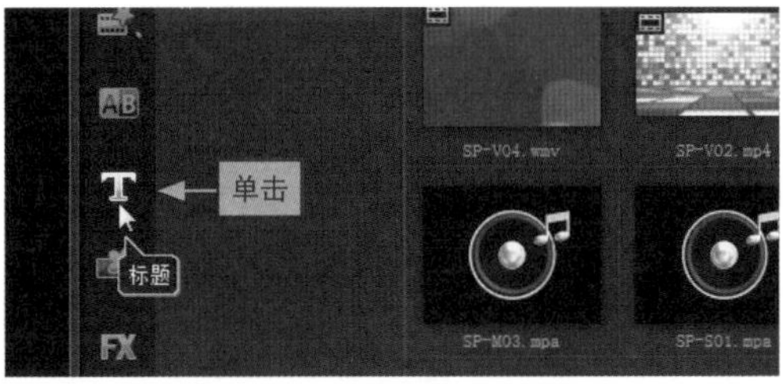

图10-2

步骤02 在字幕库中选择一种字幕模板，这里选择“Lorem ipsum”字幕，如图10-3所示。拖动字幕模板到标题轨中，如图10-4所示。

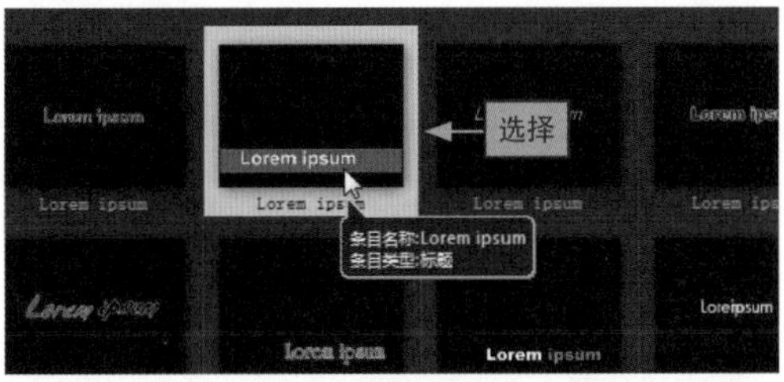

图10-3

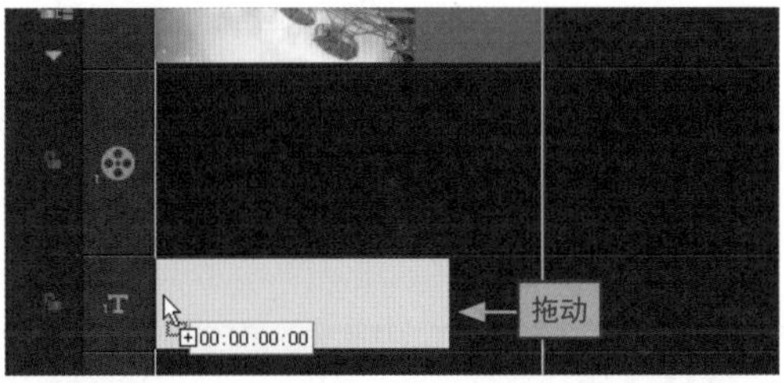

图10-4

步骤03 选中字幕文件，在预览窗口双击字幕，如图10-5所示。此时字幕为可编辑状态，输入“浪漫摩天轮”，如图10-6所示。

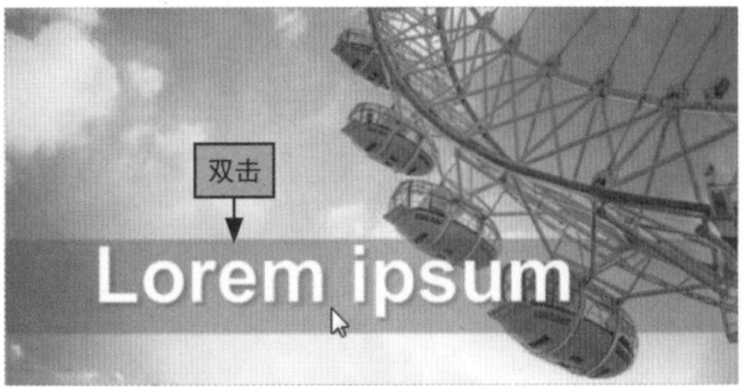

图10-5

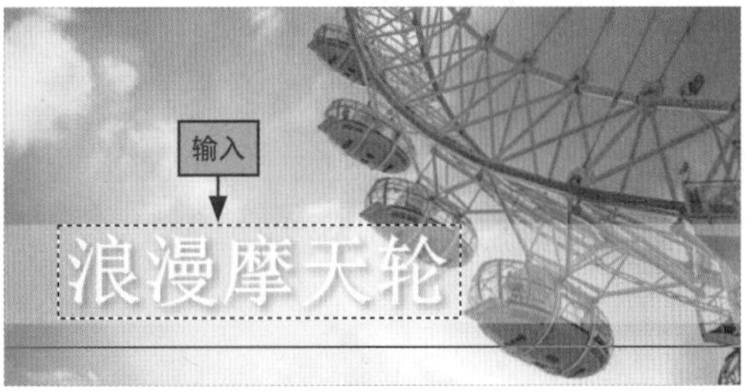

图10-6

步骤04 调整标题轨播放区间，使其与视频轨长度一致，如图10-7所示。单击“播放”按钮即可预览字幕效果，如图10-8所示。

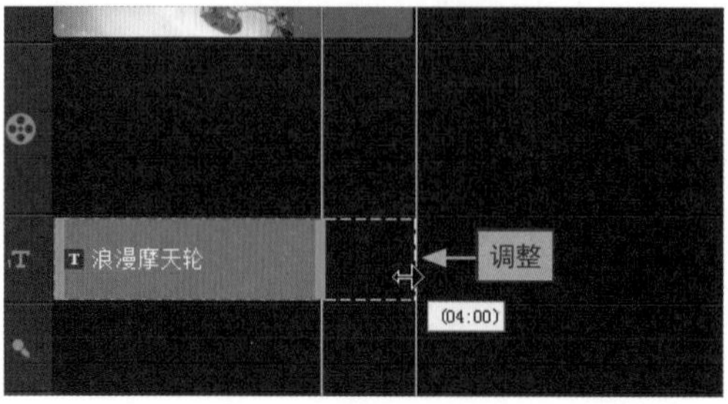

图10-7

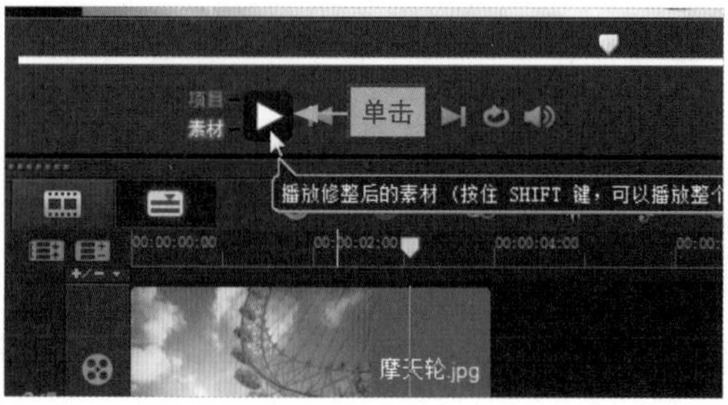

图10-8

在预览窗口查看字幕效果时可以看到，文字呈现出逐渐添加并显现的效果，如图10-9所示。

图10-9

10.1.2 双击预览窗口添加字幕

在为视频添加字幕时，打开字幕库后也可以采用双击的方式进入字幕编辑状态，下面以添加“回顾2018，展望2019”字幕为例讲解相关的操作步骤。

[知识演练] 添加“回顾2018，展望2019”字幕

本节素材	⊙|素材|Chapter10|海鸥.jpg
本节效果	⊙|效果|Chapter10|海鸥.VSP

步骤01 在会声会影视频轨中插入“海鸥.jpg”素材，如图10-10所示。单击“标题”按钮，如图10-11所示。

图10-10

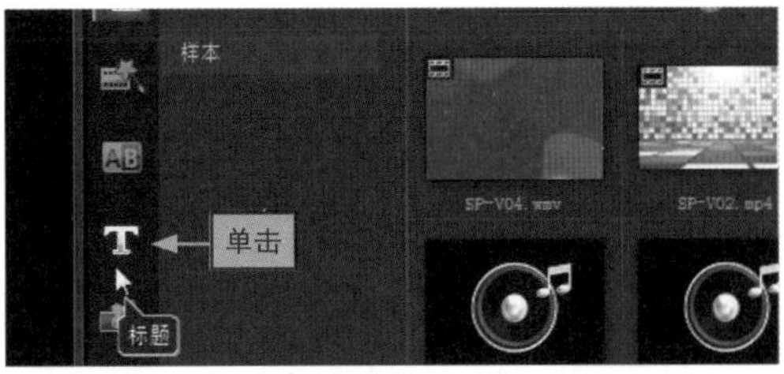

图10-11

步骤02 此时在预览窗口可查看到“双击这里可以添加标题”字样，在要添加字幕的位置双击，如图10-12所示。在输入框中输入字幕内容，这里输入“回顾2018，展望2019”，如图10-13所示。

图10-12

图10-13

添加字幕后单击“播放”按钮即可在预览窗口查看字幕的播放效果，可以看到字幕从无到有的呈现过程，如图10-14所示。

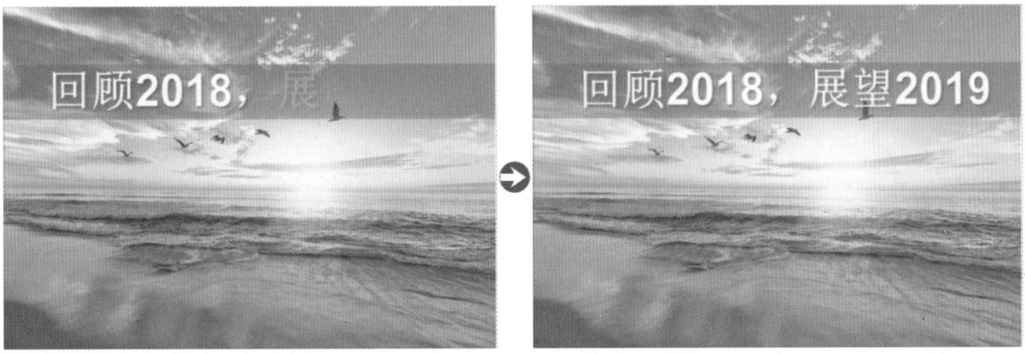

图10-14

10.1.3 创建两个标题字幕

会声会影支持创建多个标题字幕，下面以为视频创建两个标题字幕为例讲解相关的操作步骤。

[知识演练] 为视频添加双排标题字幕

本节素材	⊙|素材|Chapter10|玉兰.jpg
本节效果	⊙|效果|Chapter10|玉兰.VSP

步骤01 在会声会影视频轨中插入“玉兰.jpg”素材，如图10-15所示。在“编辑”面板中单击“标题”按钮，如图10-16所示。

图10-15

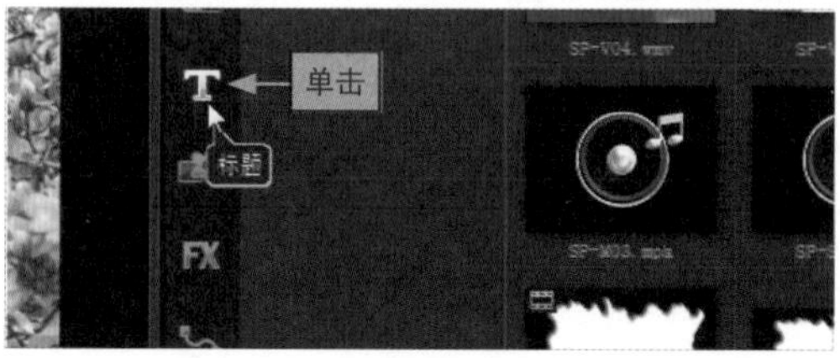

图10-16

步骤02 双击预览窗口，如图10-17所示。在输入框内输入第一个标题字幕，这里输入“春天，”如图10-18所示。

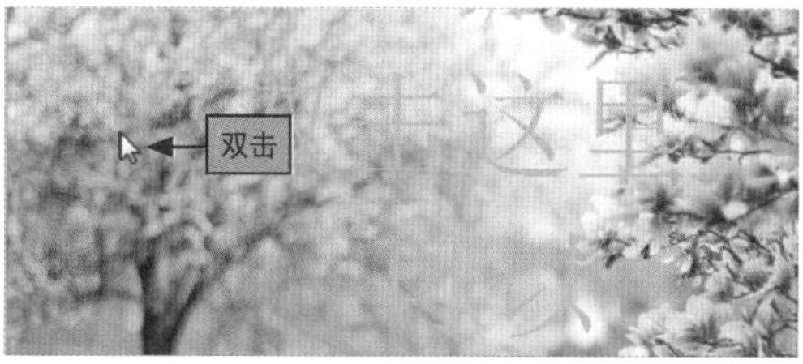

图10-17

图10-18

步骤03 双击预览窗口，如图10-19所示。在输入框内输入第二个标题字幕，这里输入“花开的季节”，如图10-20所示。

图10-19

图10-20

知识延伸 | 创建单个标题字幕

如果只需创建单个标题字幕，可以在双击预览窗口后，在“选项”面板中选中“单个标题”单选按钮，这样在创建标题字幕时就默认只创建单个标题字幕。若要创建多个标题字幕，则选中“多个标题”单选按钮。

创建双排标题字幕后，如果还要继续添加标题字幕，可以再次单击预览窗口进行字幕的添加，如图10-21所示为添加字幕前后的效果对比。

图10-21

10.1.4 如何插入字幕文件

会声会影还支持插入lrc、utf和srt字幕文件，对于歌词影片字幕文件或者其他文字内容较多的字幕，就可以采用这种方式来添加。下面以插入“海.lrc”文件为例讲解相关的操作步骤。

[知识演练] 为素材添加“海lrc”文件

本节素材	◎|素材|Chapter10|海
本节效果	◎|效果|Chapter10|海.VSP

步骤01 在会声会影视频轨中插入“海.jpg”素材，如图10-22所示。单击“标题”按钮，如图10-23所示。

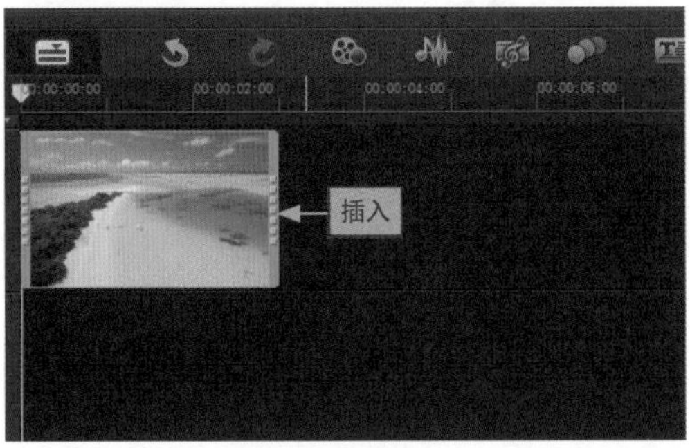

图10-22

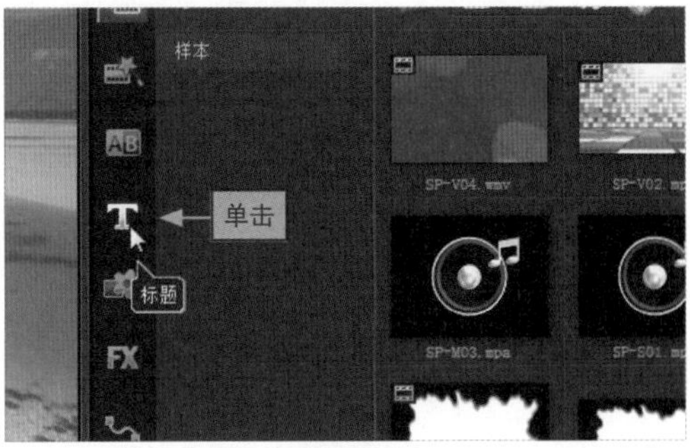

图10-23

步骤02 单击“选项”按钮，如图10-24所示。打开“选项”面板，单击“打开字幕文件”按钮，如图10-25所示。

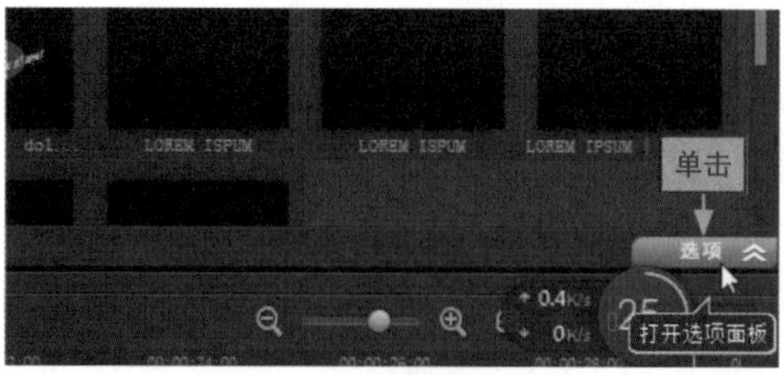

图10-24

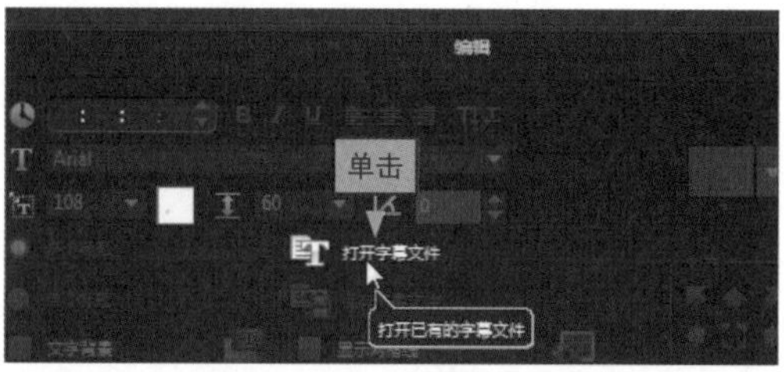

图10-25

步骤03 在打开的“”对话框中选择字幕文件，单击“打开”按钮，如图10-26所示。可以看到标题轨中已经添加了字幕，选择字幕文件拖动使其与视频轨素材首端对齐，如图10-27所示。

图10-26

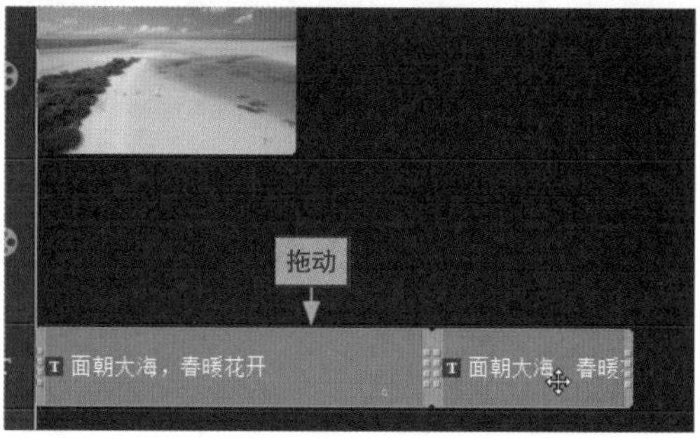

图10-27

完成以上步骤后，在预览窗口可以查看已添加的字幕内容，如图10-28所示为插入字幕文件前后的效果对比。

图10-28

10.1.5 使用G滤镜添加字幕

前面已经介绍过如何使用G滤镜为素材添加滤镜，实际上，G滤镜还支持为视频添加字幕，下面以使用G滤镜添加“绿色的草地”字幕为例讲解相关的操作步骤。

[知识演练] 添加“绿色的草地”字幕

本节素材	◎|素材|Chapter10|草地.jpg
本节效果	◎|效果|Chapter10|草地.VSP

步骤01 在会声会影视频轨中插入“草地.jpg”素材图片，如图10-29所示。打开滤镜库，选择G滤镜，拖动其到素材图片的上方，如图10-30所示。

图10-29

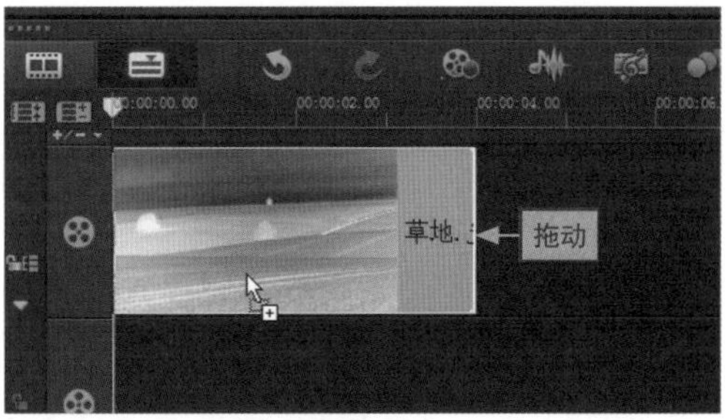

图10-30

步骤02 打开“选项”面板，单击“自定义滤镜”按钮，如图10-31所示。在打开的“G滤镜无标题工程”对话框中选择一种效果，如图10-32所示。

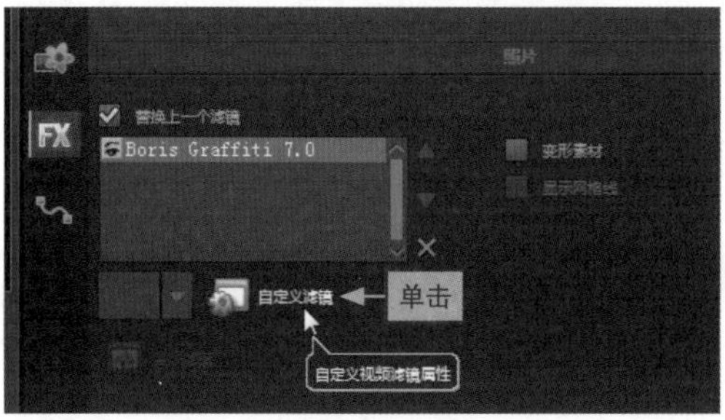

图10-31

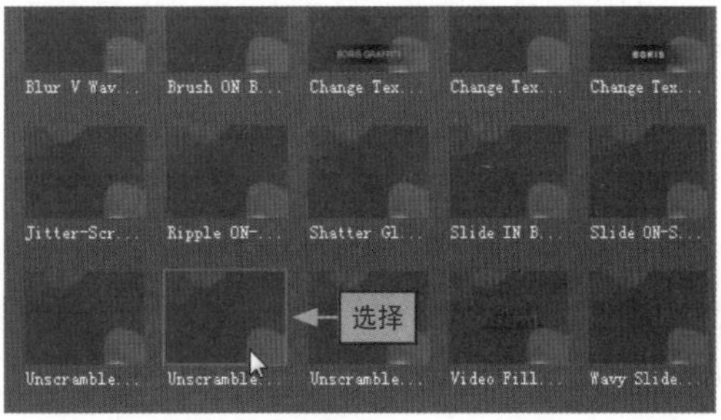

图10-32

步骤03 在对话框左侧文本框中输入文字内容“绿色的草地”，将默认的文字模板替换，如图10-33所示。单击“Insert Text”按钮，如图10-34所示。

图10-33

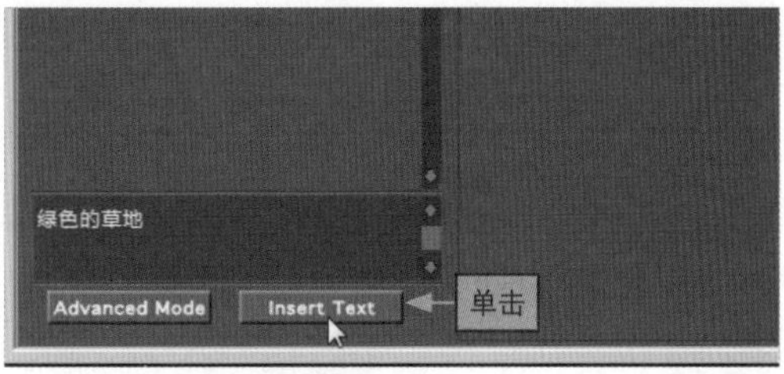

图10-34

步骤04 单击“Apply”按钮，如图10-35所示。完成后在返回的预览窗口单击“播放”按钮查看字幕，如图10-36所示。

图10-35

图10-36

完成以上步骤后即可查看字幕添加后的效果，可以看到字幕逐渐显现的效果，如图10-37所示。

图10-37

10.1.6 在覆叠轨中插入预设字幕

字幕不仅可以插入到标题轨中，还可以插入到视频轨和覆叠轨中，下面以在覆叠轨中插入一种字幕模板为例讲解插入字幕的相关操作步骤。

[知识演练] 在覆叠轨中添加“大自然的美丽风光”字幕

本节素材	⊙\素材\Chapter10\草原.jpg
本节效果	⊙\效果\Chapter10\草原.VSP

步骤01 在会声会影视频轨中插入“草原.jpg”素材图片，如图10-38所示。单击“标题”按钮，如图10-39所示。

图10-38

图10-39

步骤02 在标题库中右击一种标题模板，如图10-40所示。在打开的快捷菜单中选择“插入到/覆叠轨#1”命令，如图10-41所示。

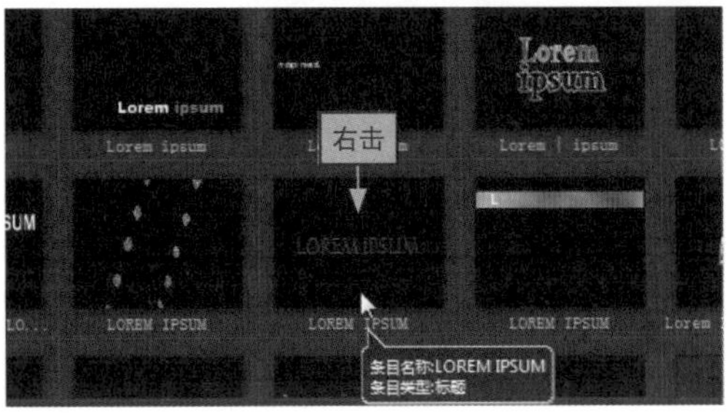

图10-40

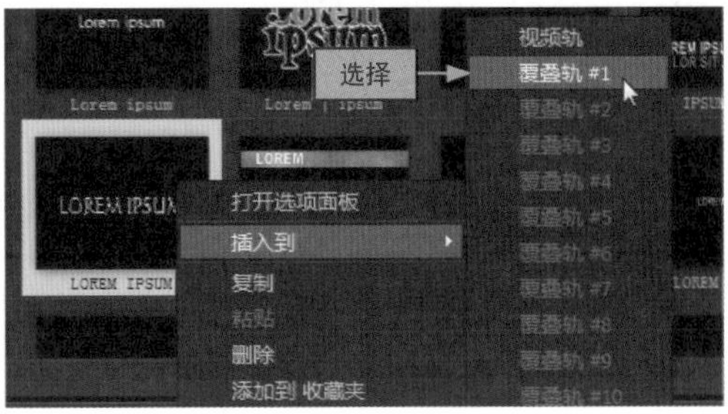

图10-41

步骤03 双击预览窗口，如图10-42所示。在打开的文本框中输入要替换的文字内容，这里输入“大自然的美丽风光”，如图10-43所示。

图10-42

图10-43

完成字幕内容的替换后，即可在预览窗口查看覆叠轨添加字幕后的效果，如图10-44所示。

图10-44

LESSON 10.2 对字幕的参数进行编辑

知识级别

■初级入门 | □中级提高 | □高级拓展

知识难度 ★

学习时长 100 分钟

学习目标

① 调整字幕位置和大小。

② 对字幕颜色和背景进行设置。

③ 设置字幕行间距和文字方向。

※主要内容※

内　容	难　度	内　容	难　度
根据网格参考辅助线调整	★	将字幕设置为对齐到左下方	★
将横排文字设置为竖排文字	★	选择合适的字体效果	★
调整文字大小让效果更好	★	将文字颜色设置为白色	★
将文字行间距加大	★	给字幕加点背景色	★
旋转字幕文字方向	★	为字幕设置阴影效果	★

效果预览 > > >

10.2.1 根据网格参考辅助线调整

在添加字幕后，有时会发现字幕并没有位于理想的位置上，这时就需要对字幕的位置进行调整，下面以打开网格参考线辅助进行字幕位置调整为例讲解相关的操作步骤。

[知识演练] 调整字幕位置

本节素材	⊙|素材|Chapter10|瀑布
本节效果	⊙|效果|Chapter10|瀑布.VSP

步骤01 在会声会影视频轨中打开“瀑布”项目文件，如图10-45所示。双击标题轨字幕，使其出现黄色边框，如图10-46所示。

图10-45

图10-46

步骤02 打开“选项”面板，勾选“显示网格线”复选框，如图10-47所示。在预览窗口拖动字幕到网格线的中间位置，如图10-48所示。

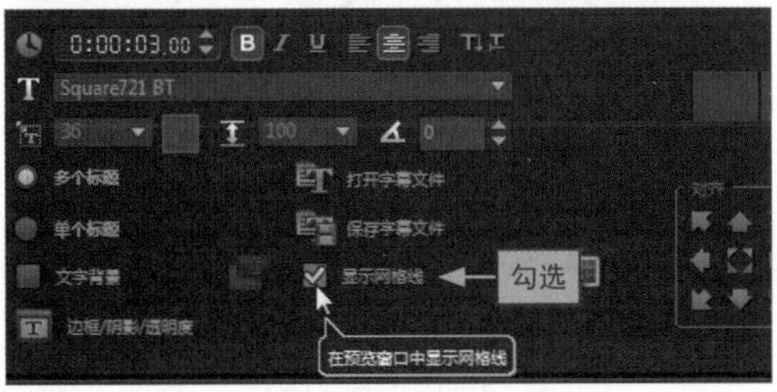

图10-47

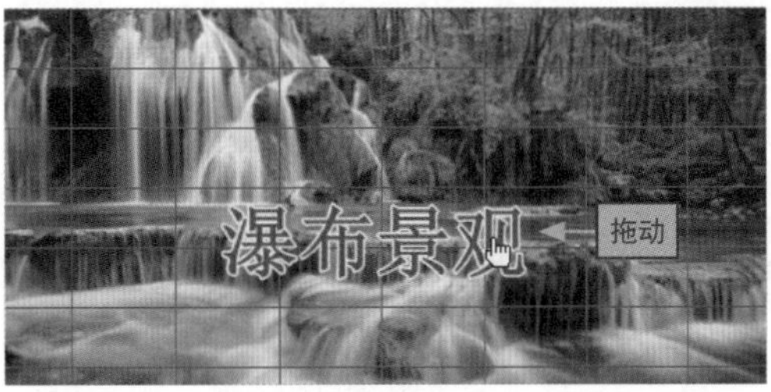

图10-48

步骤03 完成字幕的位置移动后，在“选项”面板中取消勾选“显示网格线”复选框，如图10-49所示。单击“项目”按钮即可查看效果，如图10-50所示。

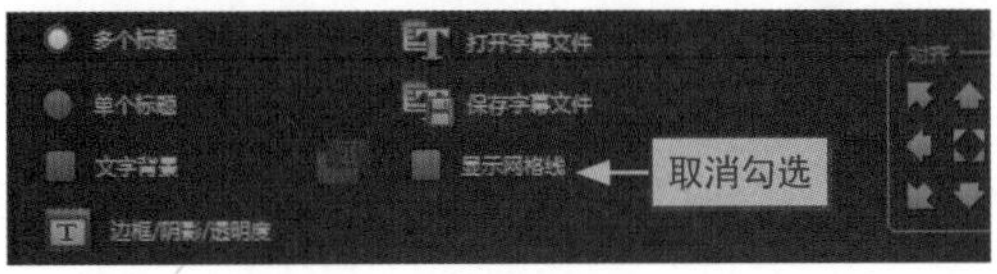

图10-49

图10-50

完成以上步骤后可以看到，原来右下角的字幕被移动到了画面的中间位置，如图10-51所示。

图10-51

10.2.2 将字幕设置为对齐到左下方

在会声会影中给视频添加字幕后，还可以设置其对齐方式，如对齐到左上方、对齐到右边中央等。具体操作方法是，双击预览窗口添加字幕，如图10-52所示。在“选项”面板的“编辑”选项卡的对齐栏中单击“对齐到左下方”按钮即可实现对齐到左下方的效果，如图10-53所示。

图10-52

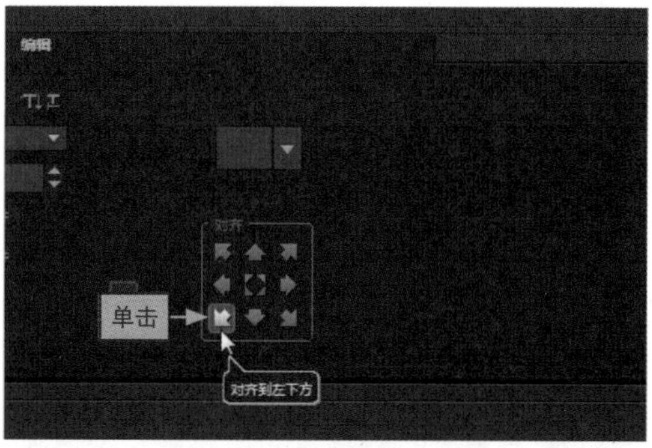

图10-53

10.2.3 将横排文字设置为竖排文字

在标题轨添加字幕时，默认是以横排方式显示字幕，如果要将横排的文字改为竖排显示，同样可以在“选项”面板的“编辑”选项卡中进行操作。

在预览窗口选中要更改文字显示方式的字幕内容，如图10-54所示。在“编辑”选项卡中单击“将方向更改为垂直”按钮，如图10-55所示。

图10-54

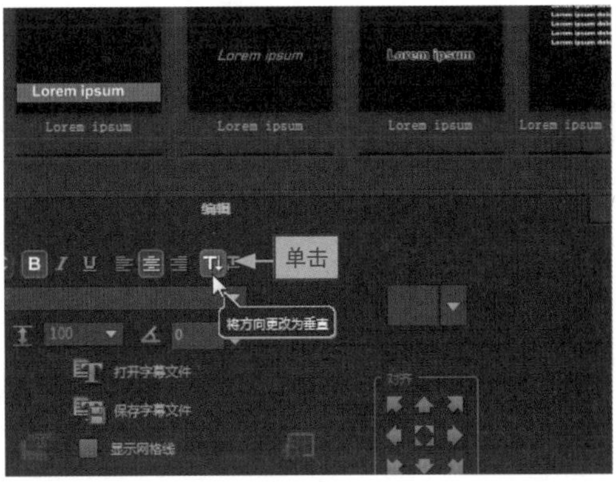

图10-55

10.2.4 选择合适的字体效果

在编辑字幕时可以对字幕的字体样式进行更改，具体方法是在预览窗口选中要更改字体样式的字幕内容，如图10-56所示。打开“选项”面板，在“字体”下拉列表中选择合适的字体样式，如图10-57所示。

图10-56

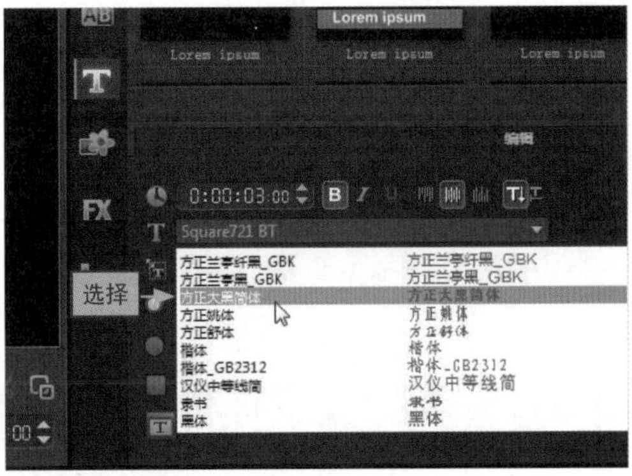

图10-57

10.2.5 调整文字大小让效果更好

通过调整字体大小能让字幕呈现出更好的效果。在预览窗口选中要调整字体大小的字幕内容，如图10-58所示。打开“选项”面板，在“字体大小”下拉列表中选择合适的字体大小或者在数值框中输入一个合适的大小数值，如图10-59所示。

图10-58

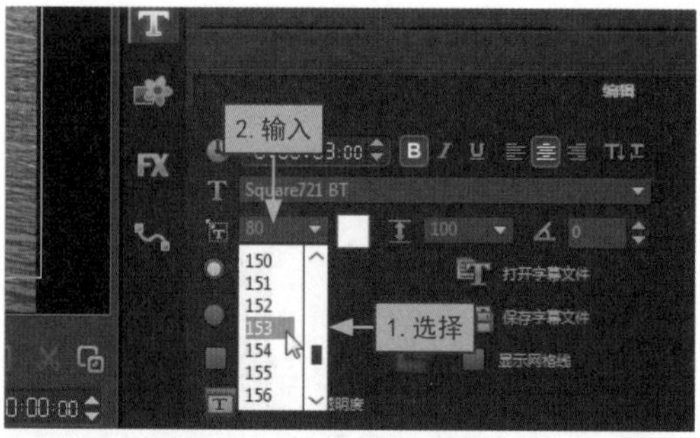

图10-59

10.2.6 将文字颜色设置为白色

不同的素材适合搭配的字幕字体颜色是不同的，在会声会影中，可以根据需要对字体颜色进行更改。在预览窗口选中字幕内容文本框，如图10-60所示。单击“色彩”按钮，在“色彩选取器”下拉列表中选择颜色，这里选择“白色”选项，如图10-61所示。

图10-60

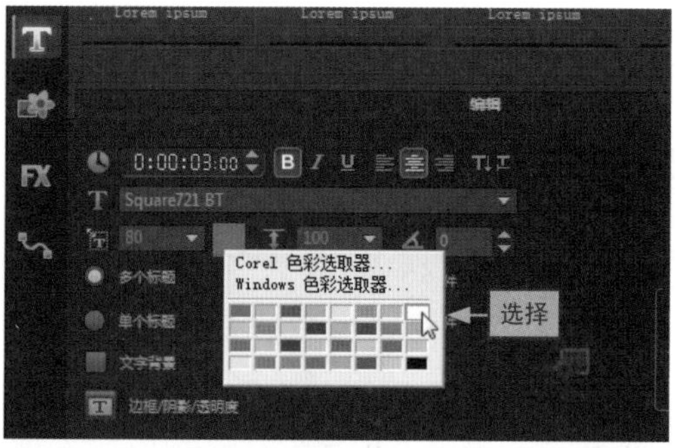

图10-61

10.2.7 将文字行间距加大

为了让字幕内容能更好地呈现，可以对字幕的行间距进行调整。在预览窗口选中字幕内容文本框，如图10-62所示。打开“选项”面板，在“行间距”下拉列表中选择合适的行间距或者在输入框内输入需要的数值大小，如图10-63所示。

图10-62

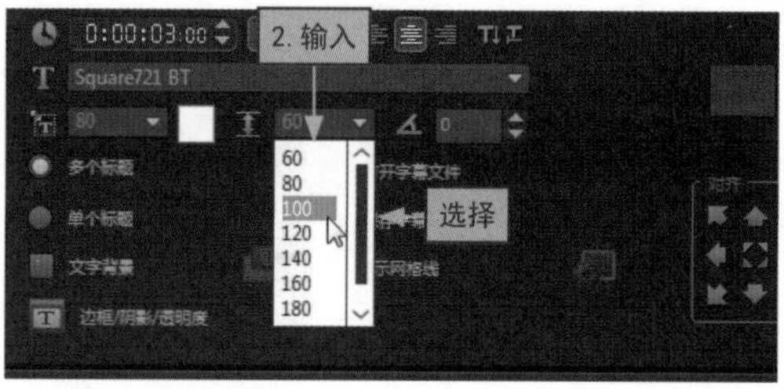

图10-63

10.2.8 给字幕加点背景色

给字幕加背景色，可以让文字内容突出显示。在预览窗口选中字幕后，打开“选项”面板，在“编辑”选项卡中勾选“文字背景”复选框，如图10-64所示。单击“自定义文字背景的属性”按钮，在打开的“文字背景”对话框中设置背景颜色，单击“确定”按钮，即可为字幕添加背景色，如图10-65所示。

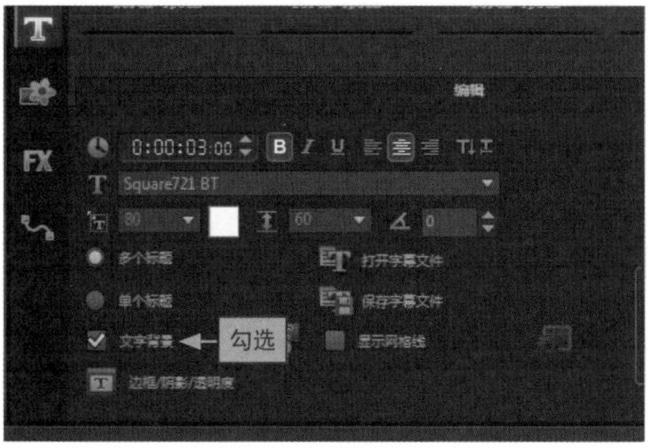

图10-64

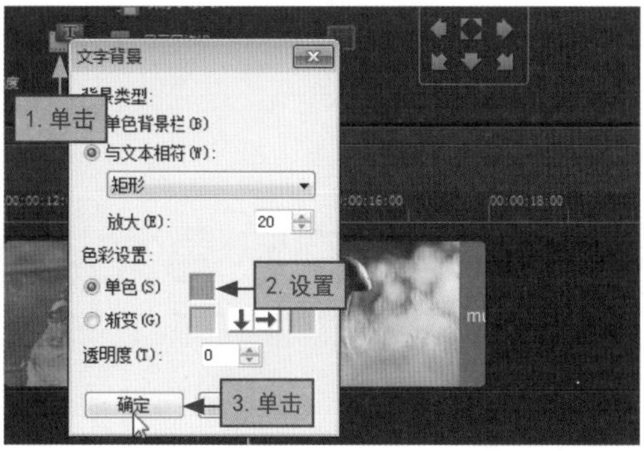

图10-65

10.2.9 旋转字幕文字方向

如果想让字幕倾斜显示，可以对字幕进行旋转操作。在预览窗口选中字幕文本框，如图10-66所示。在“编辑”选项卡中设置旋转角度即可，如图10-67所示。

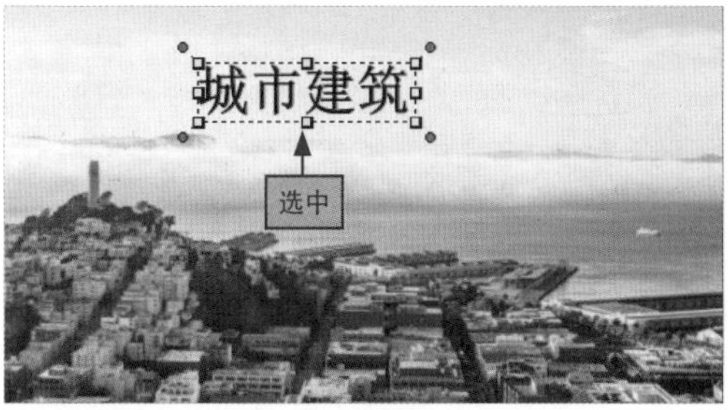

图10-66

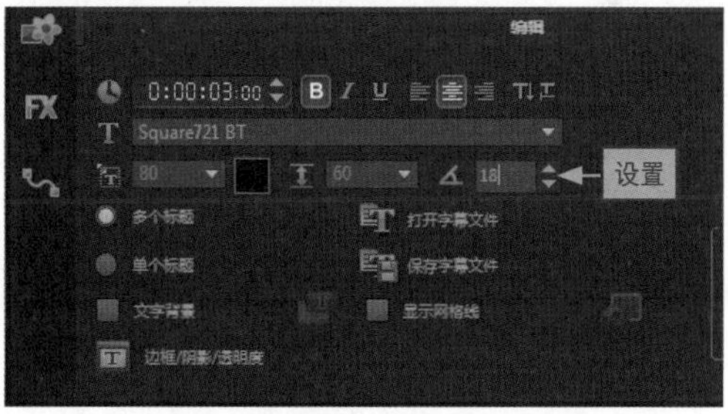

图10-67

10.2.10 为字幕设置阴影效果

想要让字幕实现阴影效果，可在预览窗口选中字幕文本框后，在“选项”面板的“编辑”选项卡中单击“边框/阴影/透明度”按钮，如图10-68所示。打开“边框/阴影/透明度”对话框，切换至“阴影”选项卡，设置阴影样式，单击“确定”按钮，如图10-69所示。

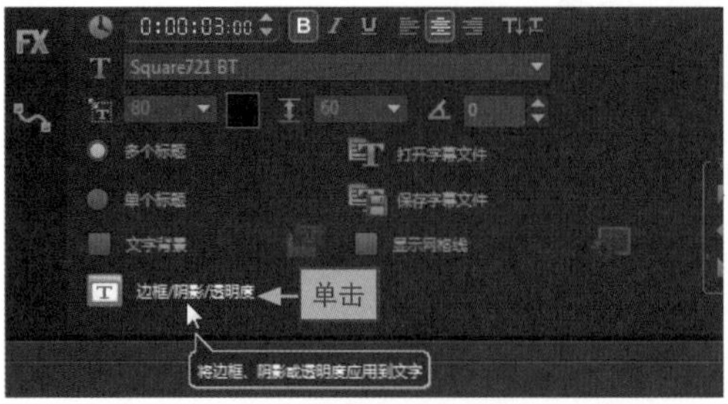

图10-68

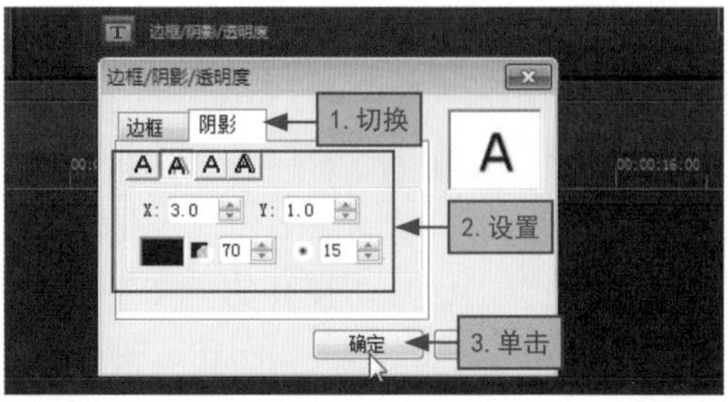

图10-69

实战应用 制作镂空字幕文字效果

在本节中主要介绍了字幕属性设置的基本操作，下面以设置镂空字幕文字效果为例讲解相关的操作步骤。

本节素材	⊙\素材\Chapter10\旅行
本节效果	⊙\效果\Chapter10\旅行.VSP

步骤01 在会声会影视频轨中插入“旅行”素材图片，如图10-70所示。单击“标题”按钮，如图10-71所示。

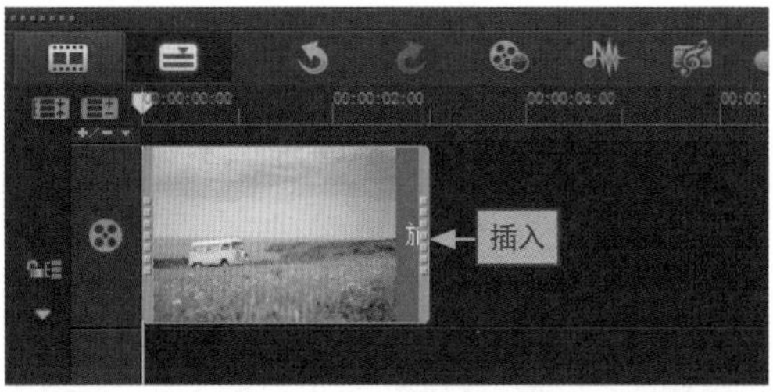

图10-70

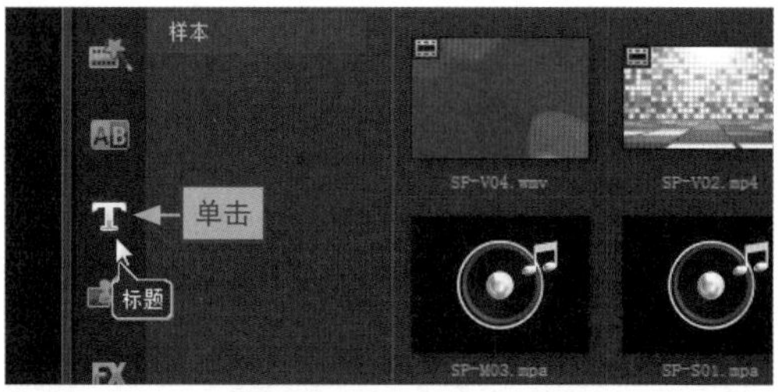

图10-71

步骤02 双击预览窗口，输入字幕内容“户外旅行”，如图10-72所示。全选文字内容，如图10-73所示。

图10-72

图10-73

步骤03 打开“选项”面板，切换至“编辑”选项卡，在“文字大小”下拉列表中选择“108”选项，如图10-74所示。选中字幕文本框，拖动其到中间偏上位置，如图10-75所示。

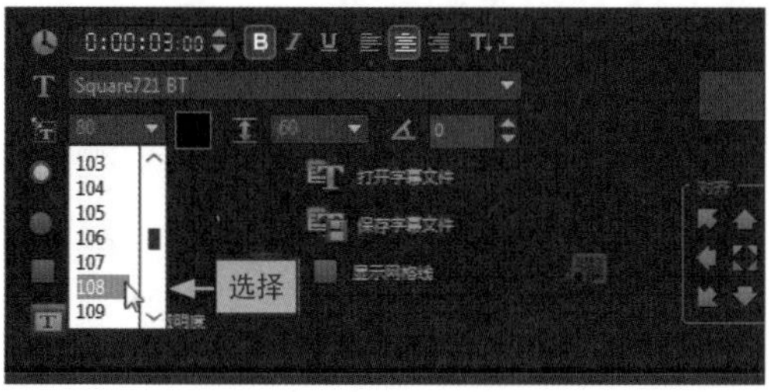

图10-74

图10-75

步骤04 单击“边框/阴影/透明度”按钮，如图10-76所示。打开“边框/阴影/透明度”对话框，切换到“边框”选项卡，勾选“透明文字”和“外部边界”复选框，设置边框宽度为2，单击“边框色彩”按钮，如图10-77所示。

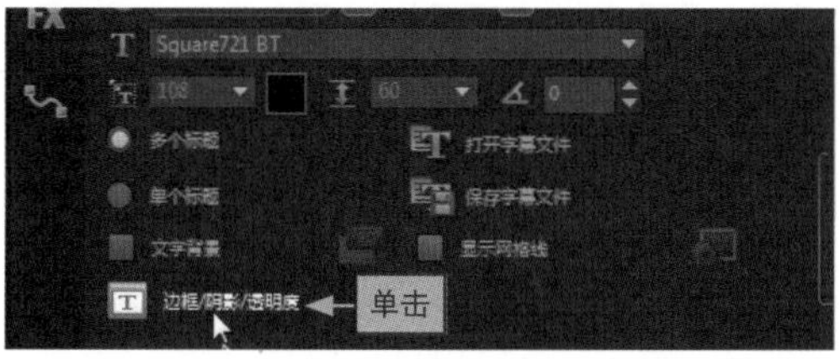

图10-76

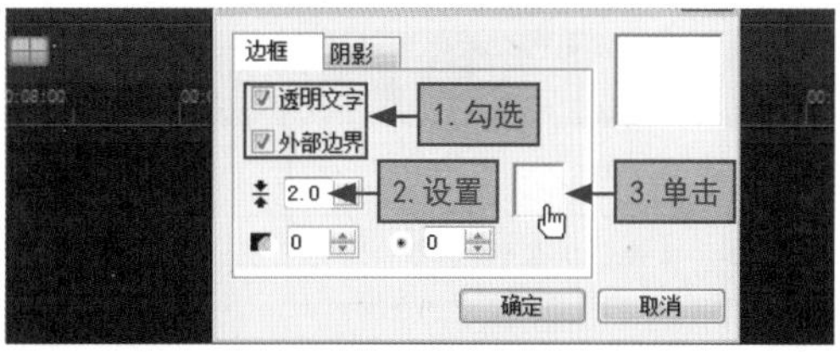

图10-77

步骤05 在“色彩选取器”下拉列表中选择“黑色”，如图10-78所示。在返回的“边框/阴影/透明度”对话框中单击“确定”按钮，如图10-79所示。

图10-78

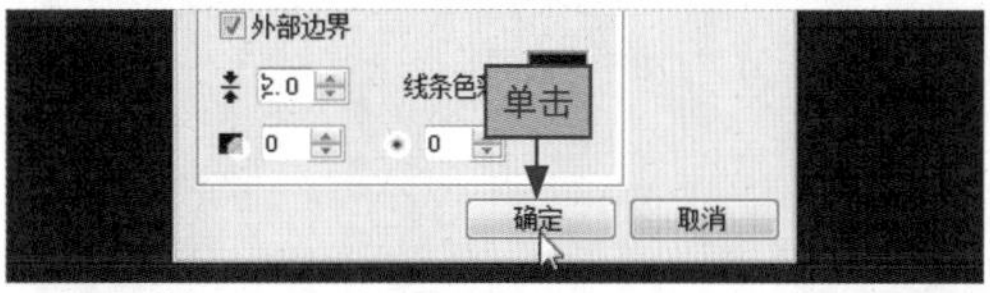

图10-79

完成以上步骤后可以看到字幕文字呈现镂空效果，如图10-80所示为添加镂空字幕前后的效果对比。

图10-80

LESSON
10.3 让字幕与众不同的编辑调整

知识级别

□初级入门 | ■中级提高 | □高级拓展

知识难度 ★★

学习时长 45 分钟

学习目标

① 利用滤镜对字幕进行编辑。

② 为字幕添加渐变背景色。

※主要内容※

内 容	难 度	内 容	难 度
大气金色粒子字幕	★★	制作立体偏移字幕	★★
单色渐变光晕字幕背景制作	★★		

效果预览 > > >

10.3.1 大气金色粒子字幕

在使用会声会影制作视频字幕时，结合滤镜可以让字幕效果更加美观，下面以制作大气金色炫酷为例讲解相关的操作步骤。

[知识演练] 利用滤镜制作金色字幕效果

本节素材	⊙|素材|Chapter10|发光粒子.mov
本节效果	⊙|效果|Chapter10|发光粒子.VSP

步骤01 在会声会影视频轨中插入“发光粒子.mov”素材，如图10-81所示。单击“标题”按钮，如图10-82所示。

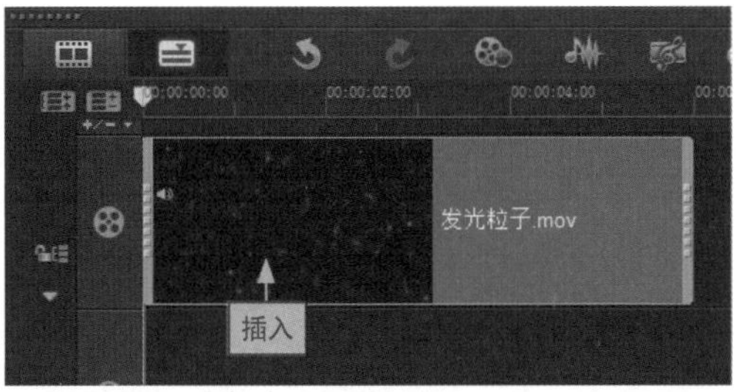

图10-81

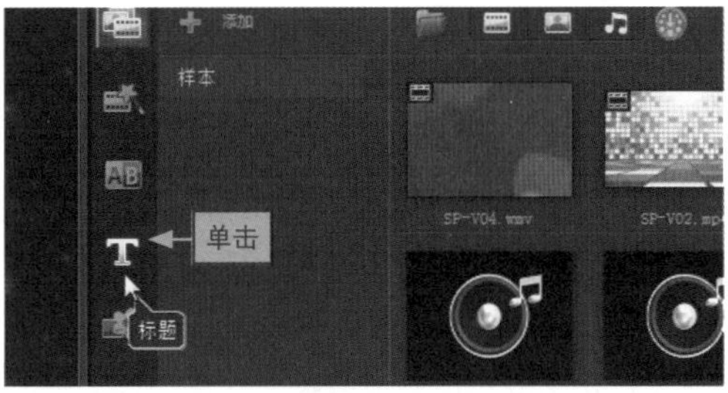

图10-82

步骤02 双击预览窗口，输入字幕内容“为目标而奋斗”，如图10-83所示。打开“选项”面板，在“字体大小”下拉列表中选择“62”选项，如图10-84所示。

图10-83

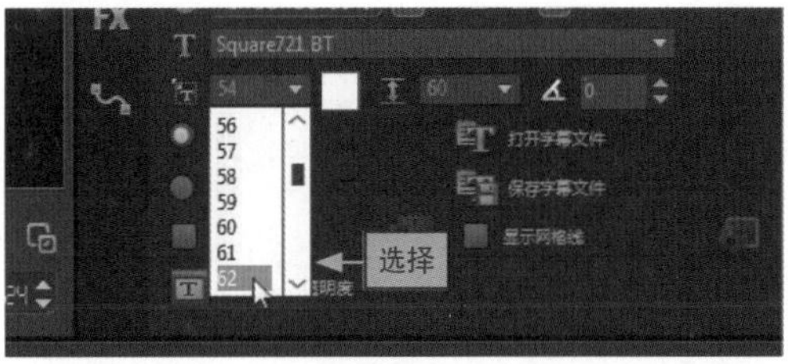

图10-84

步骤03 单击“色彩”按钮，在“色彩”下拉列表中选择“Corel 色彩选取器”选项，如图10-85所示。在打开的“Corel色彩选取器”对话框中设置RGB数值，单击“确定”按钮，如图10-86所示。

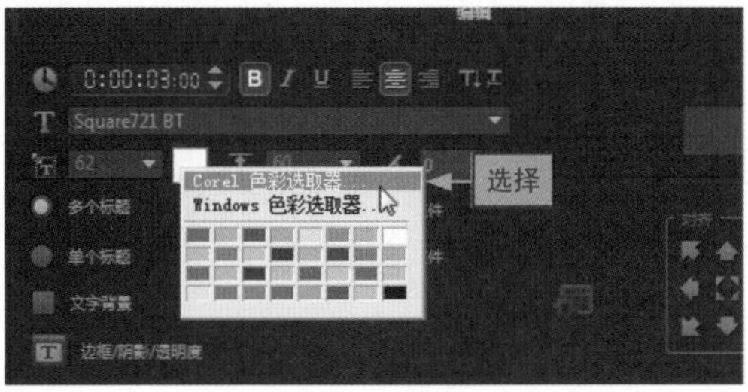

图10-85

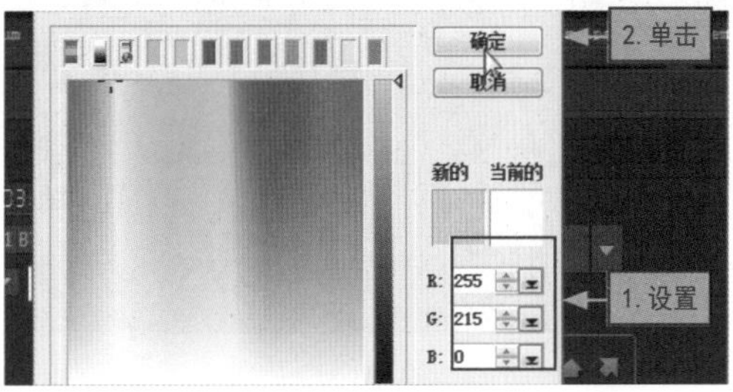

图10-86

步骤04 将光标放于标题轨右侧边框，光标变为黑色箭头时拖动边框，使其与视频长度一致，如图10-87所示。单击“滤镜”按钮，如图10-88所示。

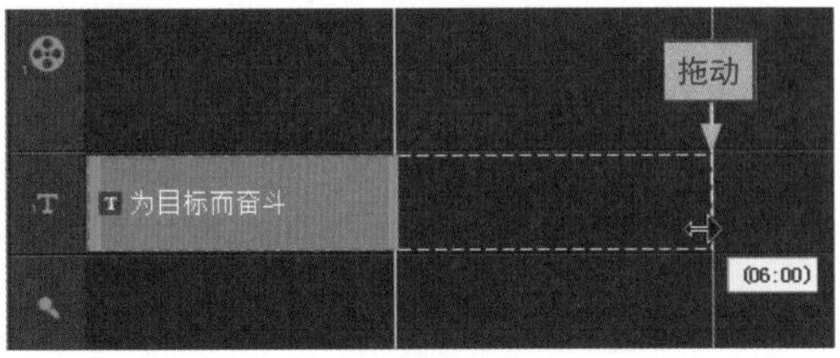

图10-87

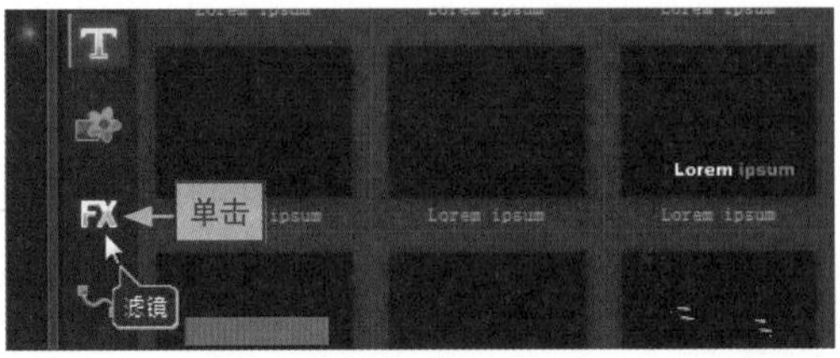

图10-88

步骤05 在打开的滤镜库中选择“光线”滤镜，如图10-89所示。拖动“光线”滤镜到标题轨字幕上方，如图10-90所示。

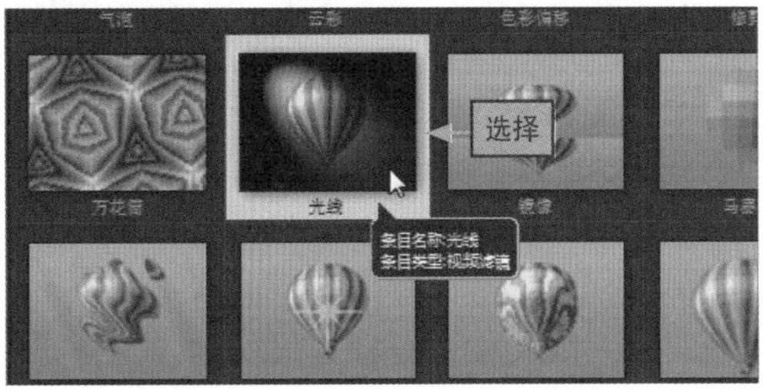

图10-89

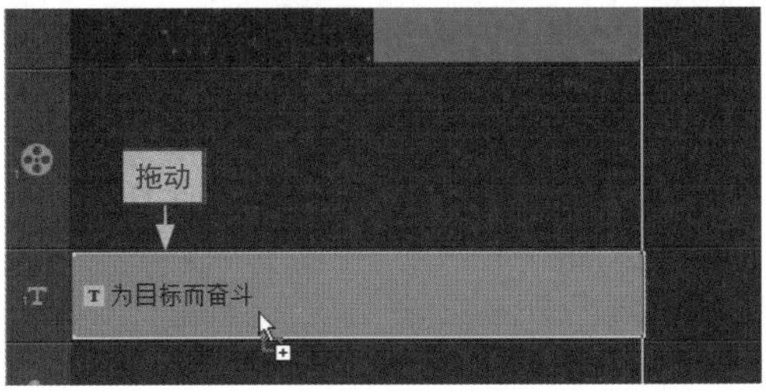

图10-90

步骤06 打开“选项”面板，单击“属性”选项卡，如图10-91所示。单击“自定义滤镜”按钮，如图10-92所示。

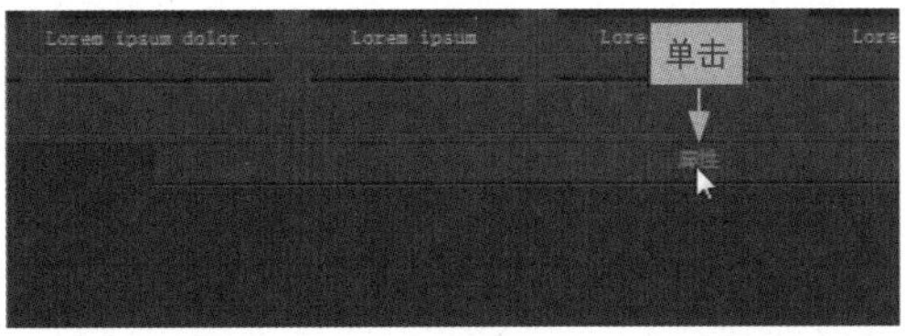

图10-91

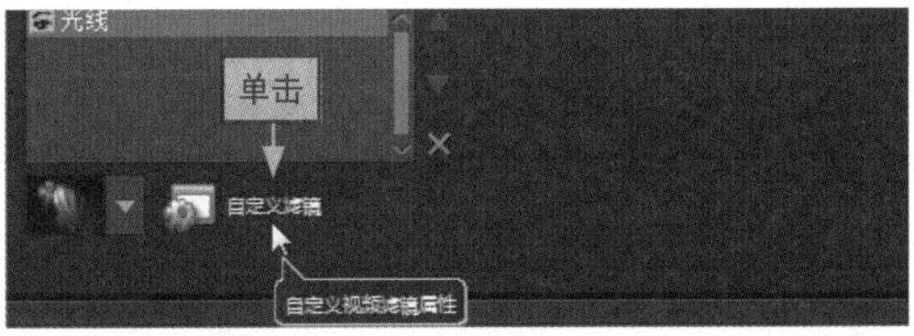

图10-92

步骤07 拖动光线控制点，如图10-93所示。设置该控制点参数，单击“光线色彩”按钮，在打开的“Corel色彩选取器”对话框中设置光线色彩RGB数值为143,61,50，单击“确定”按钮，如图10-94所示。

图10-93

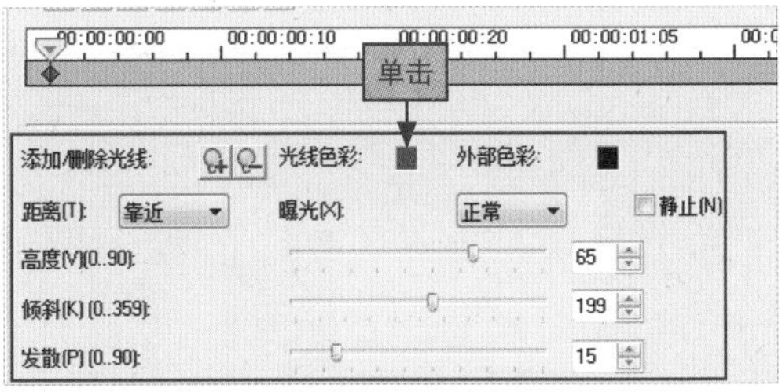

图10-94

步骤08 在返回的“光线”对话框中单击“+”按钮添加光线控制点，如图10-95所示。拖动该控制点，调整其位置，如图10-96所示。

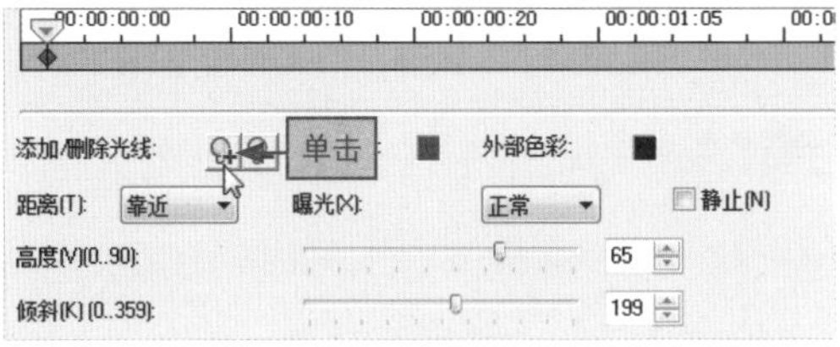

图10-95

图10-96

步骤09 设置光线控制点参数，其中光线色彩RGB数值为255,200,200，如图10-97所示。添加光线控制点，拖动调整该点位置，如图10-98所示。

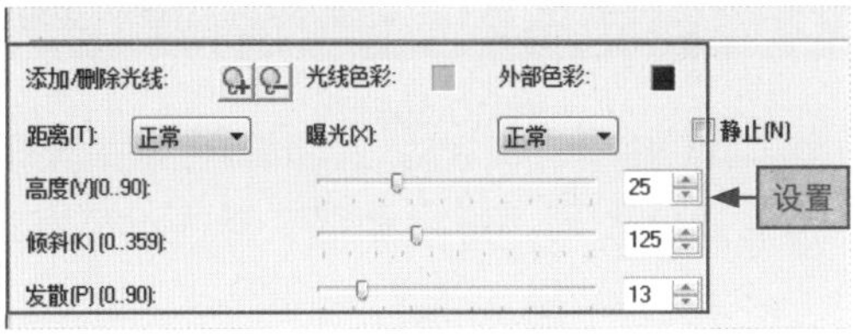

图10-97

图10-98

步骤10 设置光线控制点参数，其中光线色彩RGB数值为255,200,200，如图10-99所示。拖动三角形滑块到结束帧位置，如图10-100所示。

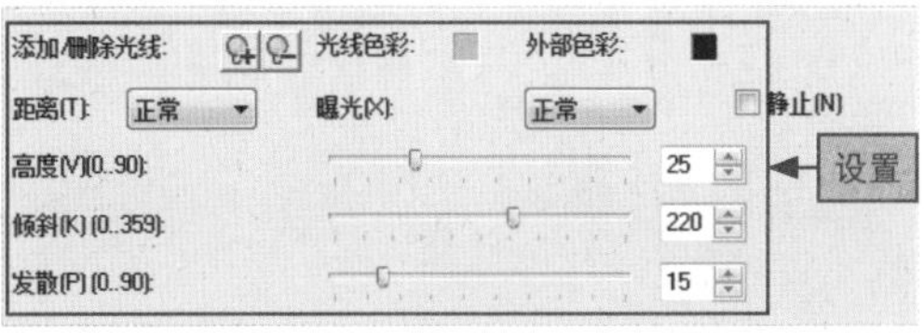

图10-99

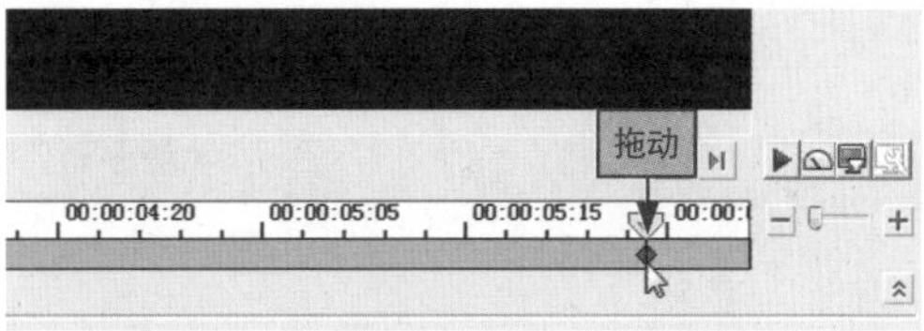

图10-100

步骤11 拖动3个光线控制点，调整其位置（拖动时注意控制点相对位置要与开始帧接近），如图10-101所示。设置最左侧控制点参数，其中光线色彩RGB数值为255,200,200，如图10-102所示。

图10-101

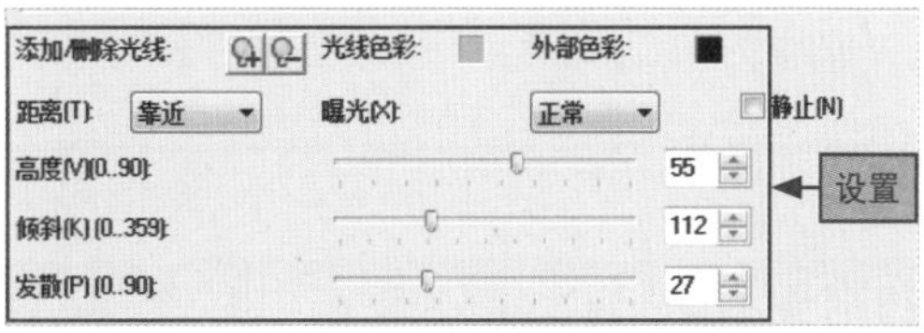

图10-102

步骤12 设置中间控制点参数，其中光线色彩RGB数值为255,200,118，如图10-103所示。设置最右侧控制点参数，其中光线色彩RGB数值为204,132,84，如图10-104所示。

图10-103

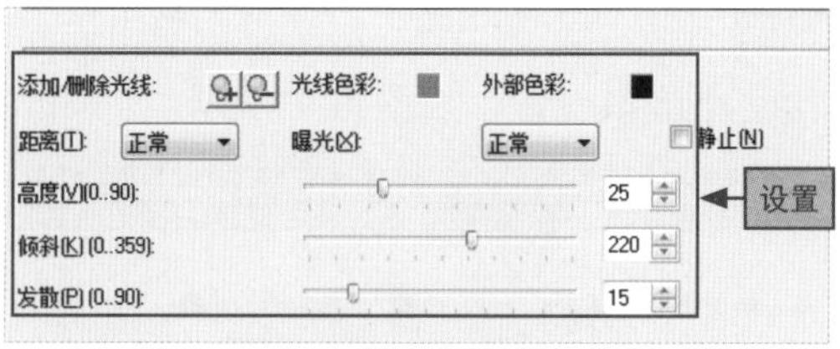

图10-104

步骤13 单击“确定”按钮，如图10-105所示。单击“播放”按钮查看字幕效果，如图10-106所示。

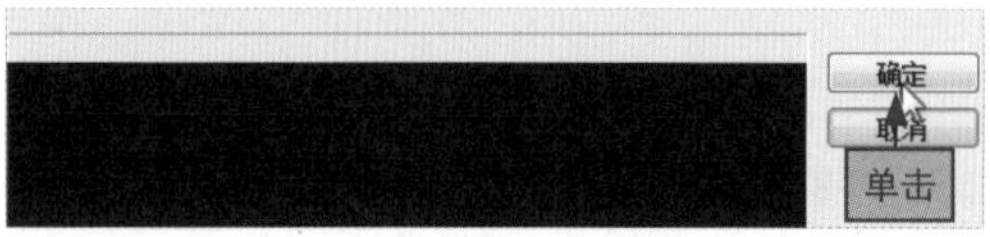

图10-105

图10-106

完成以上步骤后，在预览窗口即可查看到字幕的播放效果，可以看到字幕色彩是比较亮丽的金色，如图10-107所示。

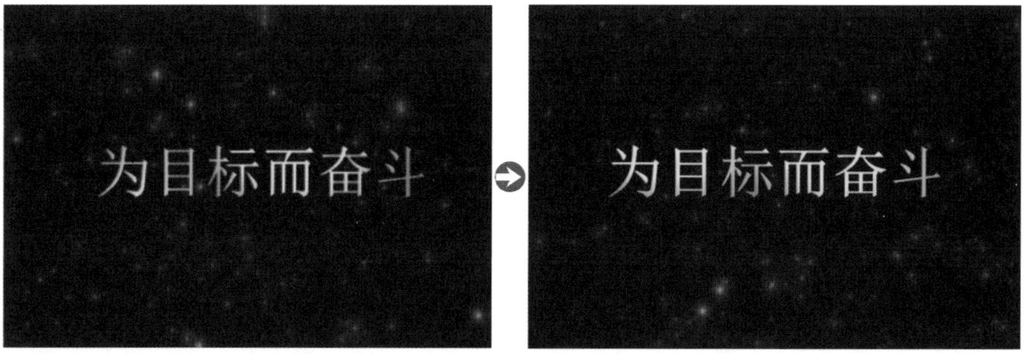

图10-107

知识延伸 | 无法打开mov视频素材怎么办

在会声会影中插入mov格式的视频素材时，有时会遇到插入不成功的问题，面对这种情况，可下载并安装QuickTime程序，安装完成后重新启动会声会影软件，再次插入mov格式视频素材。

10.3.2 制作立体偏移字幕

利用浮雕滤镜和阴影工具可以制作具有立体效果的字幕，下面以制作立体偏移字幕为例讲解相关的操作步骤。

[知识演练] 立体文字开场字幕效果

本节素材	⊙/素材/Chapter10/圆点飘动.mov
本节效果	⊙/效果/Chapter10/立体字幕.VSP

步骤01 在会声会影视频轨中插入“圆点飘动.mov”素材，如图10-108所示。单击“标题”按钮，在预览窗口输入字幕内容，这里输入“一个美丽的结局”，如图10-109所示。

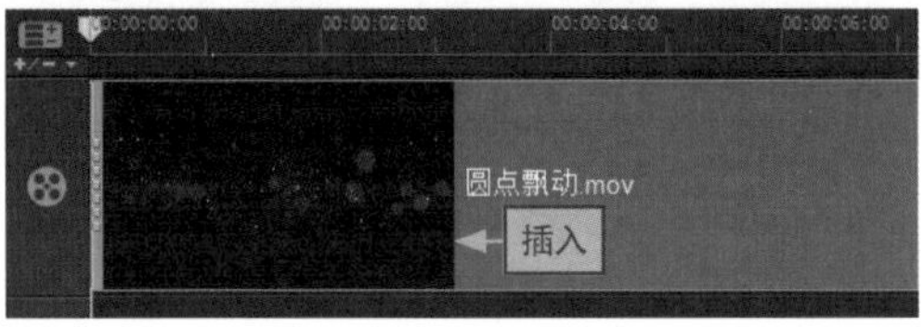

图10-108

图10-109

步骤02 选中字幕文本框，在“编辑”选项卡中设置字体颜色为白色，在对齐栏中单击“居中”按钮，如图10-110所示。打开滤镜库，选择“浮雕”滤镜，如图10-111所示。

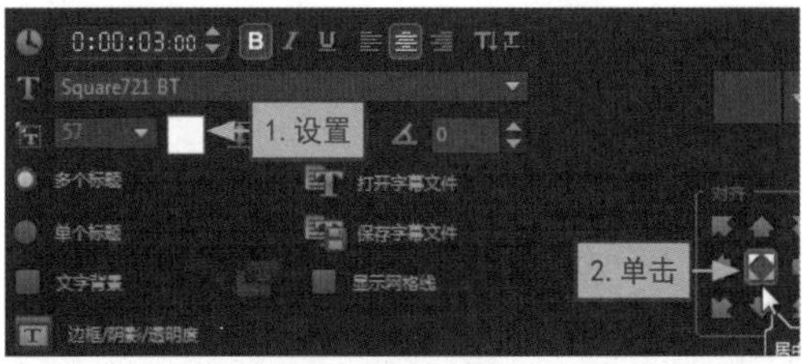

图10-110

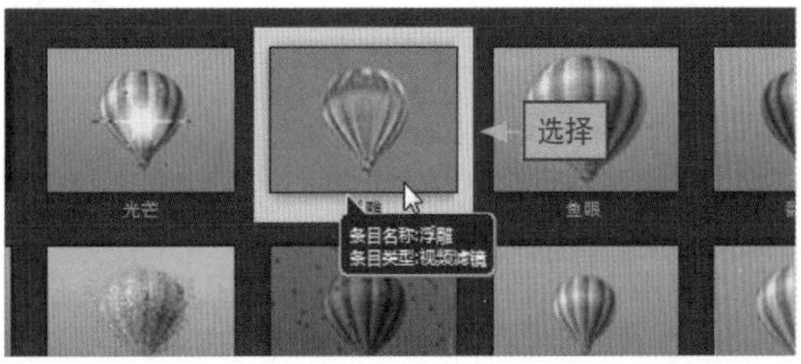

图10-111

步骤03 为字幕应用浮雕滤镜，如图10-112所示。打开“选项”面板，切换至“属性”选项卡，单击“自定义滤镜”按钮，如图10-113所示。

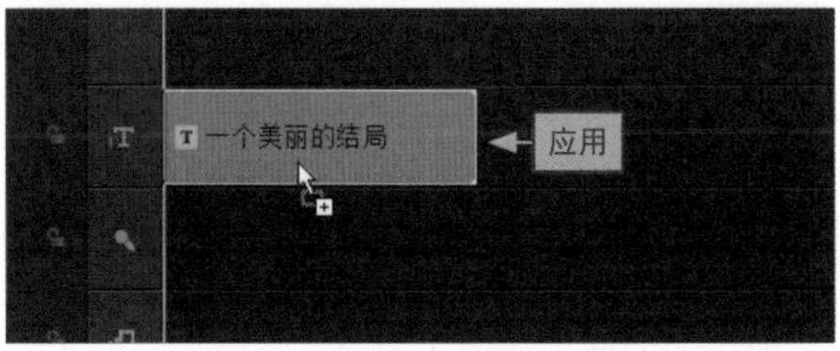

图10-112

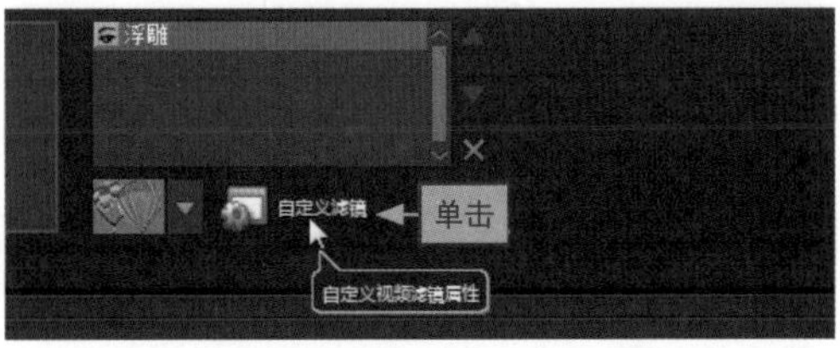

图10-113

步骤04 在打开的“浮雕”对话框中设置滤镜参数，其中覆盖色彩RGB数值为188,188,188，将滑块定位在结束帧位置，设置与开始帧相同的滤镜参数，如图10-114所示。单击“确定”按钮，如图10-115所示。

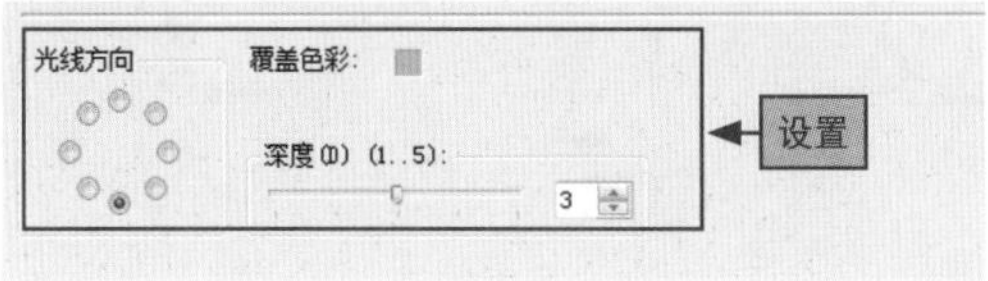

图10-114

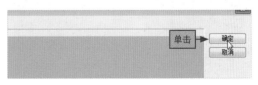

图10-115

步骤05 选中“动画”单选按钮，取消勾选“应用”复选框，如图10-116所示。切换至“编辑”选项卡，单击“边框/阴影/透明度”按钮，如图10-117所示。

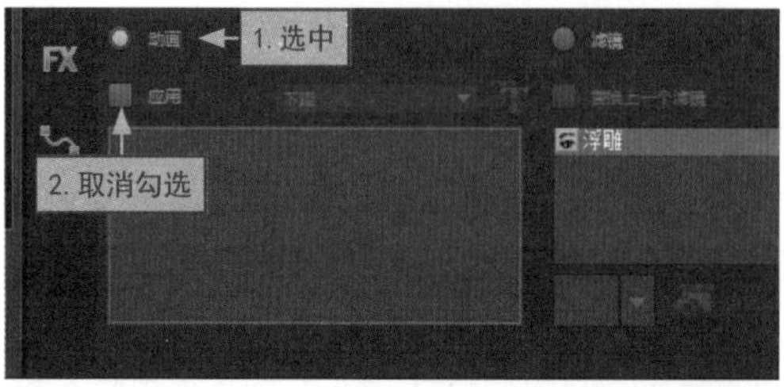

图10-116

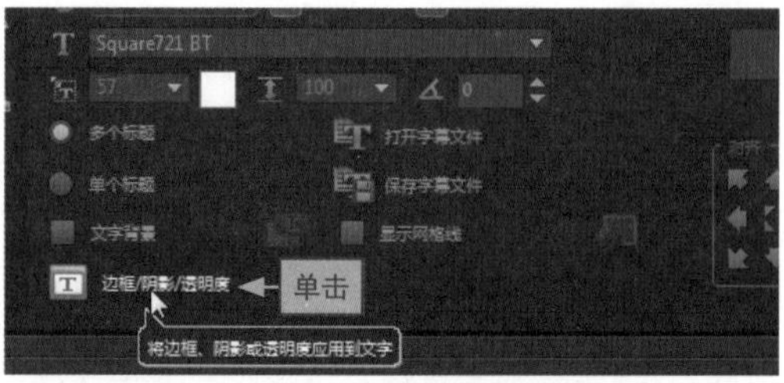

图10-117

步骤06 在打开的“边框/阴影/透明度”对话框中取消勾选“透明文字”和“外部边界”复选框，设置其他参数为0，如图10-118所示。切换至“阴影”选项卡，设置阴影参数，其中色彩RGB数值为200,200,200，单击“确定”按钮，如图10-119所示。

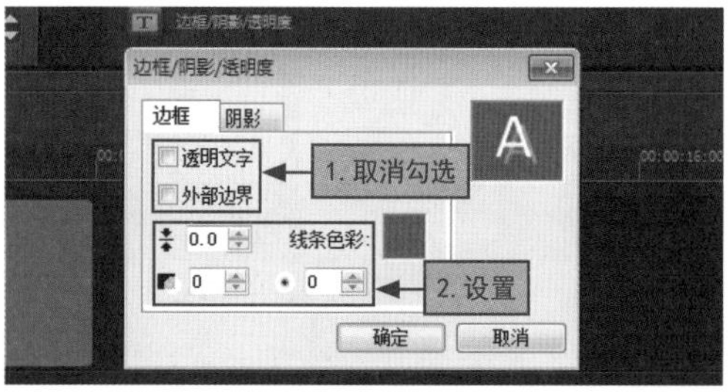

图10-118

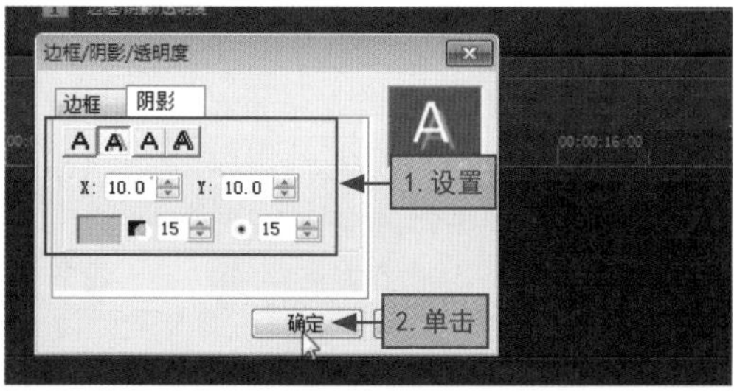

图10-119

步骤07 调整标题轨字幕区间，使其与视频轨等长，如图10-120所示。双击标题轨字幕，如图10-121所示。

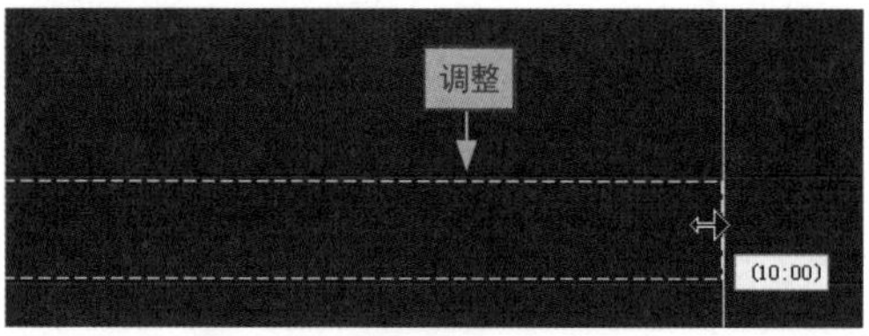

图10-120

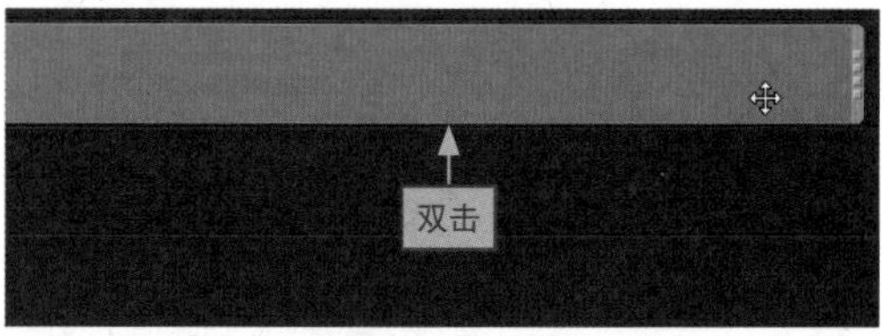

图10-121

步骤08 打开“选项”面板，在“编辑”选项卡中设置“字体样式”为华文隶书，“字体大小”为70，如图10-122所示。单击“居中”按钮，如图10-123所示。

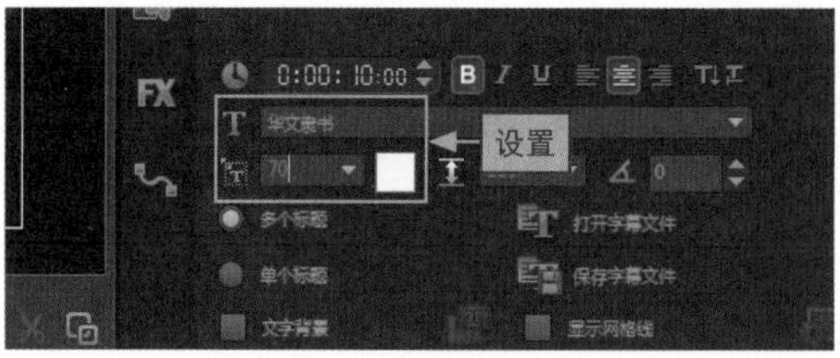

图10-122

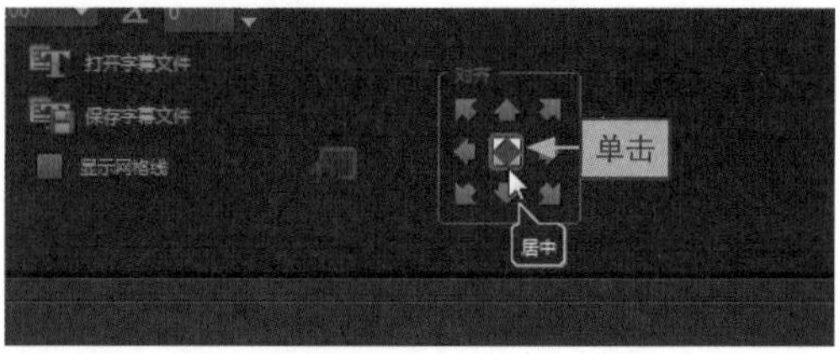

图10-123

预览字幕效果时可以看到，通过浮雕滤镜和阴影的结合使用，文字有了立体偏移效果，如图10-124所示。

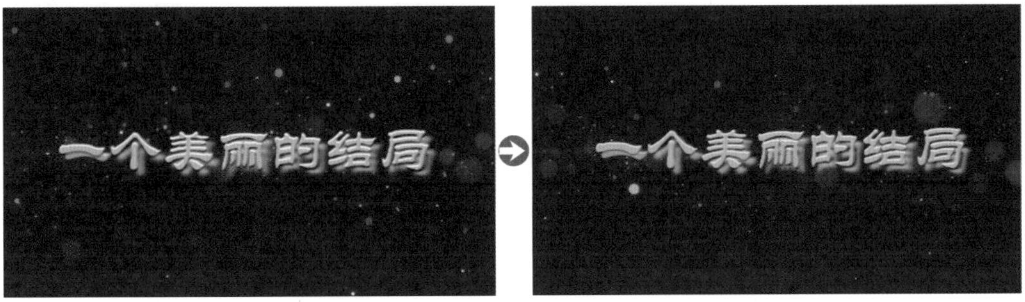

图10-124

10.3.3 单色渐变光晕字幕背景制作

为字幕添加背景条，有时可以让文字效果更好，下面以制作单色渐变光晕字幕条为例讲解相关的操作步骤。

[知识演练] 为字幕添加渐变色背景

本节素材	⊙|素材|Chapter10|海螺.jpg
本节效果	⊙|效果|Chapter10|海螺.VSP

步骤01 在会声会影视频轨中插入“海螺.jpg”素材，如图10-125所示。单击“标题”按钮，双击预览窗口，在打开的输入框中输入字幕内容，这里输入“沙滩上的海螺”，如图10-126所示。

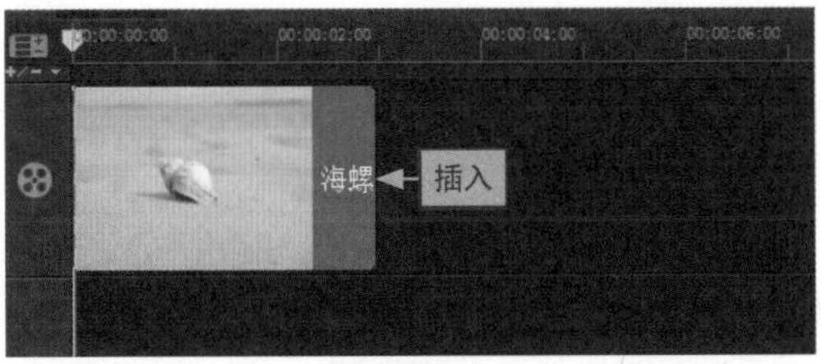

图10-125

图10-126

步骤02 打开“选项”面板，勾选“文字背景”复选框，单击“自定义文字背景的属性”按钮，如图10-127所示。在打开的“文字背景”对话框中选中“渐变”单选按钮，单击“颜色”按钮，如图10-128所示。

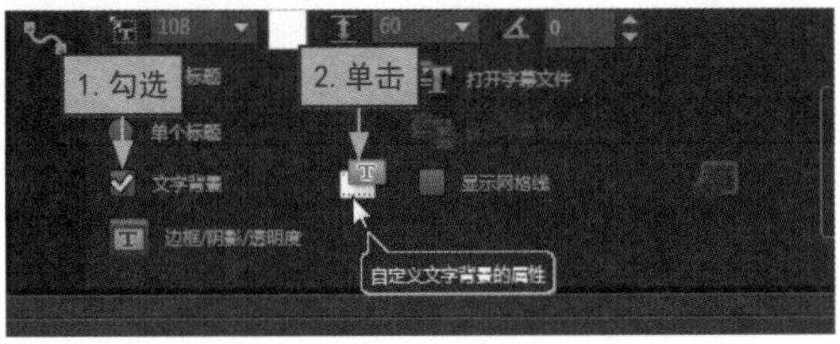

图10-127

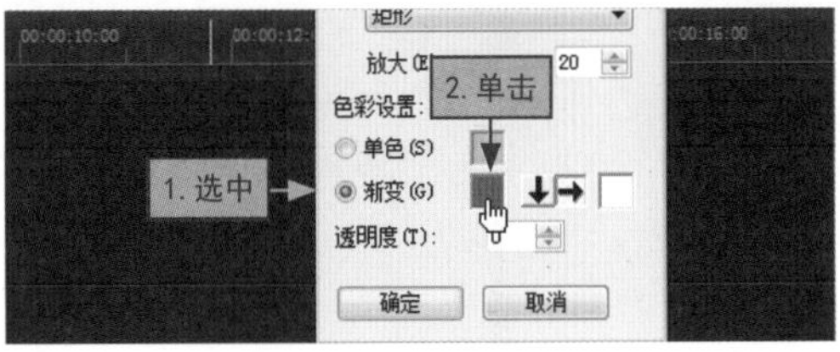

图10-128

步骤03 在打开的色彩选取器中选择一种合适的颜色，如图10-129所示。选中“单色背景栏”单选按钮，设置透明度为26，单击“确定”按钮，如图10-130所示。

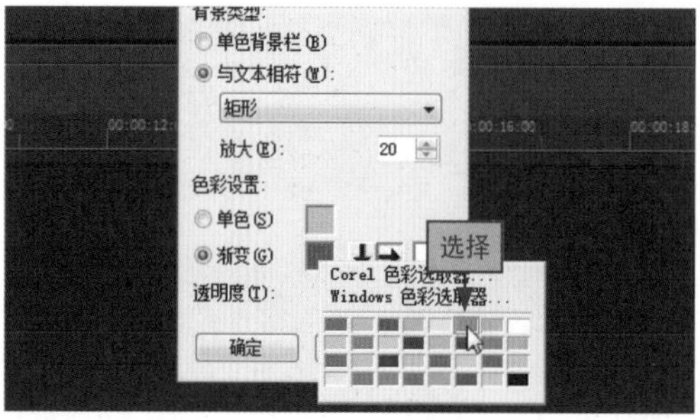

图10-129

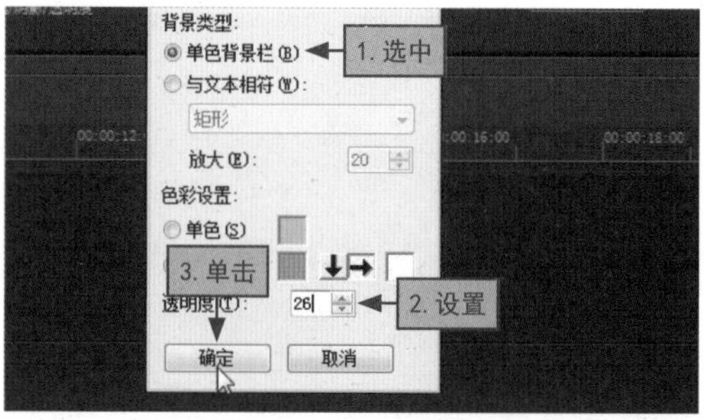

图10-130

步骤04 打开滤镜库，选择“镜头闪光”滤镜，如图10-131所示。拖动滤镜到标题轨字幕上方，如图10-132所示。

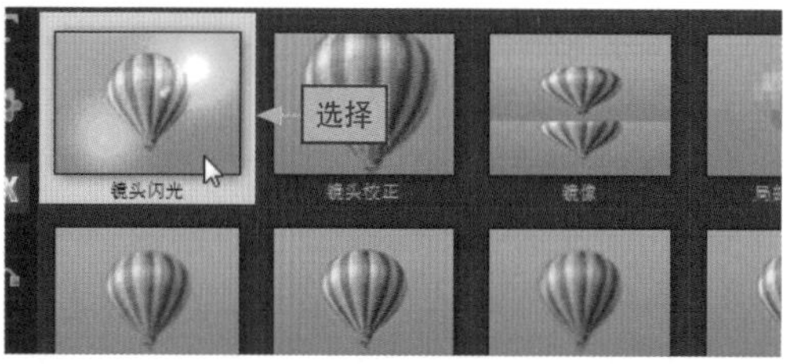

图10-131

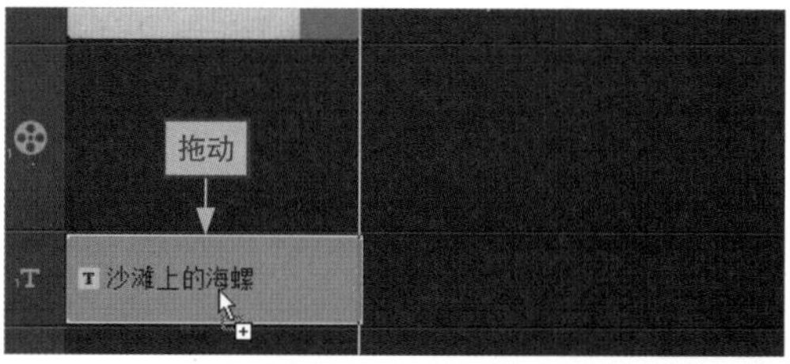

图10-132

步骤05 打开“选项”面板，单击“属性”选项卡，如图10-133所示。在滤镜预设下拉列表中选择滤镜样式，如图10-134所示。

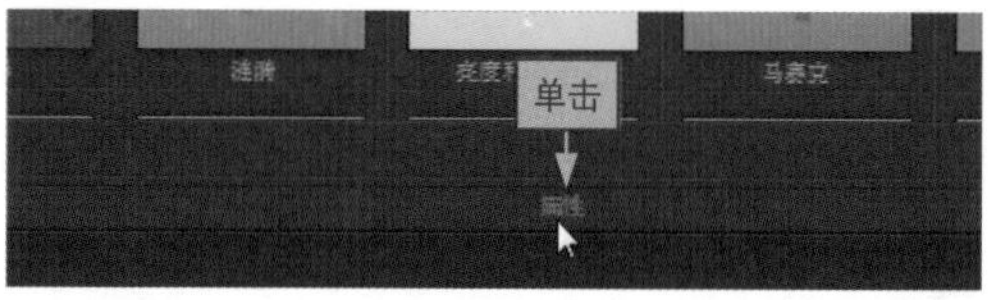

图10-133

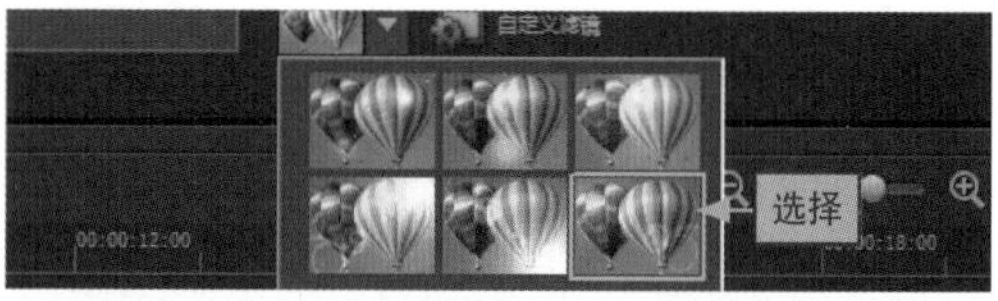

图10-134

完成以上步骤后，在预览窗口可以看到字幕条背景呈渐变色，且具有光晕效果，如图10-135所示。

图10-135

LESSON 10.4 备受热捧的动态特效字幕制作

知识级别

□初级入门 | ■中级提高 | □高级拓展

知识难度 ★★

学习时长 60 分钟

学习目标

① 制作动态效果字幕。

② 运用 G 滤镜的字幕制作功能。

※主要内容※

内 容	难 度	内 容	难 度
片头滚动字幕制作	★★	具有动感的倒计时字幕	★★
G 滤镜制作动态闪烁字幕	★★	文字旋转衔接字幕效果	★★

效果预览 > > >

10.4.1 片头滚动字幕制作

在许多视频的片头中都可以看到滚动文字，下面以制作竖排滚动字幕为例讲解相关的操作步骤。

[知识演练] 让字幕竖排滚动出现

本节素材	⊙/素材/Chapter10/时钟.jpg
本节效果	⊙/效果/Chapter10/时钟.VSP

步骤01 在会声会影视频轨中插入“时钟.jpg”素材，如图10-136所示。单击“标题”按钮，在预览窗口双击，在打开的输入框中输入字幕内容，如图10-137所示。

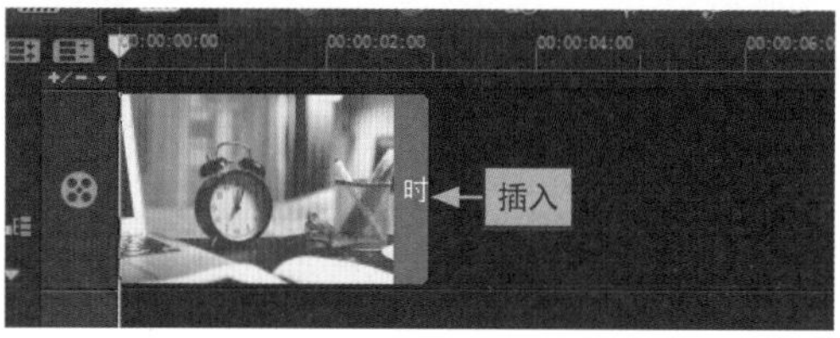

图10-136

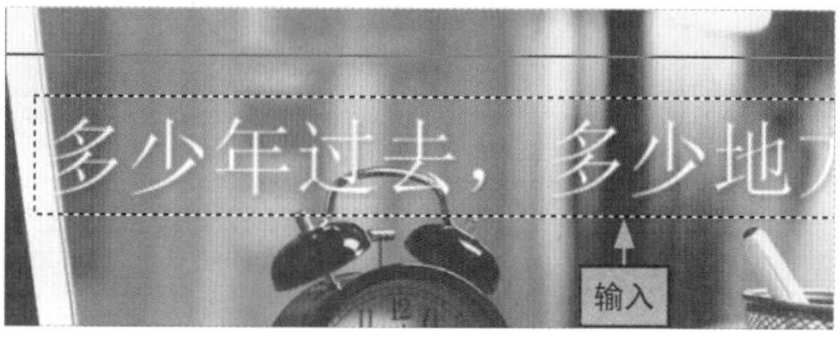

图10-137

步骤02 打开“选项”面板，在“编辑”选项卡中选中“单个标题”单选按钮，在打开的“Corel Video Studio”对话框中单击“是”按钮，如图10-138所示。在预览窗口全选字幕文字内容，设置“字体大小”为67，如图10-139所示。

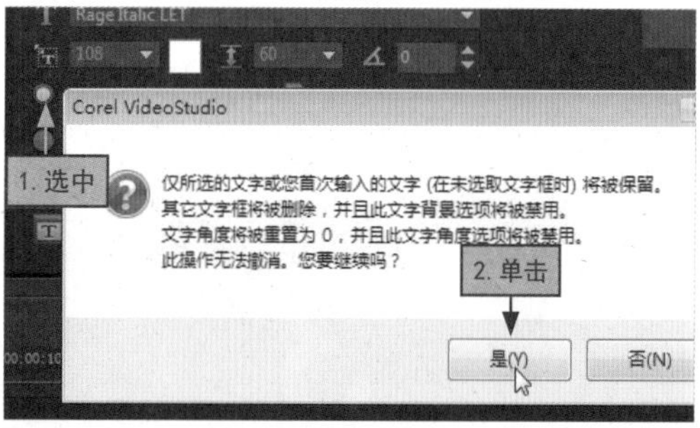

图10-138

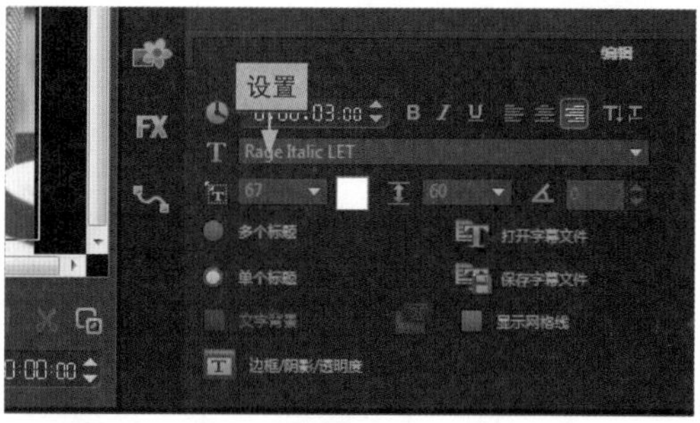

图10-139

步骤03 调整文字段落格式，在预览窗口全选字幕文字内容，单击“居中”按钮，如图10-140所示。设置“行间距”为80，“字体颜色”为玫红色，如图10-141所示。

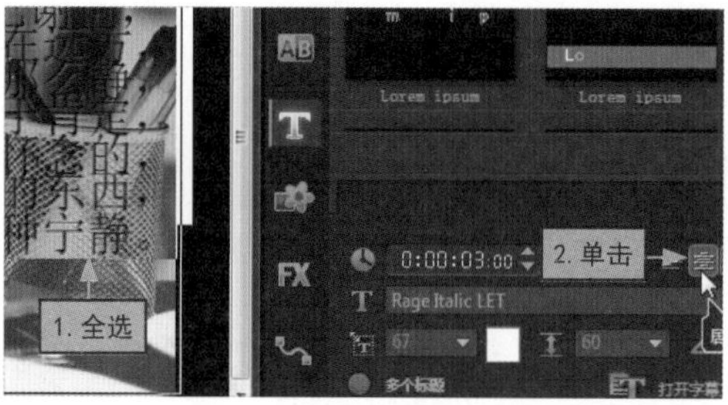

图10-140

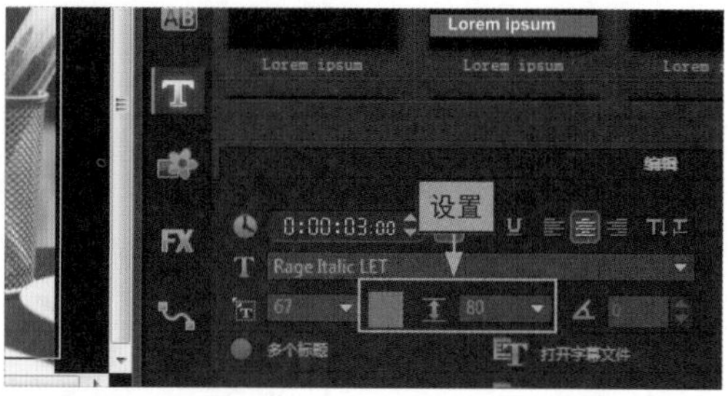

图10-141

步骤04 切换至“属性”选项卡，勾选“应用”复选框，在其下拉列表中选择“弹出”选项，如图10-142所示。选择弹出动画样式，如图10-143所示。

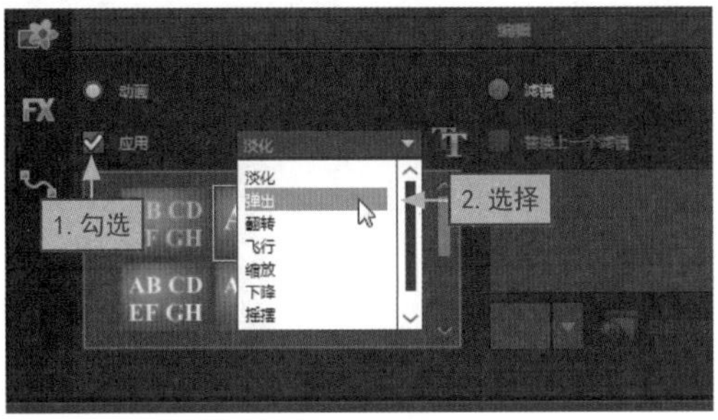

图10-142

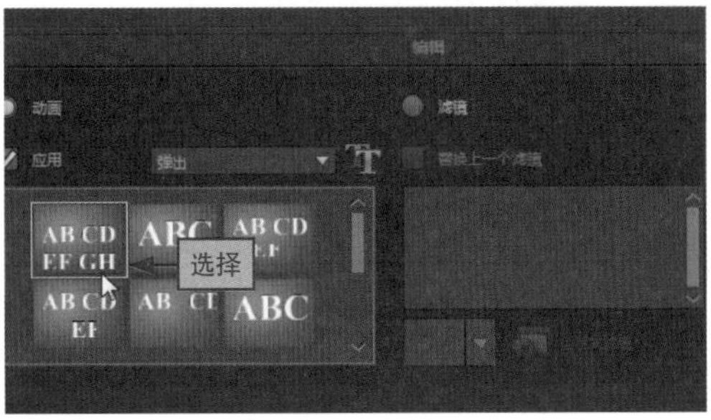

图10-143

在预览窗口查看字幕效果时可以看到，文字内容以竖排滚动的方式逐渐呈现，如图10-144所示。

图10-144

10.4.2 具有动感的倒计时字幕

在宣传片和晚会视频中，常常可以看到倒计时字幕效果，下面以制作3、2、1倒计时字幕为例讲解相关的操作步骤。

[知识演练] 数字倒计时效果

本节素材	⊙\素材\Chapter10\圆圈.mp4
本节效果	⊙\效果\Chapter10\圆圈.VSP

步骤01 在会声会影视频轨中插入“圆圈.mp4”视频素材，如图10-145所示。单击“标题”按钮，在预览窗口双击打开输入框，输入数字“3”，如图10-146所示。

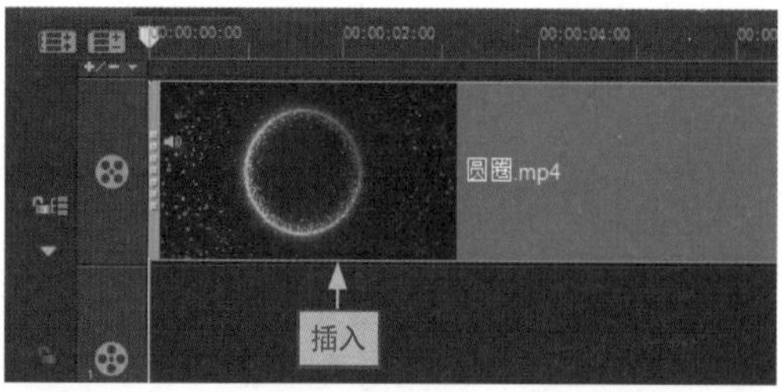

图10-145

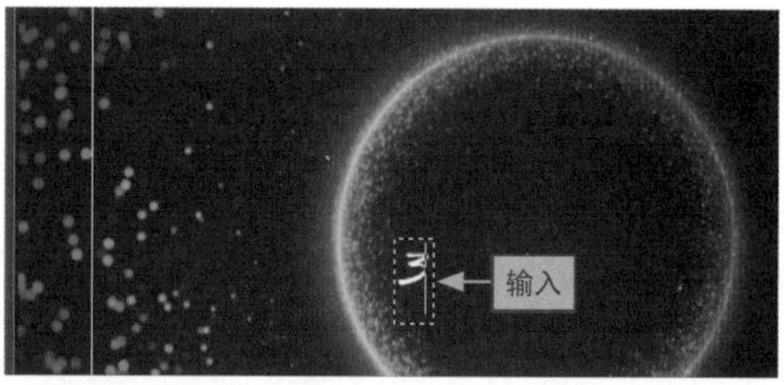

图10-146

步骤02 打开“选项”面板，在“编辑”选项卡中设置字体格式，“大小”为200，“颜色”为白色，“行间距”为80，单击“粗体”按钮，单击“居中”按钮，如图10-147所示。切换至“属性”选项卡，勾选“应用”复选框，在其下拉列表中选择“缩放”选项，如图10-148所示。

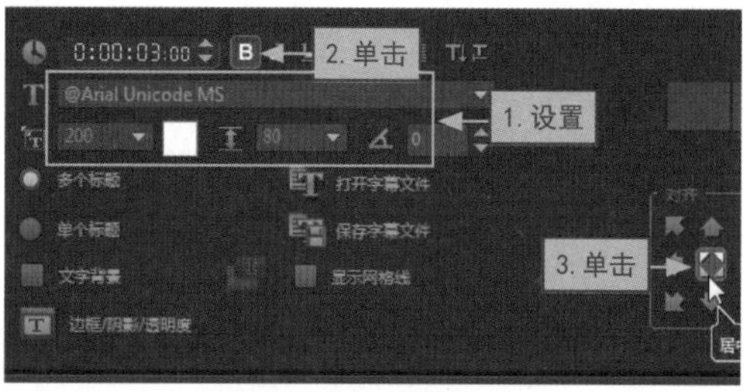

图10-147

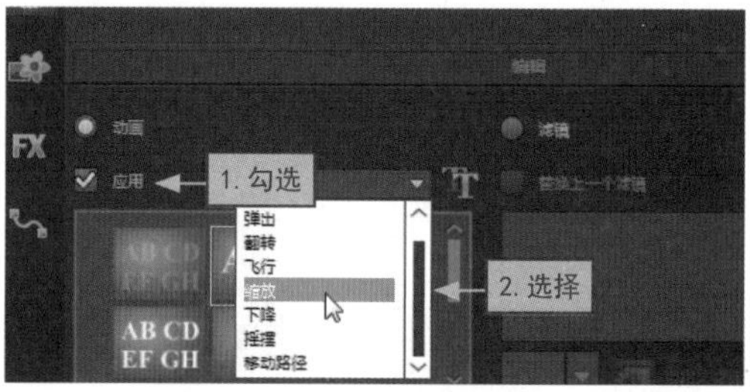

图10-148

步骤03 选择一种缩放动画效果，如图10-149所示。右击标题轨字幕，在弹出的快捷菜单中选择“复制”命令，如图10-150所示。

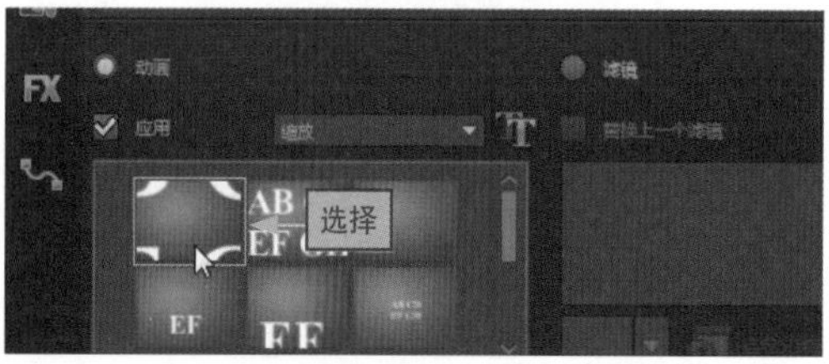

图10-149

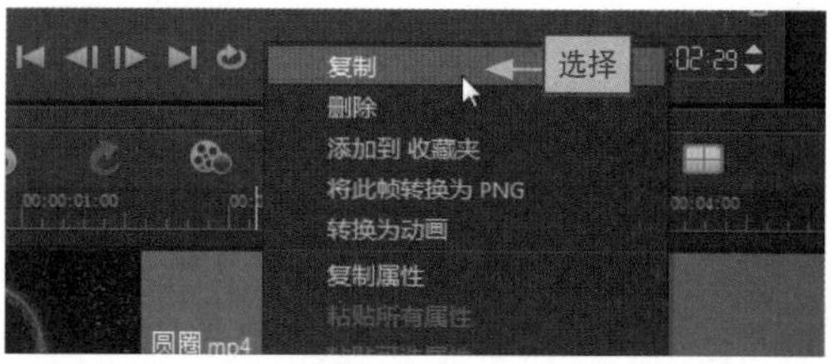

图10-150

步骤04 将鼠标放在空白处单击，在标题轨上粘贴字幕，如图10-151所示。双击已粘贴的标题轨字幕，如图10-152所示。

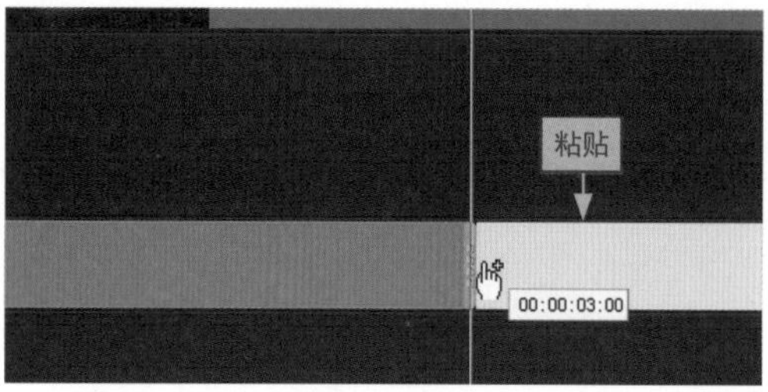

图10-151

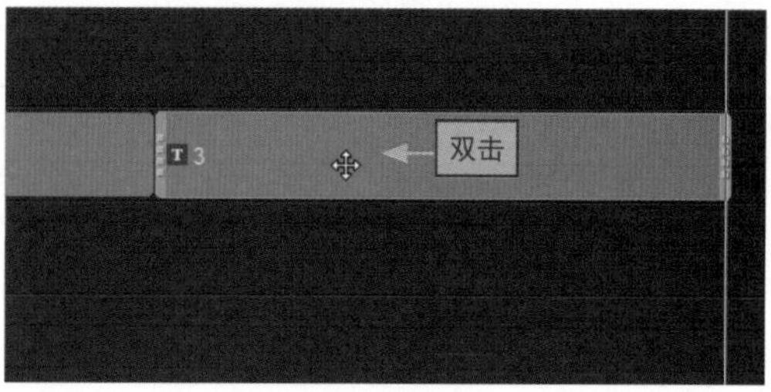

图10-152

步骤05 在预览窗口将数字“3”修改为数字“2”，如图10-153所示。复制数字为2的标题轨字幕并粘贴字幕，如图10-154所示。

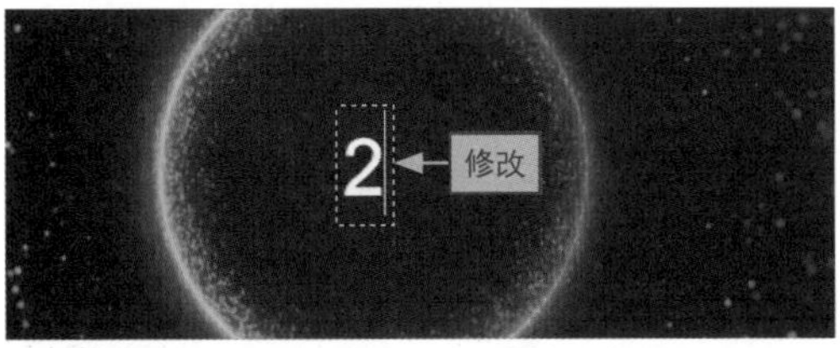

图10-153

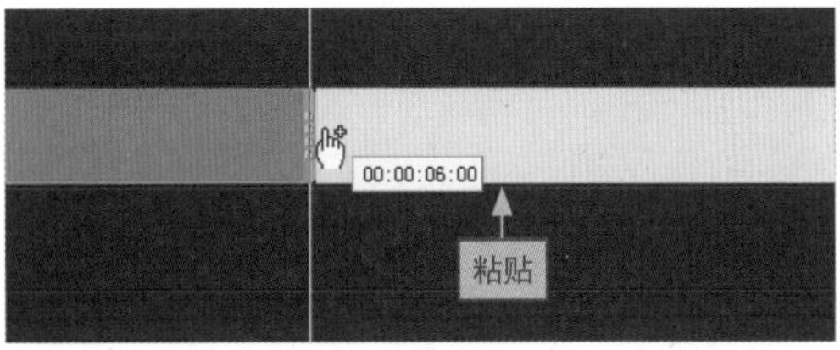

图10-154

步骤06 双击已粘贴的标题轨字幕，在预览窗口将数字“2”修改为数字“1”，如图10-155所示。选择“圆圈.mp4”视频素材，将其视频区间设置为“0:00:06:00”，如图10-156所示。

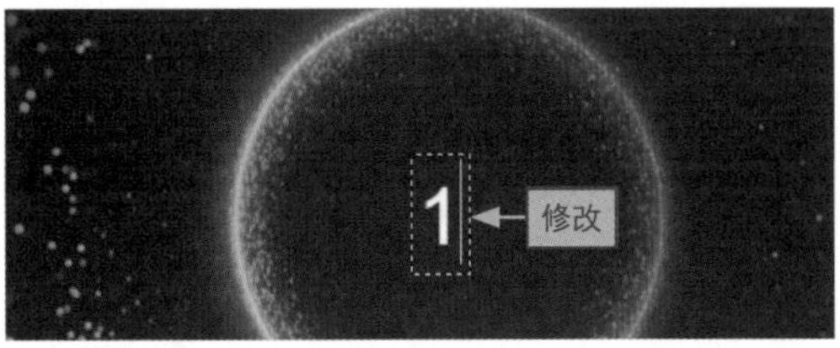

图10-155

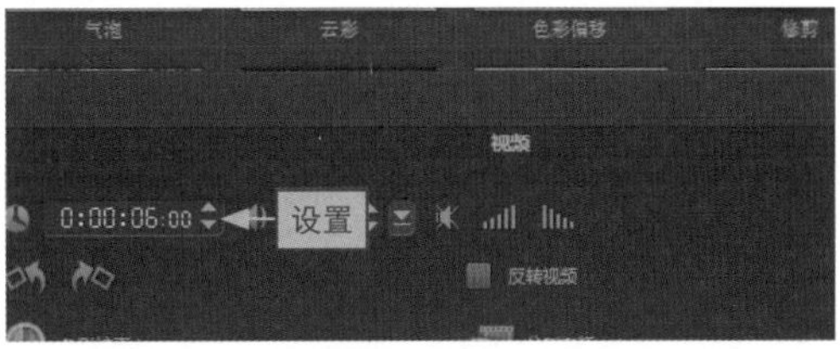

图10-156

步骤07 选择标题轨字幕，如图10-157所示。将标题字幕的区间设置为“0:00:02:00”，并依次修改其他两段字幕的区间为“0:00:02:00”，如图10-158所示。

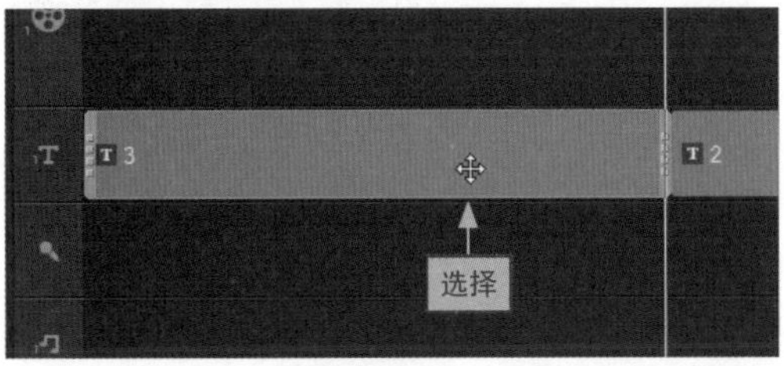

图10-157

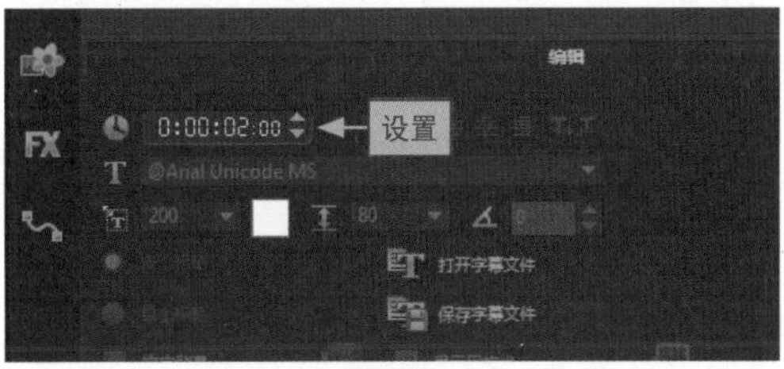

图10-158

步骤08 选择数字为2的标题轨字幕，拖动使其紧挨数字为3的标题轨字幕，如图10-159所示。选择数字为1的标题轨字幕，拖动使其紧挨数字为2的标题轨字幕，如图10-160所示。

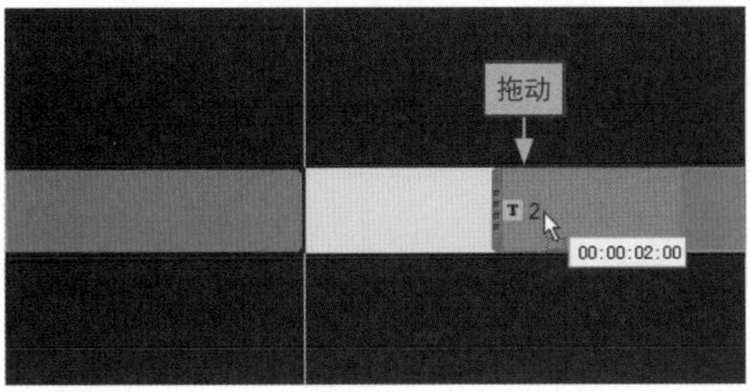

图10-159

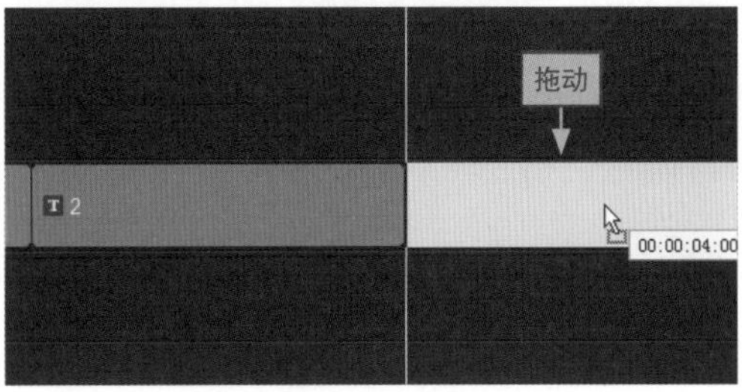

图10-160

完成以上步骤后，可在预览窗口查看倒计时字幕的播放效果，可以看到数字倒计时在播放时具有动态缩放的效果，如图10-161所示。

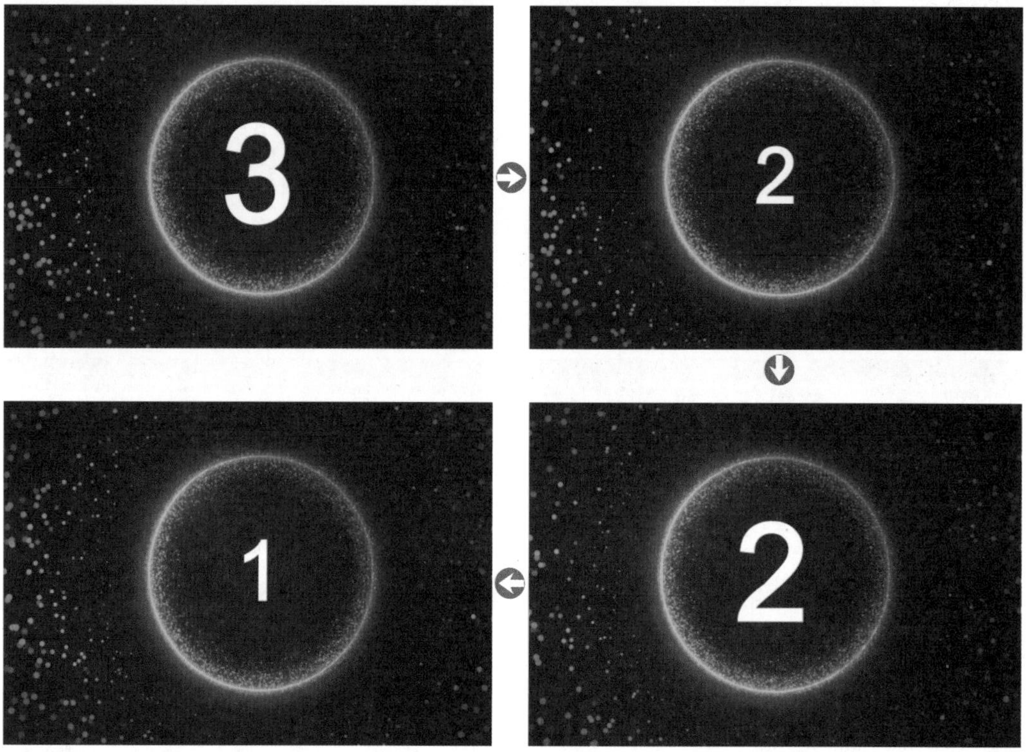

图10-161

10.4.3 G滤镜制作动态闪烁字幕

G滤镜除了可以为素材添加滤镜效果外，还可用于制作字幕，下面以制作动态闪烁字幕为例讲解相关的操作步骤。

[知识演练] 为预设字幕添加闪烁滤镜

本节素材	⊙I素材IChapter10I秋天的落叶.jpg
本节效果	⊙I效果IChapter10I秋天的落叶.VSP

步骤01 在会声会影视频轨中插入“秋天的落叶.jpg”素材图片，如图10-162所示。打开滤镜库，拖动G滤镜到素材图片的上方，如图10-163所示。

图10-162

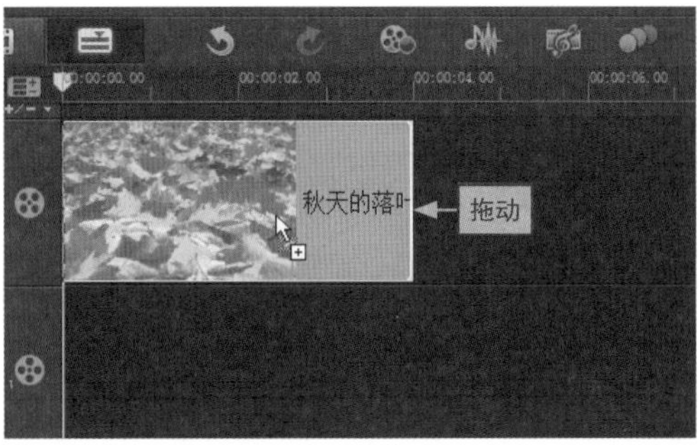

图10-163

步骤02 打开“选项”面板，单击“自定义滤镜”按钮，如图10-164所示。在打开的“G滤镜无标题工程”对话框中选择一种预设字幕效果，如图10-165所示。

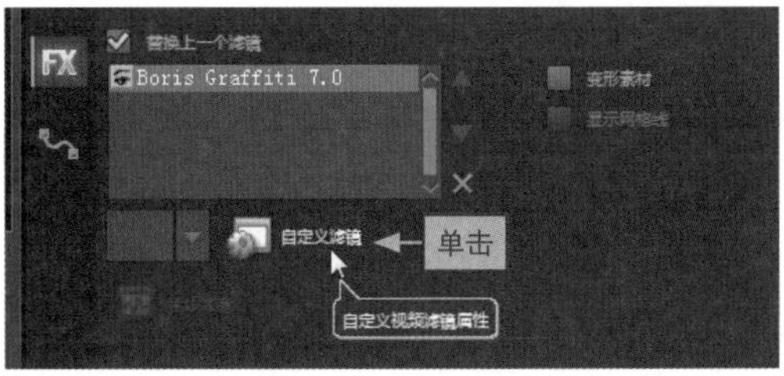

图10-164

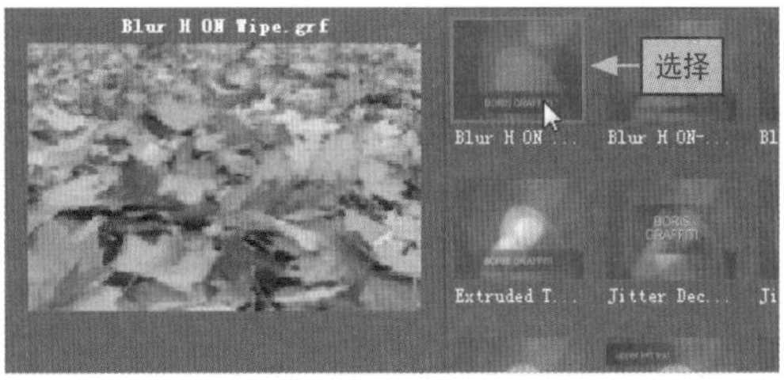

图10-165

步骤03 修改文字内容，单击“Insert Text”按钮，如图10-166所示。单击“Advanced Mode”按钮，如图10-167所示。

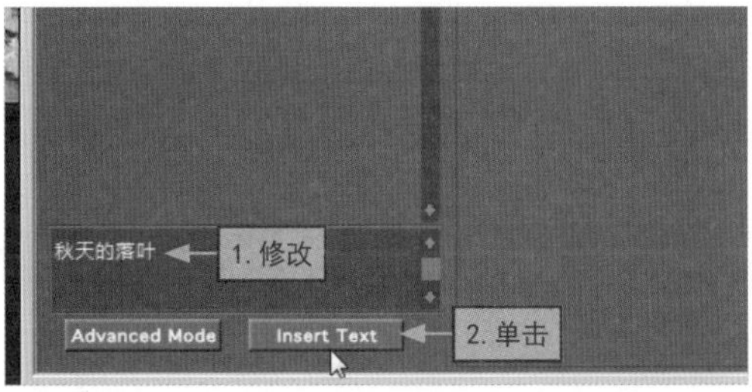

图10-166

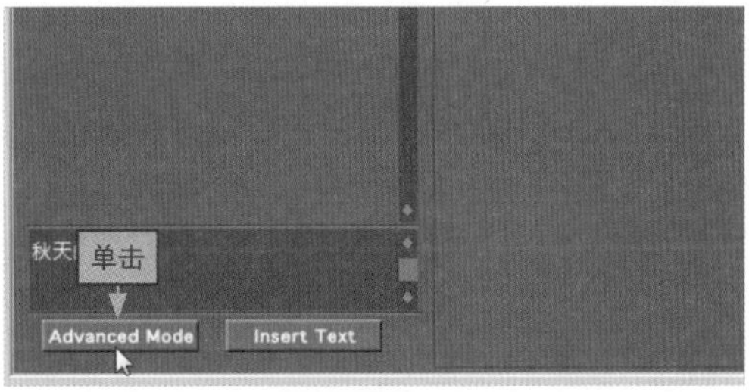

图10-167

步骤04 单击“文本”下拉按钮，如图10-168所示。单击BCC滤镜后方的“F”按钮，如图10-169所示。

图10-168

图10-169

步骤05 在打开的下拉列表中选择“OpenGL/BCC 闪烁”命令，如图10-170所示。完成滤镜选择后单击“Apply”按钮，如图10-171所示。

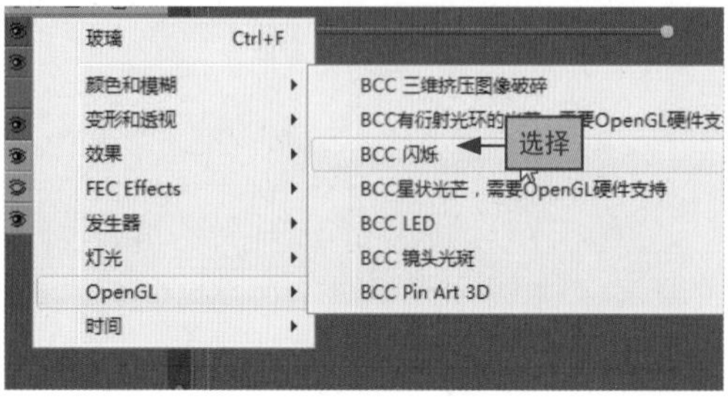

图10-170

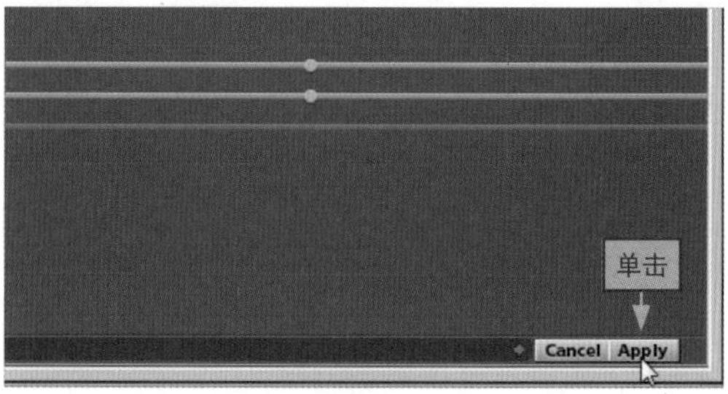

图10-171

完成以上步骤后可在预览窗口看到文字显示的位置会有闪烁特效，如图10-172所示。

图10-172

10.4.4 文字旋转衔接字幕效果

在使用会声会影为视频添加字幕时，如果要让字幕与字幕之间切换时有平滑的过渡，可以为字幕添加转场效果，下面以制作文字旋转衔接字幕效果为例讲解相关的设置操作步骤。

[知识演练] 利用转场让字幕平滑过渡

本节素材	⊙|素材|Chapter10|白色圆形.mov
本节效果	⊙|效果|Chapter10|白色圆形.VSP

步骤01 在会声会影视频轨中插入“白色圆形.mov”视频素材，如图10-173所示。单击“标题”按钮，在预览窗口的合适位置双击打开输入框，输入文字内容，如图10-174所示。

图10-173

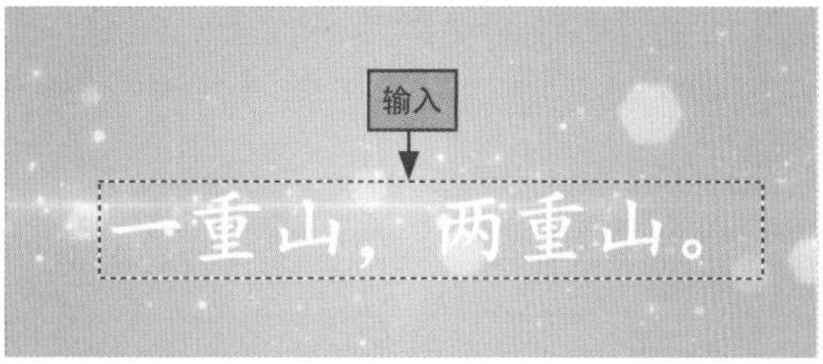

图10-174

步骤02 打开“选项”面板，在“编辑”选项卡中设置“字体”为华文行楷，“字体大小”为55，“行间距”为100，“色彩”为白色，设置斜体居中，单击“边框/阴影/透明度”按钮，如图10-175所示。在打开的“边框/阴影/透明度”对话框中单击“阴影”选项卡，如图10-176所示。

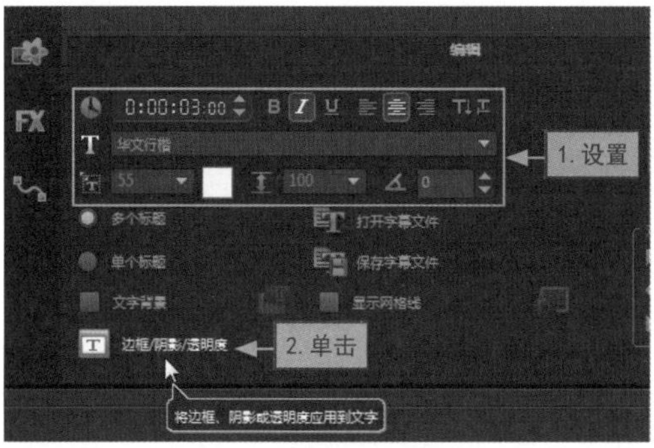

图10-175

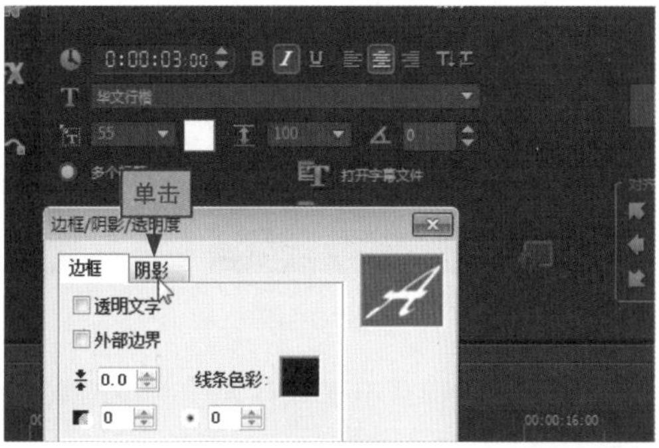

图10-176

步骤03 单击“突起阴影”按钮，设置“水平阴影偏移”为7，“垂直阴影偏移”为6，单击“确定”按钮，如图10-177所示。打开滤镜库，选择“旋转”滤镜，如图10-178所示。

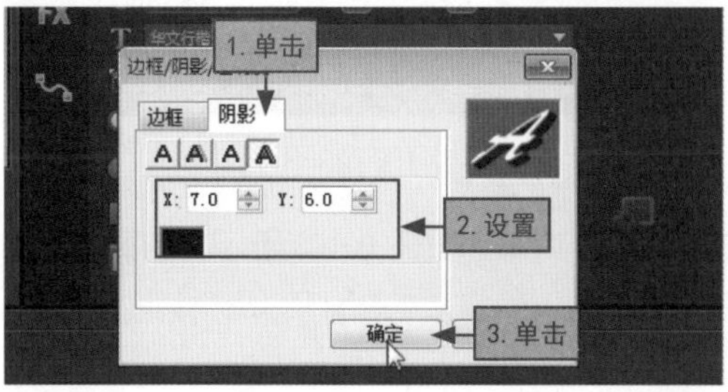

图10-177

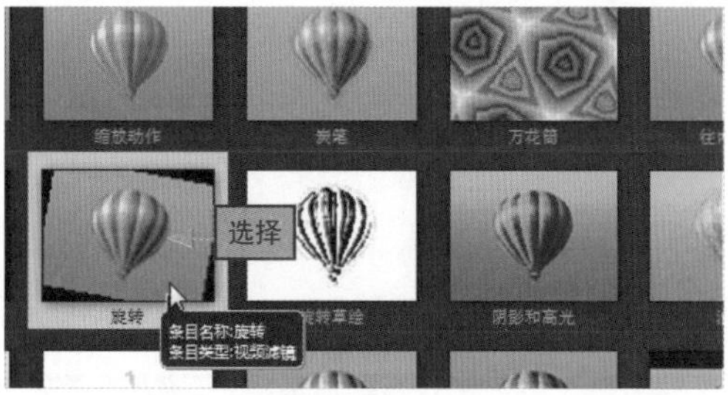

图10-178

步骤04 为标题轨字幕应用滤镜效果，如图10-179所示。打开“选项”面板，切换至“属性”选项卡，单击“自定义滤镜”按钮，如图10-180所示。

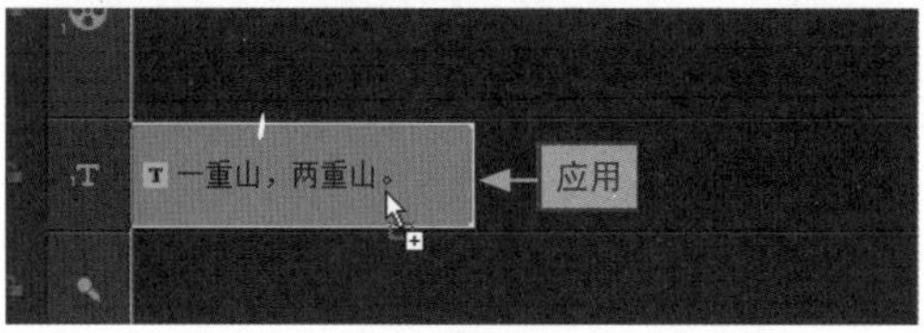

图10-179

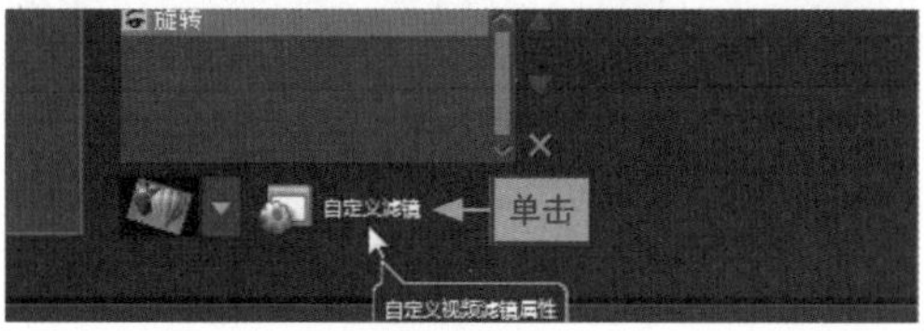

图10-180

步骤05 设置开始帧滤镜参数，设置“角度”为57，如图10-181所示。将滑块定位在结束帧位置，设置结束帧滤镜参数，设置“角度”为0，如图10-182所示。

图10-181

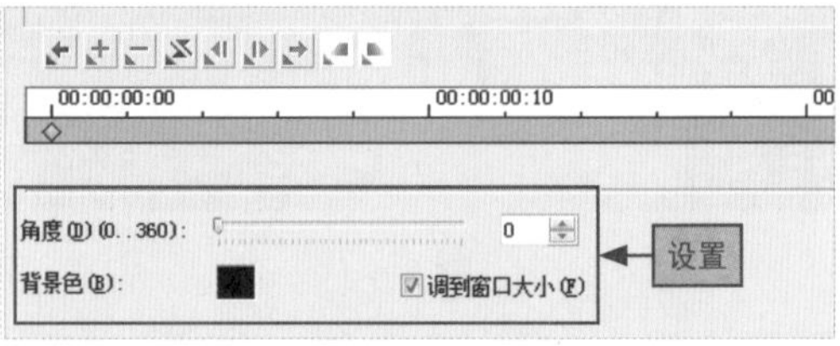

图10-182

步骤06 单击“确定”按钮，如图10-183所示。复制并粘贴标题轨字幕，如图10-184所示。

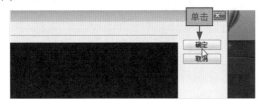

图10-183

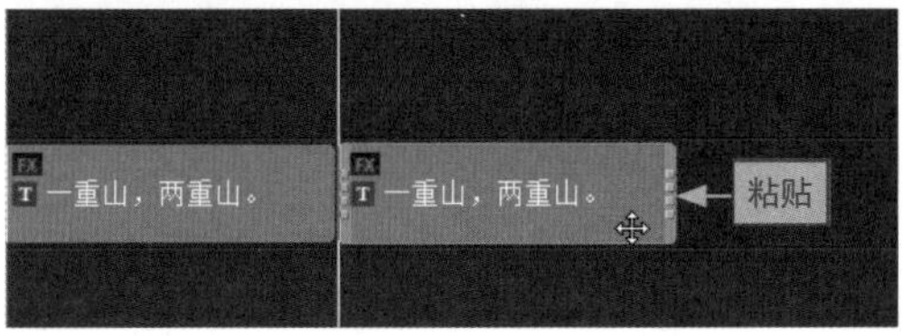

图10-184

步骤07 在预览窗口双击替换字幕文字内容，如图10-185所示。选中“滤镜”单选按钮，单击“删除滤镜”按钮，如图10-186所示。

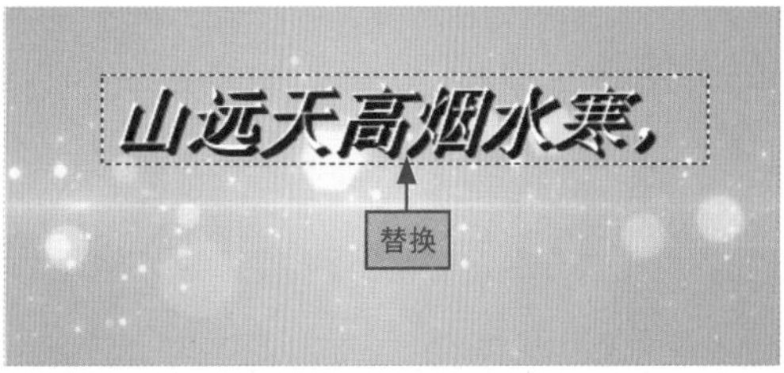

图10-185

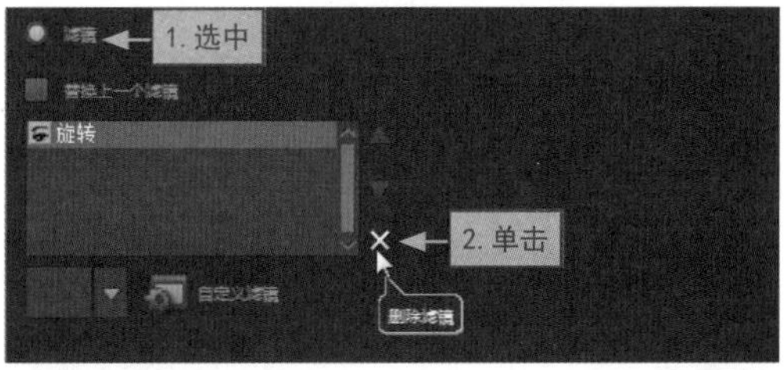

图10-186

步骤08 复制第二个标题字幕，粘贴字幕，选中第三个标题字幕，如图10-187所示。在预览窗口双击，添加一个标题字幕内容，如图10-188所示。

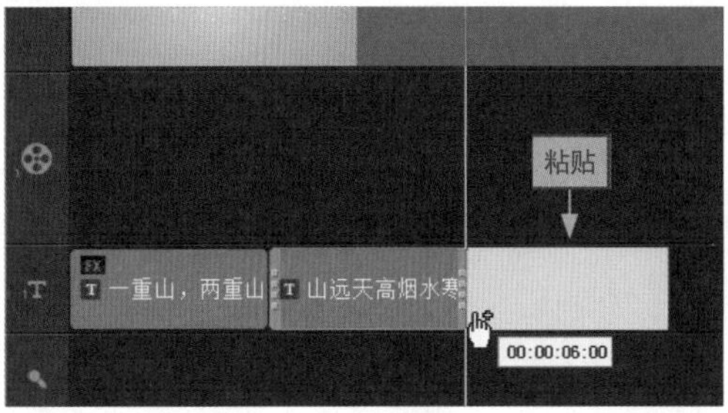

图10-187

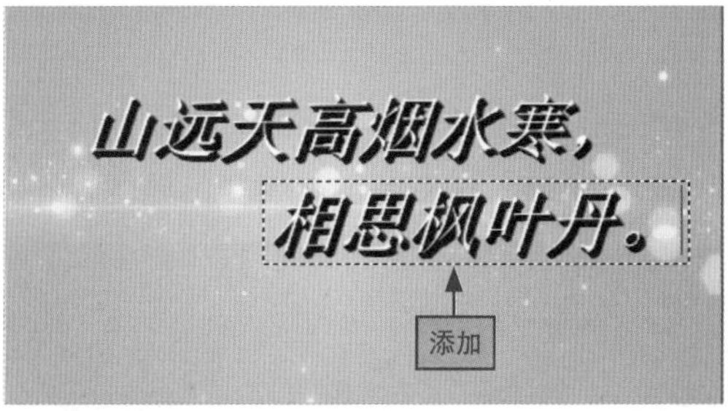

图10-188

步骤09 选中第二条字幕内容文本框，如图10-189所示。切换至“属性”选项卡，勾选“应用”复选框，在“淡化”列表中选择一种动画效果，如图10-190所示。

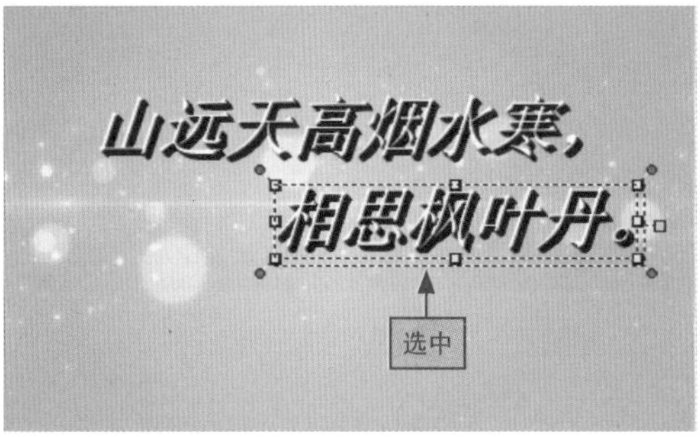

图10-189

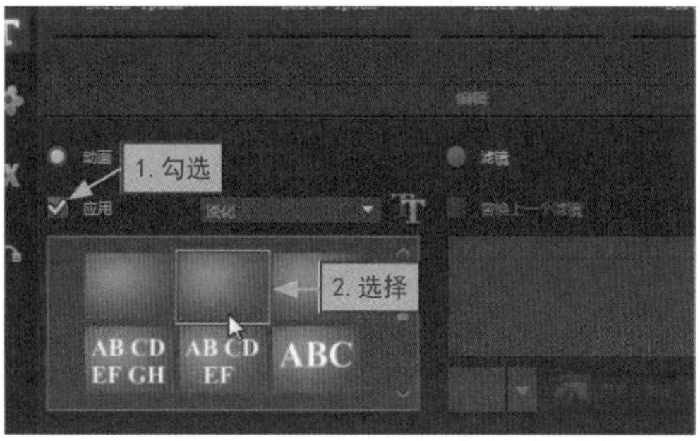

图10-190

步骤10 单击“转场”按钮，如图10-191所示。在转场库中选择一种转场效果，这里选择“交叉淡化”效果，如图10-192所示。

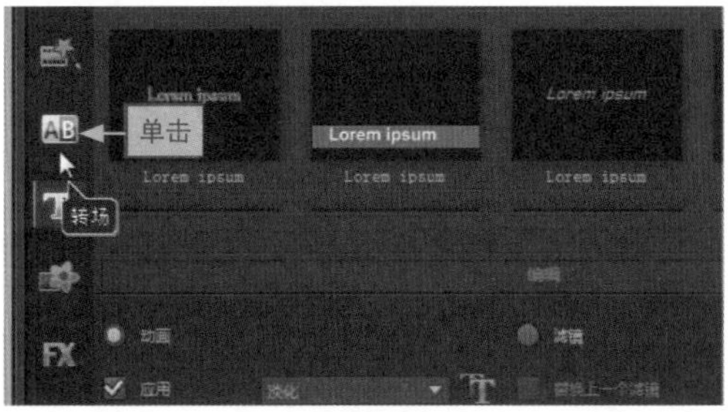

图10-191

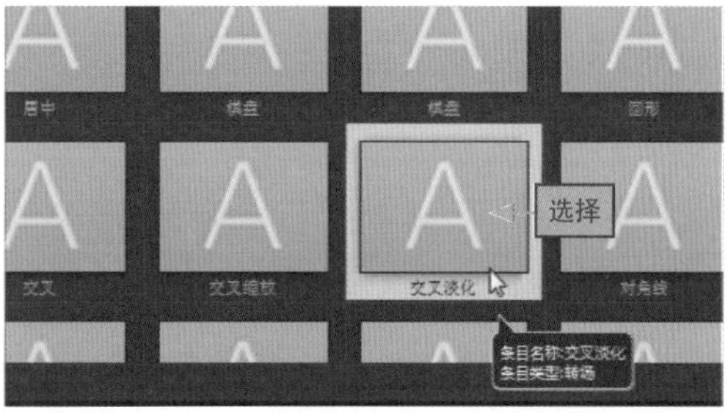

图10-192

步骤11 拖动转场效果到第一个标题字幕和第二个标题字幕之间，如图10-193所示。双击转场效果，如图10-194所示。

图10-193

图10-194

步骤12 打开“选项”面板，设置转场区间为2秒钟，如图10-195所示。选择第一个标题轨字幕，如图10-196所示。

图10-195

图10-196

步骤13 设置区间为4秒钟，如图10-197所示。选择最后一个标题轨字幕，拖动右侧边框，使其与视频素材长度一致，如图10-198所示。

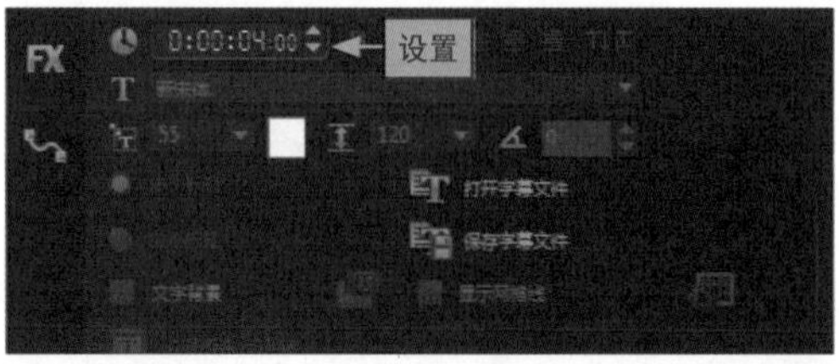

图10-197

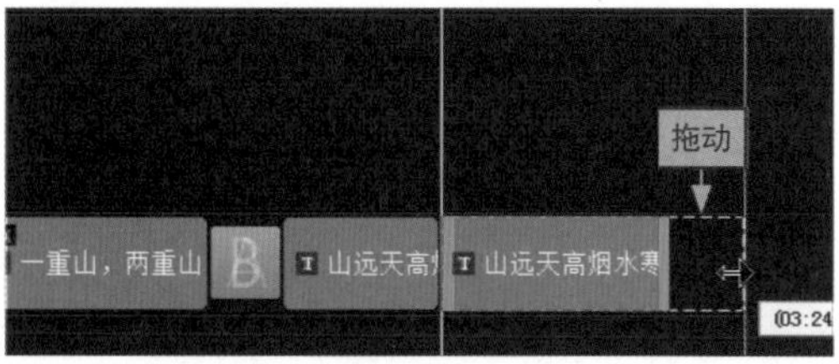

图10-198

完成以上步骤后，在预览窗口可以看到，第一个字幕以半旋转状态呈现，第一个字幕与第二个字幕以交叉淡化方式实现转换，如图10-199所示。

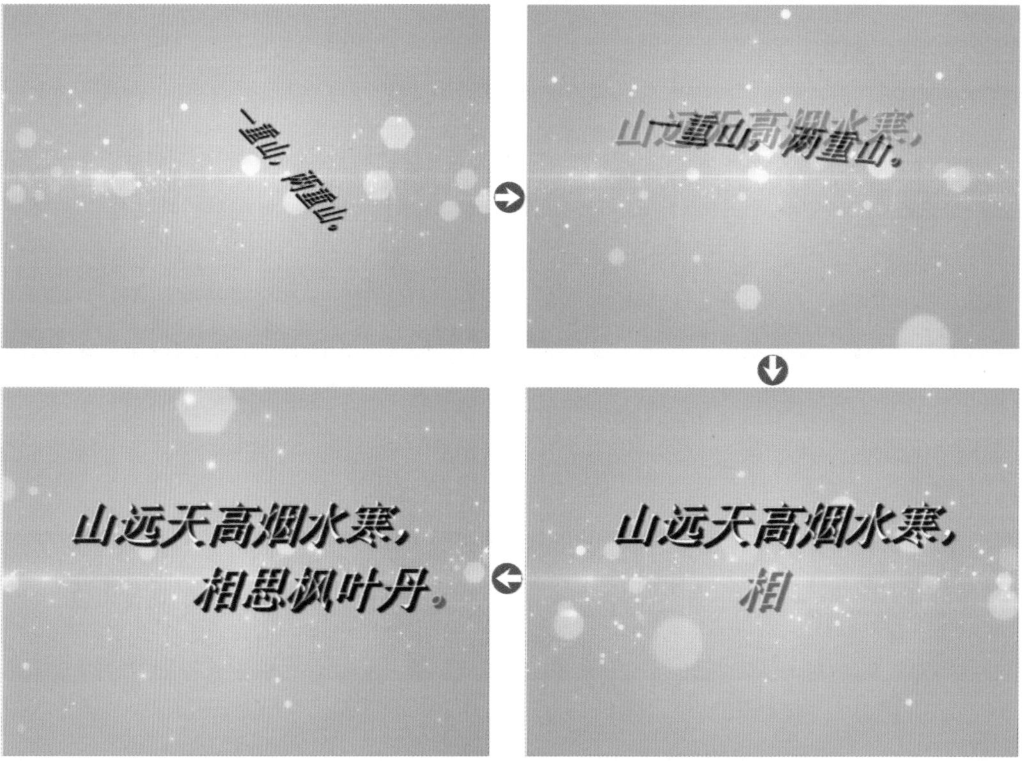

图10-199

第11章

背景音乐，为 视频锦上添花

学习目标

好的背景音乐能够为视频锦上添花，音乐起着渲染视频氛围、带动观众情绪的作用。因此在影视后期中，离不开对背景音乐进行编辑处理的操作，本章介绍背景音乐的编辑处理方法。

本章要点

- 添加类别多样的自动音乐
- 以现有视频分离音频文件
- 会声会影录制音频素材
- 调节声音的音量大小
- 高低起伏音量效果

……

LESSON 11.1 如何为视频添加个性化音频

知识级别

■初级入门 | □中级提高 | □高级拓展

知识难度 ★

学习时长 30分钟

学习目标

① 插入会声会影内置的音频文件。

② 将音频从视频中分割出来。

※主要内容※

内容	难度	内容	难度
添加类别多样的自动音乐	★	以现有视频分离音频文件	★
会声会影录制音频素材	★		★

效果预览 > > >

11.1.1 添加类别多样的自动音乐

会声会影软件自带了一些音频素材，在编辑视频时，可以使用这些音频素材作为背景音乐，下面以添加“Film/TV”类别的音频素材为例讲解相关的操作步骤。

[知识演练] 添加“Film/TV”类别音频素材

本节素材	⊙|素材|Chapter11|礼物.jpg
本节效果	⊙|效果|Chapter11|礼物.VSP

步骤01 在会声会影视频轨中插入“礼物.jpg”素材，如图11-1所示。单击“自动音乐”按钮，如图11-2所示。

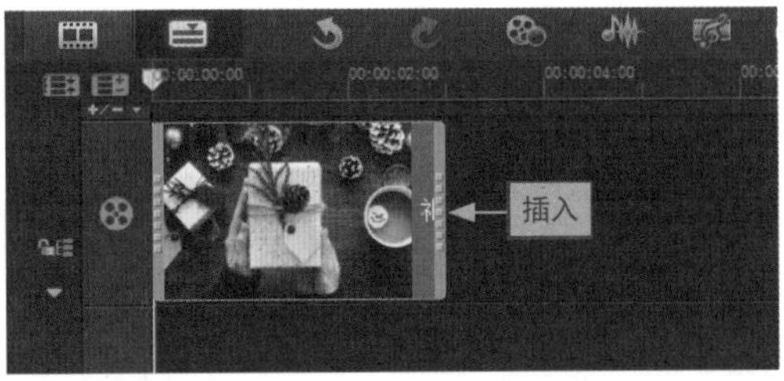

图11-1

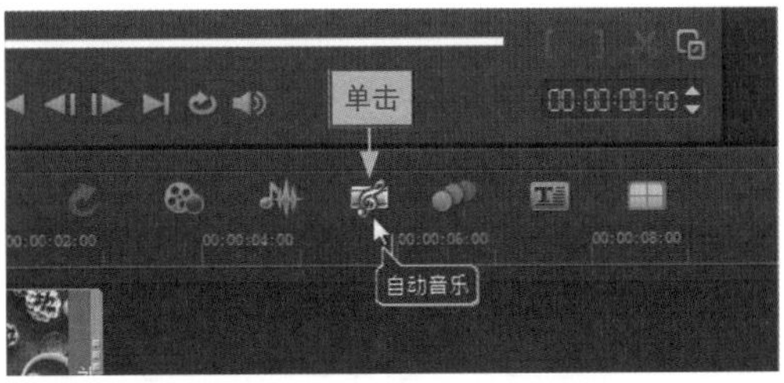

图11-2

步骤02 在打开的“自动音乐”面板中选择要插入的音乐，选择“[Film/TV]/American Vista/Battlefield Scars”，如图11-3所示。单击“添加到时间轴”按钮，如图11-4所示。

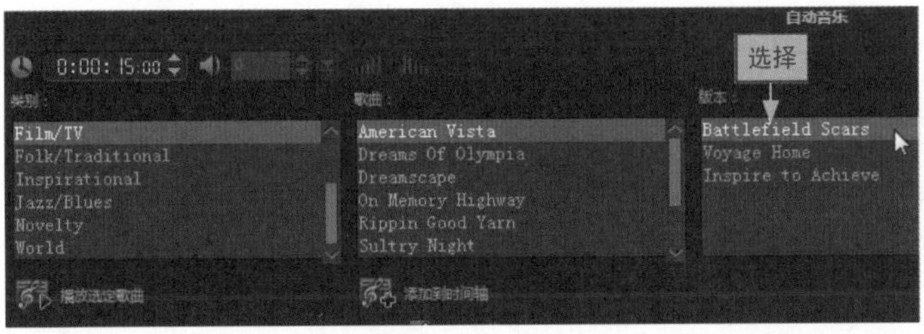

图11-3

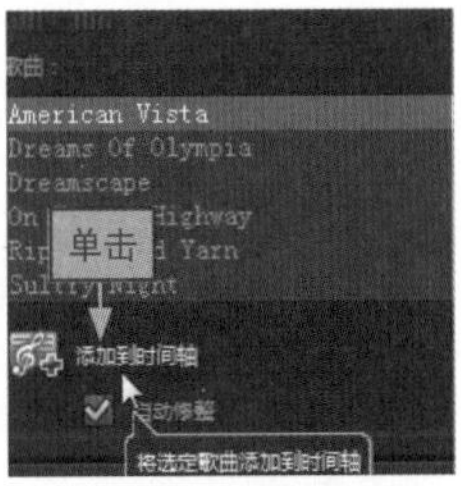

图11-4

步骤03 此时在音乐轨中可以看到已添加的背景音乐，如图11-5所示。单击“播放”按钮可试听音乐效果，如图11-6所示。

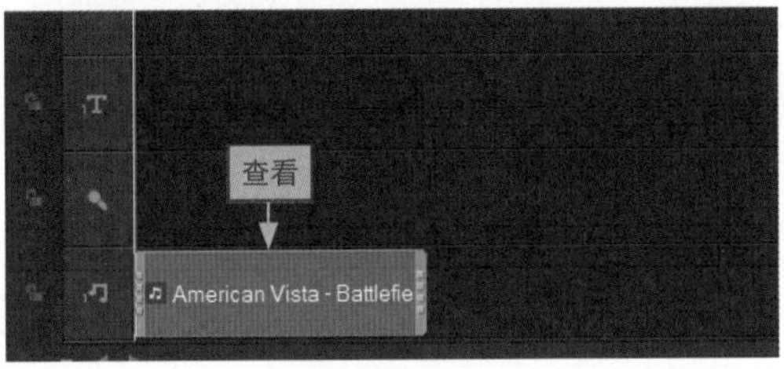

图11-5

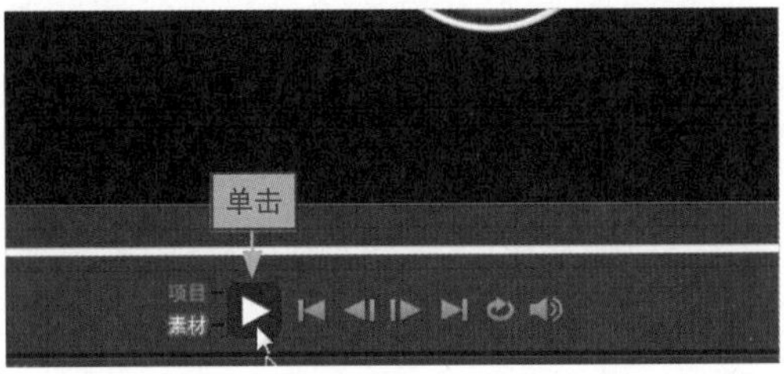

图11-6

11.1.2 以现有视频分离音频文件

日常生活中拍摄或下载的视频很多都是有声音的，如果想把音频和视频分开，用会声会影就可以实现，下面以从视频中分离音频为例讲解相关的操作步骤。

[知识演练] 将一段视频中的音频分割

本节素材	⊙|素材|Chapter11|火焰.mp4
本节效果	⊙|效果|Chapter11|火焰.VSP

步骤01 在会声会影视频轨中插入“火焰.mp4”素材，如图11-7所示。单击“选项”按钮，如图11-8所示。

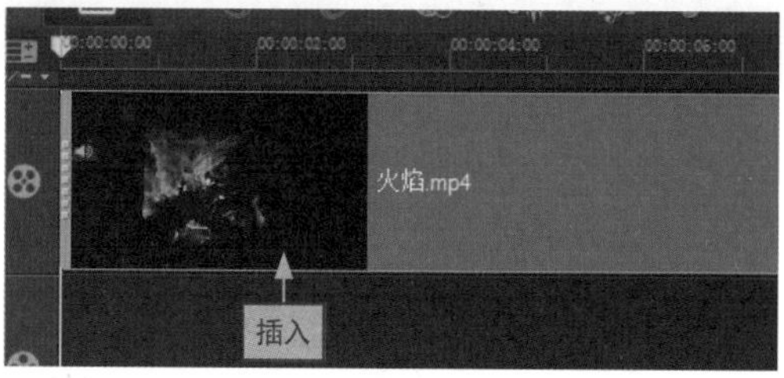

图11-7

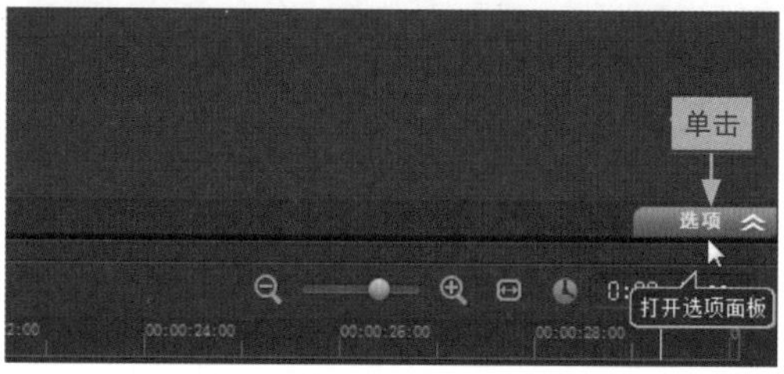

图11-8

步骤02 打开“选项”面板，在“视频”选项卡中单击“分割音频”按钮，如图11-9所示。此时可以看到声音轨中有了分割的音频素材，如图11-10所示。

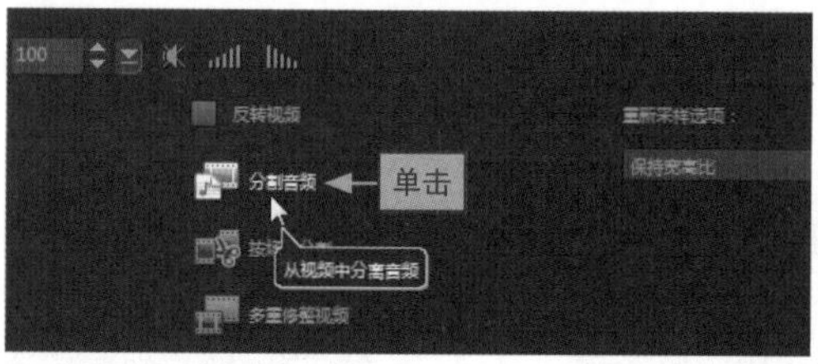

图11-9

图11-10

11.1.3 会声会影录制音频素材

编辑视频时使用的音频素材除了可以通过下载或分割音频的方式得到外，还可以自行录制。录制音频的方法有很多种，这里以使用会声会影录制画外音为例讲解相关的操作步骤。

[知识演练] 用会声会影录制画外音

步骤01 启动会声会影软件，单击“录制/捕获选项”按钮，如图11-11所示。在打开的“录制/捕获选项”对话框中单击“画外音”按钮，如图11-12所示。

图11-11

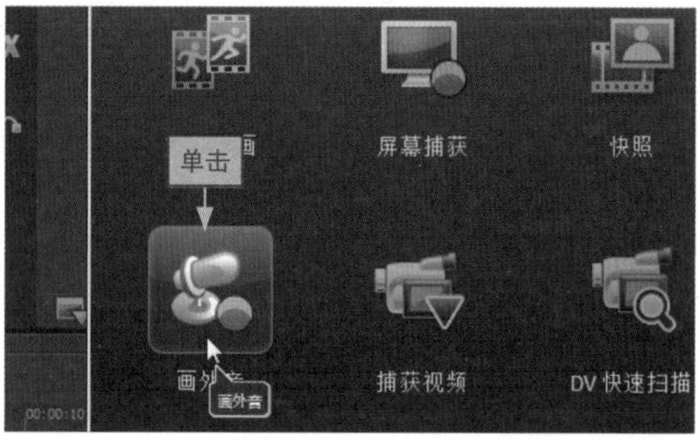

图11-12

步骤02 在打开的“调整音量”对话框中拖动圆形滑块调整音量，如图11-13所示。单击“开始”按钮，如图11-14所示。

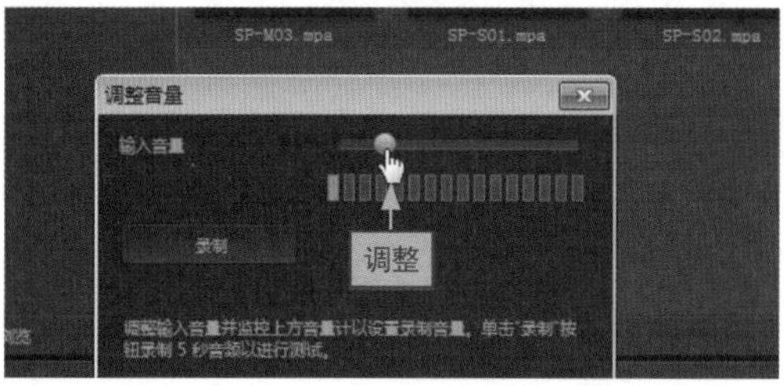

图11-13

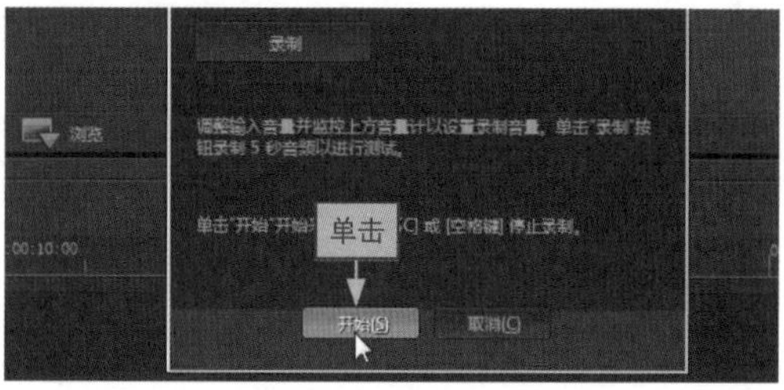

图11-14

步骤03 按Esc键结束录制，可以看到声音轨中已有录制好的音频，如图11-15所示。单击“播放”按钮可试听录制的音频效果，如图11-16所示。

图11-15

图11-16

知识延伸 | 使用手机录制音频文件

除了可以用会声会影录制音频素材外，也可以使用手机自带的录音功能进行音频的录制，录制完成后可将音频上传到电脑中，在编辑视频时进行使用。在手机中找到录音机工具，点击“录音机”图标按钮，如图11-17所示。点击“开始”按钮进行录制，如图11-18所示。

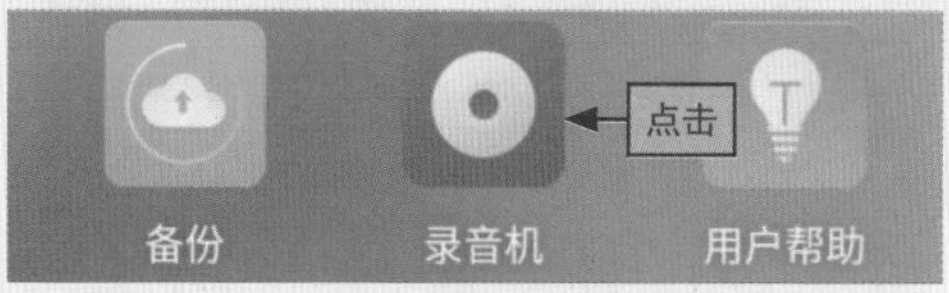

图11-17

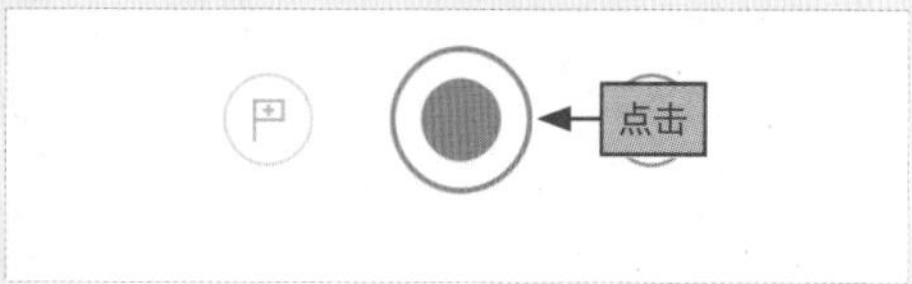

图11-18

LESSON 11.2 音频素材的音效制作

知识级别

□初级入门 | ■中级提高 | □高级拓展

知识难度 ★★

学习时长 60 分钟

学习目标

① 调节音频素材的音量。

② 制作环绕混音效果。

③ 调整音频的播放速度。

※主要内容※

内　容	难　度	内　容	难　度
调节音量大小	★	高低起伏音量效果	★★
恢复到水平线音量状态	★	声音轨与音乐轨音量等量	★
调低背景音突出主体音效	★	环绕混音音效	★★
调整音频的速度和时间流逝	★★		

效果预览 > > >

11.2.1 调节音量大小

在会声会影中播放音频素材时，可以根据需要调节音量大小，下面以调大音频素材的音量为例讲解相关的操作步骤。

[知识演练] 调大音频素材音量

本节素材	⊙素材\Chapter11\无
本节效果	⊙效果\Chapter11\音乐.VSP

步骤01 启动会声会影软件，在媒体库中选择一个音频素材，这里选择“SP-M01.mpa”素材，如图11-19所示。拖动素材到声音轨中，如图11-20所示。

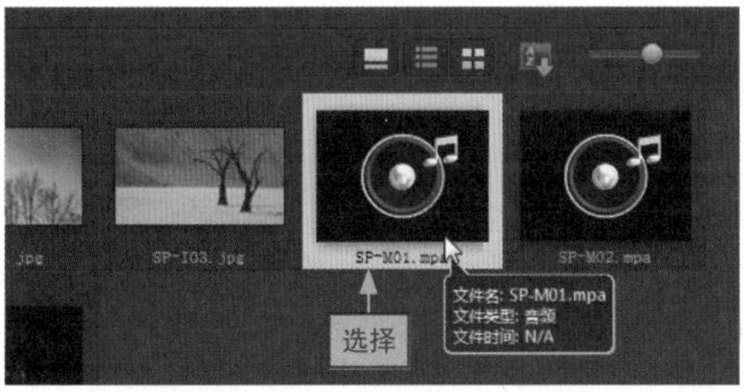

图11-19

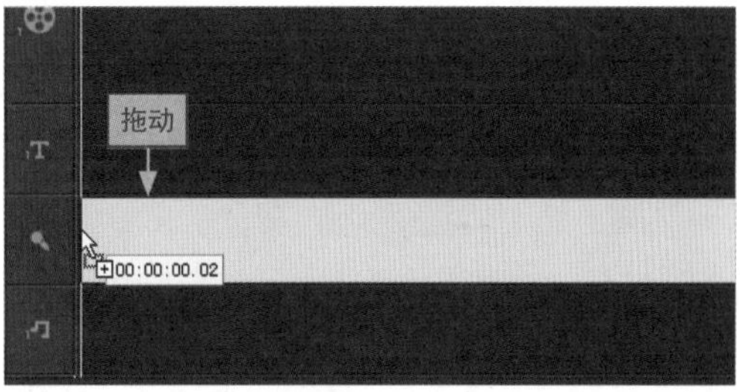

图11-20

步骤02 单击“选项”按钮，如图11-21所示。打开“选项”面板，单击“向上”按钮调大素材音量，如图11-22所示。

图11-21

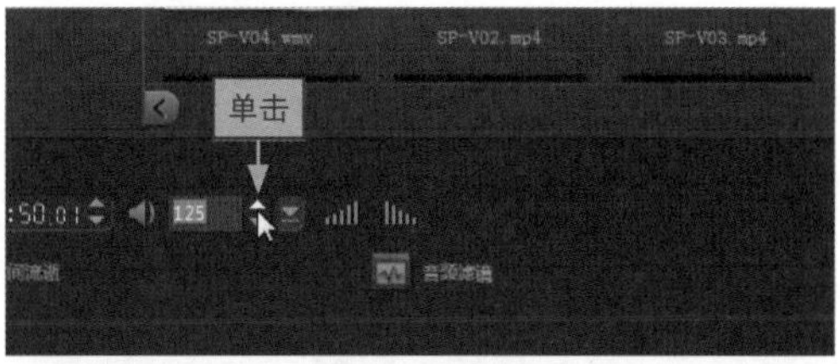

图11-22

11.2.2 高低起伏音量效果

在会声会影中可通过音量调节线来控制音频的高低起伏，下面以调节音频音量大小为高、低、高为例讲解相关的操作步骤。

[知识演练] 制作高、低、高音量大小的音频

本节素材	⊙素材\Chapter11\热气球.VSP
本节效果	⊙效果\Chapter11\热气球.VSP

步骤01 在会声会影中打开“热气球.VSP”项目文件，如图11-23所示。在声音轨中插入音频素材，如图11-24所示。

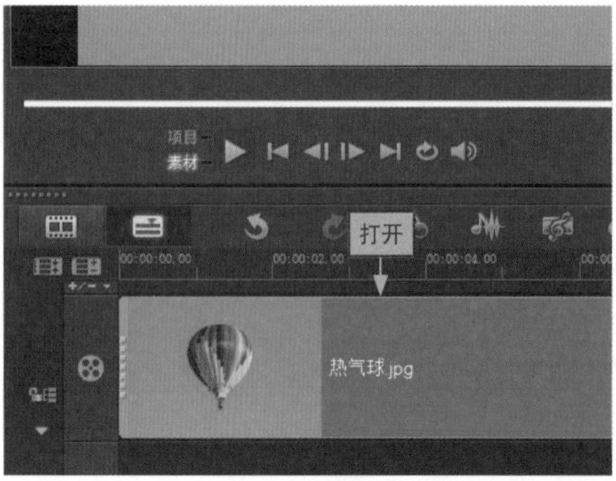

图11-23

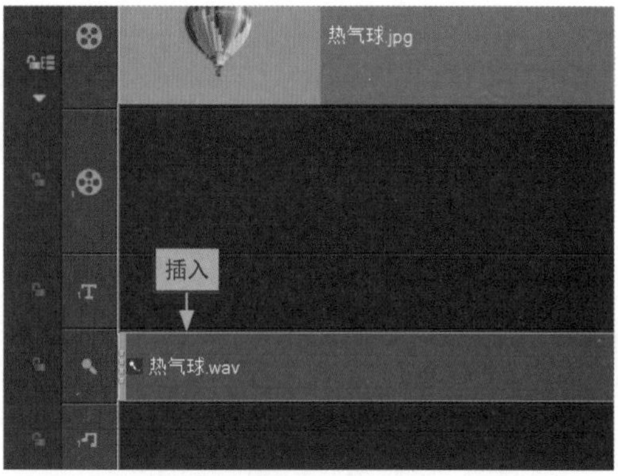

图11-24

步骤02 单击“混音器”按钮，如图11-25所示。将鼠标光标定位在声音轨的音量调节线上，向上拖动调节线，调高音量，完成后释放鼠标，如图11-26所示。

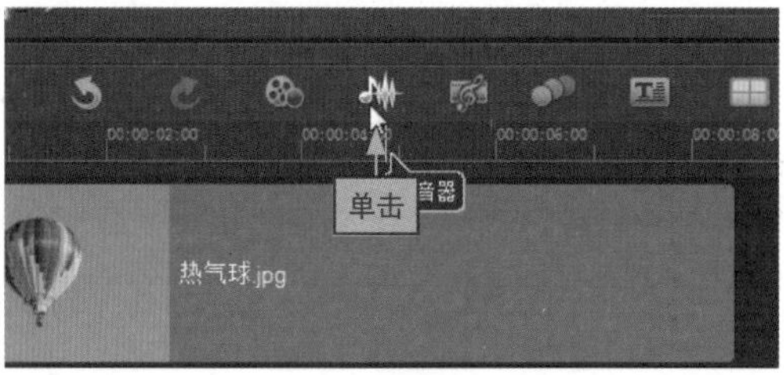

图11-25

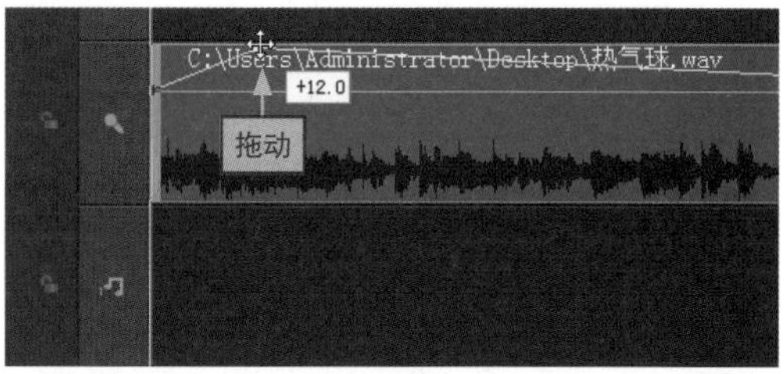

图11-26

步骤03 移动鼠标光标，用同样的方法调节音量线，如图11-27所示。拖动音量线调节音量，如图11-28所示。

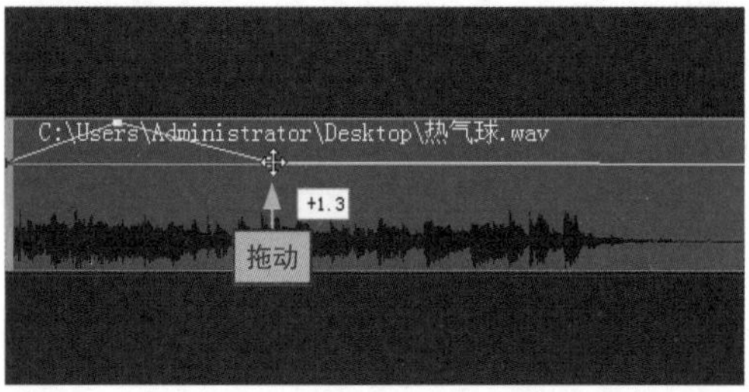

图11-27

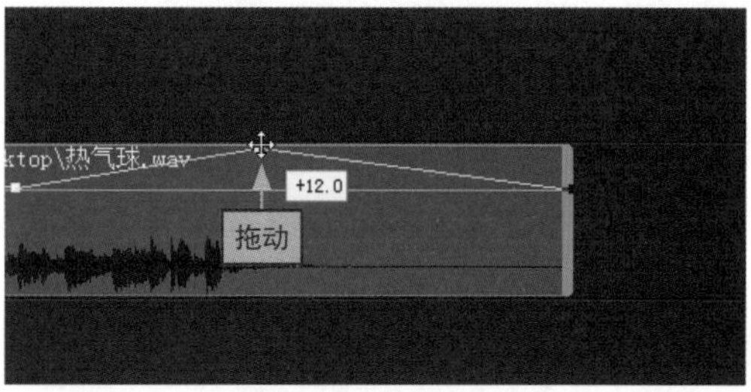

图11-28

11.2.3 恢复到水平线音量状态

通过音量线对音频音量进行调节后，若要恢复到水平音量线状态，右击音频素材，在弹出的快捷菜单中选择“重置音量”命令即可，如图11-29所示。

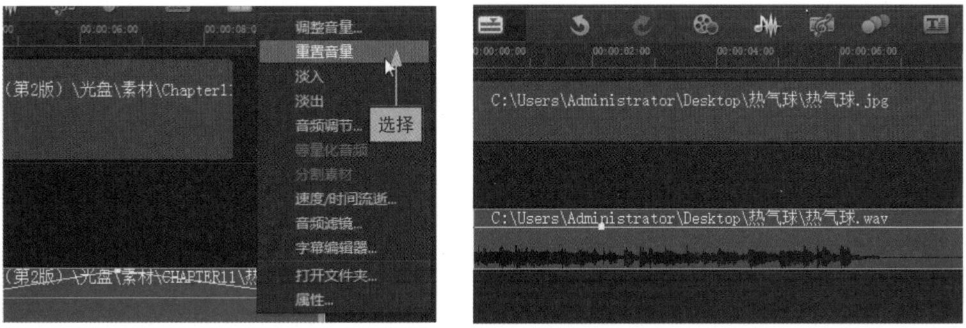

图11-29

知识延伸 | 删除单个音量线控制点

如果要删除已添加的音量线控制点，可在选中该点后，拖动该点到素材之外，释放鼠标即可进行删除，如图11-30所示。

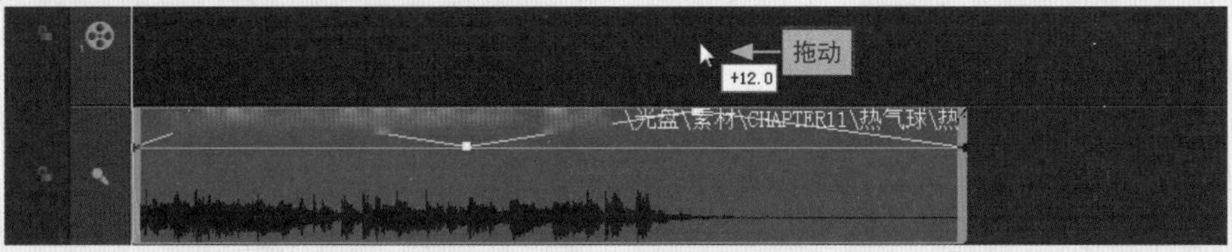

图11-30

11.2.4 声音轨与音乐轨音量等量

在视频中提取音频文件后，有时还需要为其添加背景音乐，让两段音频音量等量可以让音频效果更好，下面以设置两段音频文件为等量化音频为例讲解相关的操作步骤。

[知识演练] 设置两段音乐为等量化音频

本节素材	◎|素材|Chapter11|街道.mp4
本节效果	◎|效果|Chapter11|街道.VSP

步骤01 在会声会影视频轨中插入“街道.mp4”素材，如图11-31所示。右击素材，在弹出的快捷菜单中选择“分离音频”命令，如图11-32所示。

图11-31

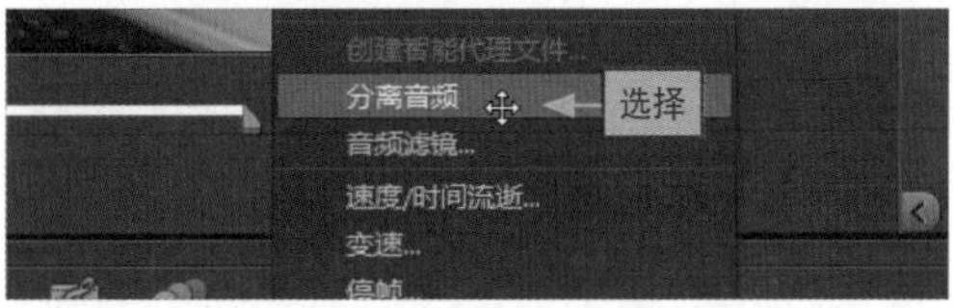

图11-32

步骤02 在音乐轨中插入音频素材，如图11-33所示。按住Shift键，选择声音轨和音乐轨素材，如图11-34所示。

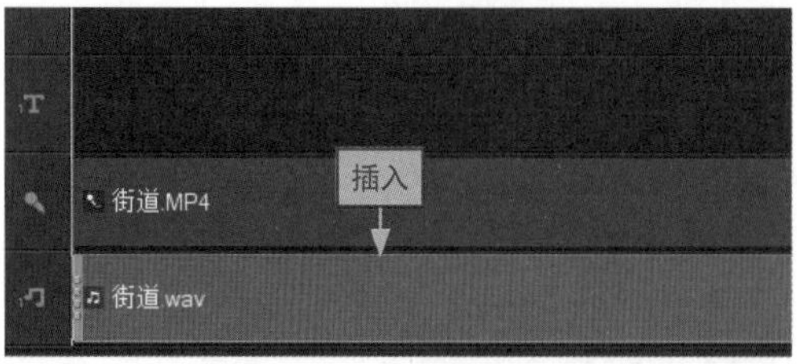

图11-33

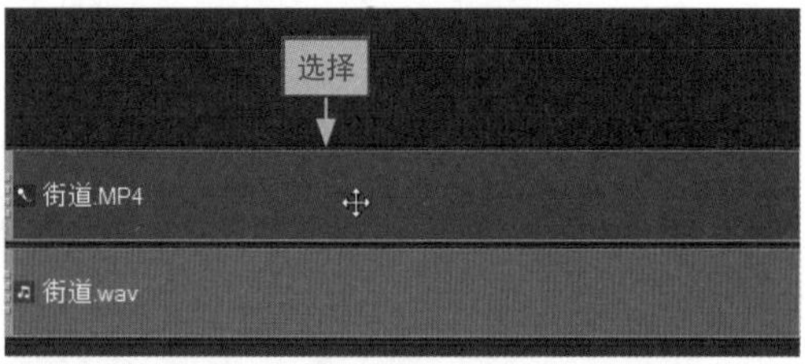

图11-34

步骤03 右击鼠标，在弹出的快捷菜单中选择“等量化音频”命令，如图11-35所示。单击“播放”按钮即可试听音频效果，如图11-36所示。

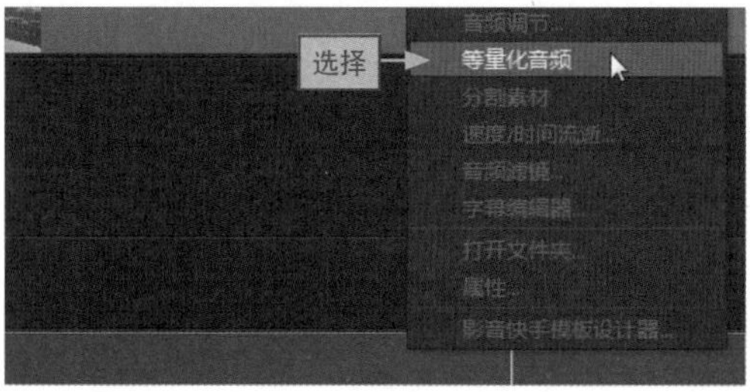

图11-35

图11-36

11.2.5 调低背景音突出主体音效

背景音乐如果太过于突出，会对主体声音或旁白声音造成影响，为了让视频音效更好，可以调低背景音乐，下面以使用音频调节功能为例讲解相关的操作步骤。

[知识演练] 使用音频调节功能调整背景音

本节素材	⊙I素材IChapter11I森林.VSP
本节效果	⊙I效果IChapter11I森林.VSP

步骤01 在会声会影中打开“森林.VSP”项目文件，如图11-37所示。在声音轨中插入“森林1.wav”素材，如图11-38所示。

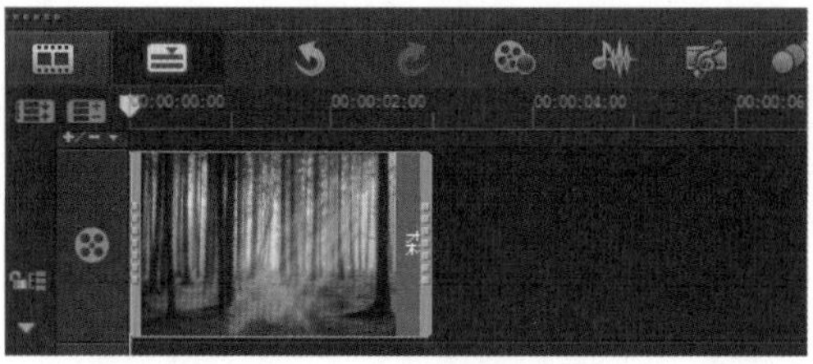

图11-37

图11-38

步骤02 在音乐轨中插入“森林2.wav”素材，如图11-39所示。选择背景声音的轨道，这里右击音乐轨素材，在弹出的快捷菜单中选择“音频调节”命令，如图11-40所示。

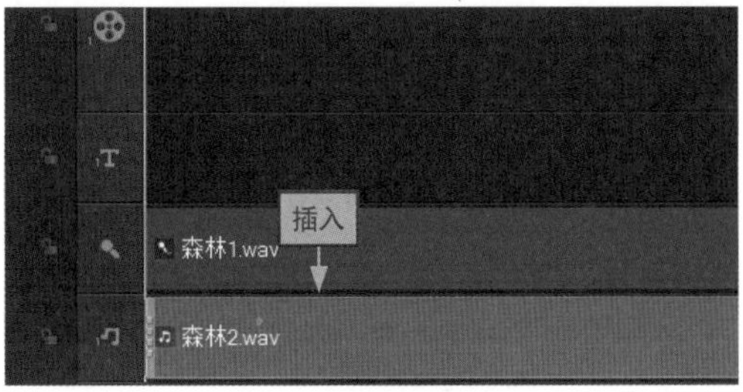

图11-39

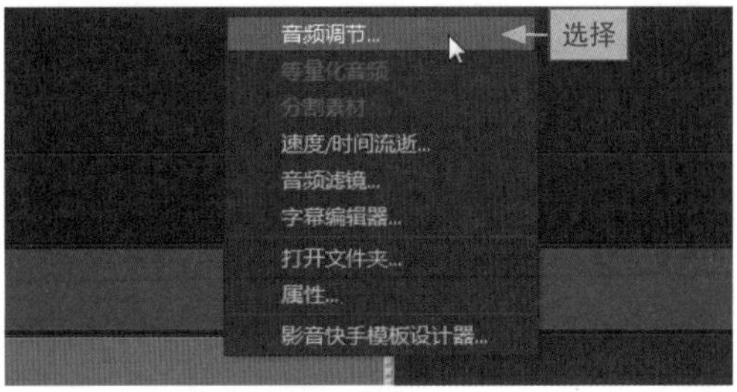

图11-40

步骤03 在打开的“音频调节”对话框中设置“调节级别”和“敏感度”参数，单击“确定”按钮，如图11-41所示。在项目模式下单击“播放”按钮试听音频效果，如图11-42所示。

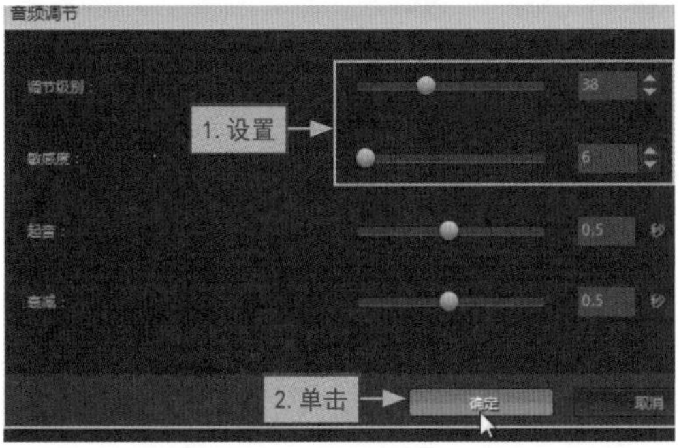

图11-41

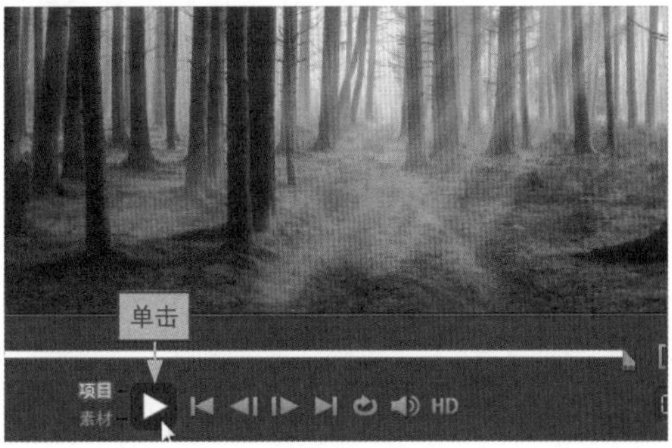

图11-42

11.2.6 环绕混音音效

环绕混音音效能让听众具有环绕和混响的感觉，下面以使用混音器工具为例讲解相关的操作步骤。

[知识演练] 让音乐具有环绕和混响感

本节素材	⊙|素材|Chapter11|鱼.VSP
本节效果	⊙|效果|Chapter11|鱼.VSP

步骤01 在会声会影中打开“鱼.VSP”项目文件，如图11-43所示。在声音轨中插入“鱼1.wav”素材，如图11-44所示。

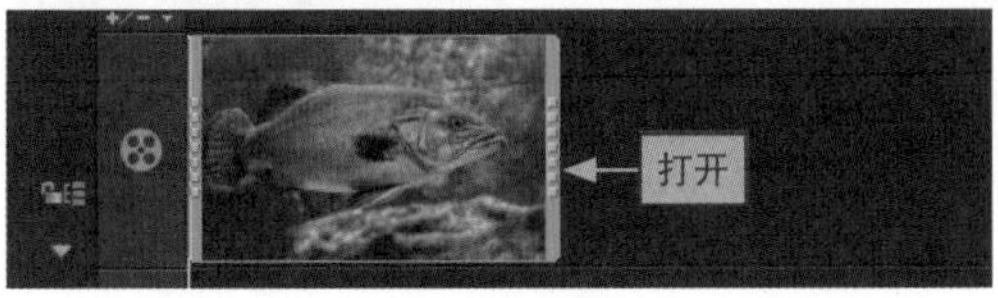

图11-43

图11-44

步骤02 在音乐轨中插入“鱼2.wav”素材，如图11-45所示。单击“混音器”按钮，如图11-46所示。

图11-45

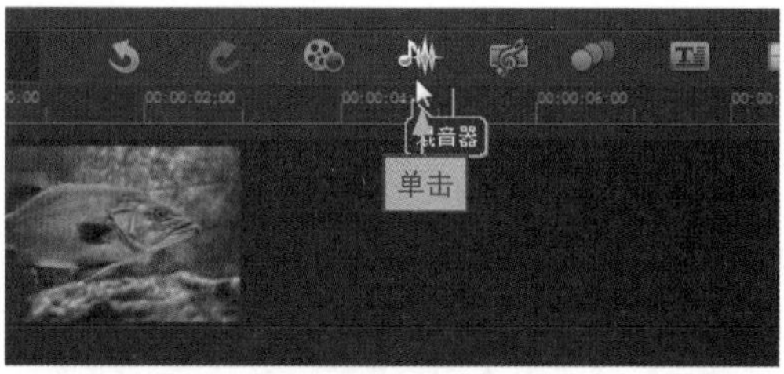

图11-46

步骤03 在打开的“环绕混声”选项卡下拖动“蓝色音乐”按钮到右侧声道，如图11-47所示。单击“声音轨”按钮，如图11-48所示。

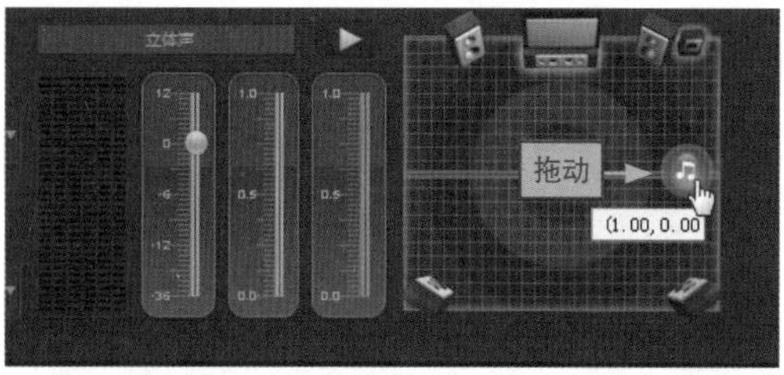

图11-47

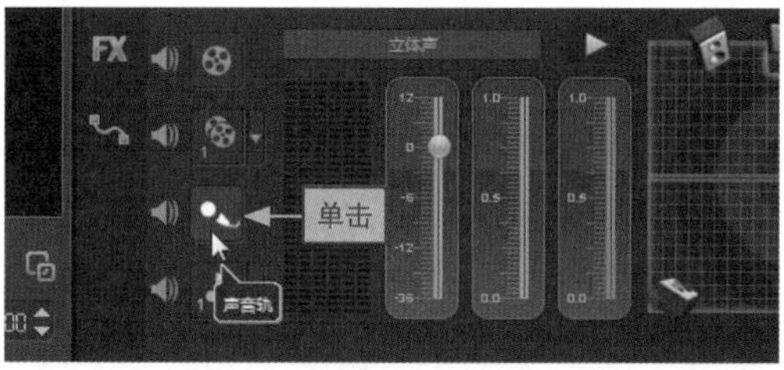

图11-48

步骤04 拖动“红色音乐”按钮到左侧声道，如图11-49所示。在项目模式下单击“播放”按钮即可试听音频效果，如图11-50所示。

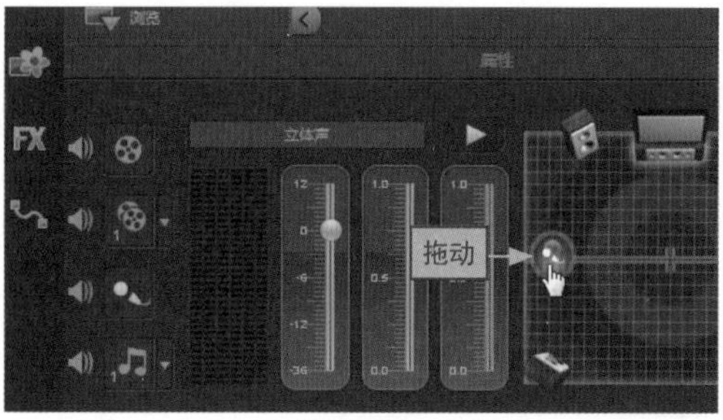

图11-49

图11-50

11.2.7 调整音频的速度和时间流逝

通过调整音乐的速度和时间流逝，可以改变音频的回放速度，下面通过调高速度为例讲解相关的操作步骤。

[知识演练] 改变音乐的播放速度

本节素材	⊙\素材\Chapter11\晴朗的天空.VSP
本节效果	⊙\效果\Chapter11\晴朗的天空.VSP

步骤01 在会声会影中打开“晴朗的天空.VSP”项目文件，如图11-51所示。在声音轨中插入“晴朗的天空.wav”素材，如图11-52所示。

图11-51

图11-52

步骤02 单击“选项”按钮，如图11-53所示。在“选项”面板中单击“速度/时间流逝”按钮，如图11-54所示。

图11-53

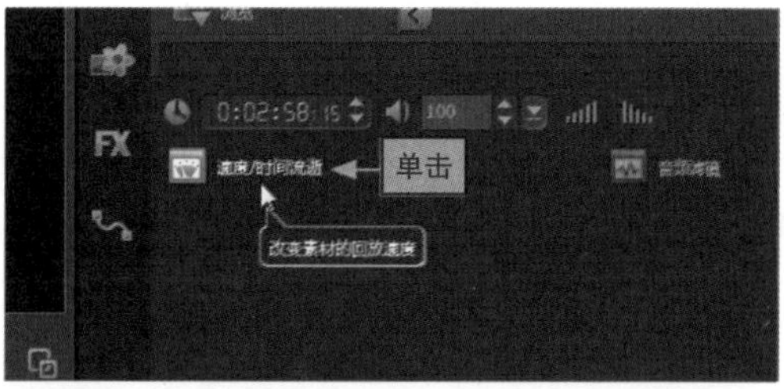

图11-54

步骤03 在打开的“速度/时间流逝”对话框中设置“速度”为120，单击“确定”按钮，如图11-55所示。单击“播放”按钮即可试听调整速度后的音频效果，如图11-56所示。

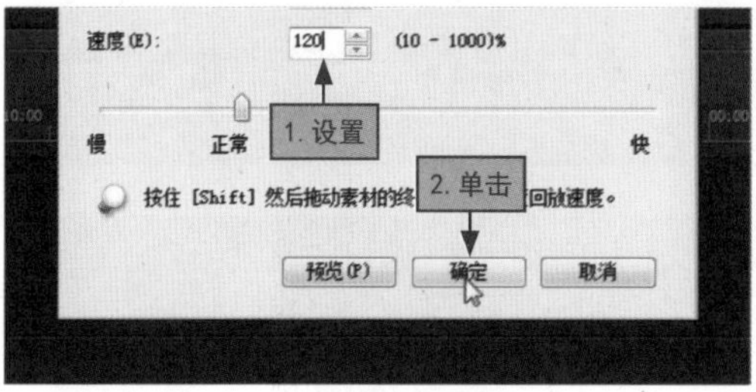

图11-55

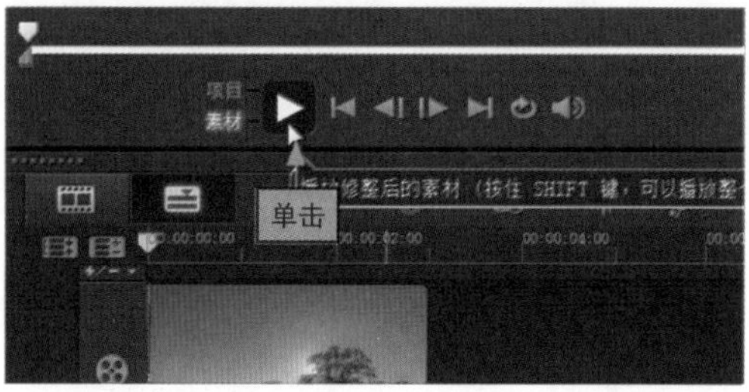

图11-56

LESSON 11.3 让视频更动人的音频特效

知识级别

□初级入门 | ■中级提高 | □高级拓展

知识难度 ★★

学习时长 45 分钟

学习目标

① 为音频素材应用滤镜。

② 对音频滤镜进行自定义设置。

※主要内容※

内　容	难　度	内　容	难　度
淡入与淡出特效	★	回声特效	★★
去除音频中的噪音	★	制作让声音降低的音效	★
音调偏移实现声音变音	★		

效果预览 > > >

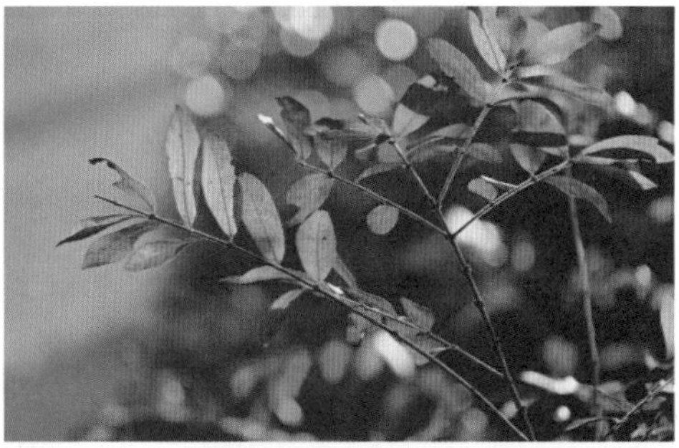

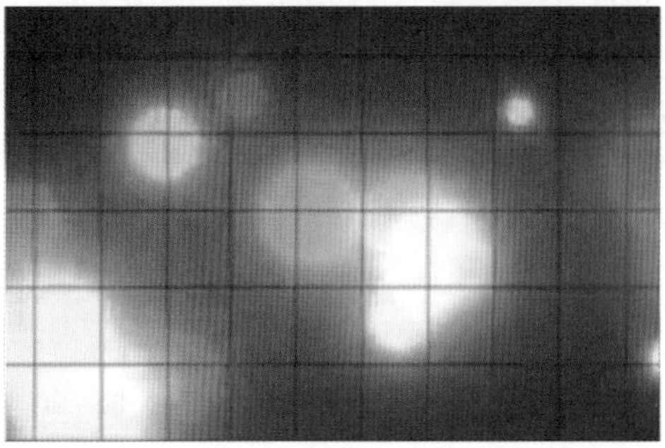

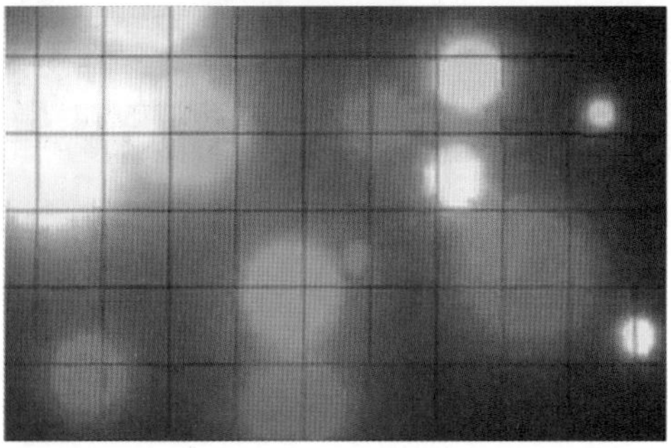

11.3.1 淡入与淡出特效

如果想让视频在开始和结束时具有淡入淡出效果，可以在“选项”面板中进行设置，下面以制作淡入淡出的背景音乐效果为例讲解相关的操作步骤。

[知识演练] 让背景音乐淡入淡出

本节素材	⊙\素材\Chapter11\玩偶.VSP
本节效果	⊙\效果\Chapter11\玩偶.VSP

步骤01 在会声会影中打开“玩偶.VSP”项目文件，如图11-57所示。在声音轨中插入“玩偶.wav”素材，如图11-58所示。

图11-57

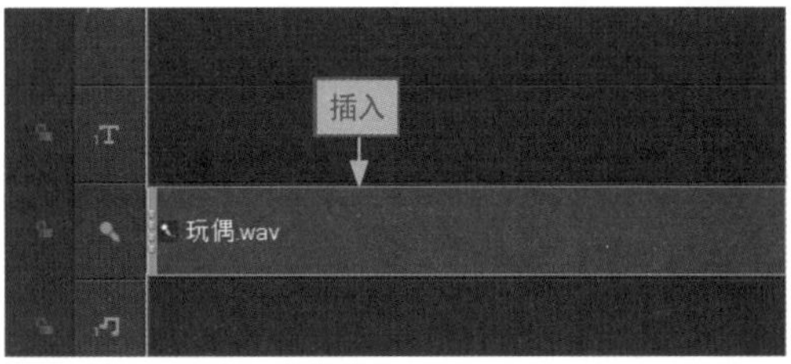

图11-58

步骤02 打开“选项”面板，单击“淡入”按钮，如图11-59所示。单击“淡出”按钮，如图11-60所示。

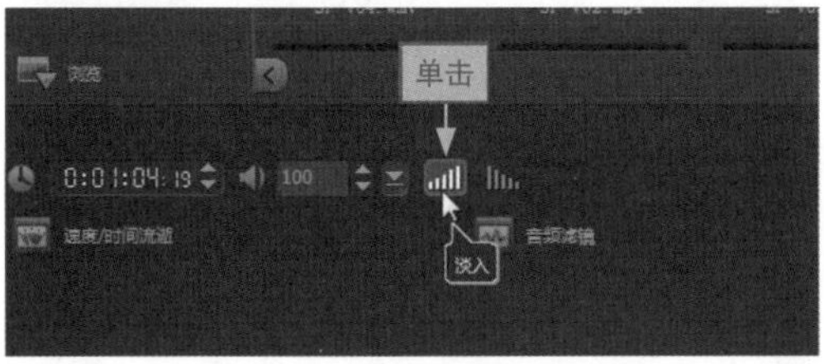

图11-59

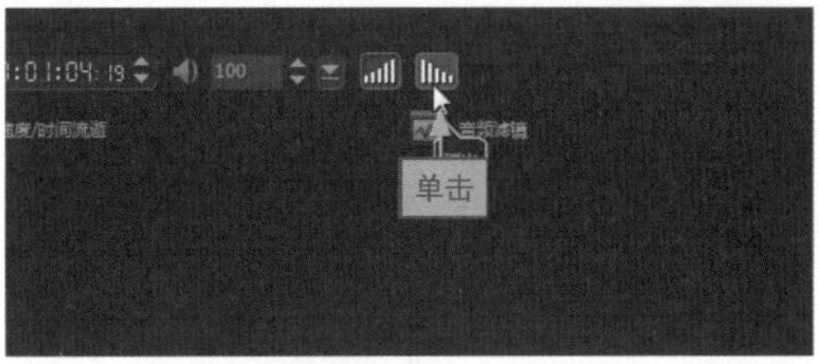

图11-60

11.3.2 回声特效

会声会影中提供了多种音频滤镜，其中“长回音”滤镜能制作出回声效果，下面以为音频文件添加“长回音”滤镜为例讲解相关的操作步骤。

[知识演练] 应用“长回音”音频滤镜

本节素材	⊙\素材\Chapter11\叶子.VSP
本节效果	⊙\效果\Chapter11\叶子.VSP

步骤01 在会声会影中打开“叶子.VSP”项目文件，如图11-61所示。在声音轨中插入“叶子.wav”素材，如图11-62所示。

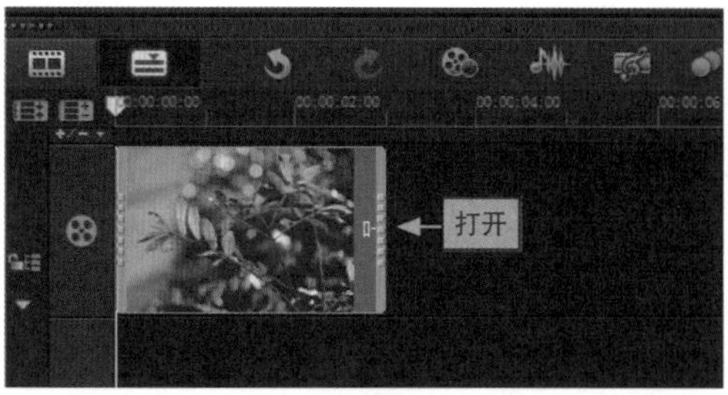

图11-61

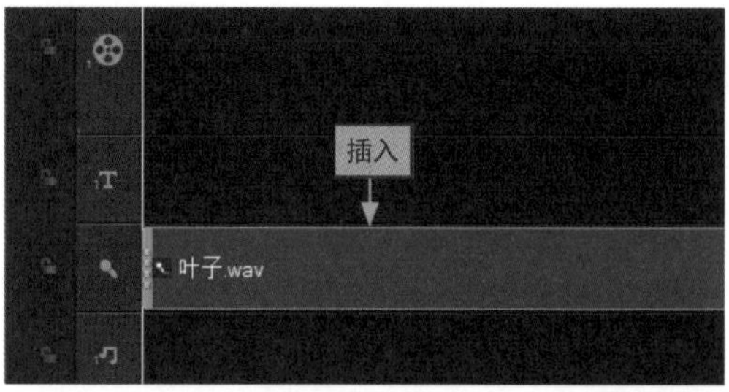

图11-62

步骤02 单击“选项”按钮，如图11-63所示。打开“选项”面板，单击“音频滤镜”按钮，如图11-64所示。

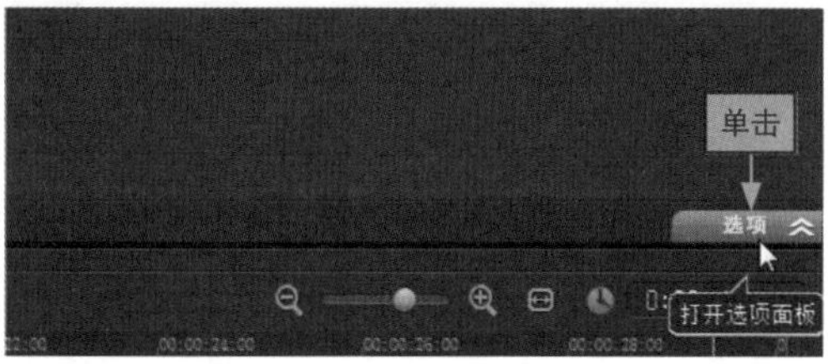

图11-63

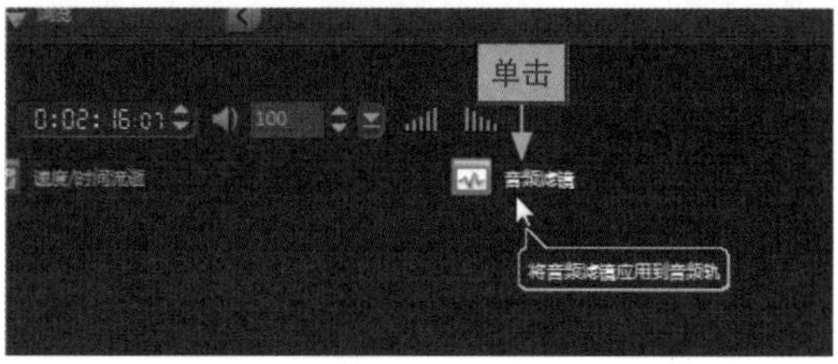

图11-64

步骤03 在打开的“音频滤镜”对话框中选择“长回声”选项，单击“添加”按钮，如图11-65所示。单击“确定”按钮，在项目模式下单击“播放”按钮即可试听其效果，如图11-66所示。

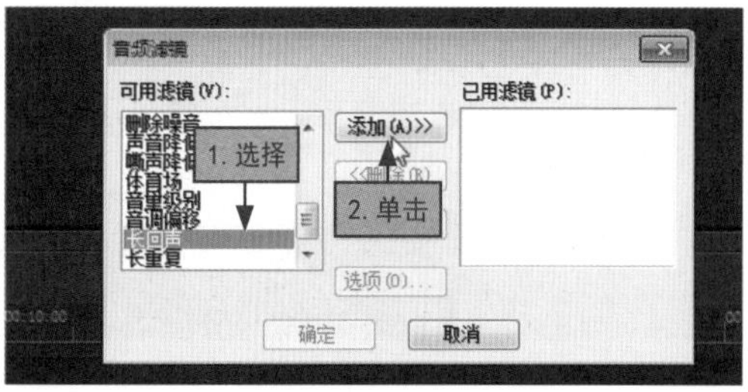

图11-65

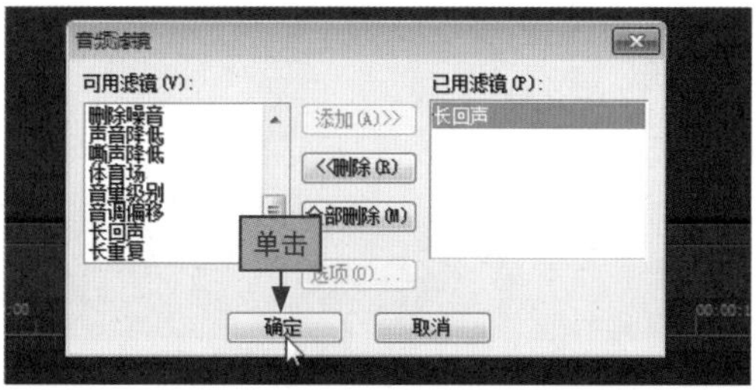

图11-66

知识延伸 | 在滤镜库中显示音频滤镜

会声会影滤镜库默认显示的是视频滤镜，打开滤镜库，单击“显示音频滤镜”按钮，可在滤镜库中显示音频滤镜，如图11-67所示。

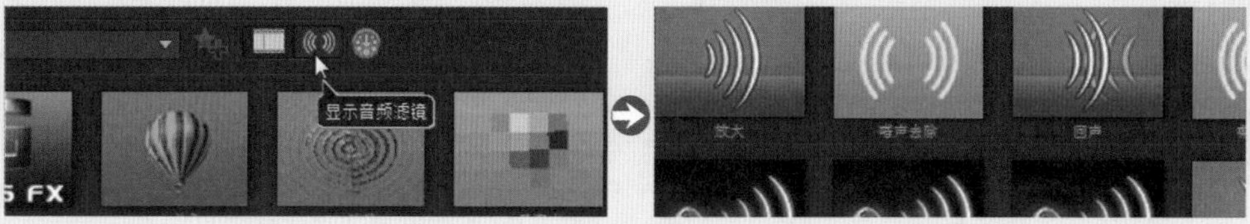

图11-67

11.3.3 去除音频中的噪音

会声会影中的“删除噪音”滤镜可以帮助消除音频文件中的噪音，在“音乐和声音”面板中单击“音频滤镜”按钮，打开“音频滤镜”对话框，选择“删除噪音”滤镜，单击“添加”按钮如图11-68所示。单击“确定”按钮，如图11-69所示。

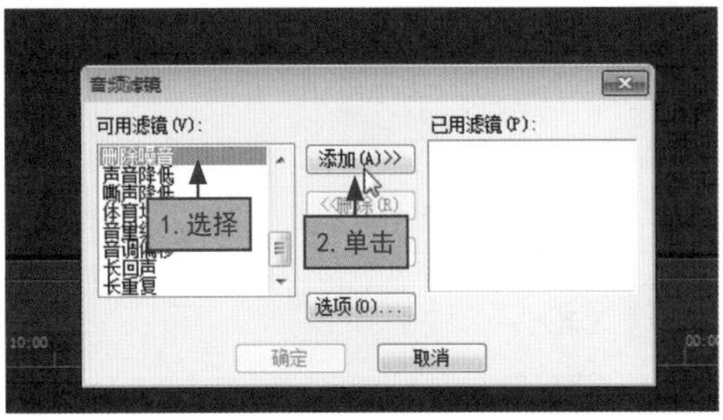

图11-68

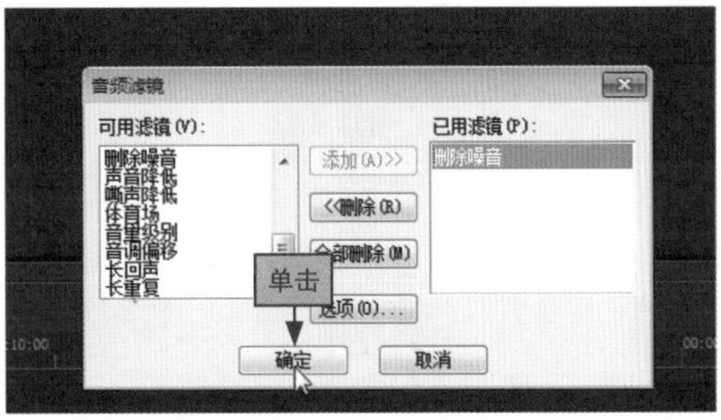

图11-69

11.3.4 制作让声音降低的音效

“声音降低”滤镜能够降低音频声音的强度，在“音乐和声音”面板中单击“音频滤镜”按钮，打开“音频滤镜”对话框，添加“声音降低”滤镜，单击“选项”按钮，如图11-70所示。在打开的“声音降低”对话框中拖动“强度”滑块可调整滤镜强度，如图11-71所示。

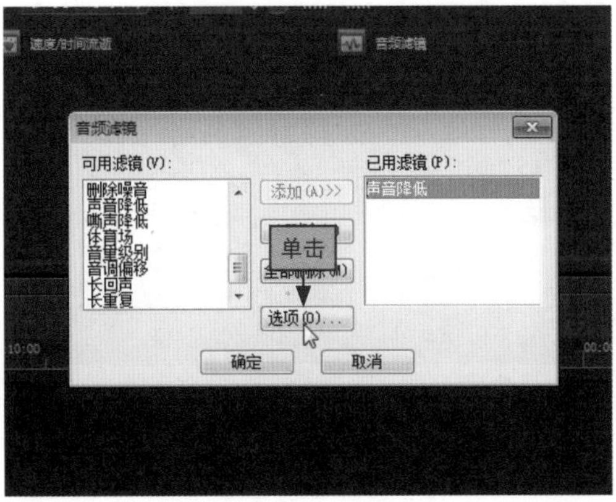

图11-70

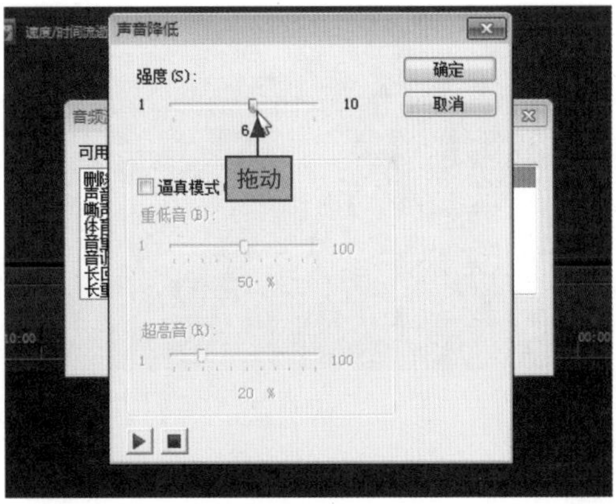

图11-71

11.3.5 音调偏移实现声音变音

“音调偏移”滤镜能够制作音频变音特效，打开“音频滤镜”对话框，添加“音调偏移”滤镜，单击“选项”按钮，如图11-72所示。在打开的“音调偏移”对话框中拖动“半音调”滑块，如图11-73所示。

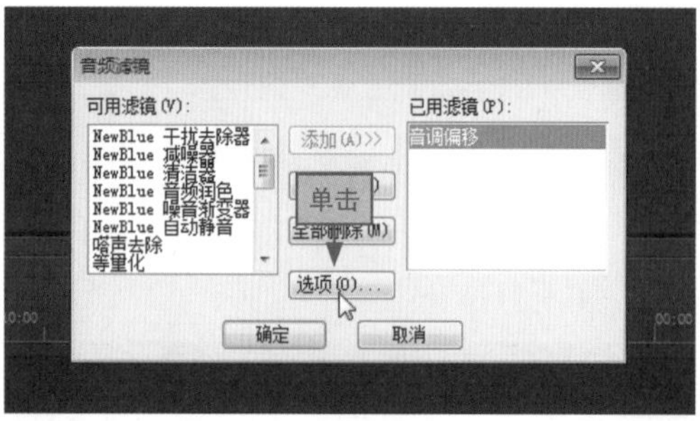

图11-72

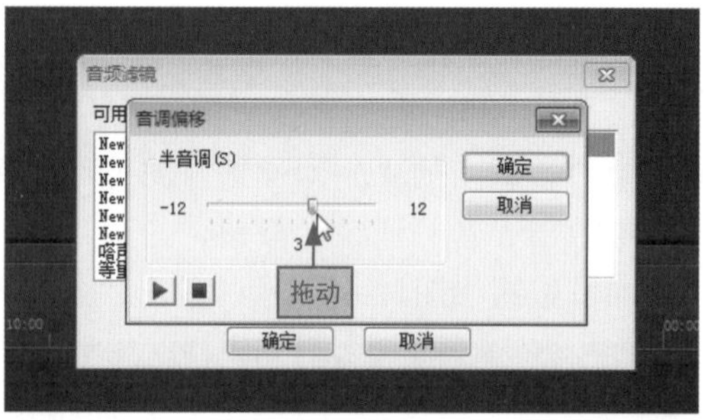

图11-73

实战应用 有动感的卡拉OK音频特效

本节主要介绍了如何为音频添加滤镜，下面以对“混响”音频滤镜进行自定义设置为例讲解制作卡拉OK音频特效的操作步骤。

本节素材	⊙|素材|Chapter11|灯光
本节效果	⊙|效果|Chapter11|灯光.VSP

步骤01 在会声会影中插入视频和音频素材，如图11-74所示。单击“滤镜”按钮，如图11-75所示。

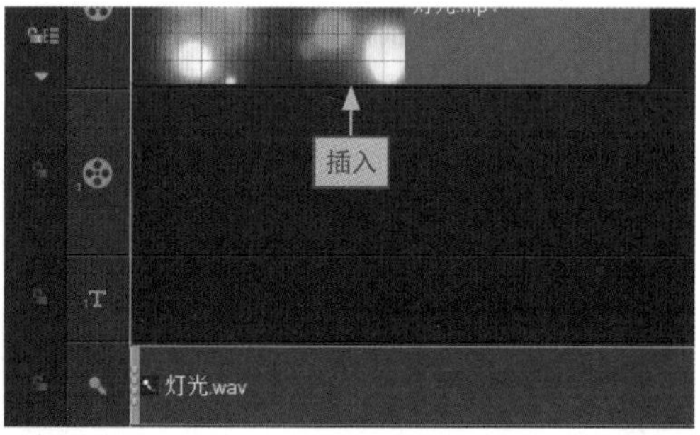

图11-74

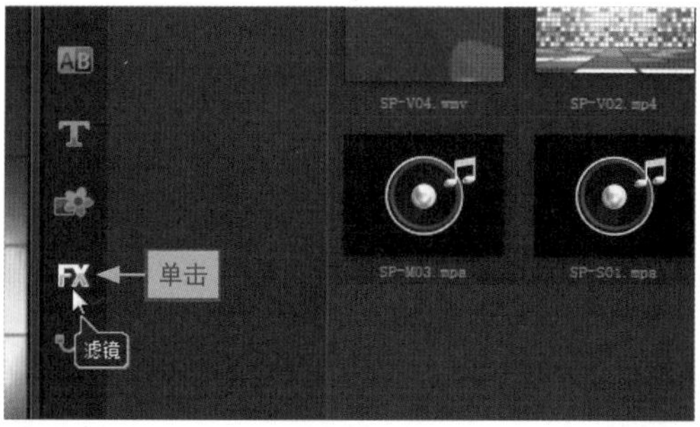

图11-75

步骤02 单击“显示音频滤镜”按钮，如图11-76所示。选择“混响”音频滤镜，如图11-77所示。

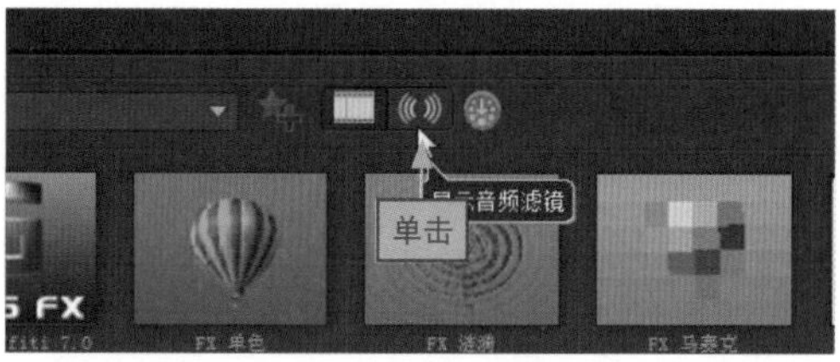

图11-76

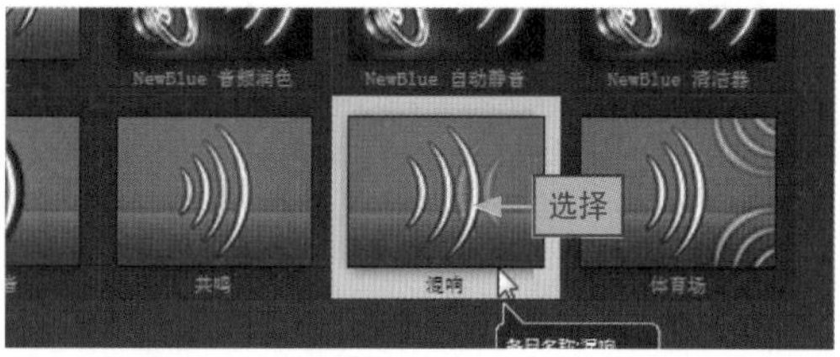

图11-77

步骤03 拖动“混响”滤镜到音频素材上方，如图11-78所示。单击“选项”按钮，如图11-79所示。

图11-78

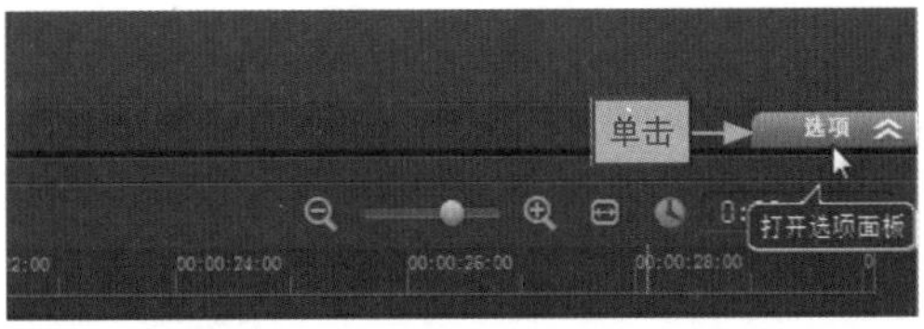

图11-79

步骤04 打开“音乐和声音”面板，单击“音频滤镜”按钮，如图11-80所示。在打开的“音频滤镜”对话框中单击“选项”按钮，如图11-81所示。

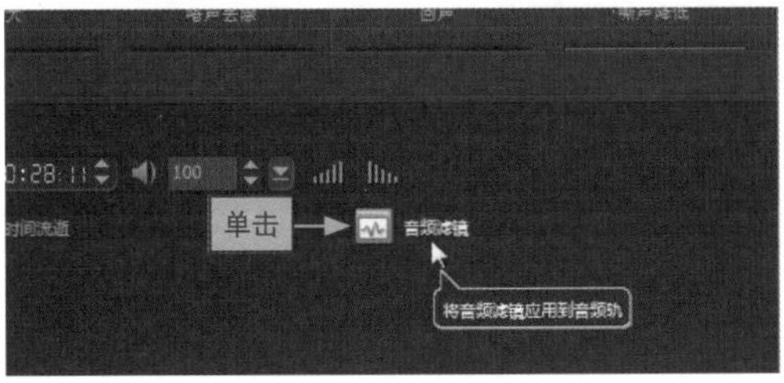

图11-80

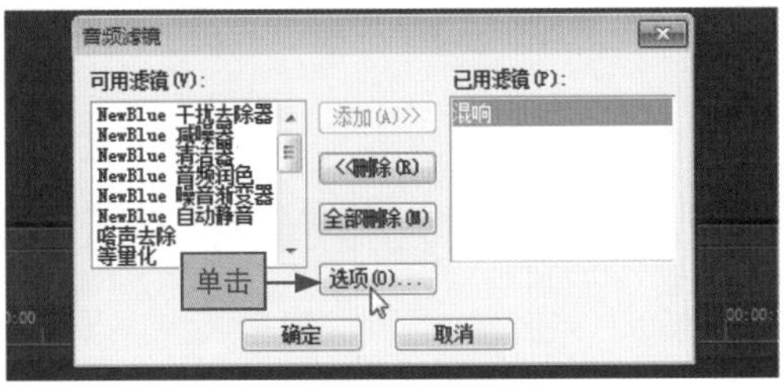

图11-81

步骤05 在打开的“混响”对话框中设置混响滤镜的参数，单击“确定”按钮，如图11-82所示。在返回的对话框中单击“确定”按钮，如图11-83所示。

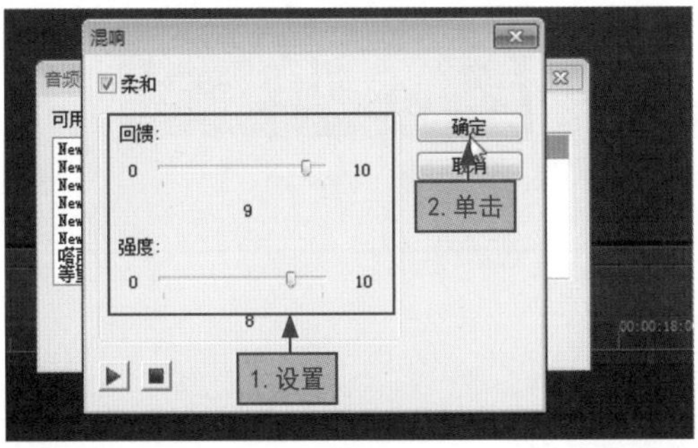

图11-82

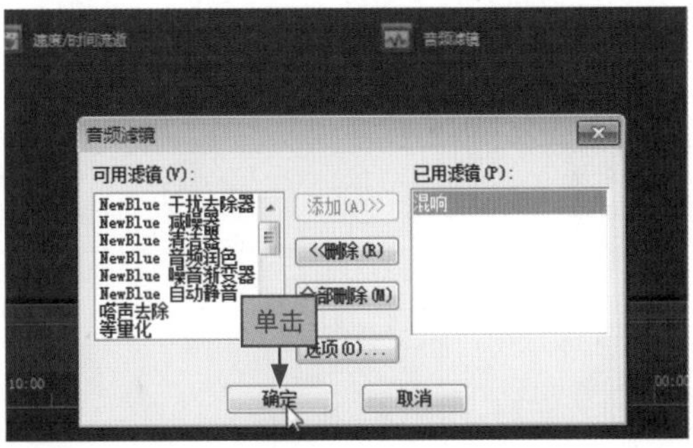

图11-83

步骤06 设置音频素材区间长度为0:00:06:00，如图11-84所示。切换至项目模式，单击“播放”按钮即可查看视频和试听音频效果，如图11-85所示。

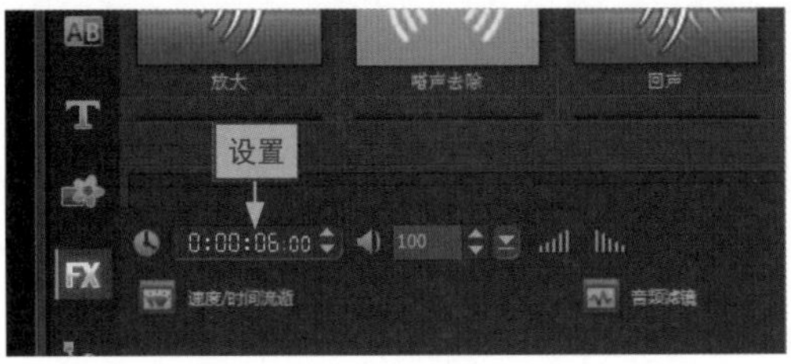

图11-84

图11-85

完成以上步骤后可在看视频的同时试听音乐效果，可以听到音乐具有动感节奏，如图11-86所示。

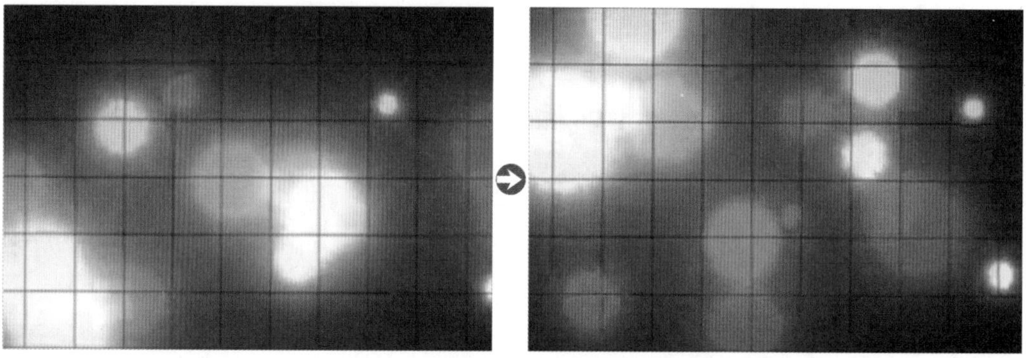

图11-86

知识延伸 | 删除已添加的音频滤镜

对音频素材添加滤镜后，如果觉得效果不满意可以对滤镜进行删除。打开“音频滤镜”对话框，选择要删除的滤镜，单击“删除”按钮即可，如图11-87所示。

图11-87

第12章

完成编辑，输出视频文件并保存

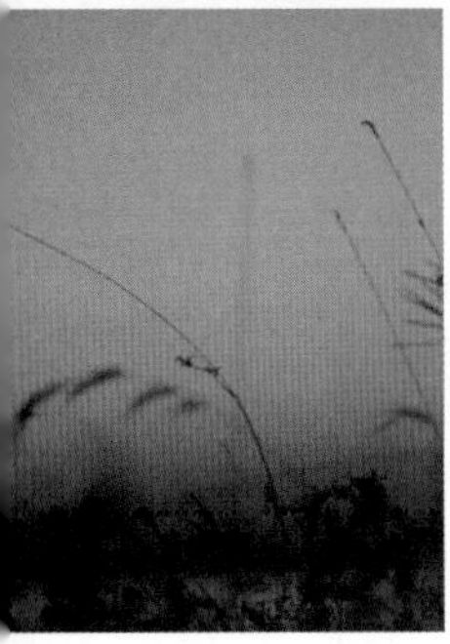

学习目标

在会声会影中编辑完一段视频后，若要将其传输到社交软件或使用视频播放器进行播放，还需要将视频文件输出并保存为合适的格式，本章介绍如何将编辑好的项目文件输出为视频并分享到网络平台。

本章要点

- 共享面板快速导出操作
- 根据需要选择视频输出格式
- 自定义配置视频文件
- 输出视频时压缩文件
- 仅存储预览范围的视频

……

LESSON 12.1

导出编辑好的视频

知识级别

■初级入门 | □中级提高 | □高级拓展

知识难度 ★

学习时长 90 分钟

学习目标

① 利用共享面板导出视频和音频文件。

② 视频文件输出属性自定义设置。

③ 将视频输出为 3D 影片。

※主要内容※

内 容	难 度	内 容	难 度
共享面板快速导出操作	★★	根据需要选择视频输出格式	★
自定义设置视频文件	★★	输出视频时压缩文件	★
仅存储预览范围的视频	★	只输出音频，不输出视频	★
输出为 HTML 网页效果	★	更有冲击力的 3D 视频效果	★★

效果预览 > > >

12.1.1 共享面板快速导出操作

在会声会影中导出视频需要在“共享”面板中进行操作，下面以导出MP4视频文件为例讲解相关的操作步骤。

[知识演练] 导出MP4格式的视频文件

本节素材	⊙/素材/Chapter12/稻田.VSP
本节效果	⊙/效果/Chapter12/稻田.mp4

步骤01 在会声会影中打开“稻田.VSP”项目文件，如图12-1所示。单击“共享”选项卡，如图12-2所示。

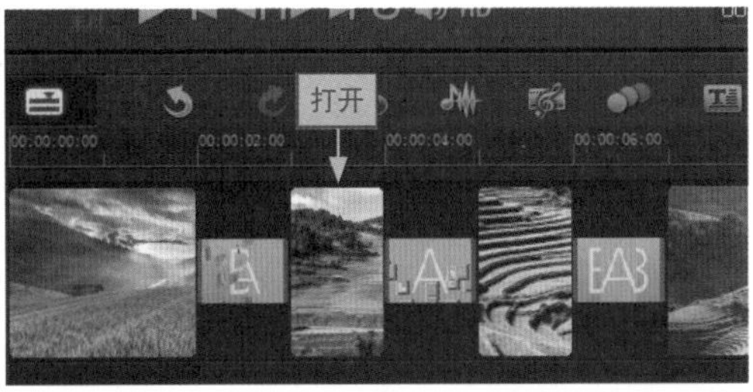

图12-1

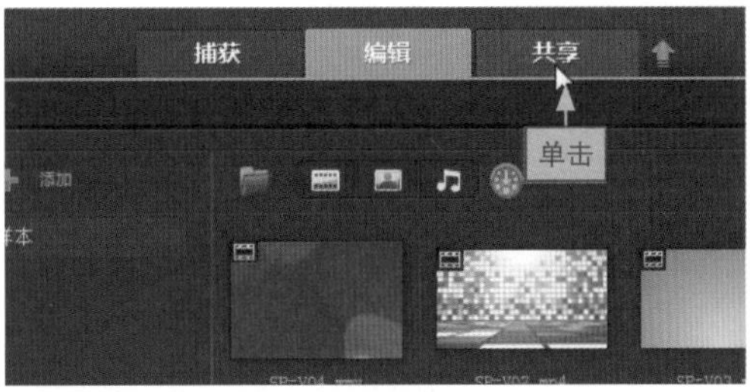

图12-2

步骤02 保持默认的“MPEG-4”选择状态，如图12-3所示。单击“浏览”按钮，如图12-4所示。

图12-3

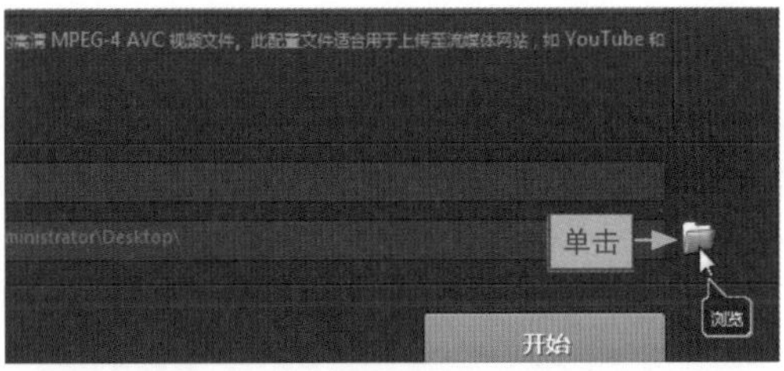

图12-4

步骤03 在打开的“浏览”对话框中选择文件保存位置，在“文件名”文本框中输入“稻田.mp4”，单击“保存”按钮，如图12-5所示。单击“开始”按钮，如图12-6所示。

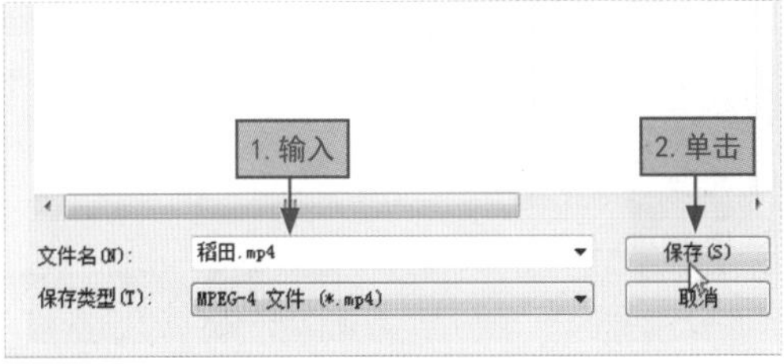

图12-5

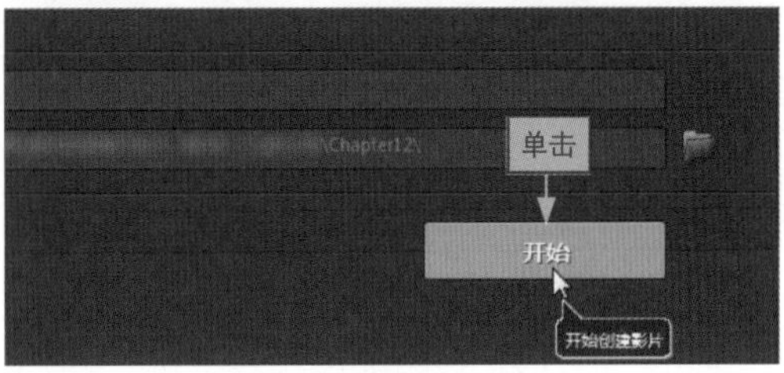

图12-6

步骤04 程序提示正在渲染，如图12-7所示。完成渲染后在打开的提示对话框中单击“确定”按钮，如图12-8所示。

图12-7

图12-8

完成视频输出后，可在相应文件夹中查看到视频文件，双击播放视频，如图12-9所示。

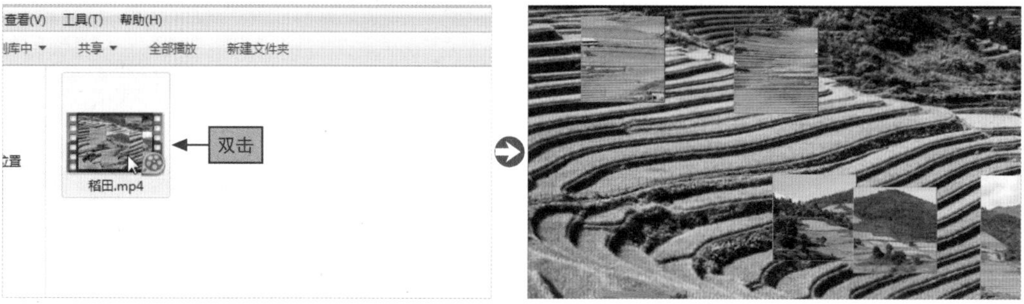

图12-9

12.1.2 根据需要选择视频输出格式

会声会影提供了多种视频输出格式，在输出视频时可根据需要选择合适的格式。在共享面板中单击“自定义”按钮，如图12-10所示。在“格式”下拉列表中选择合适的视频格式，如图12-11所示。

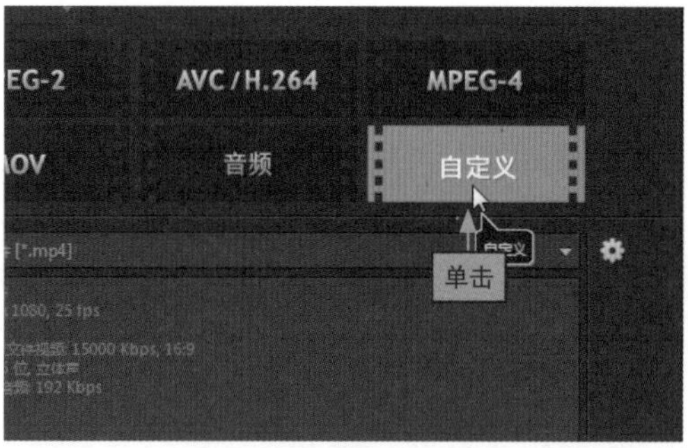

图12-10

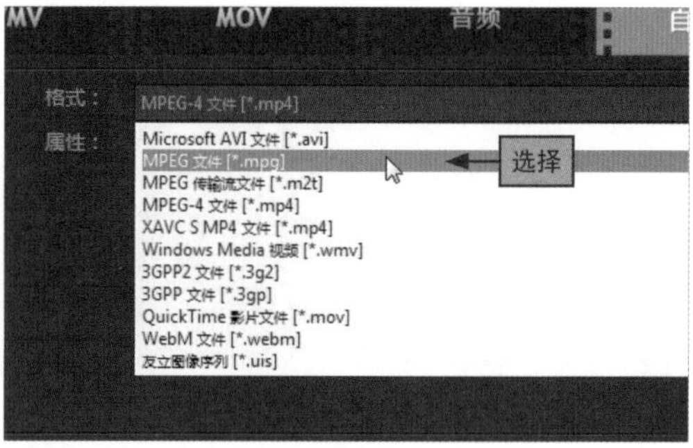

图12-11

12.1.3 自定义设置视频文件

在输出视频文件时，可以对视频的属性进行自定义设置，下面以设置AVI视频文件的属性参数为例讲解相关的操作步骤。

[知识演练] 设置AVI视频文件的属性参数

步骤01 在会声会影“共享”面板中单击“自定义”按钮，如图12-12所示。在“格式”下拉列表中选择“Microsoft AVI文件”选项，如图12-13所示。

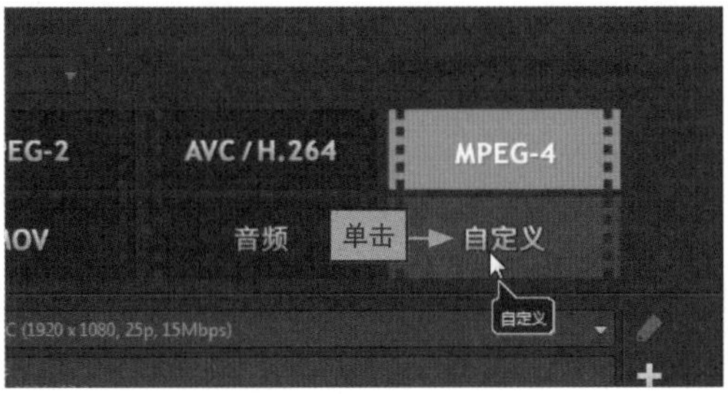

图12-12

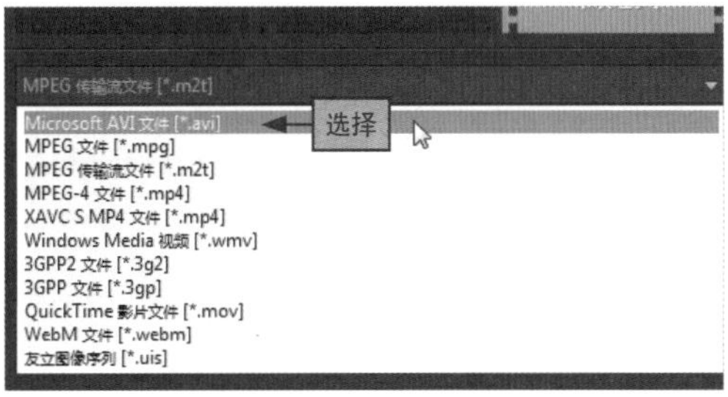

图12-13

步骤02 单击“选项”按钮，如图12-14所示。打开“选项”对话框，在“常规”选项卡中设置视频参数，如图12-15所示。

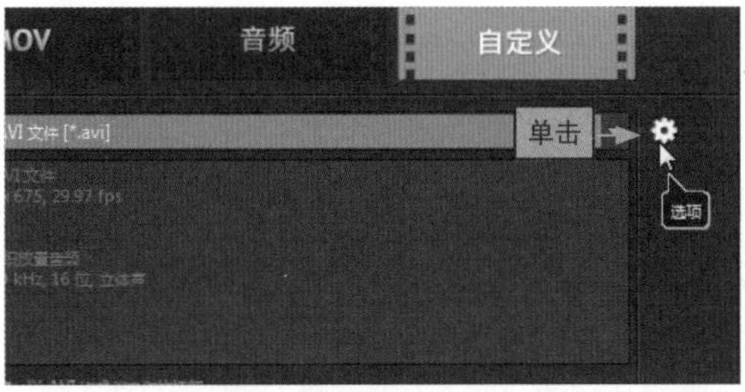

图12-14

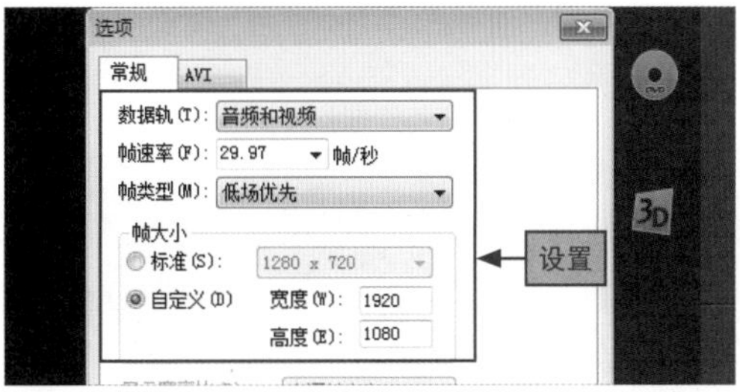

图12-15

步骤03 设置完成后切换至“AVI”选项卡，设置视频参数，单击“高级”按钮，如图12-16所示。在打开的“高级选项”对话框中设置参数，单击“确定”按钮，如图12-17所示。

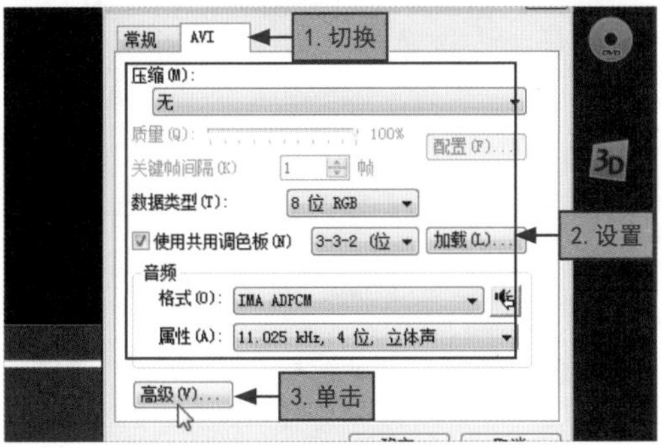

图12-16

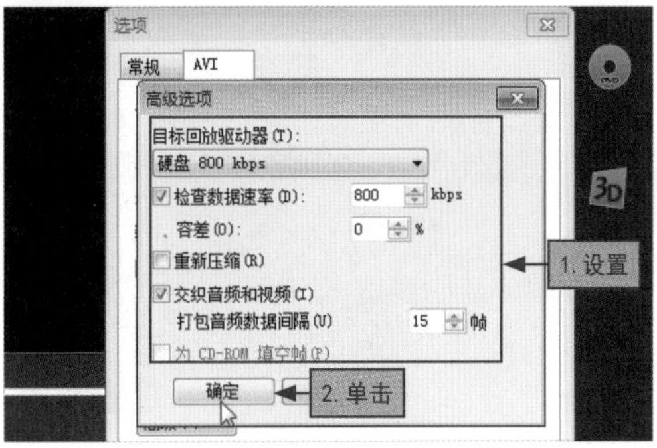

图12-17

步骤04 在返回的“选项”对话框中单击“确定”按钮，如图12-18所示。单击“开始”按钮输出视频，如图12-19所示。

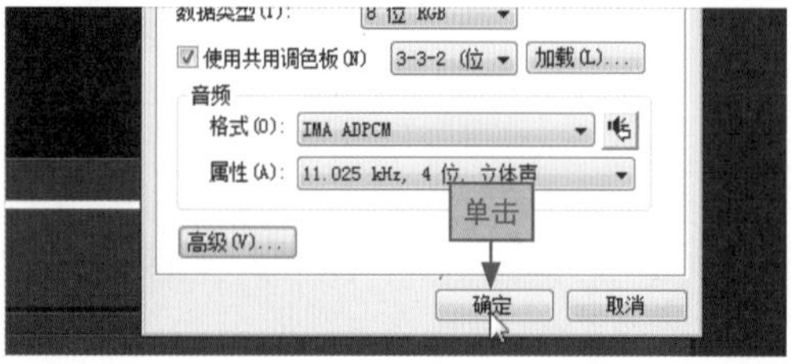

图12-18

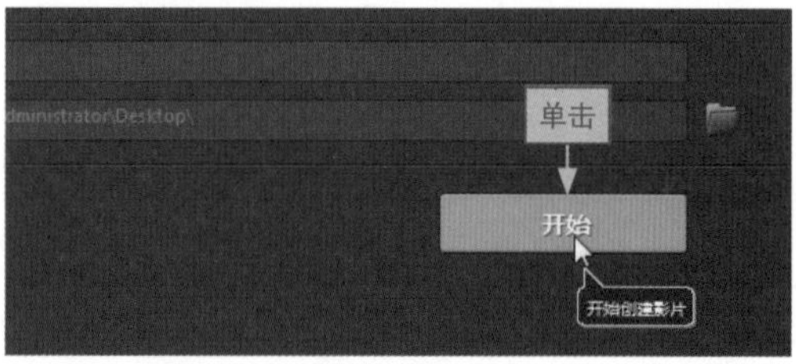

图12-19

12.1.4 输出视频时压缩文件

在网络上传输视频文件时，有时会遇到文件太大无法传输的情况，这时可使用会声会影对视频进行压缩，下面以在输出MP4格式时压缩为例讲解相关的操作步骤。

[知识演练] 输出MP4格式时压缩

本节素材	⊙|素材|Chapter12|蝴蝶.VSP
本节效果	⊙|效果|Chapter12|蝴蝶.mp4

步骤01 在会声会影中打开“蝴蝶.VSP”项目文件，如图12-20所示。打开“共享”面板，单击“+”按钮，如图12-21所示。

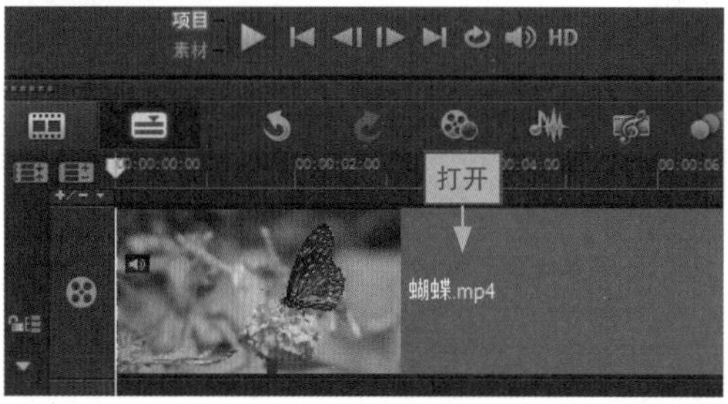

图12-20

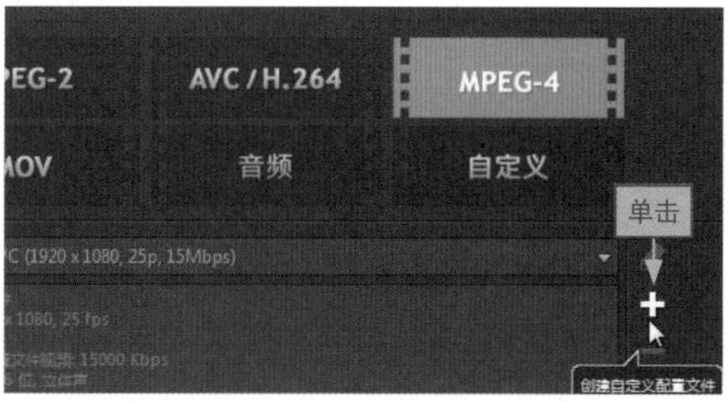

图12-21

步骤02 在打开的“新建配置文件选项”对话框中单击“压缩”选项卡，如图12-22所示。设置“视频数据速率”为6000，如图12-23所示。

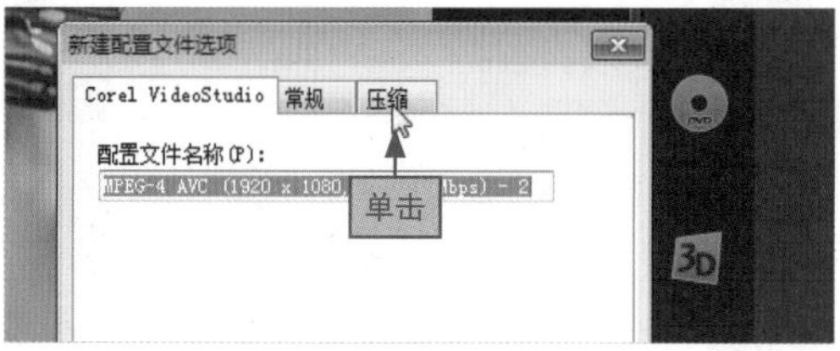

图12-22

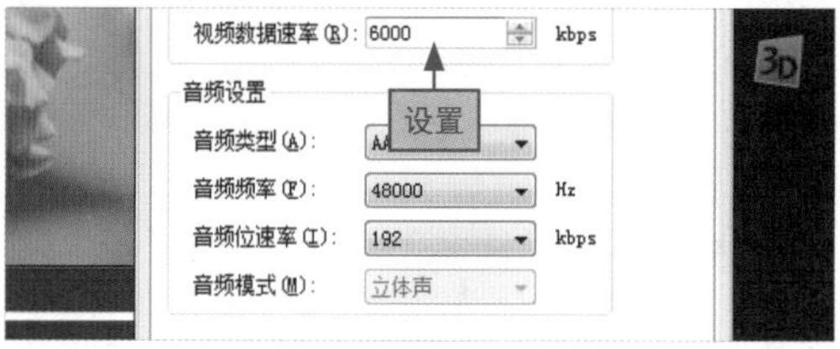

图12-23

步骤03 单击“确定”按钮，如图12-24所示。在返回的“共享”面板中单击“开始”按钮渲染视频并输出，如图12-25所示。

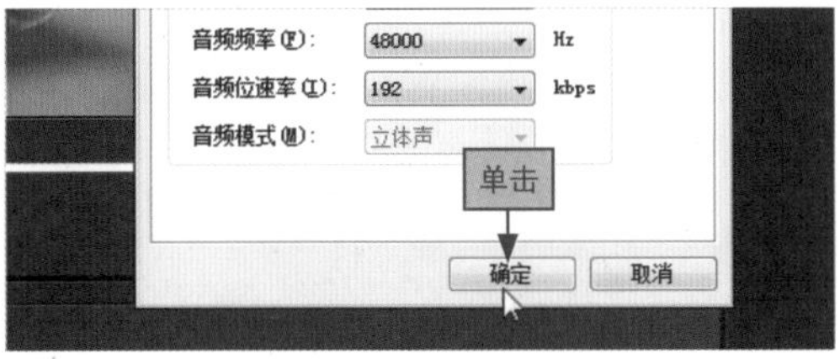

图12-24

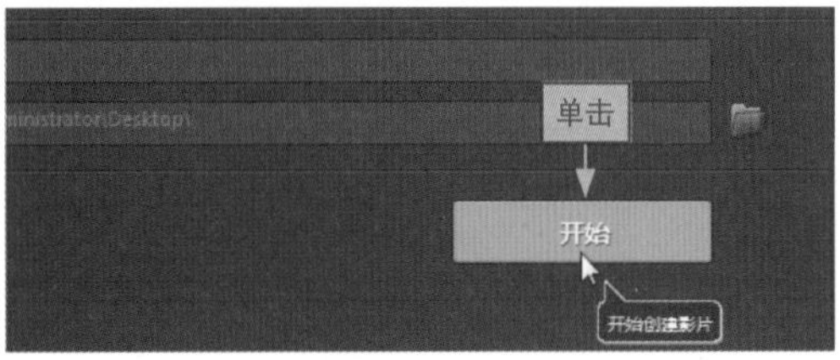

图12-25

12.1.5 仅存储预览范围的视频

在会声会影渲染输出视频时，可以指定视频的输出范围，下面以输出视频的中间部分片段为例讲解相关的操作步骤。

[知识演练] 输出视频的中间部分

本节素材	◎\素材\Chapter12\雪景.VSP
本节效果	◎\效果\Chapter12\雪景.mp4

步骤01 在会声会影中打开“雪景.VSP”项目文件，拖动滑轨到00:00:02.28的位置，如图12-26所示。单击“根据滑轨位置分割素材”按钮，如图12-27所示。

图12-26

图12-27

步骤02 拖动滑轨到00:00:10.09的位置，单击“根据滑轨位置分割素材”按钮，如图12-28所示。单击“共享”选项卡，如图12-29所示。

图12-28

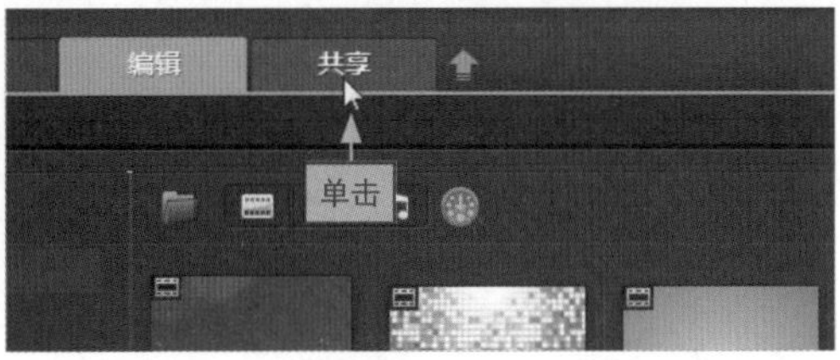

图12-29

步骤03 选择中间片段视频素材，如图12-30所示。保持默认的“MPEG-4”选项，设置文件保存位置，勾选“只创建预览范围”复选框，单击“开始”按钮，如图12-31所示。

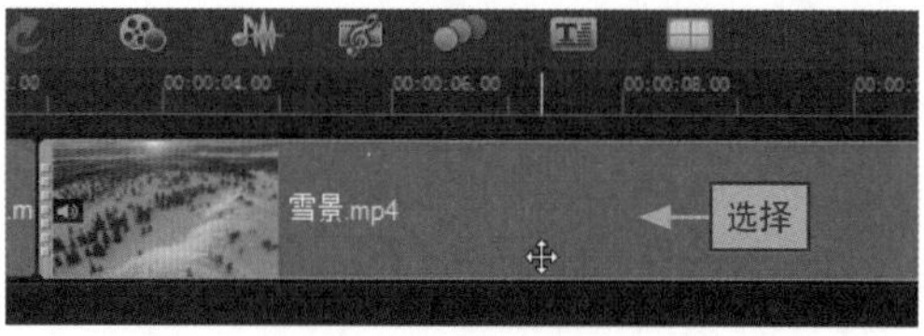

图12-30

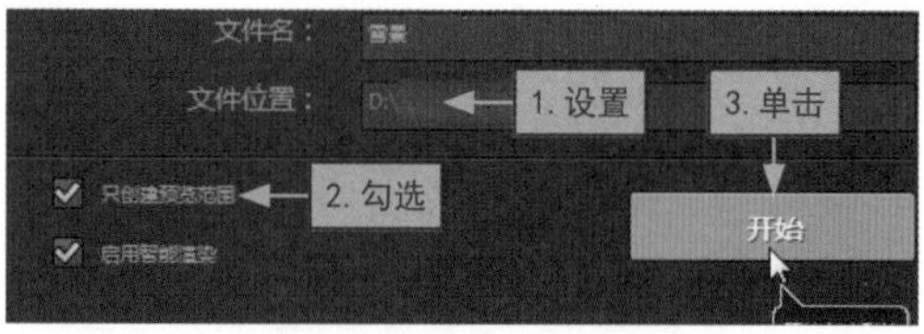

图12-31

渲染完成后输出部分视频片段后可在视频播放器中查看视频播放效果，如图12-32所示。

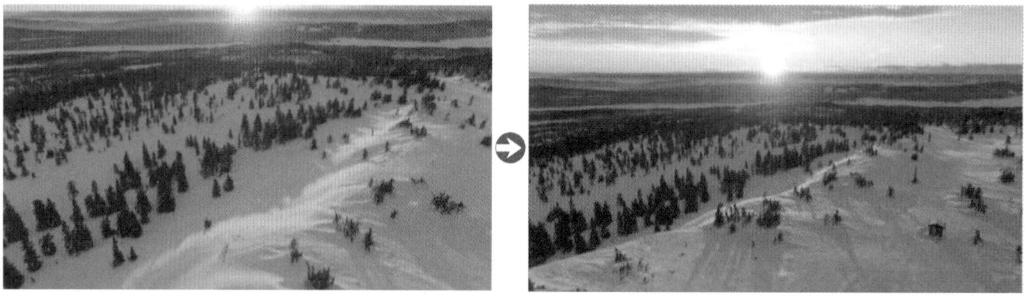

图12-32

12.1.6 只输出音频，不输出视频

若会声会影项目文件中既有视频，又有音频，在输出时只想保留音频，那么可以选择只输出音频文件，下面以素材wav格式的音频文件为例讲解相关的操作步骤。

[知识演练] 单独输出wav格式的音频文件

本节素材	⊙|素材|Chapter12|傍晚时分.VSP
本节效果	⊙|效果|Chapter12|傍晚时分.wav

步骤01 在会声会影中打开“傍晚时分.VSP”项目文件，如图12-33所示。单击“共享”选项卡，如图12-34所示。

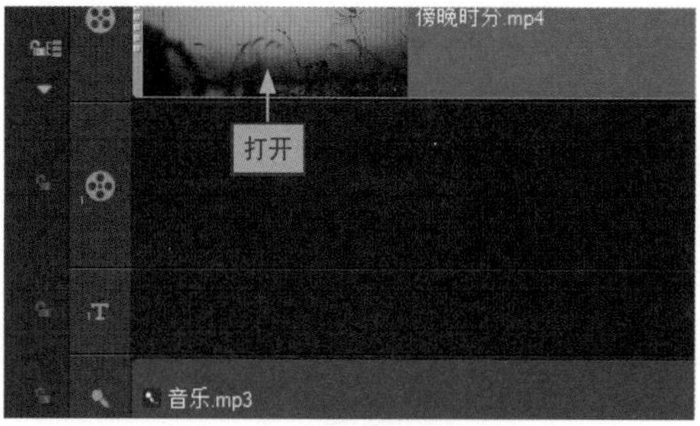

图12-33

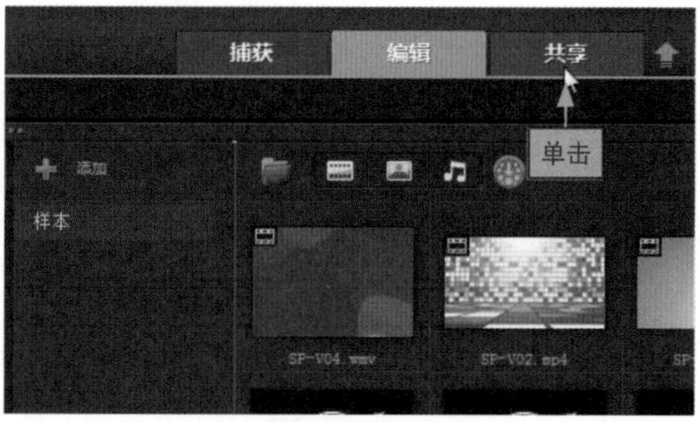

图12-34

步骤02 单击“音频”按钮，如图12-35所示。在“格式”下拉列表中选择输出格式，如图12-36所示。

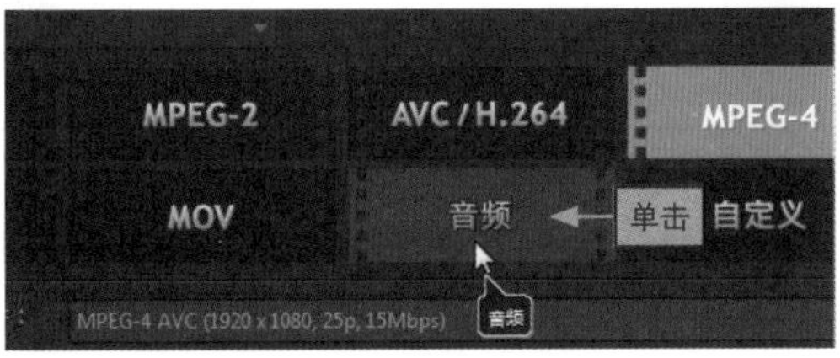

图12-35

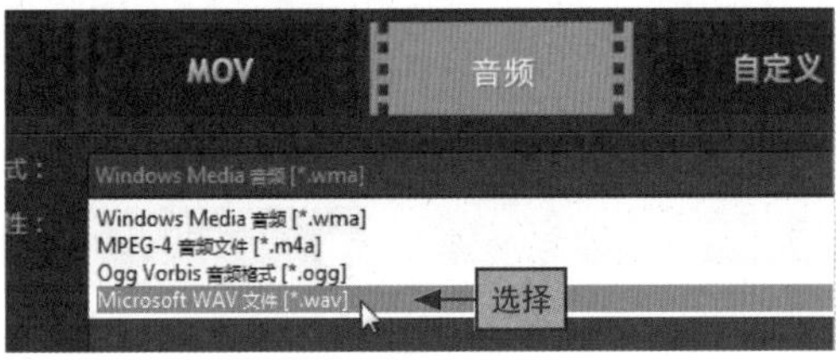

图12-36

步骤03 单击“开始”按钮输出音频文件，如图12-37所示。完成后在打开的提示对话框中单击“确定”按钮，如图12-38所示。

图12-37

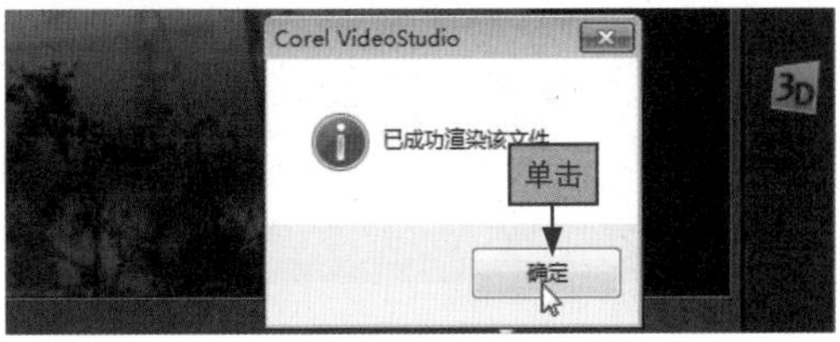

图12-38

完成音频文件的输出后，可双击文件，在播放器中试听音乐的播放效果，如图12-39所示。

图12-39

12.1.7 输出为HTML网页效果

如果想让输出的视频在网页中打开，可以新建HTML5项目文件，再进行视频的输出。下面通过将视频文件输出为HTML5网页文件为例讲解相关的操作步骤。

[知识演练] 把视频输出为HTML5网页文件

本节素材	⊙|素材|Chapter12|大海.mp4
本节效果	⊙|效果|Chapter12|大海

步骤01 启动会声会影软件，在“文件”下拉列表中选择“新建HTML5项目”命令，如图12-40所示。在打开的“Corel Video Studio”对话框中单击“确定”按钮，如图12-41所示。

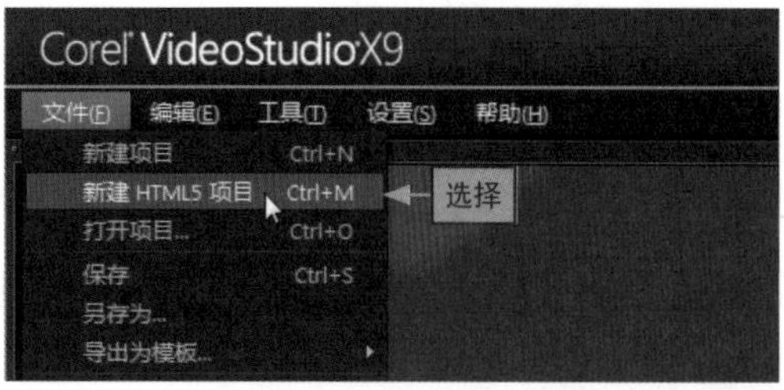

图12-40

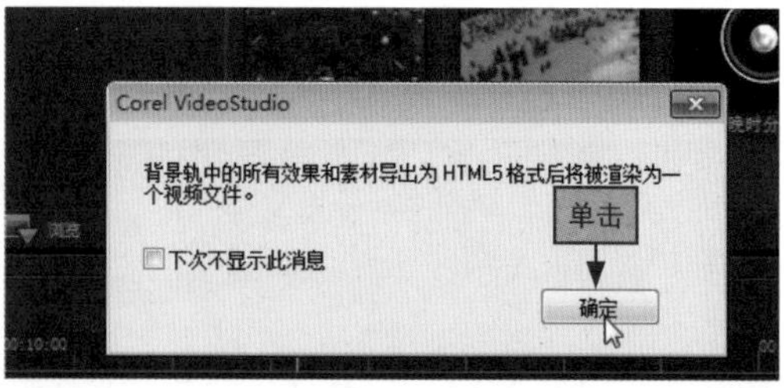

图12-41

步骤02 在背景轨中插入“大海.mp4”素材，如图12-42所示。单击“共享”选项卡，如图12-43所示。

图12-42

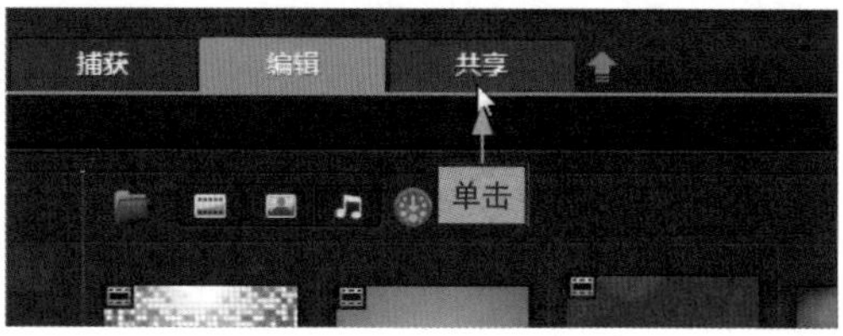

图12-43

步骤03 在“共享”面板单击“HTML5文件”按钮，如图12-44所示。在打开的“创建HTML5文件”面板中设置项目文件夹名称和文件位置，单击“开始”按钮开始渲染，如图12-45所示。

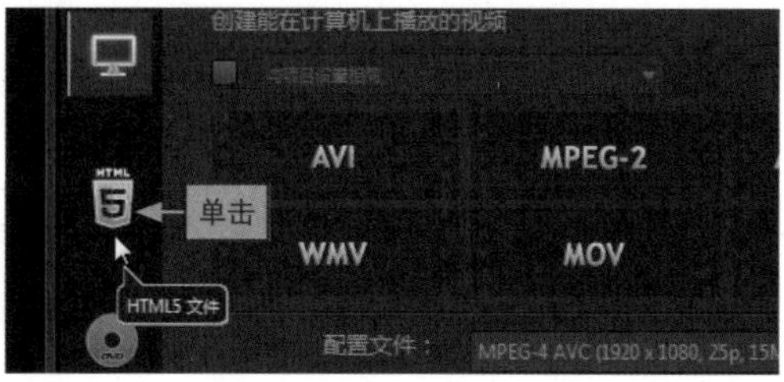

图12-44

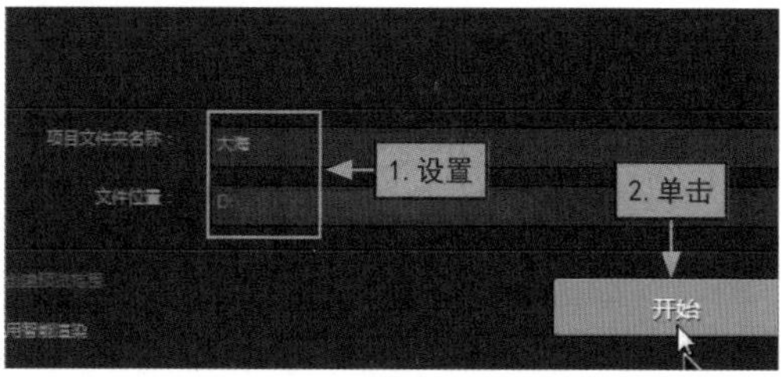

图12-45

步骤04 渲染完成后在打开的“Corel Video Studio”对话框中单击“确定”按钮，如图12-46所示。程序自动打开网页文件夹，双击“index.html”选项可打开网页文件，如图12-47所示。

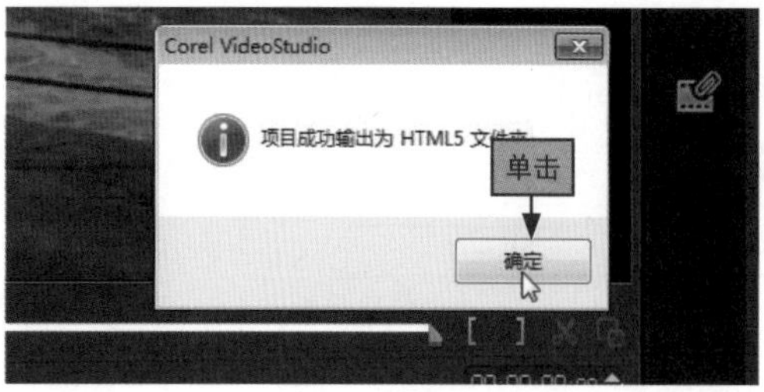

图12-46

图12-47

12.1.8 更有冲击力的3D视频效果

除了输出常规的视频文件外，会声会影还支持输出3D视频文件。下面以将视频输出为MPEG格式的3D视频为例讲解相关的操作步骤。

[知识演练] 输出MPEG格式的3D视频

本节素材	⊙|素材|Chapter12|海景.VSP
本节效果	⊙|效果|Chapter12|海景.m2t

步骤01 在会声会影中打开“海景.VSP”项目文件，如图12-48所示。单击“共享”选项卡，如图12-49所示。

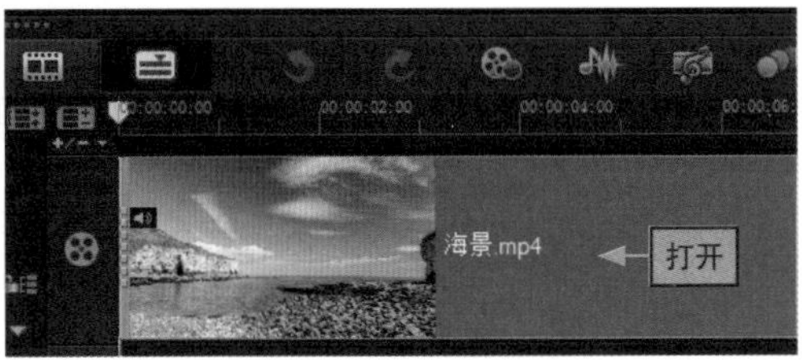

图12-48

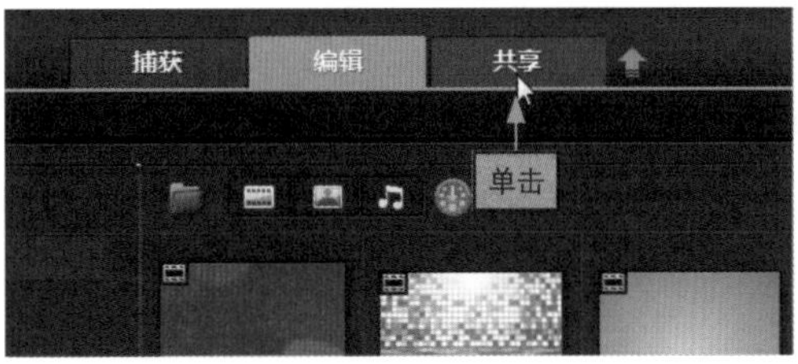

图12-49

步骤02 单击“3D影片”按钮，如图12-50所示。保持默认的“MPEG-2”选择状态，单击“开始”按钮输出视频即可，如图12-51所示。

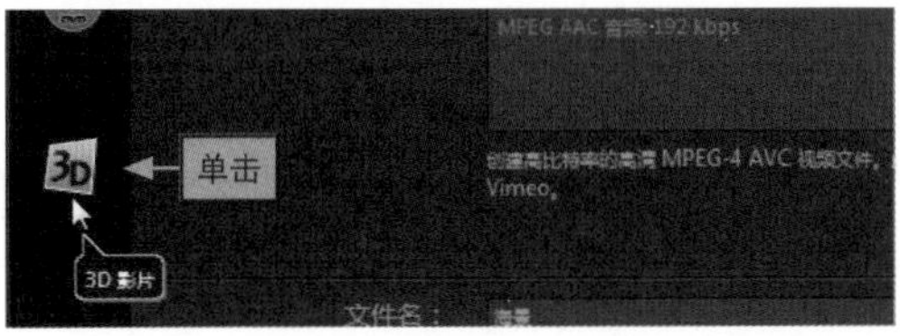

图12-50

图12-51

完成3D视频的渲染和输出后，可在视频播放器中查看视频的播放效果，如图12-52所示。

图12-52

LESSON 11.1 如何为视频添加个性化音频

知识级别

■初级入门 | □中级提高 | □高级拓展

知识难度 ★

学习时长 45 分钟

学习目标

① 了解常见的云存储工具。
② 使用百度网盘存储文件。
③ 学会分享网盘文件给好友。

※主要内容※

内　容	难　度	内　容	难　度
实用的云存储工具	★	在线注册百度账号	★
登录账号并上传视频	★	新建文件夹并重命名	★
共享视频文件给好友	★		

效果预览 > > >

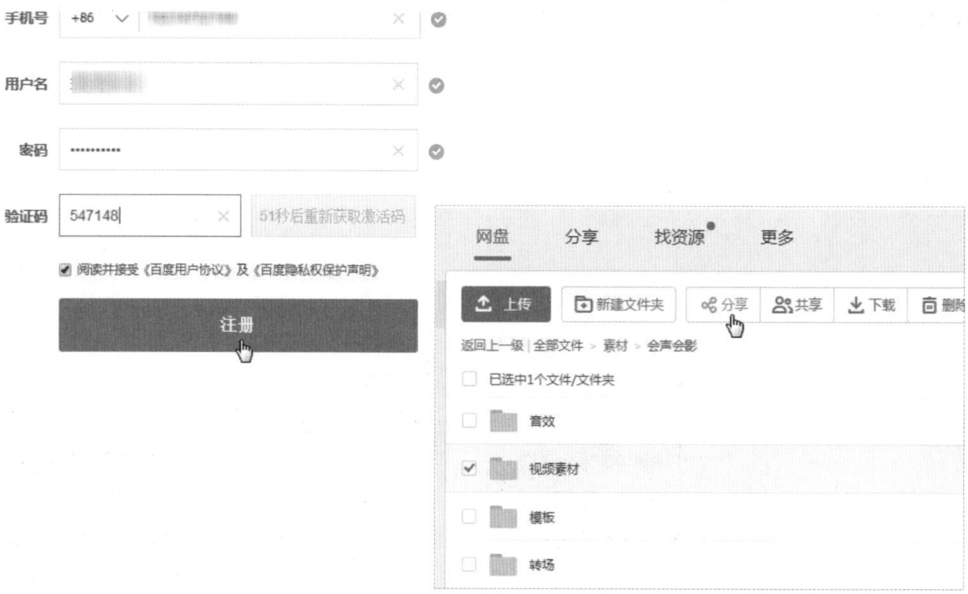

12.2.1 实用的云存储工具

对于已经编辑并输出的视频，可以将其存储在云空间备份，避免因计算机故障导致视频文件丢失。

- **百度网盘：** 百度网盘（https://pan.baidu.com/）提供网络备份、同步和分享服务，支持在多种设备上使用，包括Windows、Android、iPhone、iPad、MAC。
- **新浪微盘：** 新浪微盘（http://vdisk.weibo.com/）是一款简单易用的网盘，对于已存储在微盘中的文件可快捷分享至新浪微博。
- **360安全云盘：** 360安全云盘（https://yunpan.360.cn/）支持拖拽文件夹或文件并自动上传；多台电脑、手机上更新的内容可以实时同步上传至云端服务器，并同步下载到每台电脑；而且可以批量下载且文件保持原名。实现多台电脑的文件同步。
- **腾讯微云：** 腾讯微云（https://yunpan.360.cn/）是腾讯公司打造的一项智能云服务，具有存储各种格式文件和文件管理等功能。

12.2.2 在线注册百度账号

前面提到的4款云存储工具都需要注册平台账号并登录后才能使用。下面以注册百度网盘账号为例讲解相关的操作步骤。

[知识演练] 在百度网盘官网注册账号

步骤01 进入百度网盘首页，单击“立即注册”按钮，如图12-53所示。在打开的页面中输入手机号码、用户名和密码，单击“获取短信验证码”按钮，如图12-54所示。

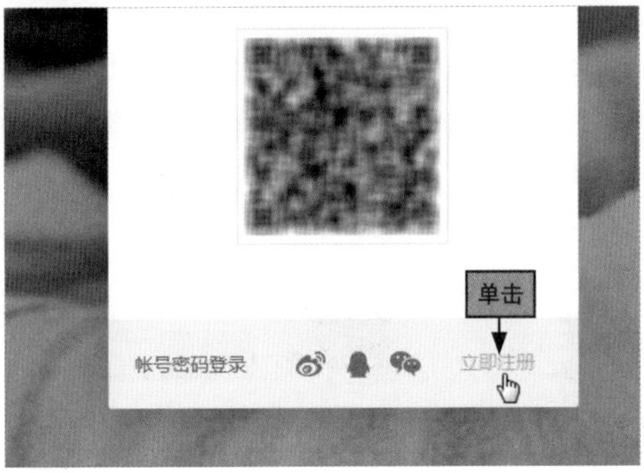

图12-53

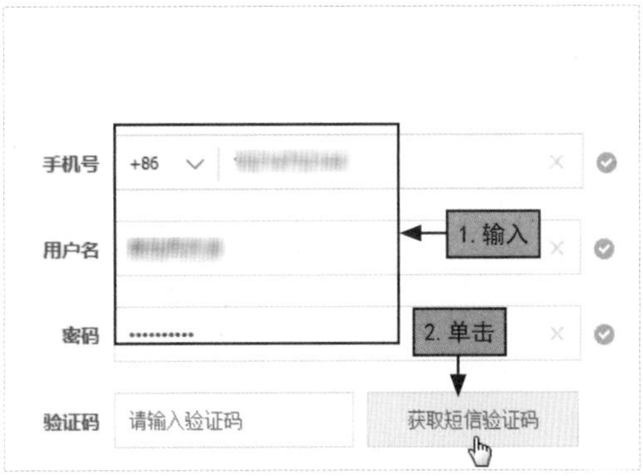

图12-54

步骤02 在打开的“安全验证”对话框中输入验证码，单击“确定”按钮，如图12-55所示。在返回的页面中输入短信验证码，单击“注册”按钮，如图12-56所示。

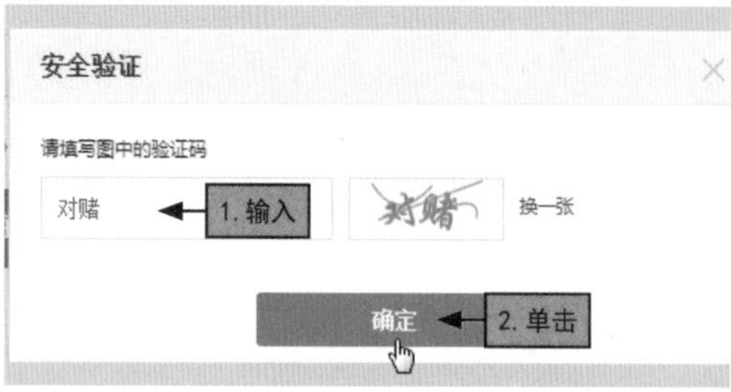

图12-55

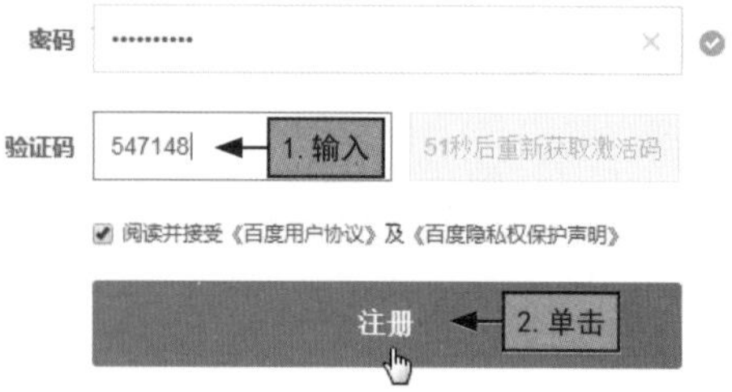

图12-56

12.2.3 登录账号并上传视频

注册好百度账号后，就可以登录网盘并进行视频的上传了。下面以上传一个视频文件为例讲解相关的操作步骤。

[知识演练] 上传一个视频文件到百度网盘

步骤01 打开百度网盘首页，单击“帐号密码登录”超链接，如图12-57所示。在打开的页面中输入账号和密码，单击“登录”按钮，如图12-58所示。

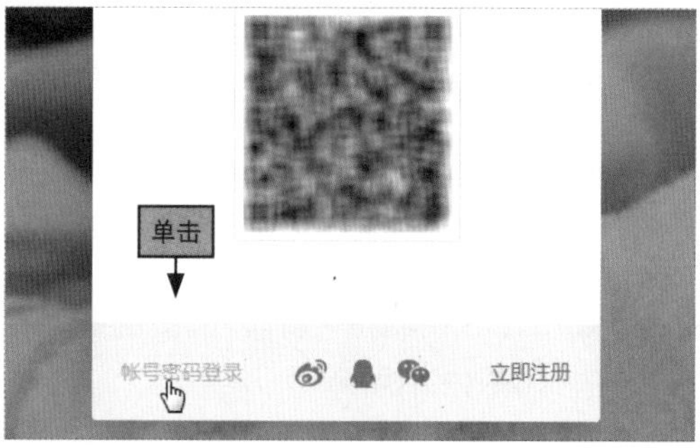

图12-57

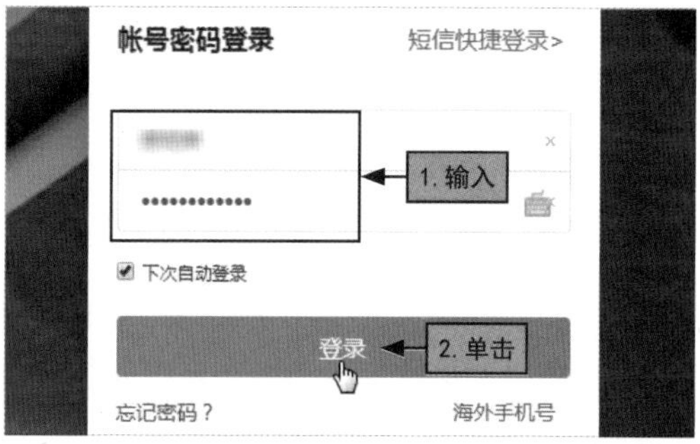

图12-58

步骤02 在“上传”下拉列表中选择“上传文件”选项，如图12-59所示。在计算机中选择一个视频文件，单击“打开”按钮上传视频文件，如图12-60所示。

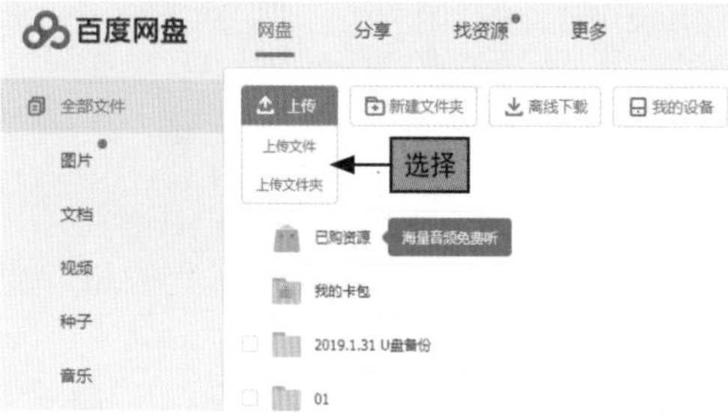

图12-59

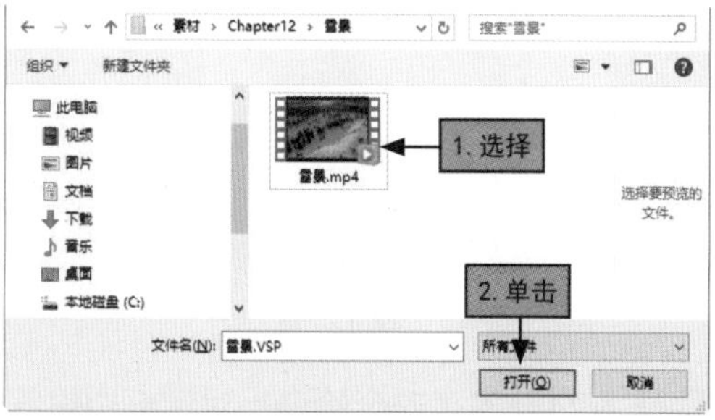

图12-60

12.2.4 新建文件夹并重命名

当网盘中存储的文件较多时，需要新建多个文件夹并将其分门别类进行存储。单击“新建文件夹”按钮，如图12-61所示。输入文件夹名称，单击“√”按钮，完成文件夹的新建，如图12-62所示。

图12-61

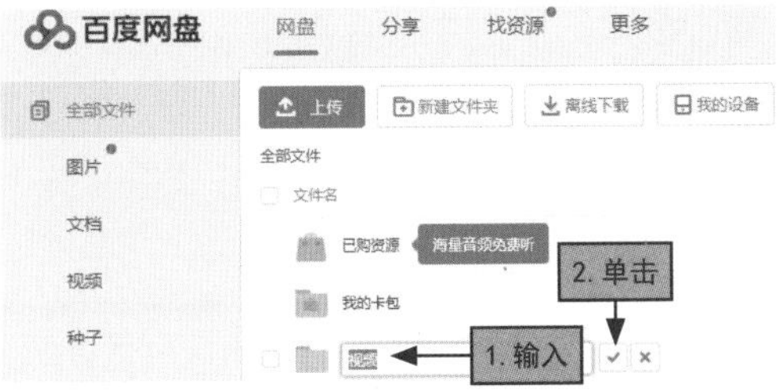

图12-62

12.2.5 共享视频文件给好友

对于已保存到百度网盘的文件，可以以链接的方式分享给好友。下面以链接分享为例讲解相关的操作步骤。

[知识演练] 以链接方式将文件分享给好友

步骤01 选择要共享的文件或文件夹，单击“分享”按钮，如图12-63所示。在打开的页面中选中“无提取码”单选按钮，单击“创建链接”按钮，如图12-64所示。

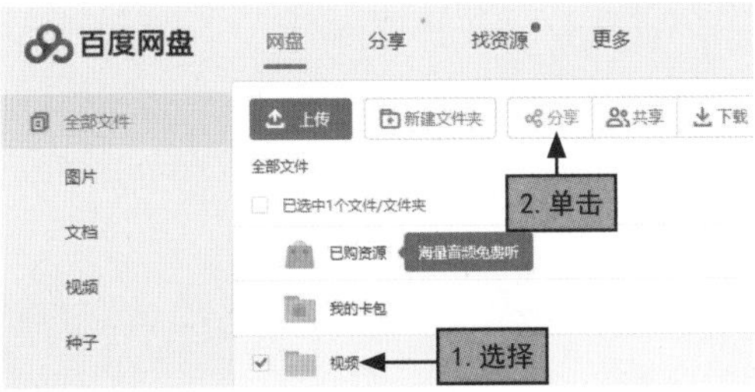

图12-63

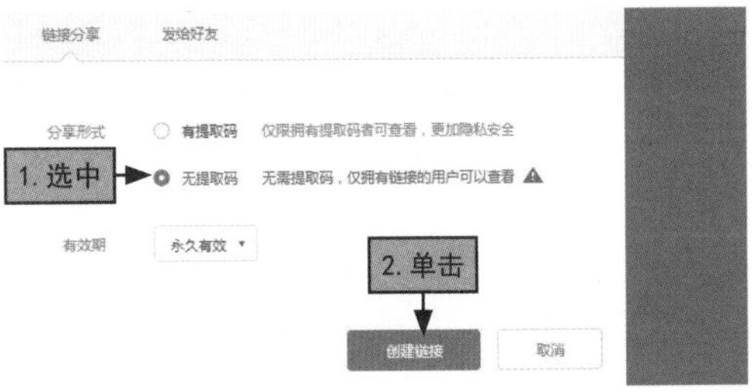

图12-64

步骤02 单击“复制链接”按钮，如图12-65所示。链接复制成功后单击“关闭”按钮，如图12-66所示。然后将链接发送给好友，好友可通过该链接打开分享的文件并保存到个人网盘中。

图12-65

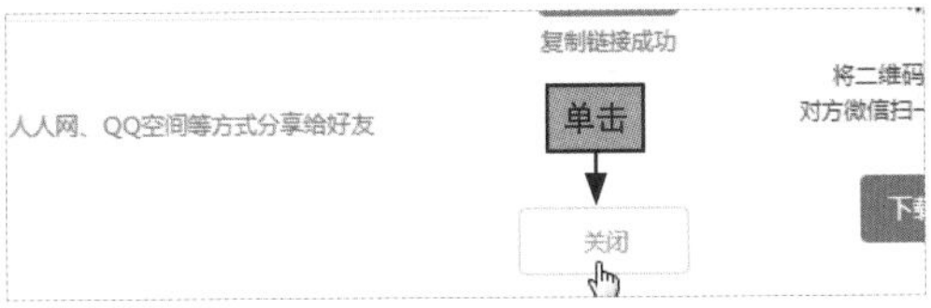

图12-66

LESSON

12.3 在社交网络分享视频

知识级别

■初级入门 | □中级提高 | □高级拓展

知识难度 ★

学习时长 30 分钟

学习目标

① 在百度网盘下载视频文件。

② 将视频分享至社交平台。

※主要内容※

内 容	难 度	内 容	难 度
使用网盘手机端下载视频	★	将视频分享到好友微信群	★
在 QQ 空间发布视频	★		

效果预览 > > >

12.3.1 使用网盘手机端下载视频

把计算机上的视频文件上传到百度网盘后，还可以使用手机网盘客户端（客户端可在手机应用中心或网盘官网扫码下载）下载视频，将其保存在手机上。下面以在百度网盘APP上下载一个视频文件为例讲解相关的操作步骤。

[知识演练] 在百度网盘APP上下载视频

步骤01 在手机上安装百度网盘APP，点击应用程序图标，如图12-67所示。在打开的页面中选择登录方式，这里点击“百度”图标按钮，如图12-68所示。

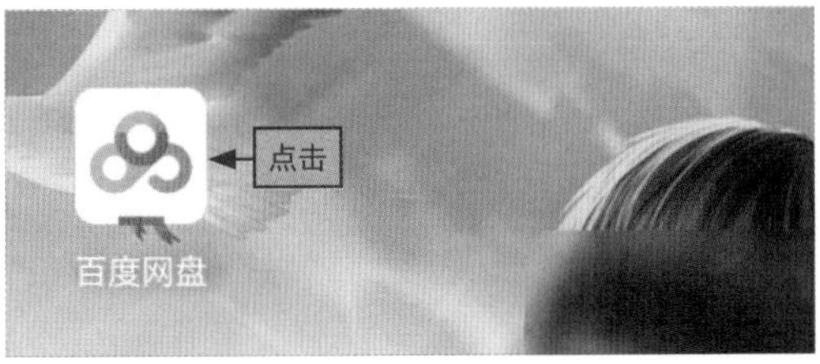

图12-67

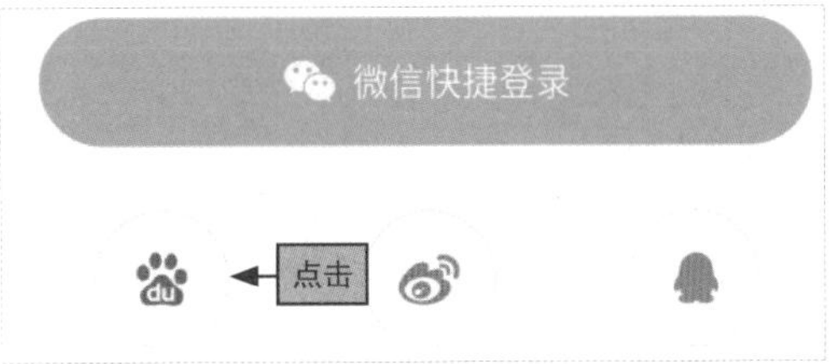

图12-68

步骤02 在打开的页面中输入用户名和登录密码，点击“登录”按钮，如图12-69所示。登录成功后，点击“设置完成”按钮，如图12-70所示。

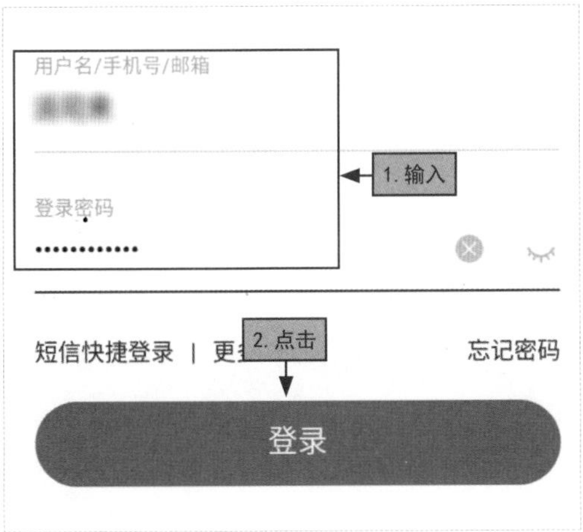

图12-69

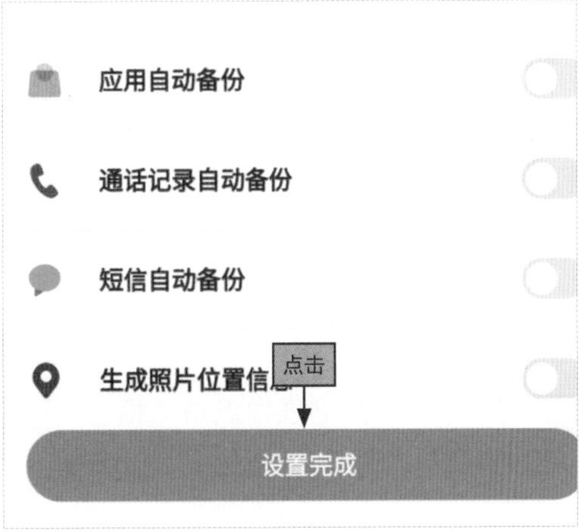

图12-70

步骤03 进入网盘首页，点击“文件”按钮，如图12-71所示。选择要下载的视频文件，如图12-72所示。

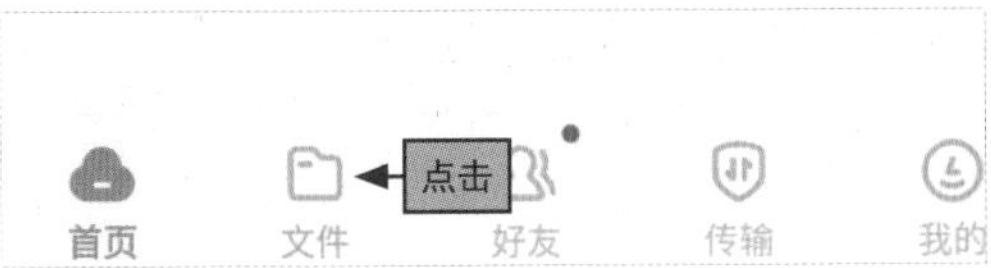

图12-71

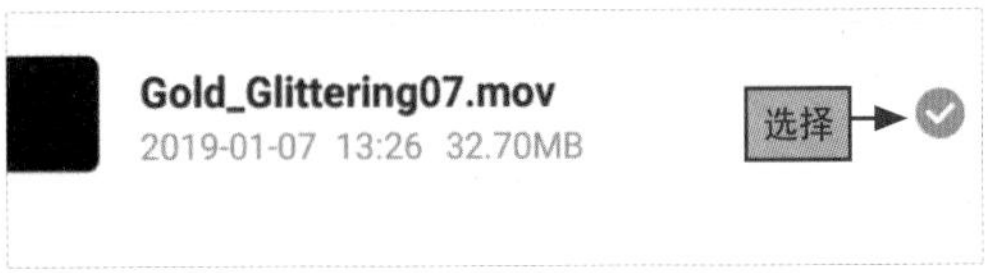

图12-72

步骤04 点击“下载”按钮，如图12-73所示。在打开的“请选择视频清晰度”对话框中点击“确定”按钮下载视频，如图12-74所示。

图12-73

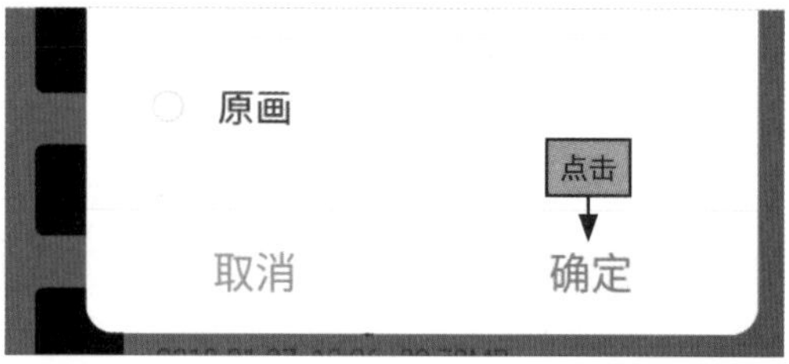

图12-74

12.3.2 将视频分享到好友微信群

将视频保存在手机上后，可以将其发送到好友微信群。下面以将手机相册中的视频分享到微信群为例讲解相关的操作步骤。

[知识演练] 选择一个微信群分享视频

步骤01 在手机上打开并登录微信，在首页选择微信群，如图12-75所示。在打开的页面中点击“+”按钮，如图12-76所示。

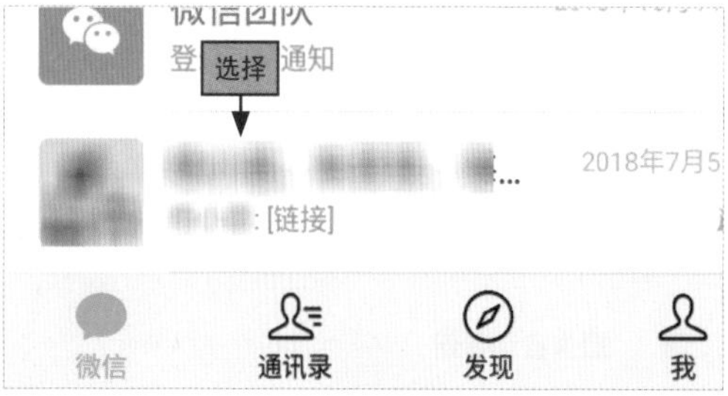

图12-75

图12-76

步骤02 在打开的下拉列表中点击“相册”按钮，如图12-77所示。在相册中选择视频，点击“发送”按钮，如图12-78所示。

图12-77

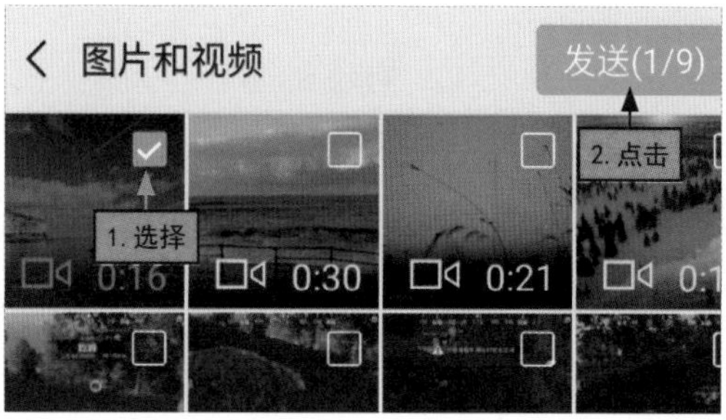

图12-78

12.3.3 在QQ空间发布视频

QQ空间也是大多数人分享照片和视频的平台，下面以在手机QQ上发布带视频的空间动态为例讲解相关的操作步骤。

[知识演练] 在手机QQ发布带视频的空间动态

步骤01 打开手机QQ并登录QQ账号，在首页点击“动态”按钮，如图12-79所示。在打开的页面中点击“好友动态”按钮，如图12-80所示。

图12-79

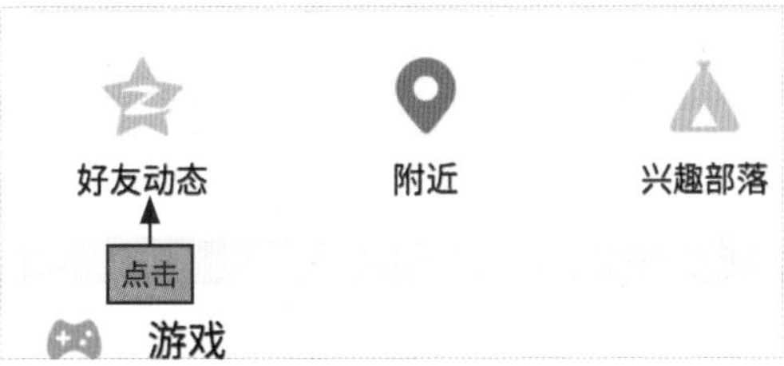

图12-80

步骤02 进入QQ空间后点击“说说”按钮，如图12-81所示。进入说说页面，点击“分享新鲜事”文字内容，如图12-82所示。

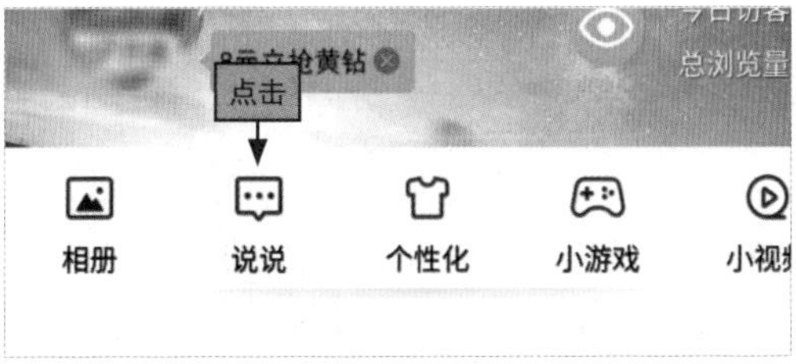

图12-81

图12-82

步骤03 在打开的页面中输入文字内容，点击“照片/视频”按钮，如图12-83所示。在打开的列表中选择“从手机相册选择”选项，如图12-84所示。

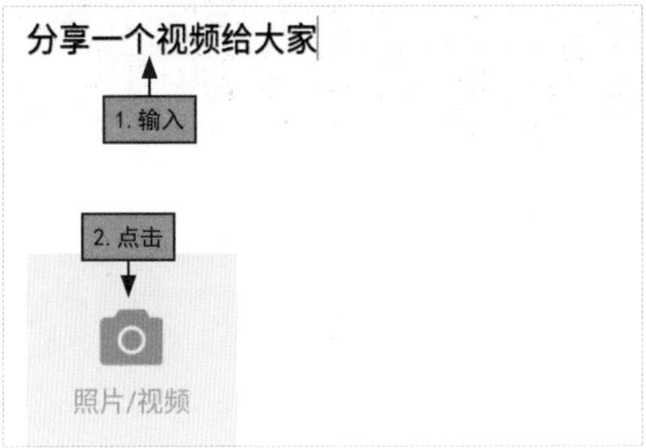

图12-83

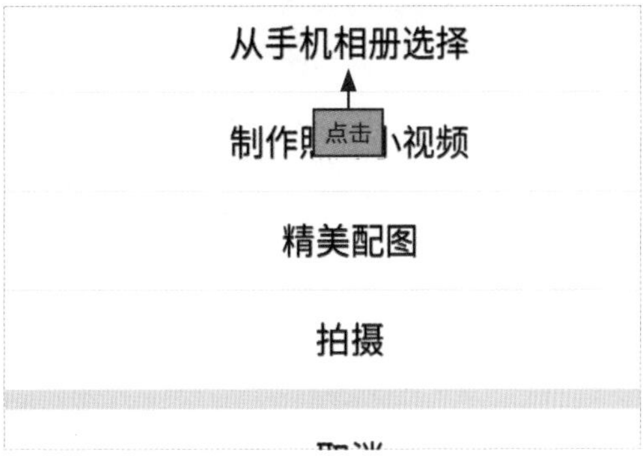

图12-84

步骤04 在手机相册中选择视频，点击“确定”按钮，如图12-85所示。在返回的页面中点击“发表”按钮，如图12-86所示。

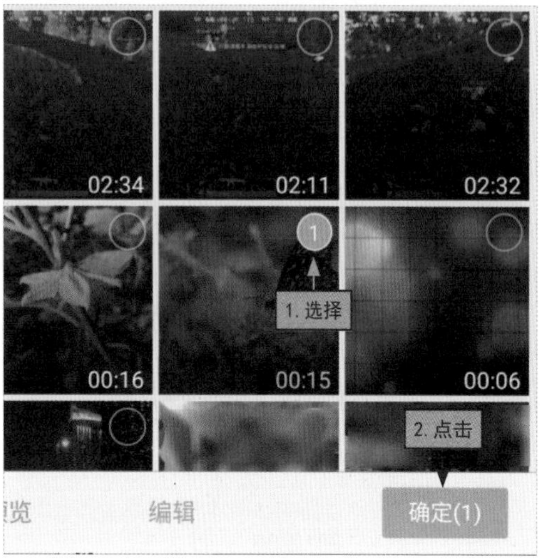

图12-85

图12-86

完成以上步骤后可以在说说页面查看到发送的动态，点击“播放”按钮可播放视频，如图12-87所示。

图12-87

第13章

融会贯通，视频的综合制作实例

学习目标

前面12章讲解了利用会声会影软件进行视频编辑的基本操作以及一些简单运用，本章将结合具体的视频制作案例综合运用前面所学的基本操作，以便熟练地掌握会声会影软件。

本章要点

- 相册片头的制作
- 图片嵌入样式效果制作
- 覆叠轨制作镂空曝光效果
- 制作镜像透视曝光效果

……

LESSON 13.1 电子相册，回忆美好生活

案例描述

在日常生活中，我们会通过拍摄照片来记录下身边的美好时刻。会声会影可以将这些静态的电子照片制作成电子相册，形成一本“回忆录”。本例将使用覆叠、遮罩等工具介绍动感电子相册的制作过程。

案例难度 ★★★

制作时长 45 分钟

制作思路

① 相册片头的制作。

② 图片嵌入样式效果制作。

③ 分离样式效果的制作。

④ 动态擦除样式的制作。

⑤ 细节调整并输出视频。

效果预览 > > >

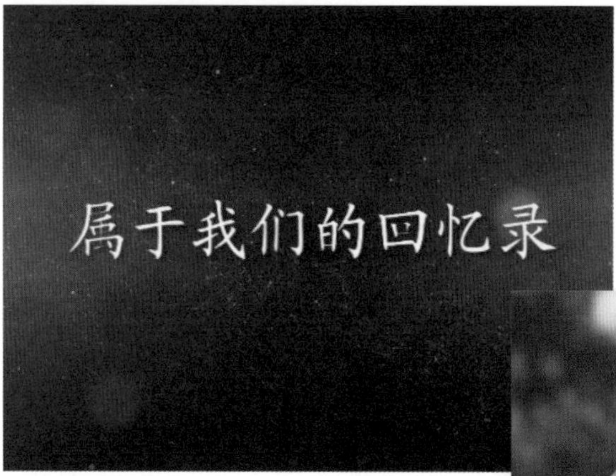

▲初始效果

▼最终效果

本节素材	/素材/Chapter13/电子相册
本节效果	/效果/Chapter13/电子相册.MP4

13.1.1 相册片头的制作

在本例的制作过程中，将“唯美光线.mov”素材导入会声会影中，并添加文字内容，完成案例的第一步操作，其具体操作步骤如下。

步骤01 启动会声会影软件，在视频轨中插入“唯美光线.mov”素材。打开“选项”面板设置视频时长为“00:00:05:00”如图13-1所示。

图13-1

步骤02 单击“标题”按钮，双击预览窗口，输入内容，这里输入“属于我们的回忆录”。设置文字居中显示并调整其格式，如图13-2所示。

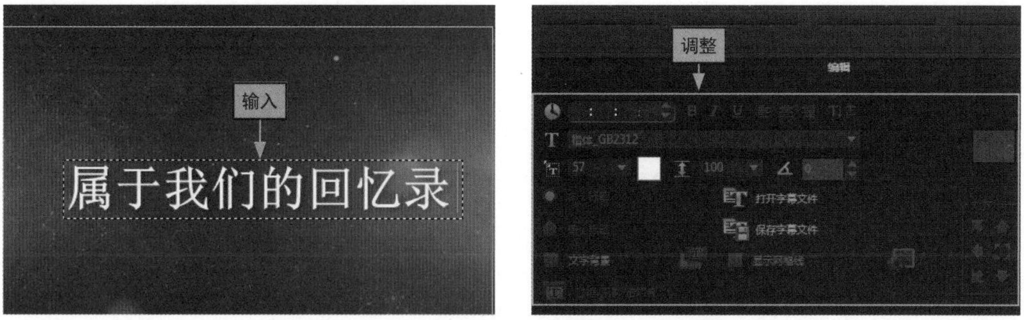

图13-2

步骤03 切换至“属性”选项卡，为标题应用淡化动画。调整标题区间与视频素材等长，同为0:00:05:00，如图13-3所示。

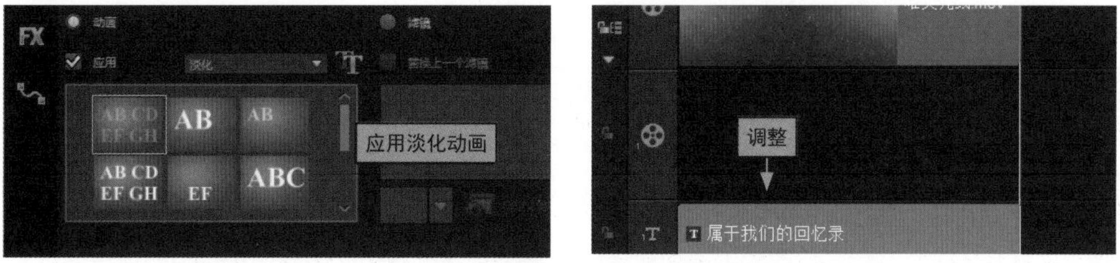

图13-3

13.1.2 图片嵌入样式效果制作

在本例的制作过程中，将素材导入会声会影中，并添加自定义动作，完成案例的第二步操作，其具体操作步骤如下。

步骤01 在覆叠轨1中插入“旅行”素材。在预览窗口右击“旅行”素材，在弹出的快捷菜单中依次选择“保持宽高比”和“调整到屏幕大小”命令，如图13-4所示。

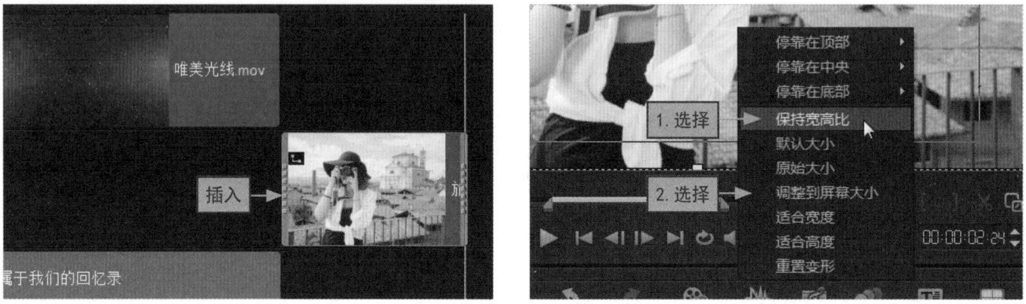

图13-4

步骤02 右击覆叠轨1，在弹出的快捷菜单中选择“插入轨下方”命令，在覆叠轨2中插入旅行素材。右击覆叠轨1中的旅行素材，选择“自定义动作”命令，设置开始帧，自定义动作参数，设置“大小”“旋转”，其他参数不变，如图13-5所示。

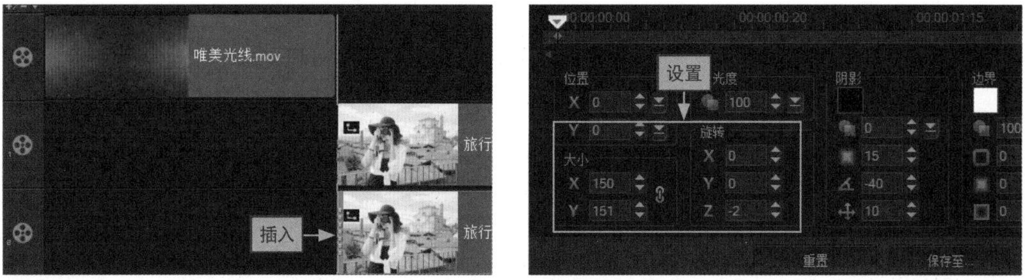

图13-5

步骤03 将滑轨拖到结束帧处，设置结束帧自定义动作参数，设置“大小”和“旋转”，单击“确定”按钮关闭对话框。如图13-6右图所示为右击覆叠轨2的“旅行”素材，选择“自定义动作”命令，在打开的“自定义动作”对话框中设置开始帧自定义动作参数，这里需要设置“大小”“旋转”和“边界”，如图13-6右图所示。

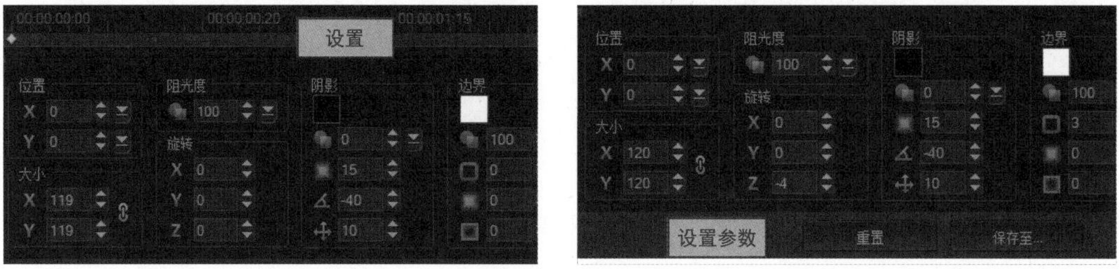

图13-6

步骤04 拖动滑块到0:00:00:09处，单击“添加关键帧”按钮，如图13-7左图所示。设置当前帧自定义动作参数，这里需要设置“大小”“旋转”和“边界”，如图13-7右图所示。

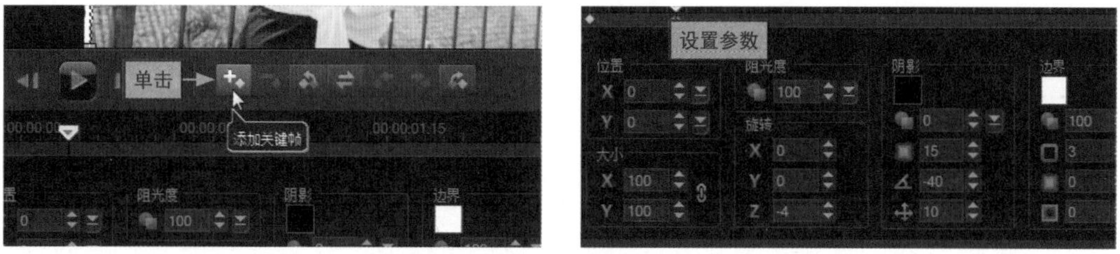

图13-7

步骤05 拖动滑块到结束帧位置，设置自定义动作参数，这里需要设置“大小”“旋转”和“边界”，单击“确定”按钮，如图13-8左图所示。选择覆叠轨1的“旅行”素材，打开滤镜库，选择“平均”滤镜，为素材应用滤镜效果，如图13-8右图所示。

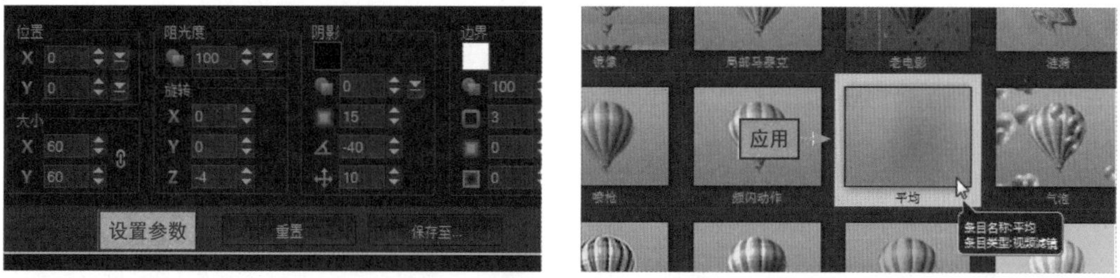

图13-8

步骤06 打开“选项”面板，单击“自定义滤镜”按钮，如图13-9左图所示。设置开始帧和结束帧平均滤镜的“方格大小”为10，单击“确定”按钮关闭对话框，如图13-9右图所示。

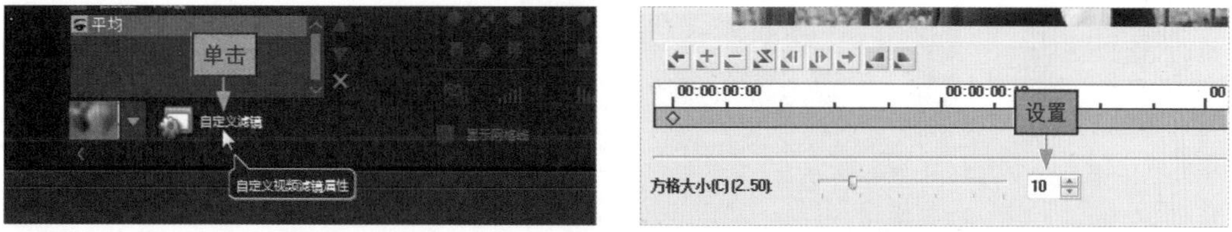

图13-9

步骤07 在覆叠轨1和2中均插入“牵手.jpg”素材，如图13-10左所示。选择覆叠轨1的“牵手”素材分别单击，调整为屏幕大小和保持宽高比，如图13-10右图所示。

图13-10

步骤08 打开覆叠轨1“牵手”素材的自定义动作对话框，设置开始帧大小和旋转，如图13-11左图所示。将滑轨拖到结束帧处，设置结束帧的“大小”和“旋转”，单击“确定”按钮关闭对话框，如图13-11右图所示。

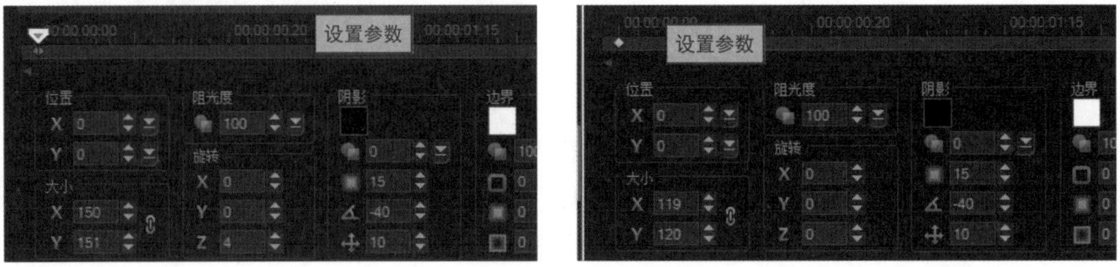

图13-11

步骤09 打开覆叠轨2“牵手”素材的自定义动作对话框，设置开始帧“位置”“大小”“旋转”和“边界”，如图13-12左图所示。将滑轨拖到结束帧处设置结束帧的“位置”“大小”“旋转”和“边界”，单击“确定”按钮关闭对话框，如图13-12右图所示。

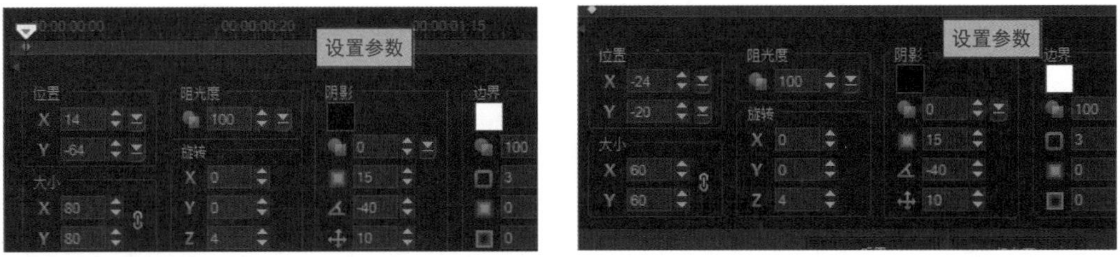

图13-12

步骤10 选择覆叠轨1“牵手”素材，为其应用“平均”滤镜，如图13-13左图所示。设置开始帧和结束帧平均滤镜的“方格大小”为10，如图13-13右图所示。

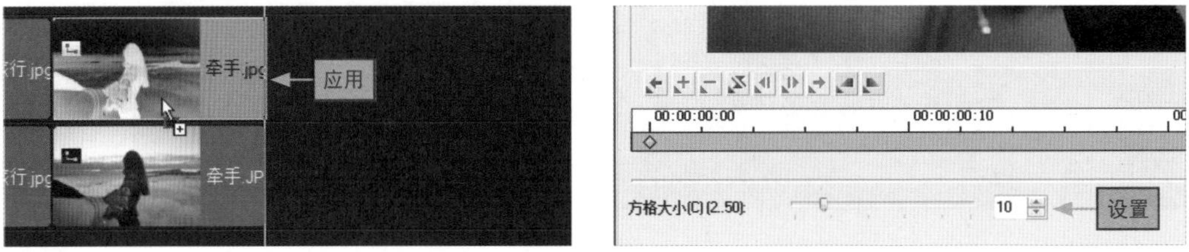

图13-13

步骤11 在覆叠轨1和2中插入“拥抱”素材，右击覆叠轨1“牵手”素材，选择“复制属性”命令，如图13-14左图所示。右击覆叠轨1“拥抱”素材，选择“粘贴所有属性”命令，如图13-14右图所示。

图13-14

步骤12 复制覆叠轨2的“牵手”素材，粘贴到覆叠轨2的“拥抱”素材中，如图13-15左图所示。打开覆叠轨1“拥抱”素材的自定义动作对话框，设置开始帧的旋转为-4，设置结束帧的大小参数，如图13-15右图所示。

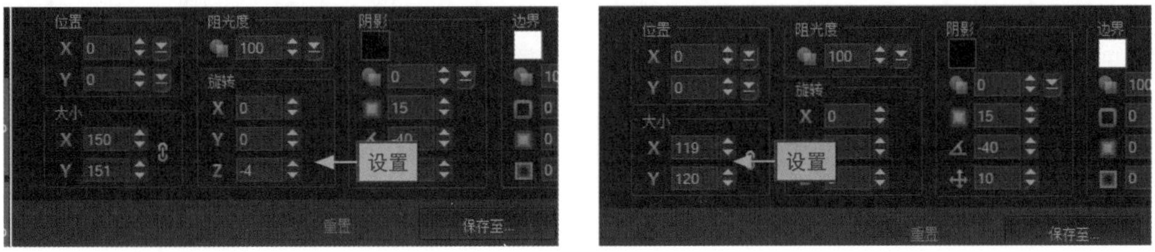

图13-15

步骤13 打开覆叠轨2“拥抱”素材的自定义动作对话框，设置开始帧参数，如图13-16左图所示。将滑轨拖到结束帧处结束帧参数，单击“确定”按钮关闭对话框，如图13-16右图所示。

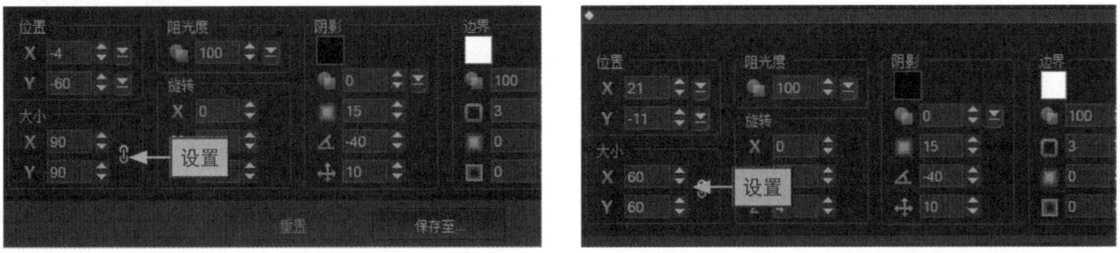

图13-16

13.1.3 分离样式效果的制作

在本例的制作过程中将添加色块，并使用视频遮罩功能，完成案例的第三步操作，其具体操作步骤如下。

步骤01 在覆叠轨2下插入一个覆叠轨，在覆叠轨1中插入“夏天.jpg”素材，并调整为适应屏幕大小，如图13-17左图所示。打开滤镜库，为覆叠轨1的“夏天”素材应用“单色”滤镜，如图13-17右图所示。

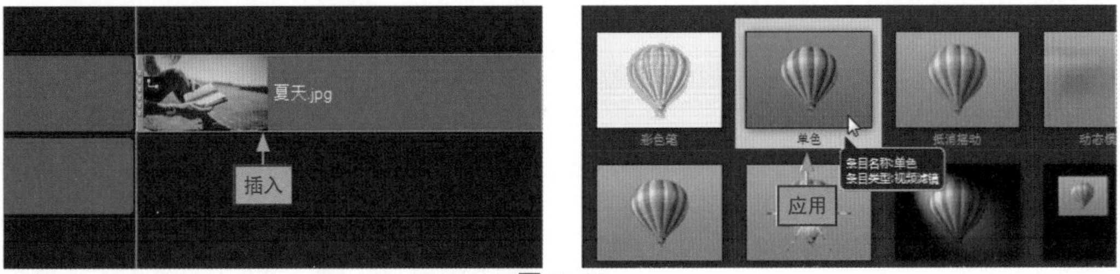

图13-17

步骤02 打开“图形”库，在“色彩模式”下拉列表中选择“色彩”选项，如图13-18左图所示。选择“蓝色”色彩，如图13-18右图所示。

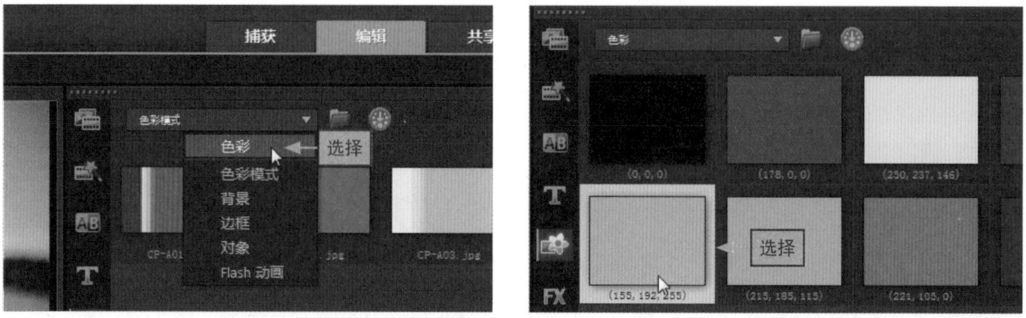

图13-18

步骤03 拖动色块到覆叠轨2，如图13-19左图所示。打开“选项”面板，单击“遮罩和色度键”按钮，如图13-19右图所示。

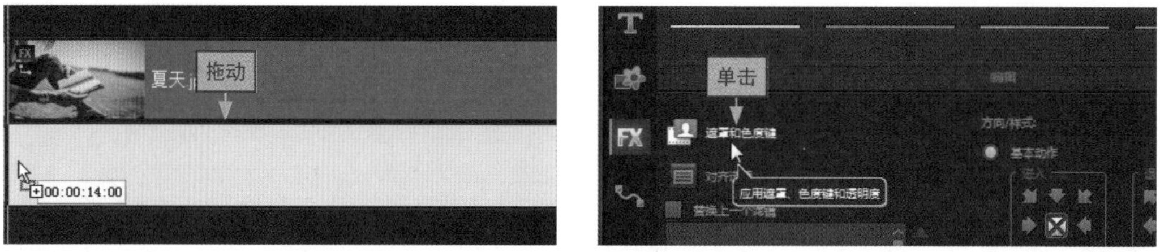

图13-19

步骤04 勾选“应用覆叠选项”复选框，选择“视频遮罩”选项，如图13-20左图所示。单击“添加遮罩项”按钮，如图13-20右图所示。

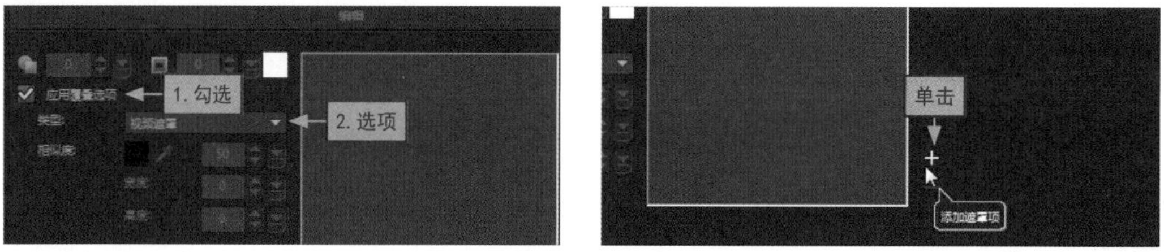

图13-20

步骤05 在计算机中选择“条形遮罩.mp4”素材，单击“打开”按钮，如图13-21左图所示。在预览窗口右击色彩色块，选择“调整到屏幕大小”命令，如图13-21右图所示。

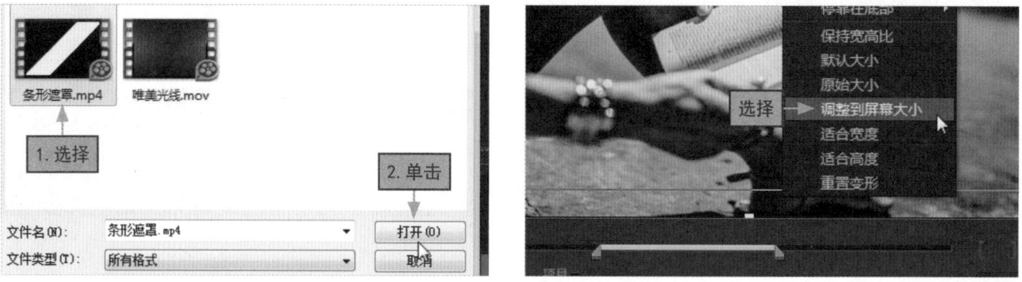

图13-21

步骤06 在覆叠轨3中插入“夏天.jpg”素材，位置比蓝色色块位置靠右，如图13-22左图所示。调整覆叠轨3的“夏天”素材为适应屏幕大小，如图13-22右图所示。

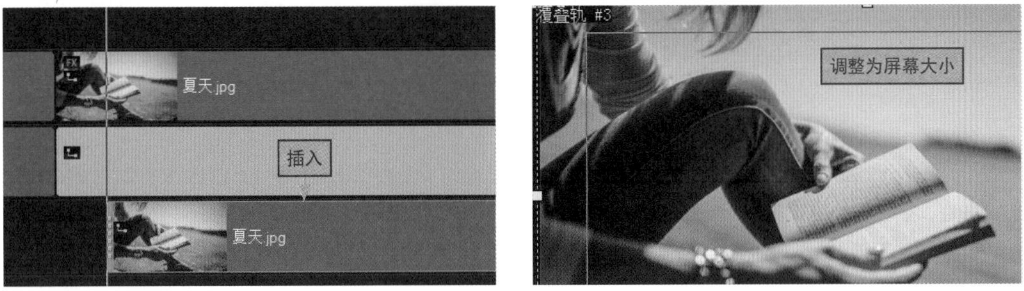

图13-22

步骤07 打开“选项”面板，单击“遮罩和色度键”，勾选“应用覆叠选项”复选框，如图13-23左图所示。打开滤镜库，在“调整”栏中选择“视频摇动和缩放”滤镜，为覆叠轨3的“夏天”素材应用滤镜效果，如图13-23右图所示。

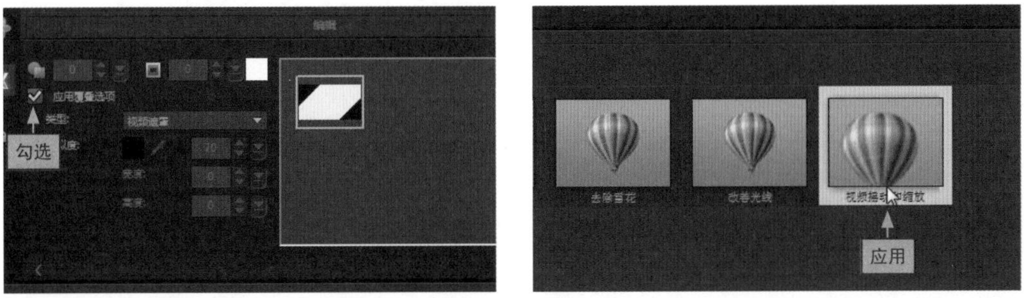

图13-23

步骤08 打开“选项”面板，单击“自定义滤镜”按钮，在打开的“视频摇动和缩放”对话框中设置开始帧参数，如图13-24左图所示。设置结束帧参数，单击“确定”按钮关闭对话框，如图13-24右图所示。

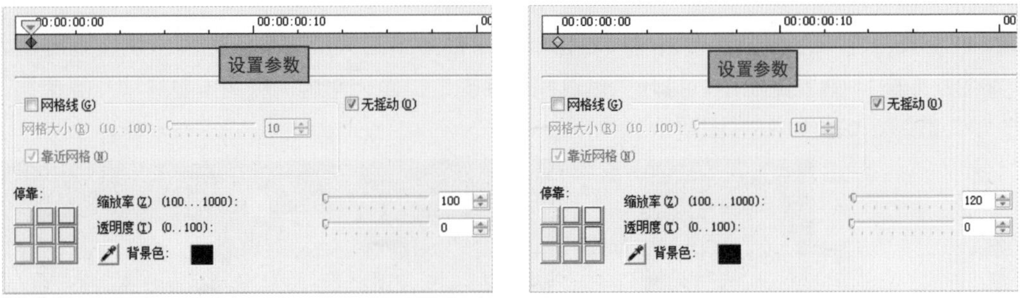

图13-24

步骤09 为覆叠轨2的蓝色色块添加“视频摇动和缩放”滤镜，设置开始帧参数，如图13-25左图所示。向右添加一个关键帧，设置与开始帧相同的参数，如图13-25右图所示。

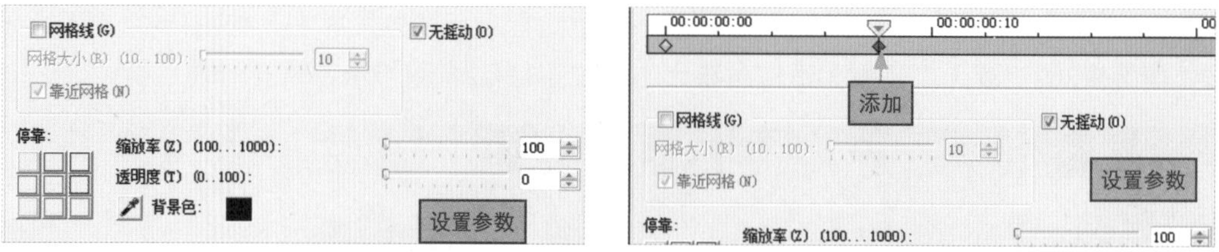

图13-25

步骤10 拖动滑块到结束帧位置，设置参数，单击“确定”按钮关闭对话框，如图13-26左图所示。拖动覆叠轨3“夏天”素材的尾部，使其对齐上方素材的尾部，如图13-26右图所示。

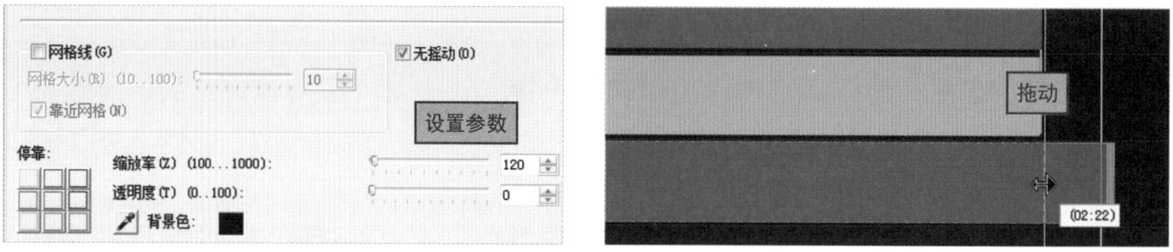

图13-26

步骤11 在覆叠轨1中插入“海滩.jpg”素材，调整为适应屏幕大小，复制覆叠轨1的“夏天.jpg”素材属性，粘贴到覆叠轨1“海滩.jpg”素材中，如图13-27左图所示。打开“图形”库，选择黄色色块，拖动到覆叠轨2中，如图13-27右图所示。

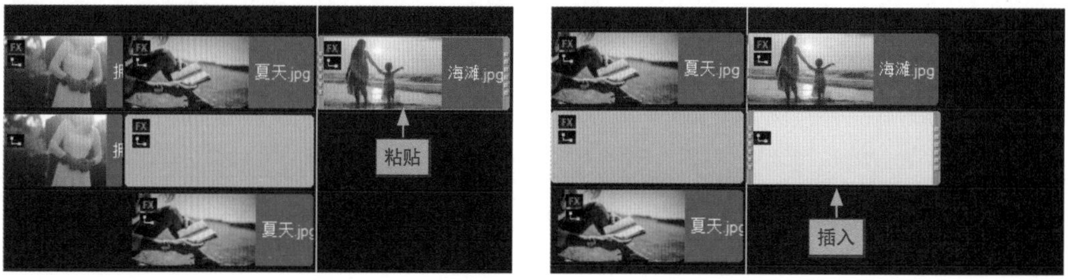

图13-27

步骤12 调整黄色色块为适应屏幕大小，右击鼠标，在弹出的快捷菜单中选择“调整到屏幕大小”命令，如图13-28左图所示。打开“遮罩和色度键”页面，勾选“应用覆叠选项”复选框，单击“+”按钮，如图13-28右图所示。

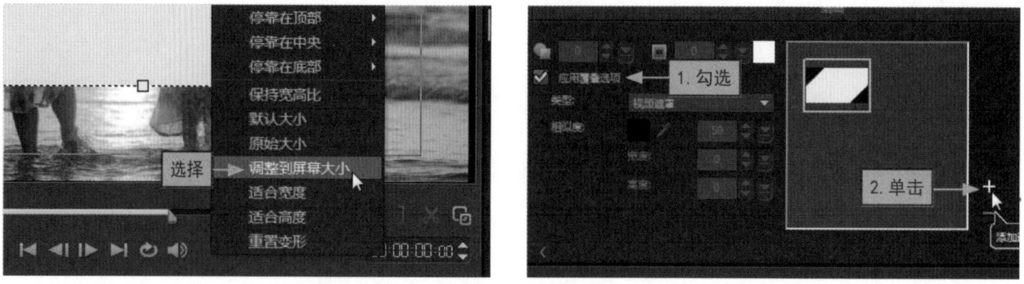

图13-28

步骤13 在本地计算机中选择“条形遮罩2.mov”素材，单击“打开”按钮，如图13-29左图所示。在覆叠轨3中插入“海滩.jpg”素材，位置比上层覆叠轨略向后移，并调整为适应屏幕大小，如图13-29右图所示。

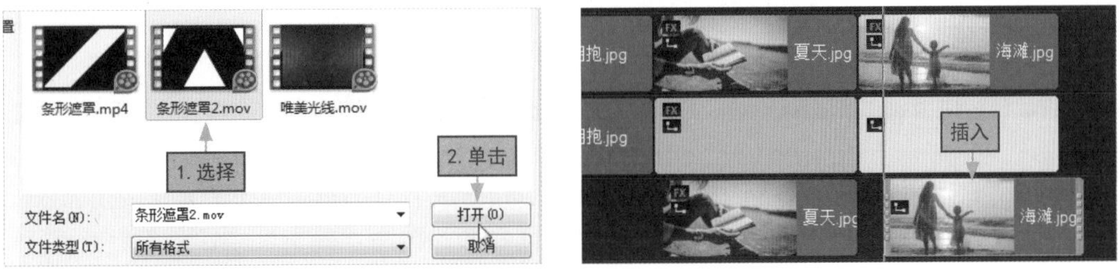

图13-29

步骤14 打开“选项”面板，为覆叠轨3的“海滩”素材应用“条形遮罩2”视频遮罩，如图13-30左图所示。调整覆叠轨3“海滩”素材的时间区间，使其与上层覆叠轨对齐，如图13-30右图所示。

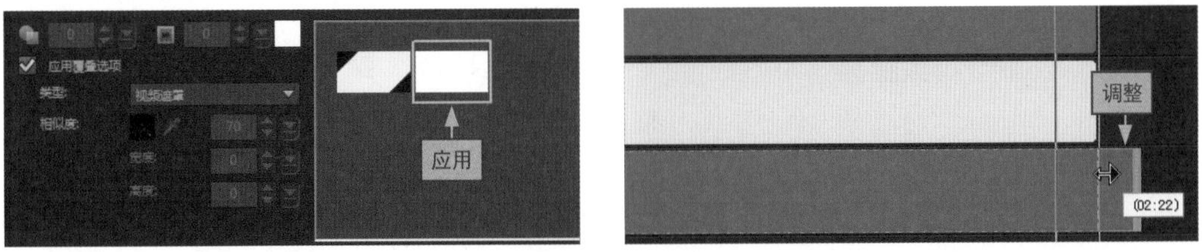

图13-30

13.1.4 动态擦除样式的制作

在本例的制作过程中，将利用动态笔刷遮罩完成案例的第四步操作，其具体操作步骤如下。

步骤01 拖动覆叠轨3“海滩.jpg”素材右侧边界，缩短时长，如图13-31左图所示。插入“海滩.jpg”素材，并让其适应屏幕大小，拖动右侧边界调整照片区间，如图13-31右图所示。

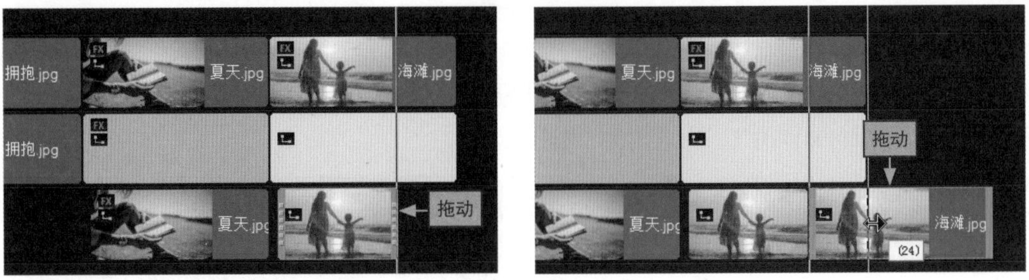

图13-31

步骤02 在覆叠轨3中插入“海滩.jpg”素材，在覆叠轨2中插入“秋千.jpg”素材，并调整为适应屏幕大小，如图13-32左图所示。打开滤镜库，为素材添加“视频摇动和缩放”滤镜，如图13-32右图所示。

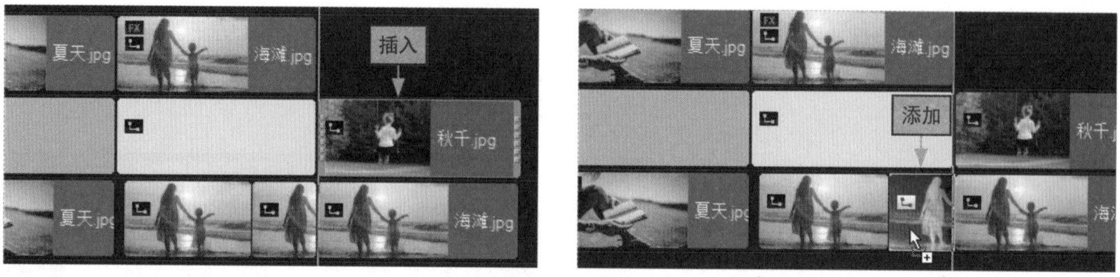

图13-32

步骤03 单击“自定义滤镜”按钮，打开“视频摇动和缩放”对话框，拖动滑轨到结束帧处，设置开始帧参数，如图13-33左图所示。设置结束帧参数，单击“确定”按钮关闭对话框，如图13-33右图所示。

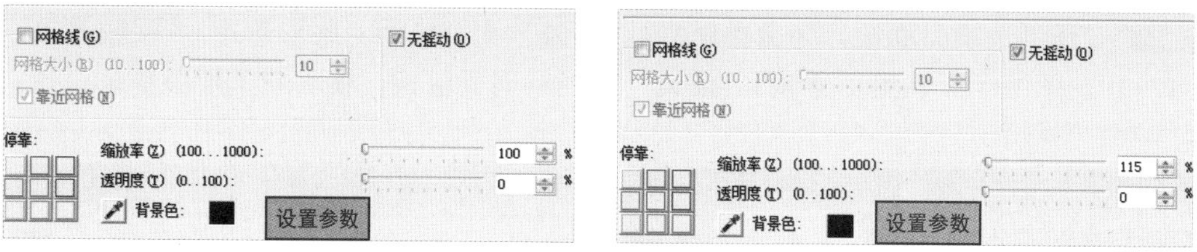

图13-33

步骤04 为覆叠轨3最右侧的“海滩.jpg”素材应用“视频摇动和缩放”滤镜，如图13-34左图所示。打开“视频摇动和缩放”对话框，设置开始帧参数，同时为结束帧应用同样的参数，单击“确定”按钮关闭对话框，如图13-34右图所示。

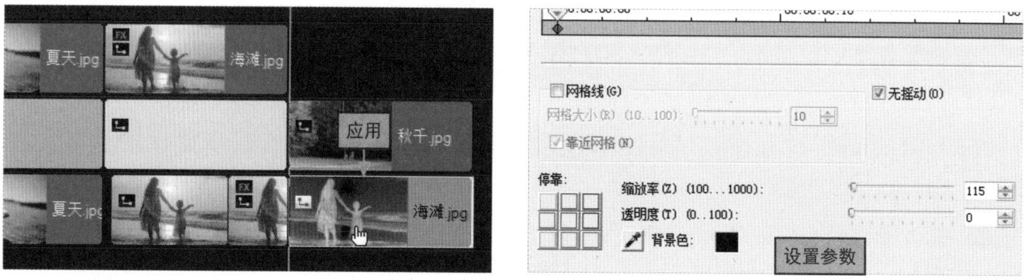

图13-34

步骤05 打开遮罩和色度键页面，勾选“应用覆叠选项”复选框，单击“+”按钮，在电脑中选择“擦除遮罩.mov”素材，单击“打开”按钮，如图13-35左图所示。切换至“编辑”选项卡，设置照片区间为“0:00:04:01”，如图13-35右图所示。

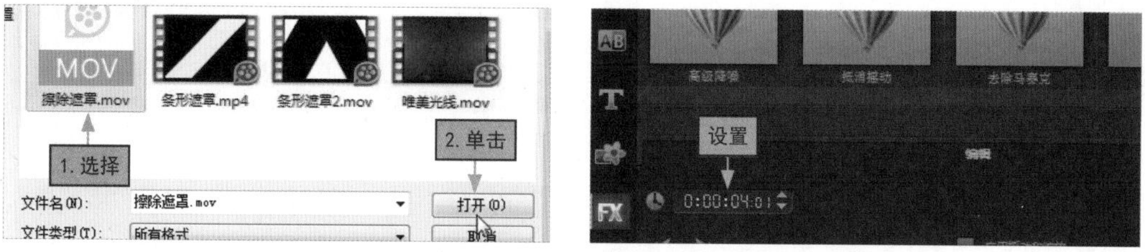

图13-35

步骤06 选择覆叠轨2“秋千.jpg”素材，调整照片区间为“0:00:04:02”，如图13-36左图所示。在覆叠轨2中插入“女孩.jpg”素材，在覆叠轨3中插入“秋千.jpg”素材，并调整为适应屏幕大小，如图13-36右图所示。

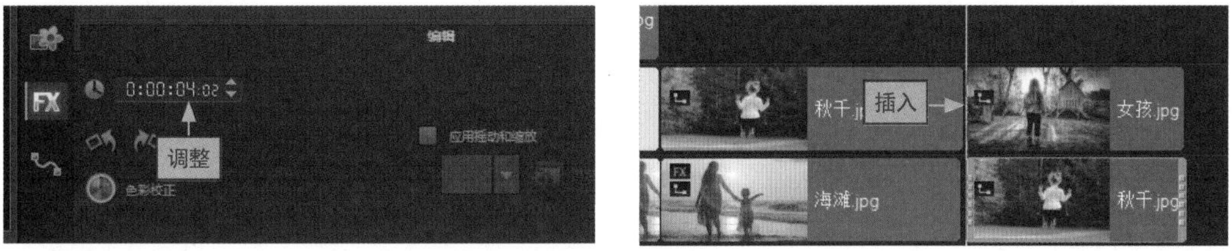

图13-36

步骤07 设置覆叠轨3“秋千.jpg”素材照片区间为“0:00:04:01”，如图13-37左图所示。调整覆叠轨2“女孩”素材照片区间为“0:00:04:02”，如图13-37右图所示。

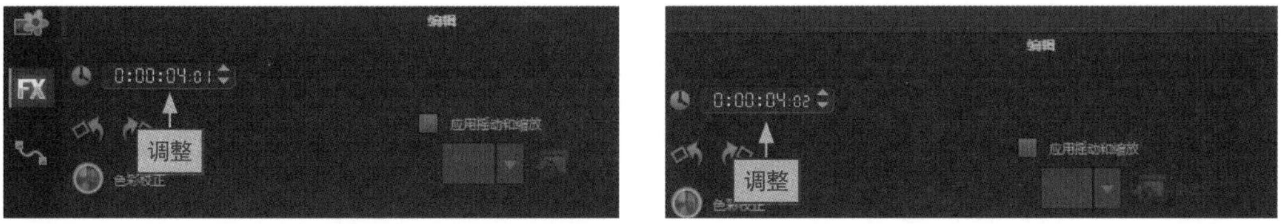

图13-37

步骤08 选择覆叠轨3“秋千.jpg”素材，如图13-38左图所示。打开“应用覆叠选项”页面，添加“擦除遮罩2”视频遮罩，如图13-38右图所示。

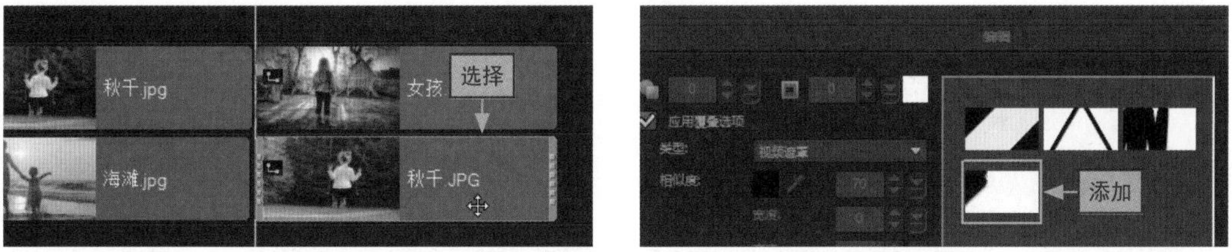

图13-38

步骤09 打开滤镜库，为覆叠轨2“秋千.jpg”素材应用“视频摇动和缩放”滤镜，如图13-39左图所示。打开“视频摇动和缩放”对话框，设置开始帧参数，如图13-39右图所示。

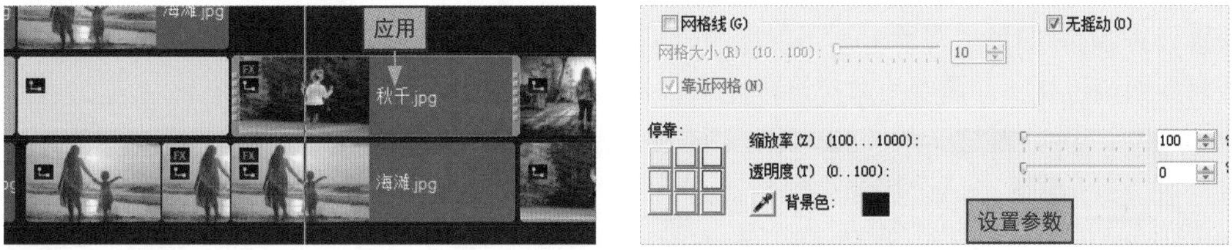

图13-39

步骤10 设置结束帧参数，单击“确定”按钮关闭对话框，如图13-40左图所示。为覆叠轨3“秋千”素材应用“视频摇动和缩放”滤镜，设置开始帧和结束帧相同的参数，单击“确定”按钮关闭对话框，如图13-40右图所示。

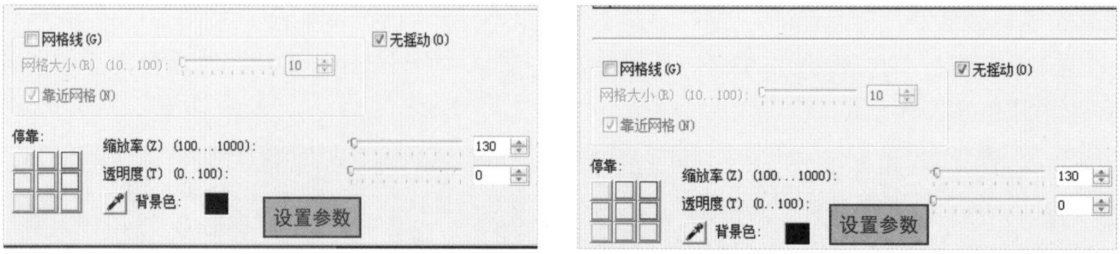

图13-40

13.1.5 细节调整并输出视频

在本例的制作过程中，将对电子相册的最终效果进行细节调整，并输出为MP4视频格式，完成案例的第五步操作，其具体操作步骤如下。

步骤01 选择覆叠轨1“拥抱.jpg”素材，如图13-41左图所示。将滑块定位在素材的结束帧位置，如图13-41右图所示。

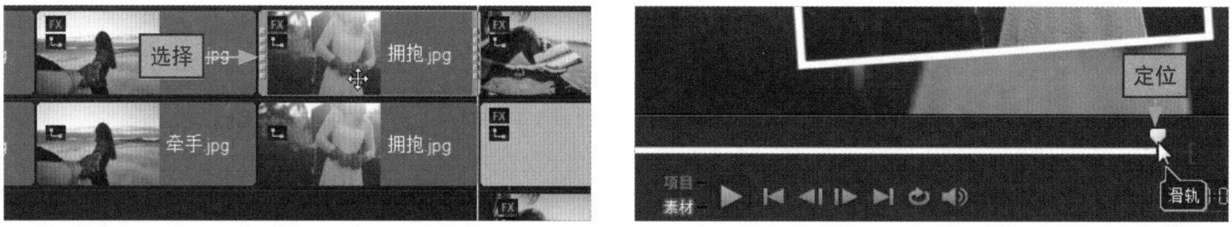

图13-41

步骤02 单击“录制/捕获选项”按钮，如图13-42左图所示。在打开的“录制/捕获选项”对话框中单击“快照”按钮，如图13-42右图所示。

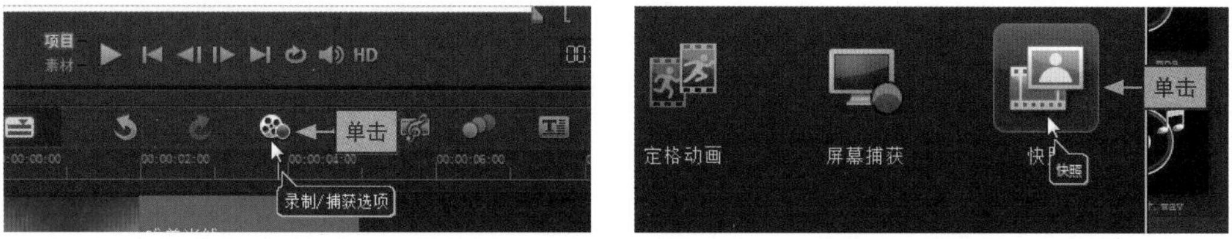

图13-42

步骤03 选择覆叠轨1的“夏天.jpg”素材，按Delete键删除素材，如图13-43左图所示。将捕获的快照替换到该位置，并调整为适应屏幕大小，如图13-43右图所示。

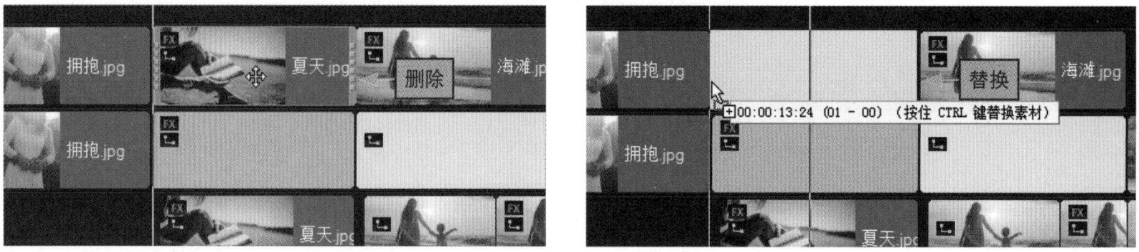

图13-43

步骤04 删除覆叠轨1的“海滩.jpg”素材，如图13-44左图所示。在该位置替换“夏天”素材，替换后应用“视频摇动和缩放”滤镜（首尾帧居中停靠，缩放率为120），如图13-44右图所示。

图13-44

步骤05 在声音轨中插入“背景音乐.mp3”音频文件，如图13-45左图所示。拖动声音轨音频文件右侧边框，调整音频时长区间，如图13-45右图所示。

图13-45

步骤06 单击“共享”选项卡，如图13-46左图所示。在打开的页面中设置文件名和保存位置，单击“开始”按钮输出视频，如图13-46右图所示。

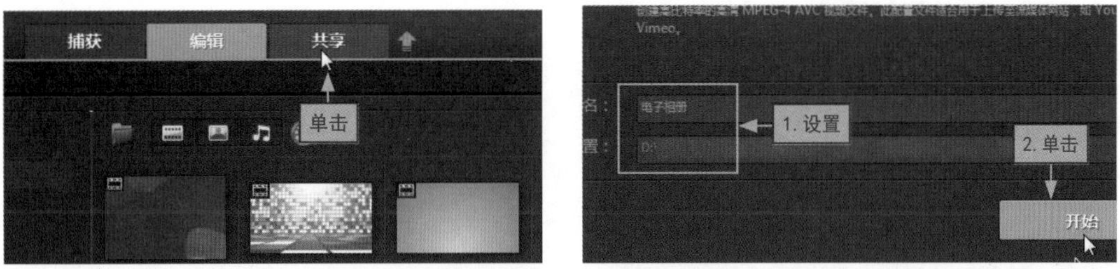

图13-46

完成制作后可在播放器中查看电子相册的最终效果，如图13-47所示。

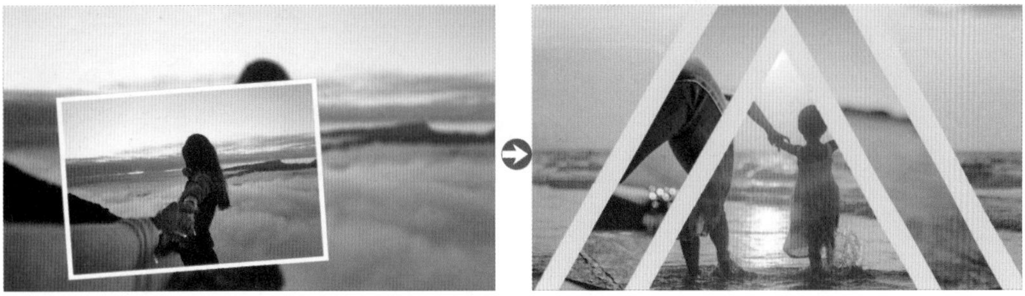

图13-47

LESSON
13.2 双重曝光，具有大片感的视频

案例描述

双重曝光会给人以迷人的效果，在制作视频时运用双重曝光，可以让视频具有大片感。本例运用色度键和快照捕获功能介绍双重曝光视频的制作过程。

案例难度 ★★★

制作时长 45分钟

制作思路

① 覆叠轨制作镂空曝光效果。
② 制作镜像透视双重曝光效果。
③ 覆盖叠加的双重曝光效果。
④ 制作气泡双重曝光效果。
⑤ 插入音效并输出视频。

效果预览＞＞＞

▲初始效果

▼最终效果

本节素材	/素材/Chapter13/双重曝光
本节效果	/效果/Chapter13/双重曝光.MP4

13.2.1 覆叠轨制作镂空曝光效果

在本例的制作过程中，将使用png格式的素材实现遮罩抠图，通过覆叠轨图片叠加实现双重曝光效果，其具体操作步骤如下。

步骤01 启动会声会影软件，在覆叠轨1下插入两个覆叠轨，在覆叠轨1中插入“森林.jpg”素材，并调整为适应屏幕大小，如图13-48左图所示。打开图形库，切换至“色彩”选项卡，选择“白色”色块，拖动到覆叠轨2中，并调整为适应屏幕大小，如图13-48右图所示。

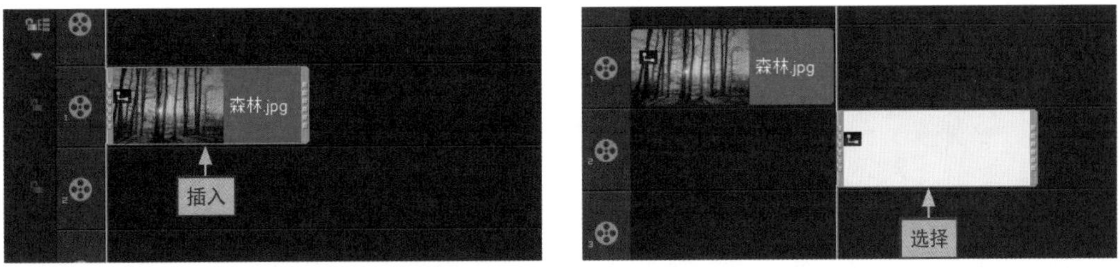

图13-48

步骤02 打开“选项”面板，单击“编辑”选项卡，如图13-49左图所示，单击“色彩选取器”按钮，在打开的下拉列表中选择“纯白色”（进行这一步的原因在于色彩库中的白色并非纯白色），如图13-49右图所示。

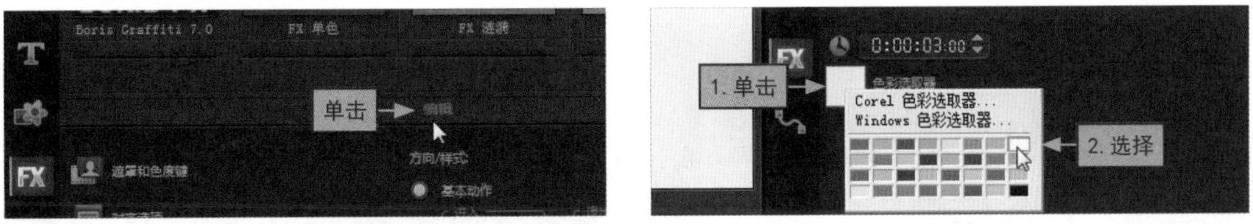

图13-49

步骤03 将“狐狸.png”素材插入覆叠轨3中，让其位于白色色块下方，如图13-50左图所示。在预览窗口拖动狐狸素材，调整其位置和大小，如图13-50右图所示。

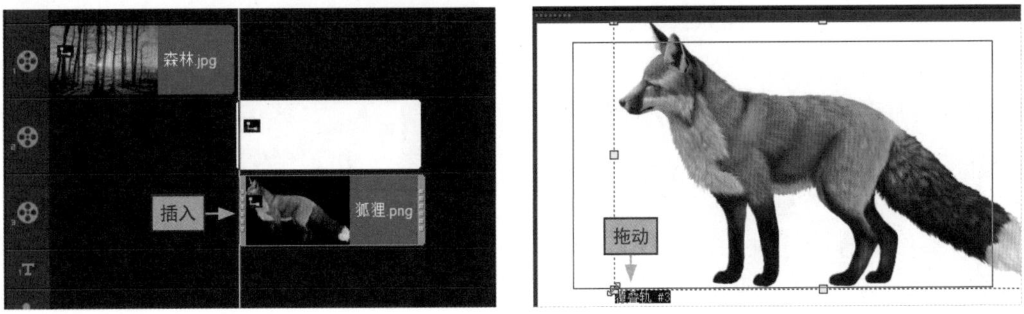

图13-50

步骤04 单击“录制/捕获选项”按钮，如图13-51左图所示。在打开的“录制/捕获选项”对话框中单击“快照”按钮，如图13-51右图所示。

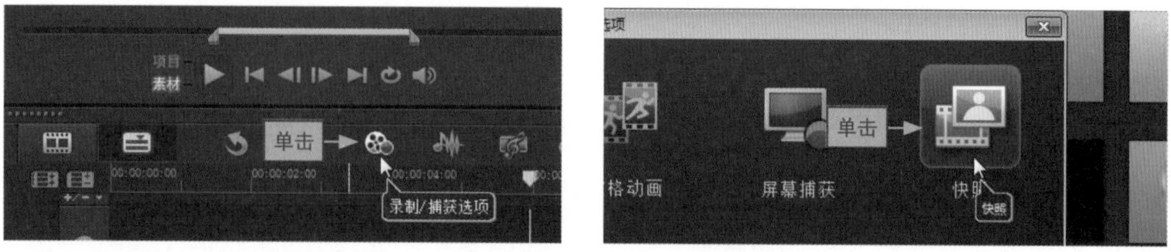

图13-51

步骤05 右击覆叠轨3中的“狐狸.png”素材，在弹出的快捷菜单中选择“删除”命令，如图13-52左图所示。打开媒体库，选择捕获的快照，如图13-52右图所示。

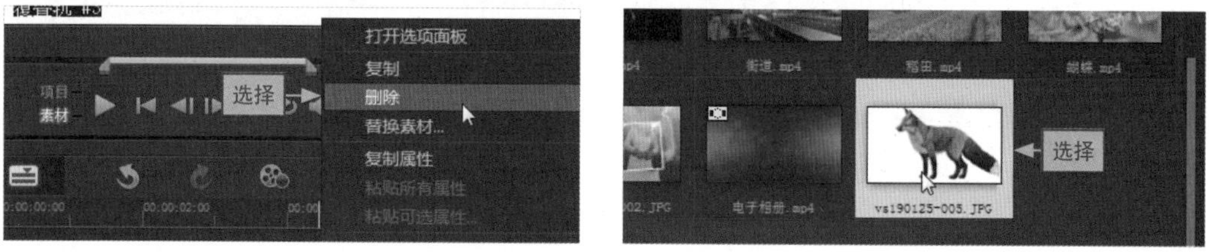

图13-52

步骤06 拖动快照到覆叠轨2“森林.jpg”素材下方，并调整为适应屏幕大小，如图13-53左图所示。打开“选项”面板，单击“遮罩和色度键”按钮，勾选“应用覆叠选项”复选框，选择“色度键”选项，设置相似度为75，用吸管工具吸取棕褐色，如图13-53右图所示。

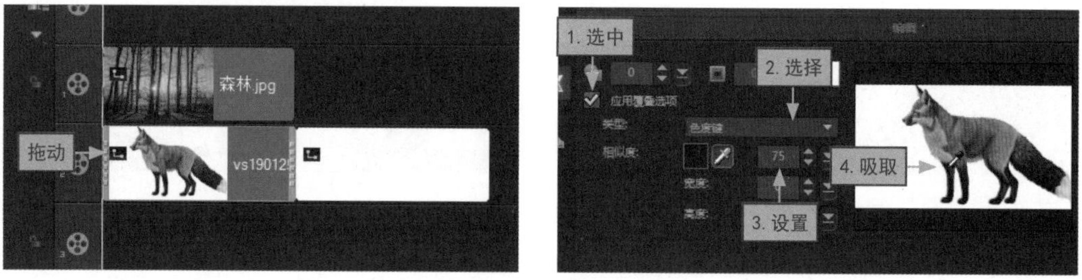

图13-53

步骤07 打开标题库，选择一种标题预设样式，如图13-54左图所示。拖动标题预设样式到标题轨中，如图13-54右图所示。

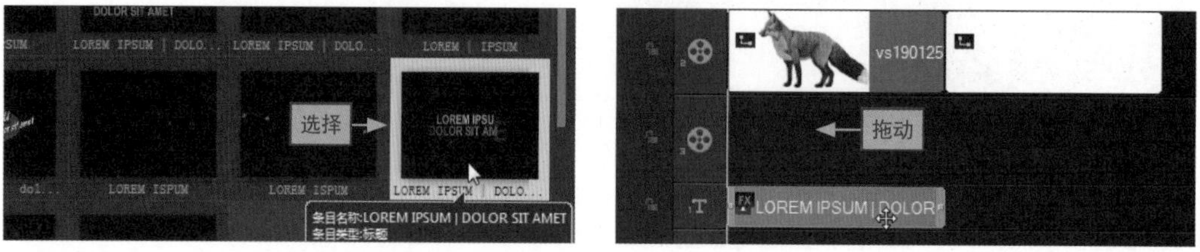

图13-54

步骤08 选择上层标题文本框，设置字体“大小”为40，如图13-55左图所示。选择下层标题文本框，设置字体“大小”为43，如图13-55右图所示。

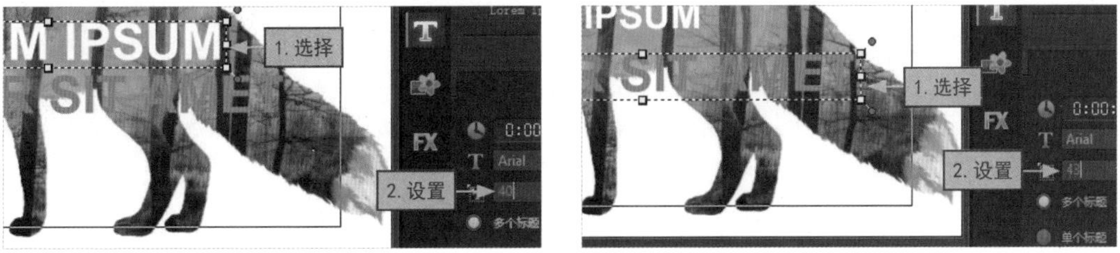

图13-55

步骤09 替换标题内容，依次选择两个标题文本框，拖动其到画面左下角，如图13-56左图所示。右击覆叠轨1中的“森林.jpg”素材，在弹出的快捷菜单中选择“自定义动作”命令，如图13-56右图所示。

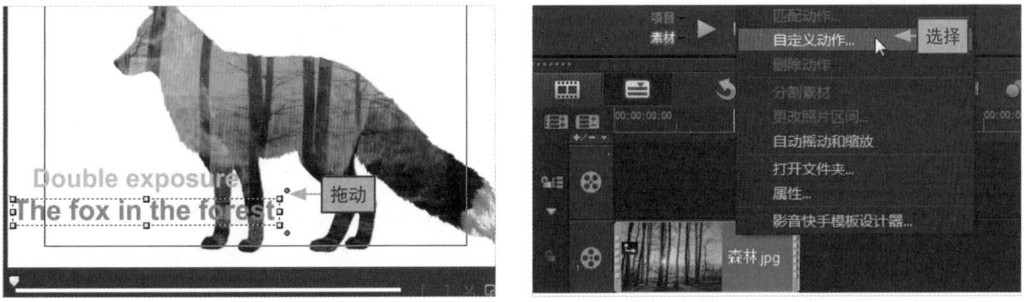

图13-56

步骤10 设置开始帧自定义参数，设置“位置”和“大小”，如图13-57左图所示。将滑轨移到结束帧处设置结束帧自定义参数，单击“确定”按钮，关闭对话框，如图13-57右图所示。

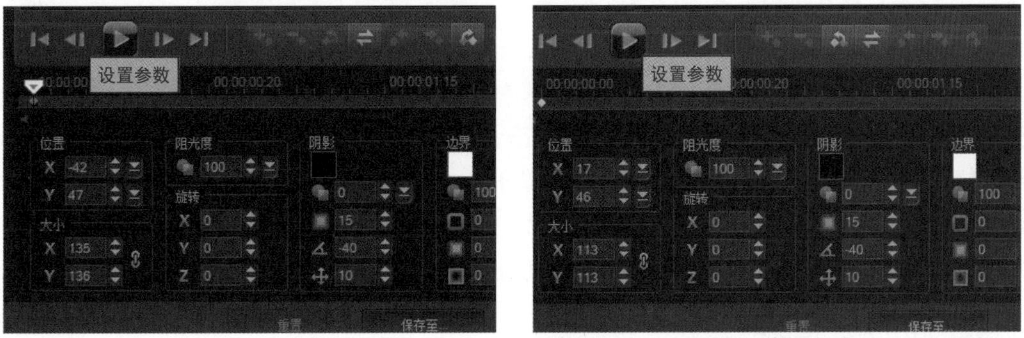

图13-57

步骤11 将滑轨定位在“森林”素材的结束帧位置，如图13-58左图所示。单击“录制/捕获选项”按钮，在打开的“录制/捕获选项”对话框中单击“快照”按钮，如图13-58右图所示。

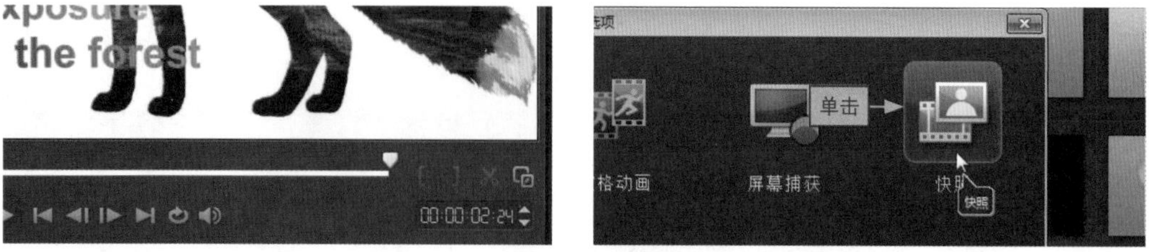

图13-58

步骤12 将白色色块移动到一旁，如图13-59左图所示。在媒体库中选择捕获的带有文字效果的双重曝光快照，如图13-59右图所示。

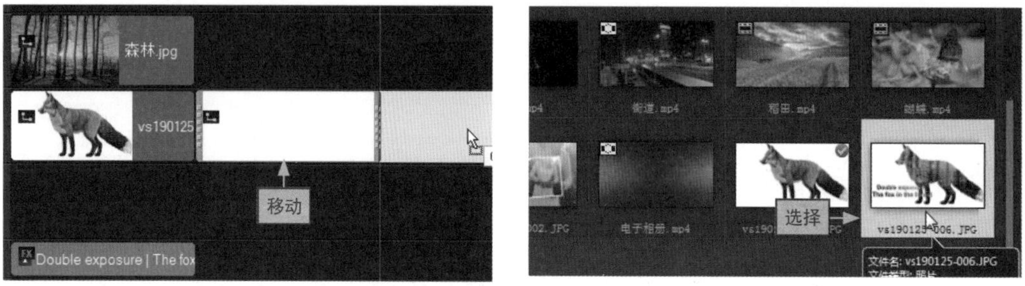

图13-59

步骤13 拖动快照到“森林.jpg”素材后方，如图13-60左图所示。打开滤镜库，选择“视频摇动和缩放”滤镜，如图13-60右图所示。

图13-60

步骤14 为快照应用滤镜效果，如图13-61左图所示。打开“选项”面板，单击“自定义滤镜”按钮，在打开的“视频摇动和缩放”对话框中设置开始帧参数（注意停靠位置设置为居中），如图13-61右图所示。

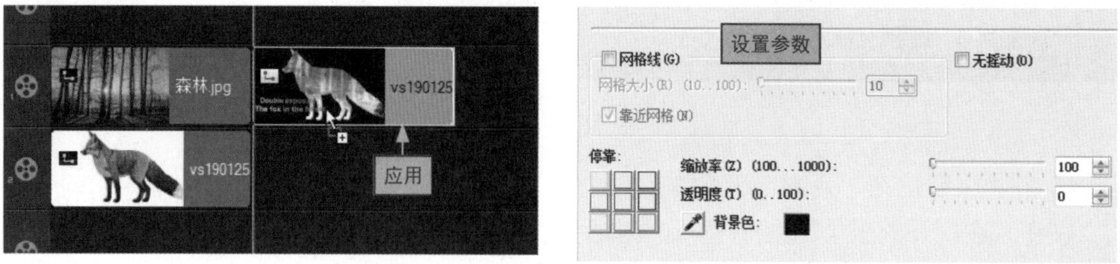

图13-61

步骤15 定位到结束帧位置，在“原图”窗口拖动“十”字标记，调整停靠位置，如图13-62左图所示。设置结束帧参数，单击“确定”按钮关闭对话框，如图13-62右图所示。

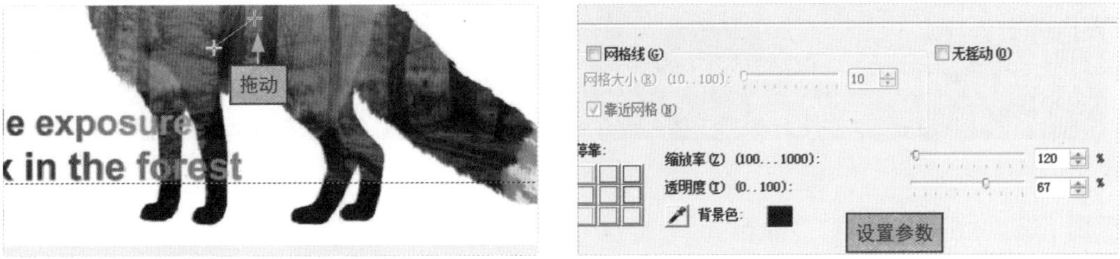

图13-62

13.2.2 制作镜像透视双重曝光效果

在本例的制作过程中，将通过使用遮罩工具和覆叠轨图片叠加实现镜像透视双重曝光效果，其具体操作步骤如下。

步骤01 在覆叠轨1中插入“建筑.jpg”素材并调整为适应屏幕大小，如图13-63左图所示。在覆叠轨3白色色块下方插入“猫.png”素材，如图13-63右图所示。

图13-63

步骤02 在预览窗口调整素材位置和大小，如图13-64左图所示。单击“录制/捕获选项”按钮，在打开的“录制/捕获选项”对话框中单击“快照”按钮，如图13-64右图所示。

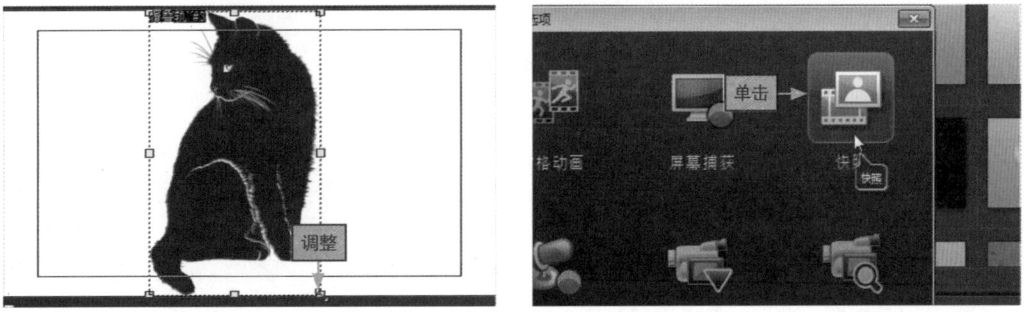

图13-64

步骤03 右击覆叠轨3中“猫.png”素材，在弹出的快捷菜单中选择“删除”命令，如图13-65左图所示。在媒体库中选择捕获的快照，如图13-65右图所示。

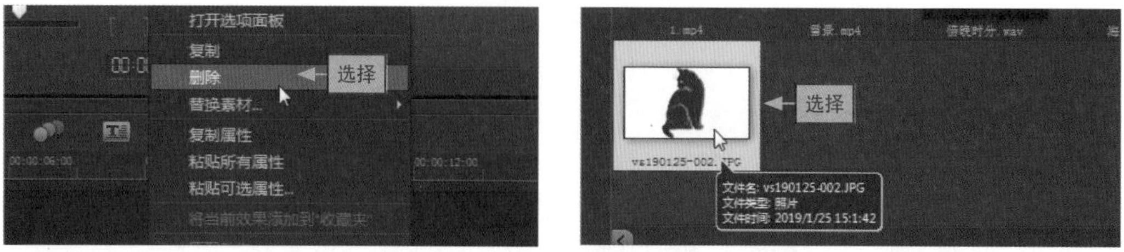

图13-65

步骤04 拖动快照到覆叠轨3“建筑.jpg”素材下方，并调整为适应屏幕大小，如图13-66左图所示。将白色色块移动到一旁，如图13-66右图所示。

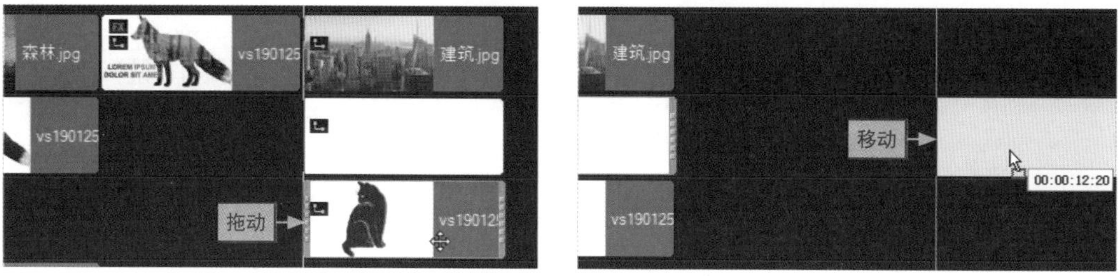

图13-66

步骤05 选择覆叠轨3的猫咪快照，如图13-67左图所示。打开“选项”面板，单击“遮罩和色度键”按钮，勾选“应用覆叠选项”复选框，使用吸管工具吸取黑色，如图13-67右图所示。

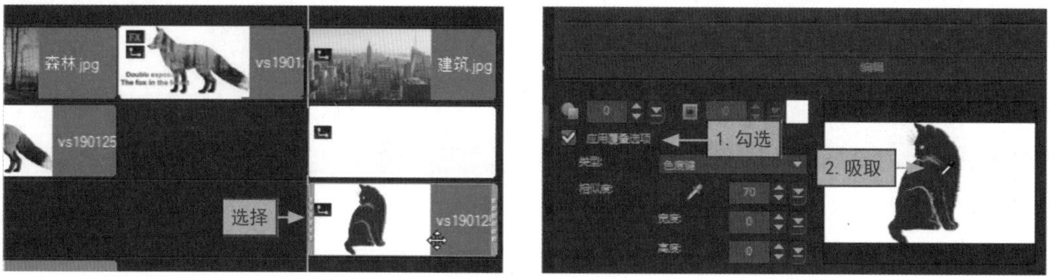

图13-67

步骤06 复制覆叠轨1“建筑.jpg”素材，粘贴到覆叠轨2中如图13-68左图所示。打开“选项”面板，进入“遮罩和色度键”页面，勾选“应用覆叠选项”复选框，选择“遮罩帧”选项，如图13-68右图所示。

图13-68

步骤07 在遮罩库中单击“+”按钮添加“猫.jpg”素材遮罩，如图13-69左图所示。打开滤镜库，选择“平均”滤镜，如图13-69右图所示。

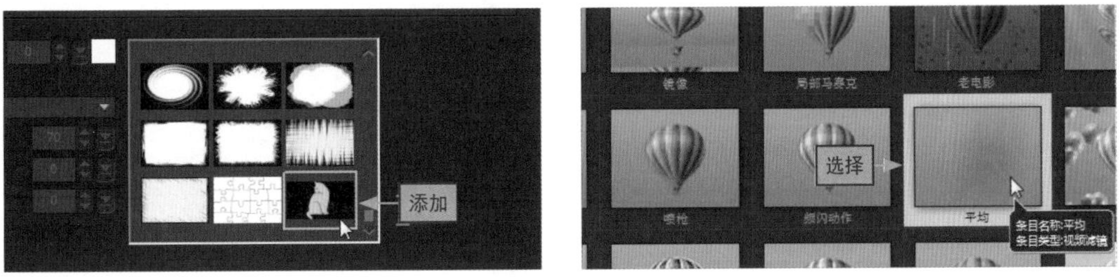

图13-69

步骤08 为覆叠轨1“建筑.jpg”素材应用“平均”滤镜如图13-70左图所示。打开“选项”面板，单击“自定义滤镜”按钮，在打开的“平均”对话框中设置开始帧和结束帧参数相同，单击“确定”按钮关闭对话框，如图13-70右图所示。

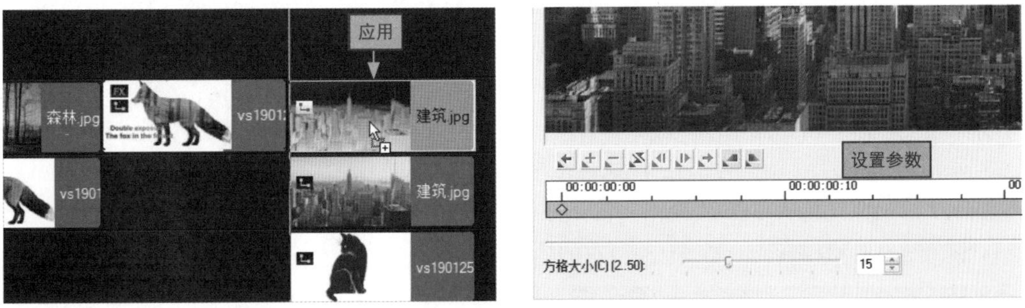

图13-70

步骤09 在滤镜库中选择“视频摇动和缩放”滤镜，为覆叠轨1“建筑”素材应用该滤镜效果，如图13-71左图所示。打开“选项”面板，单击“自定义滤镜”按钮，在打开的“视频摇动和缩放”对话框中设置开始帧参数（注意停靠位置设置为居中），如图13-71右图所示。

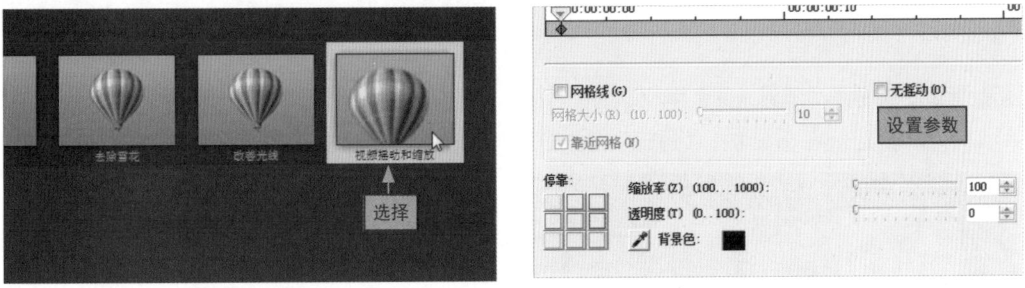

图13-71

步骤10 将滑轨定位在结束帧位置，拖动“十”字标记改变素材停靠位置，如图13-72左图所示。设置结束帧参数，单击“确定”按钮关闭对话框，如图13-72右图所示。

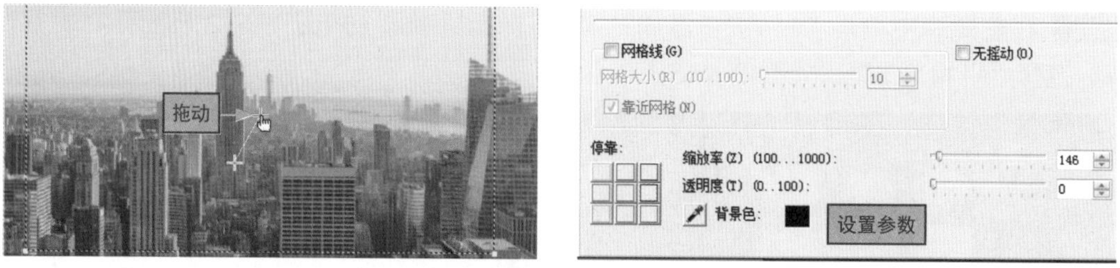

图13-72

步骤11 右击覆叠轨3猫咪快照，在弹出的快捷菜单中选择“自定义动作”命令，如图13-73左图所示。设置开始帧和结束帧参数相同，单击“确定”按钮关闭对话框，如图13-73右图所示。

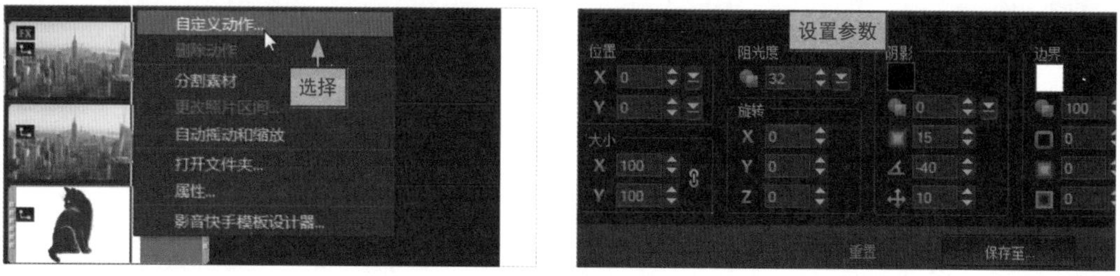

图13-73

步骤12 打开转场库，选择“交叉淡化”转场效果，如图13-74左图所示。拖动交叉淡化转场到覆叠轨1“建筑.jpg”素材前方，如图13-74右图所示。

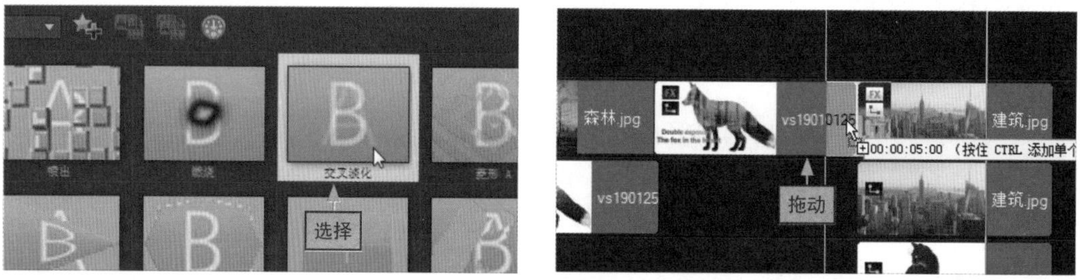

图13-74

步骤13 调整覆叠轨1“建筑.jpg”素材区间，使之与覆叠轨2的建筑素材末端对齐，如图13-75左图所示。将滑轨定位在覆叠轨1“建筑”素材结束帧位置，如图13-75右图所示。

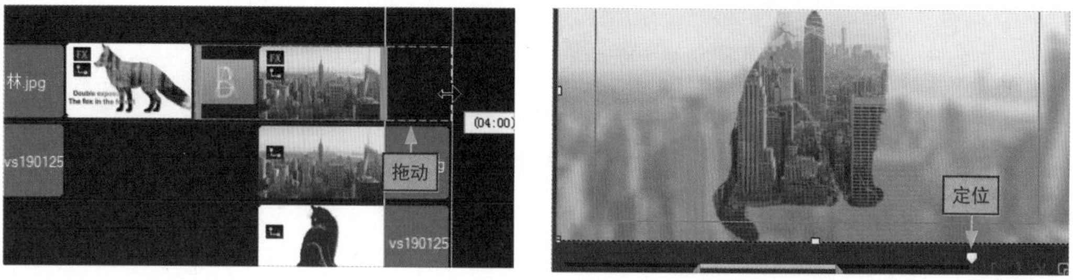

图13-75

步骤14 打开标题库，选择一种标题预设样式，如图13-76左图所示。拖动其到标题轨“建筑”素材下方，如图13-76右图所示。

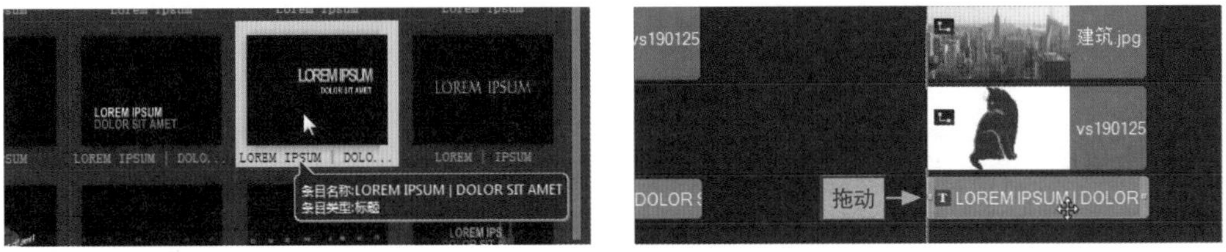

图13-76

步骤15 双击预览窗口替换文字内容，如图13-77左图所示。将滑轨定位在“建筑”素材的结束帧位置，单击“录制/捕获选项”按钮，在打开的“录制/捕获选项”对话框中单击“快照”按钮，如图13-77右图所示。

图13-77

步骤16 在媒体库选择捕获的快照，如图13-78左图所示。拖动快照到覆叠轨1“建筑.jpg”素材后方，如图13-78右图所示。

图13-78

步骤17 复制狐狸带字幕效果快照属性，如图13-79左图所示。为猫咪带字幕效果快照粘贴所有属性，如图13-79右图所示。

图13-79

13.2.3 覆盖叠加的双重曝光效果

在本例的制作过程中，将利用“狮子.png”素材，结合遮罩和覆叠等工具，制作双重曝光效果，其具体操作步骤如下。

步骤01 复制粘贴猫咪带字幕效果快照到覆叠轨2，在覆叠轨1中插入“草原.jpg”素材，并调整为适应屏幕大小，如图13-80左图所示。在覆叠轨3白色色块下方插入“狮子.png”素材，如图13-80右图所示。

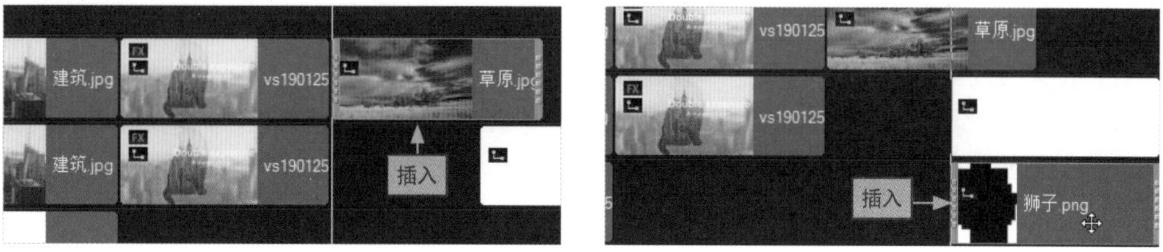

图13-80

步骤02 在预览窗口调整素材大小和位置，如图13-81左图所示。单击“录制/捕获选项”按钮，在打开的“录制/捕获选项”对话框中单击“快照”按钮，如图13-81右图所示。

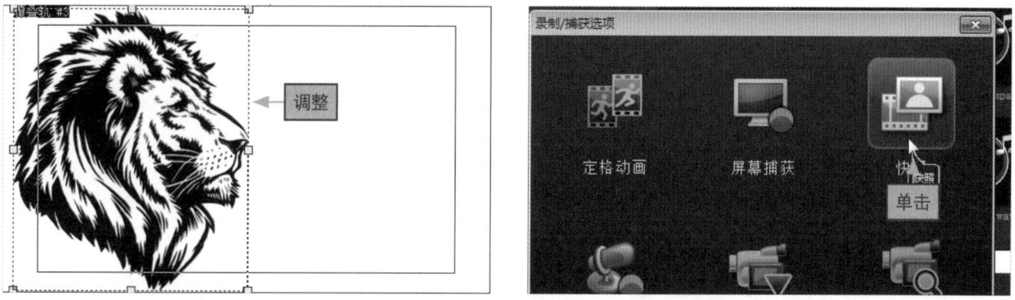

图13-81

步骤03 删除覆叠轨3的“狮子.png”素材，如图13-82左图所示。将覆叠轨2的白色色块移动到一旁，如图13-82右图所示。

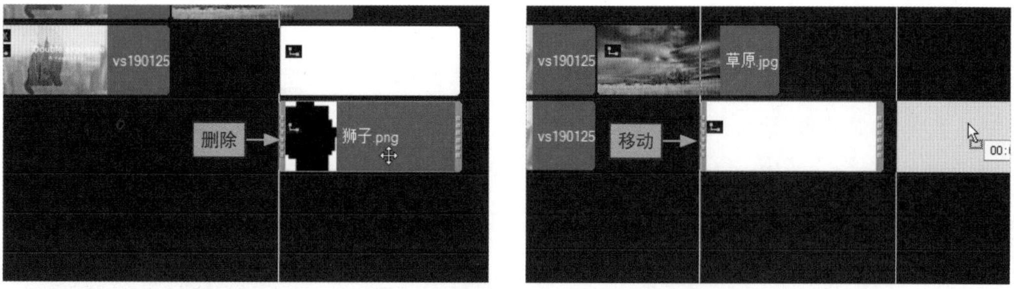

图13-82

步骤04 选择捕获的快照，如图13-83左图所示。将快照拖动到覆叠轨2“草原.jpg”素材的下方，并调整为适应屏幕大小，如图13-83右图所示。

图13-83

步骤05 打开“选项”面板，单击“遮罩和色度键”按钮，勾选“应用覆盖选项”复选框，使用吸管工具吸取黑色，如图13-84左图所示。右击狮子快照，选择“自定义动作”命令，如图13-84右图所示。

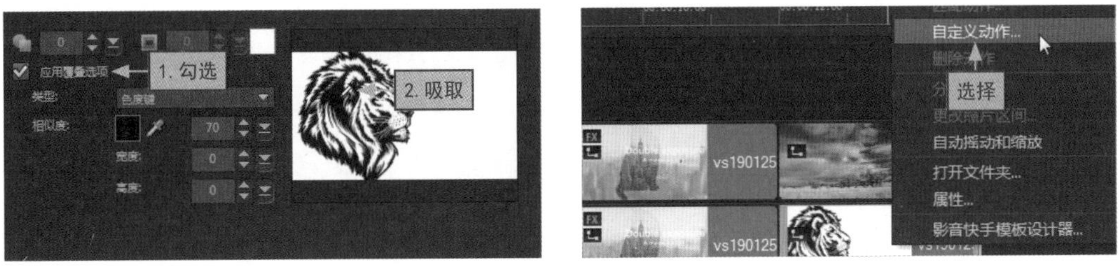

图13-84

步骤06 在“自定义动作”对话框中设置开始帧自定义参数，如图13-85左图所示。设置结束帧自定义参数，单击“确定”按钮关闭对话框，如图13-85右图所示。

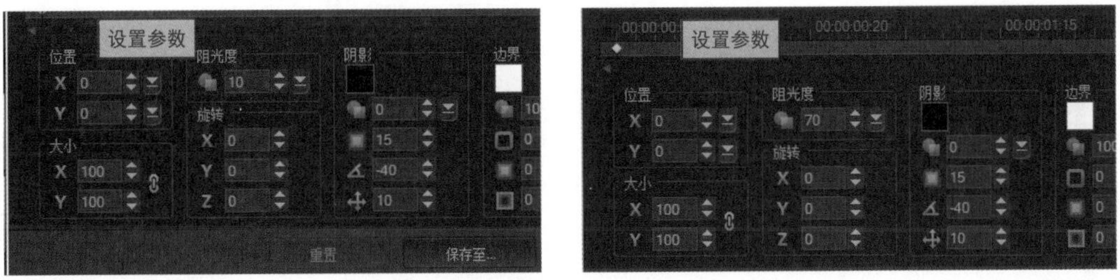

图13-85

步骤07 打开转场库，选择“交叉淡化”转场效果，如图13-86左图所示。为“草原”和“狮子”快照应用转场效果，如图13-86右图所示。

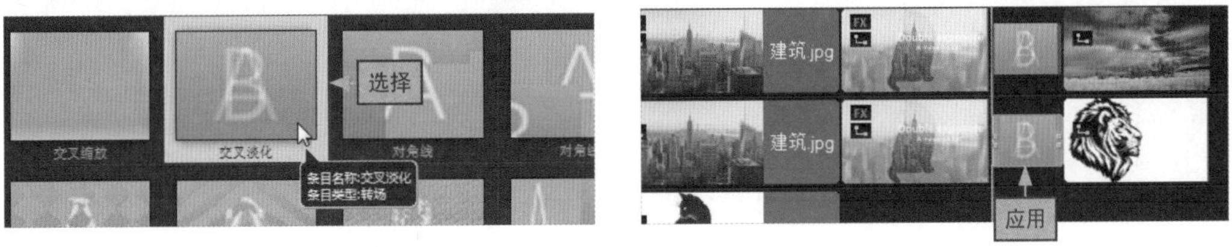

图13-86

步骤08 打开标题库，选择一种标题样式，如图13-87左图所示。拖动标题模板到标题轨“草原”素材的下方，如图13-87右图所示。

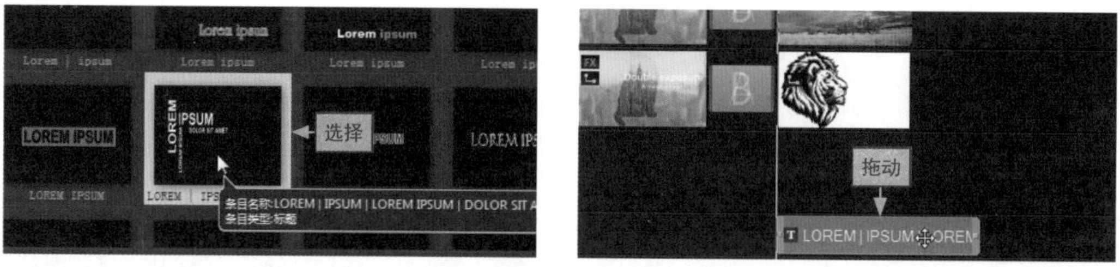

图13-87

步骤09 调整覆叠轨1“草原.jpg”素材和覆叠轨“2狮子”快照的区间，使其与标题轨长度对应，如图13-88左图所示。在预览窗口选择标题文本框，如图13-88右图所示。

图13-88

步骤10 在“选项”面板“编辑”选项卡中设置标题颜色为黄色，如图13-89左图所示。依次设置其他标题颜色为黄色，如图13-89右图所示。

图13-89

步骤11 调整标题位置，让其在右侧显示，如图13-90左图所示。旋转标题文本框，调整最右侧两个标题的文字显示方向，如图13-90右图所示。

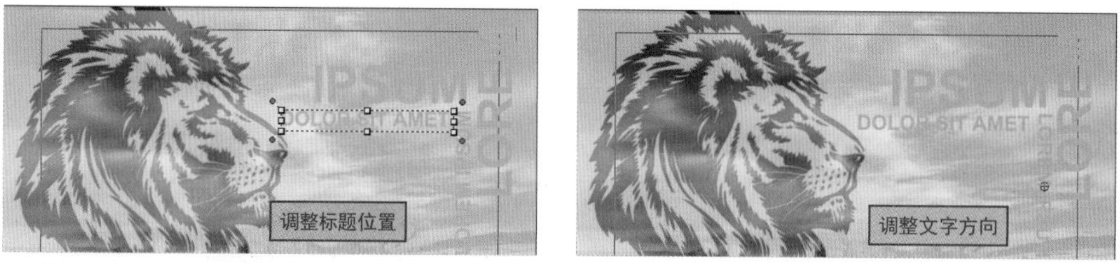

图13-90

步骤12 替换标题文字内容，并调整其位置，如图13-91左图所示。将滑轨定位在“草原.jpg”素材结束帧位置，如图13-91右图所示。

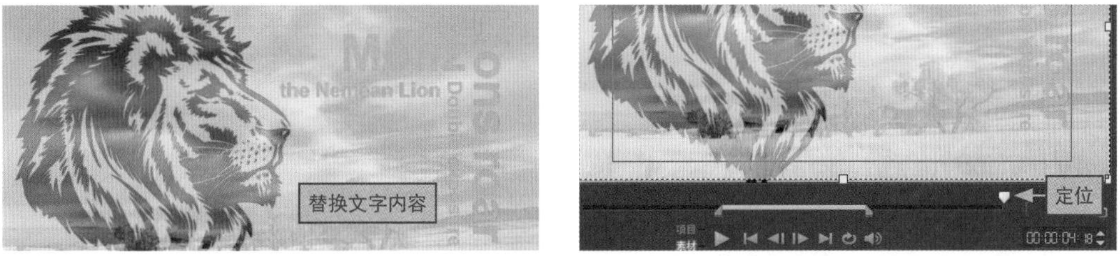

图13-91

步骤13 单击“录制/捕获选项”按钮，在打开的“录制/捕获选项”对话框中单击“快照”按钮，如图13-92左图所示。选择捕获的快照，如图13-92右图所示。

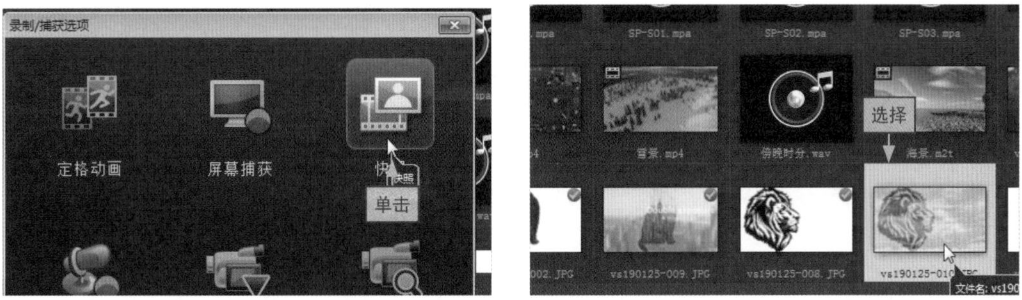

图13-92

步骤14 复制猫咪带字幕效果快照属性，如图13-93左图所示。为狮子带字幕效果快照粘贴所有属性，如图13-93右图所示。

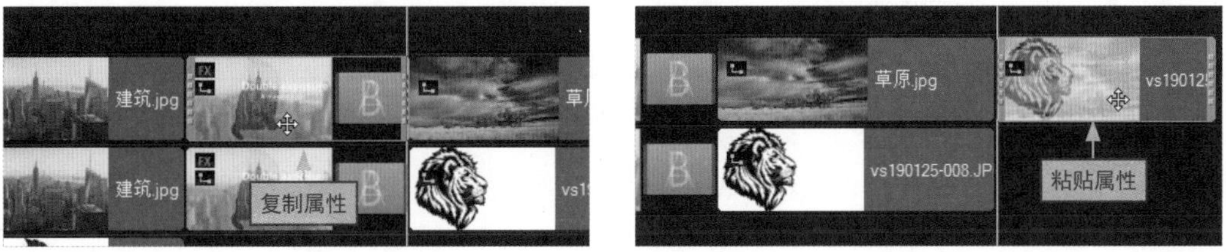

图13-93

步骤15 复制粘贴狮子带字幕效果快照到覆叠轨2中如图13-94左图所示。右击覆叠轨1“草原”素材，选择“自定义动作”命令，如图13-94右图所示。

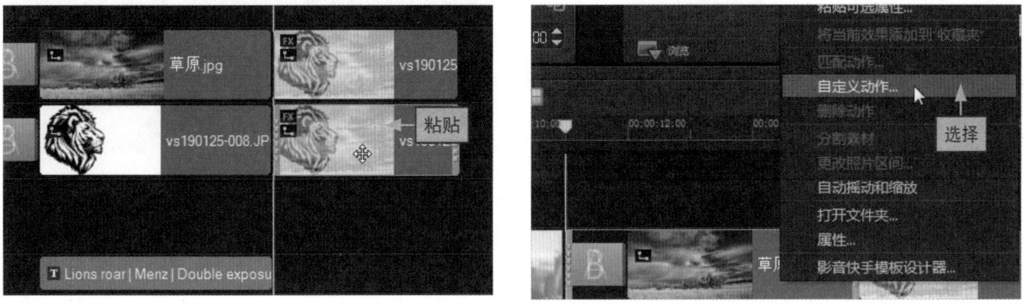

图13-94

步骤16 在“自定义动作”对话框中设置开始帧自定义参数，如图13-95左图所示。将滑轨移到结束帧处，设置结束帧自定义参数，单击“确定”按钮关闭对话框，如图13-95右图所示。

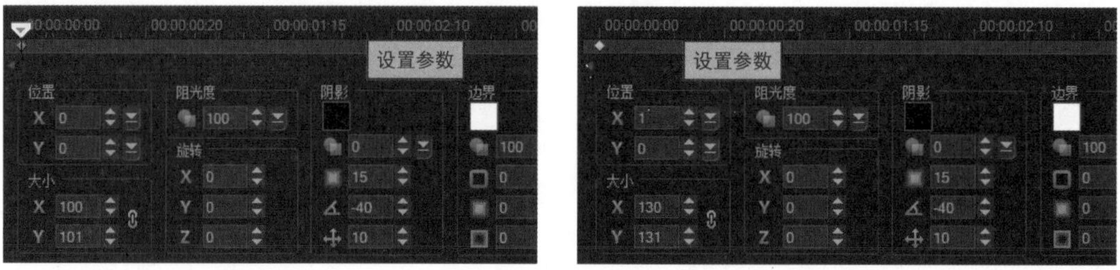

图13-95

13.2.4 制作气泡双重曝光效果

在本例的制作过程中，将利用“鹿.png”素材，结合前面的方法，制作带有气泡的双重曝光效果，其具体操作步骤如下。

步骤01 在覆叠轨1中插入“针叶林.jpg”素材，并在预览窗口调整为适应屏幕大小，如图13-96左图所示。在覆叠轨3中插入“鹿.png”素材，位于白色色块下方，如图13-96右图所示。

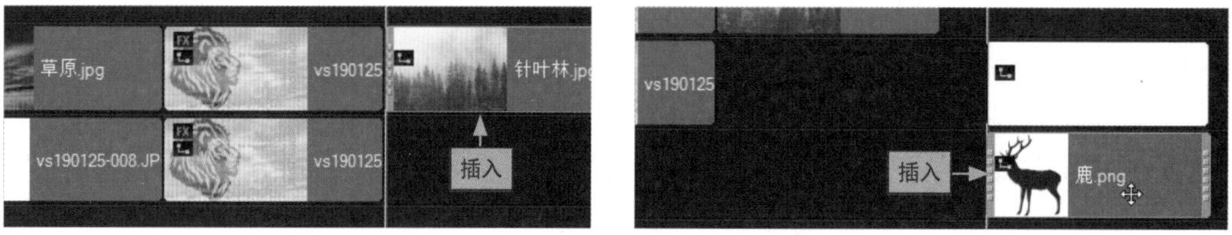

图13-96

步骤02 在预览窗口调整“鹿.png”素材的位置和大小，如图13-97左图所示。单击“录制/捕获选项”按钮，在打开的“录制/捕获选项”对话框中单击“快照”按钮，如图13-97右图所示。

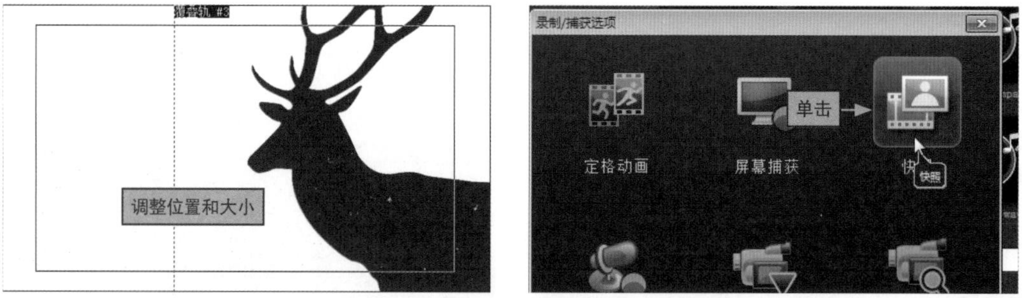

图13-97

步骤03 按住Shift键，选择覆叠轨的白色色块和覆叠轨3中的“鹿.png”素材，按Delete键删除，如图13-98左图所示。在媒体库选择捕获的快照，如图13-98右图所示。

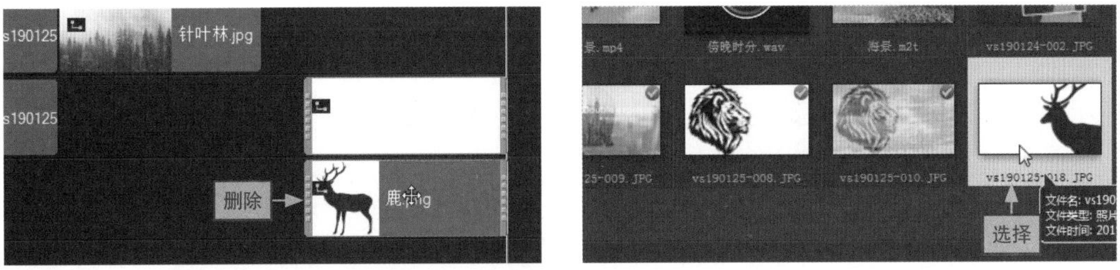

图13-98

步骤04 拖动快照到覆叠轨2，并在预览窗口调整为适应屏幕大小，如图13-99左图所示。打开转场库，选择“交叉淡化”转场效果，如图13-99右图所示。

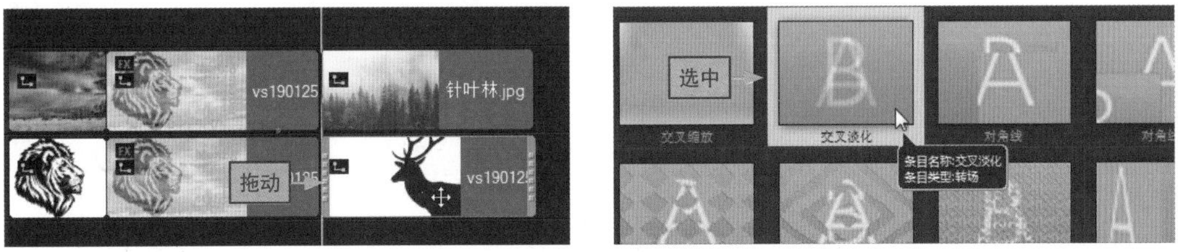

图13-99

步骤05 为“针叶林.jpg”素材和“鹿”快照应用转场效果，如图13-100左图所示。打开滤镜库，选择“视频摇动和缩放”滤镜，如图13-100右图所示。

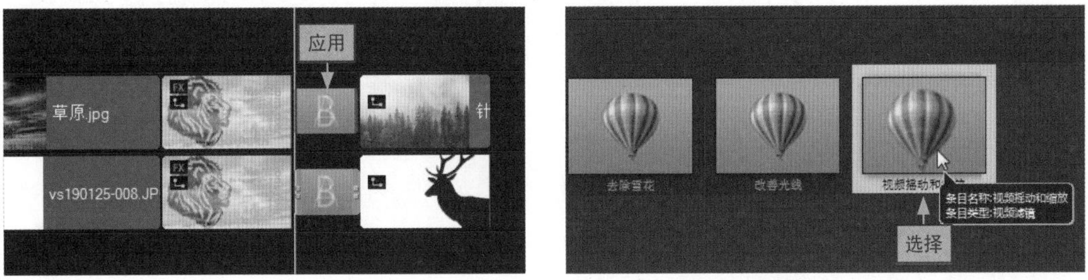

图13-100

步骤06 为“针叶林.jpg”素材应用滤镜效果，如图13-101左图所示。打开“选项”面板，单击“自定义滤镜”按钮，设置开始帧参数（停靠位置为居中），如图13-101右图所示。

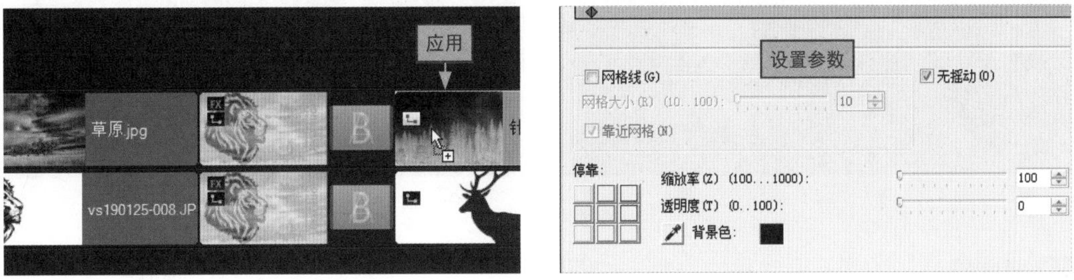

图13-101

步骤07 将滑轨移到结束帧处设置结束帧参数（停靠位置为居中），单击“确定”按钮关闭对话框人员，如图13-102左图所示。右击覆叠轨2中的“鹿”快照，在弹出的快捷菜单中选择“自定义动作”命令，如图13-102右图所示。

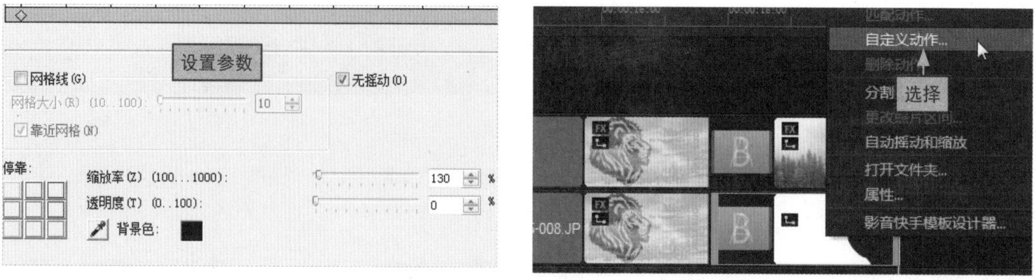

图13-102

步骤08 在打开的“自定义动作”对话框中设置开始帧和结束帧自定义参数，单击“确定”按钮关闭对话框，如图13-103左图所示。打开标题库，选择一种标题样式，如图13-103右图所示。

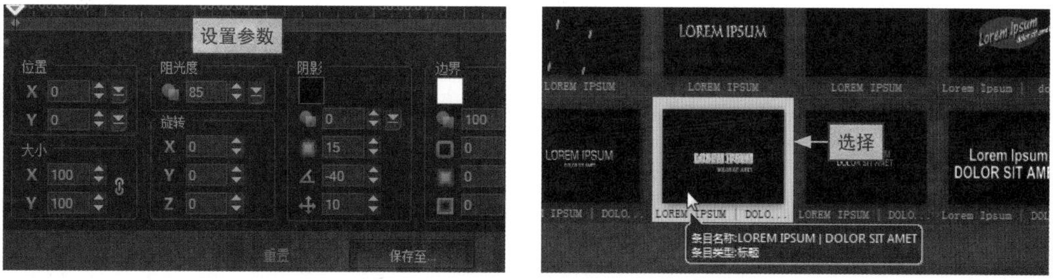

图13-103

步骤09 拖动标题模板到标题轨“针叶林”素材下方，如图13-104左图所示。调整素材照片区间，与标题区间一致，如图13-104右图所示。

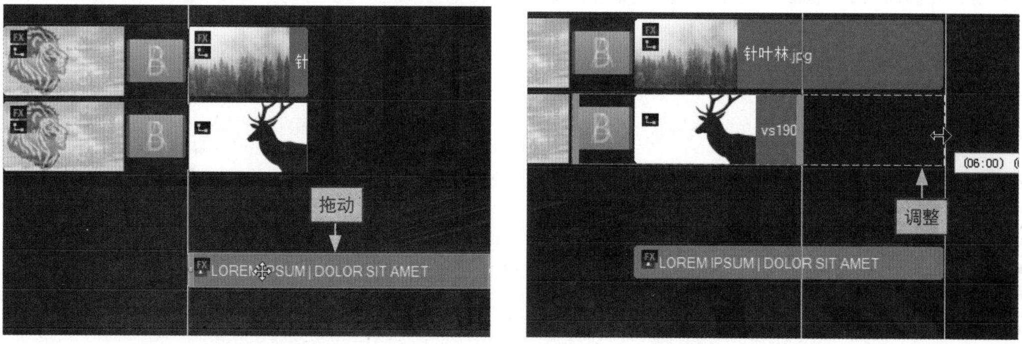

图13-104

步骤10 在预览窗口调整标题字幕的位置，如图13-105左图所示。分别修改两个标题字幕的文字内容，如图13-105右图所示。

图13-105

步骤11 在预览窗口选择标题文本框，如图13-106左图所示。打开“选项”面板，切换至“属性”选项卡，将“飞行”动画更改为“弹出”动画，同时更改蓝色字体标题动画效果为弹出动画，如图13-106右图所示。

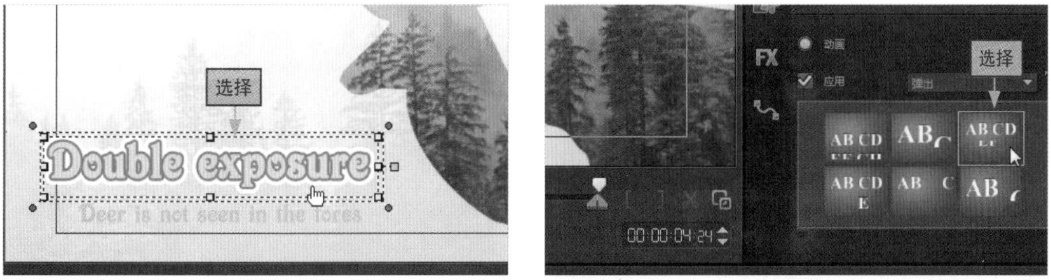

图13-106

步骤12 选中“滤镜”单选按钮，选择“浮雕”滤镜，单击“删除滤镜”按钮删除“浮雕”滤镜，如图13-107左图所示。将滑轨定位在“针叶林”素材结束帧位置，如图13-107右图所示。

图13-107

步骤13 单击“录制/捕获选项”按钮，在打开的“录制/捕获选项”对话框中单击“快照”按钮，如图13-108左图所示。在媒体库中选择捕获的快照，如图13-108右图所示。

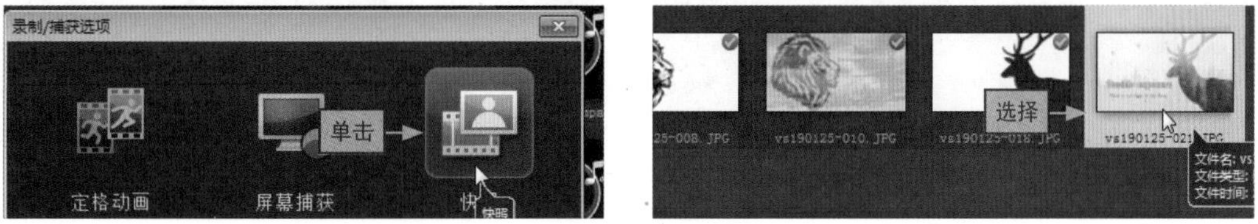

图13-108

步骤14 拖动快照到覆叠轨“针叶林.jpg”素材后方，并调整为适应屏幕大小，如图13-109左图所示。复制狮子带字幕效果快照属性，如图13-109右图所示。

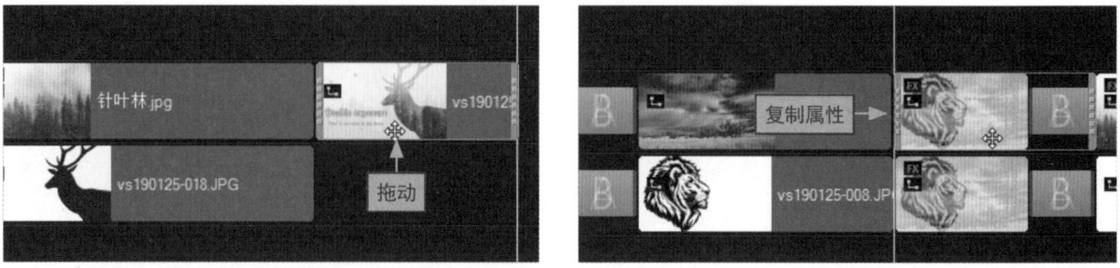

图13-109

步骤15 为鹿带字幕效果快照粘贴所有属性，如图13-110左图所示。在预览窗口预览视频的播放效果，如图13-110右图所示。

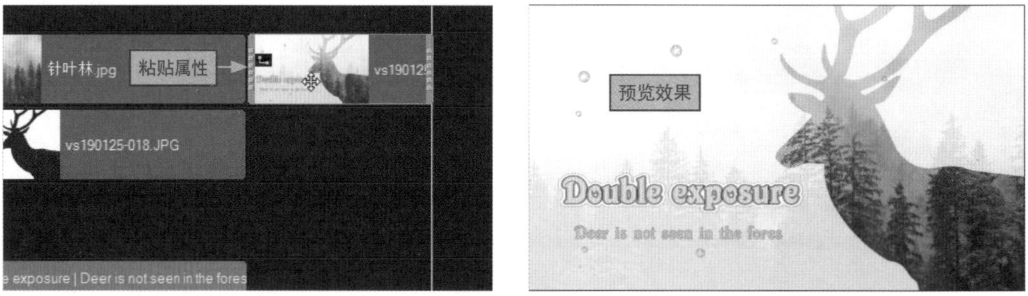

图13-110

13.2.5 插入音效并输出视频

在本例的制作过程中，将为视频插入音效，并适当调整素材的照片区间和细节，完成视频的输出和保存，其具体操作步骤如下。

步骤01 在声音轨中插入“双重曝光”音频文件，如图13-111左图所示。适当调整素材的照片区间，让其时长更长，如图13-111右图所示。

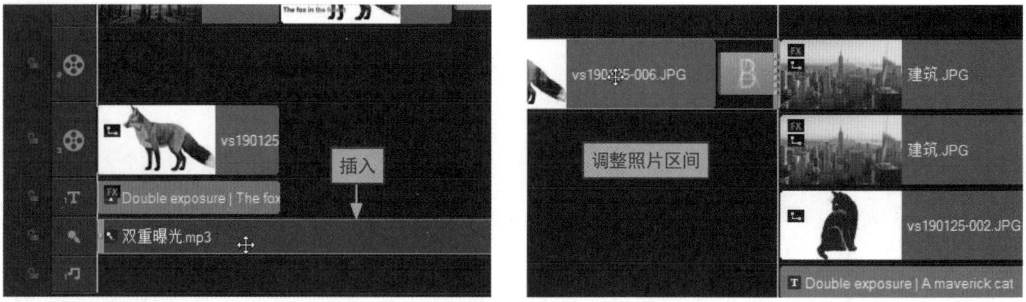

图13-111

步骤02 复制狐狸带字幕效果快照到覆叠轨2和覆叠轨3，如图13-112左图所示。为其应用“交叉淡化”转场效果，如图13-112右图所示。

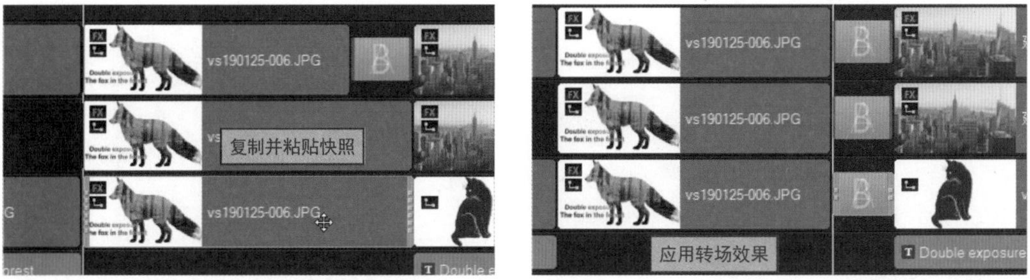

图13-112

步骤03 调整照片区间于“建筑”素材末端对齐，如图13-113左图所示。调整声音轨音频文件区间，使其对齐最右侧素材的尾帧，如图13-113右图所示。

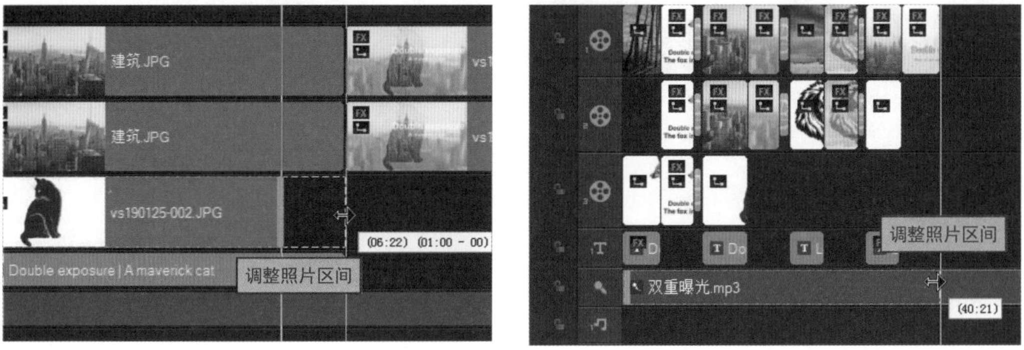

图13-113

步骤04 单击“共享”选项卡，如图13-114左图所示。设置文件名和保存位置，单击“开始”按钮输出视频，如图13-114右图所示。

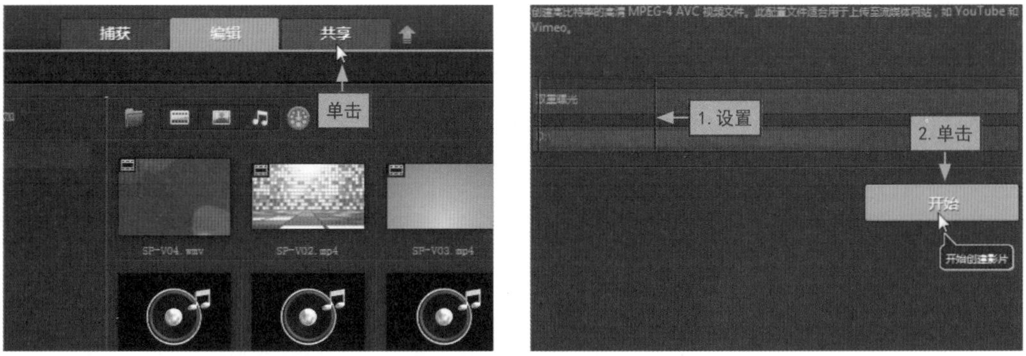

图13-114

完成视频的输出保存后，可在视频播放器中查看视频的播放效果，可以看到视频具有双重曝光效果，如图13-115所示。

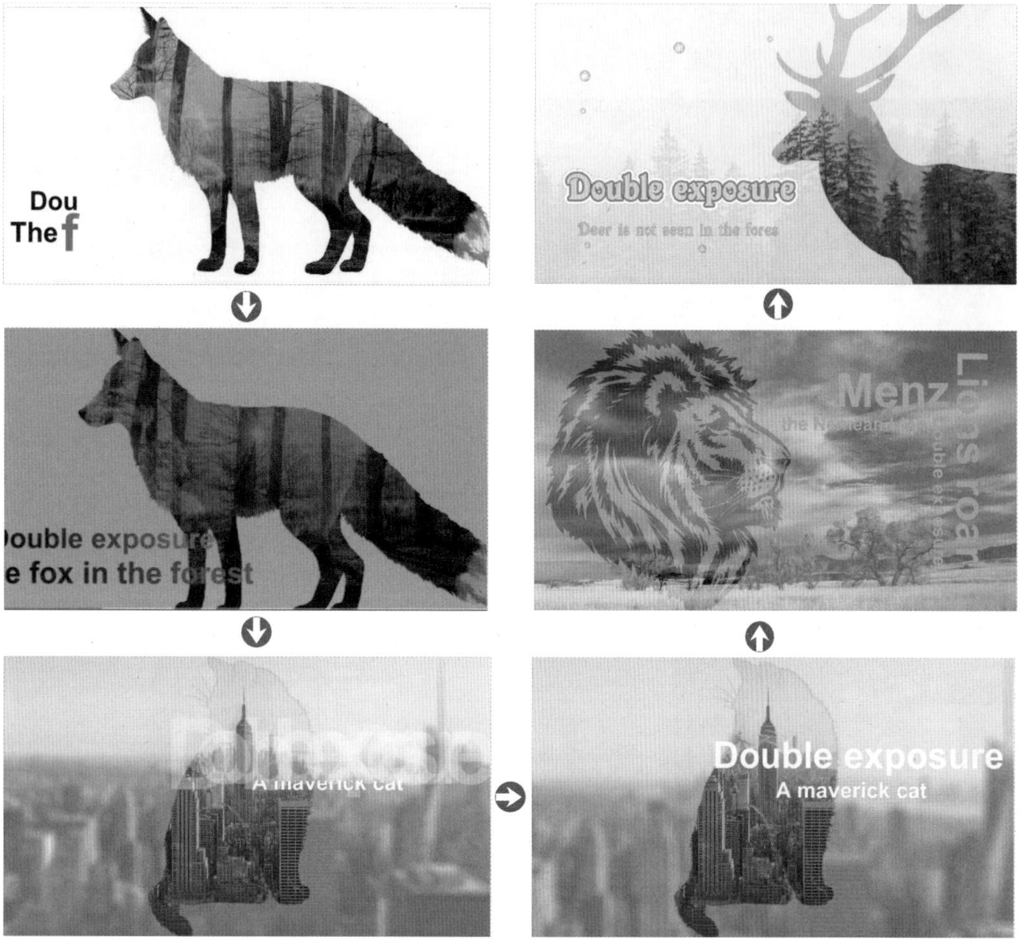
Dou
The f
ouble exposure
e fox in the forest
A maverick cat
Double exposure
A maverick cat
Menz
Lions roar
Double exposure
Deer is not seen in the fores

图13-115